中国气象灾害年鉴

(2010)

中国气象局

气象出版社
China Meteorological Press

内容简介

本年鉴是中国气象局主要业务产品之一。全书共分为六章，第一章重点描述和分析2009年重大气象灾害和异常气候事件及其成因；第二章按灾种分析年内对我国国民经济产生较大影响的干旱、暴雨洪涝、热带气旋、局地强对流、沙尘暴、低温冷冻害和雪灾、雾、雷电、高温热浪、酸雨、农业气象灾害、森林草原火灾、病虫害等发生的特点、重大事例，并对其影响进行评估；第三、四章分别从月和省（区、市）的角度概述气象灾害的发生情况；第五章分析2009年全球气候特征、重大气象灾害及其成因；第六章介绍2009年中国气象局防灾减灾重大事例。本年鉴附录给出气象灾害灾情统计资料和月、季、年气候特征分布图以及港澳台地区的部分气象灾情。本书比较全面地总结分析了2009年我国气象灾害特点及其影响，可供从事气象、农业、水文、地质、地理、生态、环境、保险、人文、经济、社会其他行业以及灾害风险评估管理等方面的业务、科研、教学和管理决策人员参考。

图书在版编目（CIP）数据

中国气象灾害年鉴. 2010 / 中国气象局编. — 北京：气象出版社，2010.11

ISBN 978-7-5029-5072-9

I. ①中… II. ①中… III. 气象灾害—中国—2010—年鉴 IV. P429-54

中国版本图书馆CIP数据核字（2010）第207441号

出　版：气象出版社　　地　社：北京市海淀区中关村南大街46号
网　址：http://www.cmp.cma.gov.cn　　邮　编：100081
E-mail：qxcbs@263.net　　电　话：总编室 010-68407112　发行部 010-68409198
责任编辑：张　斌　　终　审：周诗健
封面设计：王　伟　　责任技编：吴庭芳
印　刷：北京朝阳印刷厂有限公司
发　行：气象出版社
开　本：889mm×1194mm　1/16　　印　张：15.25　　字　数：400千字
版　次：2010年11月第一版　　印　次：2010年11月第一次印刷
印　数：1-1500
定　价：120.00元

中国气象灾害年鉴（2010年）

编审委员会

主　任：许小峰

委　员（以姓氏拼音字母为序）：

陈振林　端义宏　胡元坤　江志红　矫梅燕　李茂松　李维京
刘传正　潘家华　宋连春　王邦中　王志强　肖子牛　阎志壮
杨　军　张　强　张人禾　张祖强　周国良

科学顾问：丁一汇

编辑部

主　编：宋连春

副主编：王　凌　赵珊珊　张培群

编写人员（以姓氏拼音字母为序）：

艾婉秀　曹　萌　陈　静　陈　峪　丁国安　杜　丹　段素莲　冯　丁
符　琳　高　歌　郭安红　郭广芬　韩荣青　何文平　贺芳芳　侯　青
侯　威　胡菊芳　黄雪松　姜允迪　蒋　薇　金义安　李　超　李晶（重庆）
李晶（辽宁）　李明财　李　森　李　威　李亚滨　李宗义　廖要明　刘　波
刘　庆　刘秋锋　毛留喜　倪　惠　潘建华　潘蔚娟　邱明宇　施洪波
宋文玲　宋艳玲　孙家民　唐小萍　王大勇　王记芳　王莉萍　王　凌
王　娜　王　胜　王业宏　王有民　吴尧祥　肖风劲　徐良炎　杨　林
杨明珠　杨淑萍　叶殿秀　殷水清　张建忠　张培群　张铁岩　张文娟
张义军　赵长海　赵珊珊　钟海玲　周　兵　周德丽

2010年3月3—6日，2009年度气象灾情核灾会
在福建宁德召开（国家气候中心提供）

2009年1月北方冬麦区遭受秋冬连旱，山西汾阳旱地
（山西省气象局提供）

黑龙江遭受严重春旱，罗北县成片的旱地
（黑龙江省气象局提供）

2009年2月新疆阿勒泰遭受雪灾，牲畜采食困难
（新疆维吾尔自治区气象局提供）

2009年5月9—10日华北遭遇强降雨，河北邢台中兴路积水
（河北省气象局提供）

2009年6月3日河南商丘遭遇强飑线侵袭
（河南省气象局提供）

2009年6月底，年度最强暴雨袭击长江中下游，武汉市出现严重内涝（湖北省气象局提供）

2009年7月中旬四川震区遭受暴雨洪涝，青川县城被洪水围困（肖青摄）

2009年8月8日，福建气象应急服务车在霞浦县监测“莫拉克”台风（福建省气象局提供）

湖南遭受夏秋连旱，干涸的长沙湘江段（湖南省气象局提供）

2009年9月15日，台风“巨爵”风大雨强，广州珠江潮位高涨（广东省气象局提供）

2009年11月9—12日，河北石家庄遭遇暴雪天气（河北省气象局提供）

序 言

气象灾害是指由气象原因直接或间接引起的、给人类和社会经济造成损失的灾害现象。20世纪90年代以来，在全球气候变暖背景下，气象灾害呈明显上升趋势，对经济社会发展的影响日益加剧，给国家安全、经济社会、生态环境以及人类健康带来了严重威胁。随着我国社会经济发展进程的加快，气象灾害的风险越来越大，影响范围也越来越广。因此，必须把加强防灾减灾作为重要的战略任务，不断提高气象服务水平和服务手段，加强气象灾害的监测、分析、预警能力和水平，为我国经济社会可持续发展提供科技支撑。

气象灾害信息是气象服务的重要组成部分，也是气象灾害预测与评估的基础资料。中国气象局立足于经济社会发展，为适应提高防灾抗灾能力、保护人民生命财产安全和构建和谐社会的需求，发挥气象部门优势，从2005年开始组织国家气候中心、国家气象中心、中国气象科学研究院、国家卫星气象中心以及各省（区、市）气象局共同编撰出版《中国气象灾害年鉴》。《中国气象灾害年鉴》为研究自然灾害的演变规律、时空分布特征和致灾机理等提供了宝贵的基础信息，为开展灾害风险综合评估、科学预测和预防气象灾害提供了有价值的参考。

2009年，我国区域性和阶段性干旱突出，全国干旱面积偏大；全国没有出现大的流域性暴雨洪涝灾害，但局地暴雨洪涝和次生灾害严重；热带气旋登陆个数多，影响区域集中且路径复杂，但灾害损失轻；全国低温冷冻害和雪灾受灾面积较1990—2008年平均值偏小，但部分地区损失较重；强对流天气发生频繁，风灾影响大、损失重；春季，北方地区沙尘天气过程为近10年来最少。全国气象及其衍生灾害受灾人口近4.8亿人次，因灾死亡1367人，农作物受灾面积4721.4万公顷，绝收面积

491.8 万公顷，直接经济损失 2490.5 亿元。总体来看，2009 年气象灾害直接经济损失超过 1990—2008 年的平均水平，气象灾害属于一般年份。《中国气象灾害年鉴（2010）》系统地收集、整理和分析了 2009 年我国所发生的干旱、暴雨洪涝、台风、冰雹和龙卷风、沙尘暴、低温冷冻害和雪灾等主要气象灾害及其对国民经济和社会发展的影响，还收录了港澳台地区的部分气象灾情及全球重大气象灾害；给出全年主要气象灾害灾情图表、主要气象要素和天气现象特征分布图。希望通过本年鉴对 2009 年气象灾害的总结分析，能为有关部门加强防灾减灾工作和减少气象灾害损失提供帮助。

中国气象局副局长

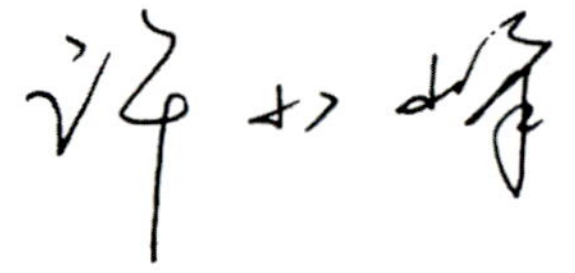

编写说明

一、资料来源

本年鉴气象资料和灾情数据来自我国各级气象部门的气象观测整编资料、天气气候情报分析、气象灾情报告、气候影响评估报告，以及民政部、水利部、农业部、国土资源部、国家统计局等有关部门提供的信息材料。某区域同一熟农作物多次遭受干旱、洪涝、风雹等灾害，在统计全年受灾面积时，不重复计算；在统计全年人员伤亡、经济损失时，则进行累计统计。

二、气象灾害收录标准

1. 干旱

指因一段时间内少雨或无雨，降水量较常年同期明显偏少而致灾的一种气象灾害。干旱影响到自然环境和人类社会经济活动的各个方面。干旱导致土壤缺水，影响农作物正常生长发育并造成减产；干旱造成水资源不足，人畜饮水困难，城市供水紧张，制约工农业生产发展；长期干旱还会导致生态环境恶化，甚者还会导致社会不稳定进而引发国家安全等方面的问题。

本年鉴收录整理的干旱标准为一个省（自治区、直辖市）或约 5 万平方千米以上的某一区域，发生持续时间 20 天以上，并造成农业受灾面积 10 万公顷以上，或造成 10 万以上人口生活、生产用水困难的干旱事件。

2. 暴雨洪涝

指长时间降水过多或区域性持续的大雨（日降水量 25.0 ～ 49.9 毫米）、暴雨以上强度降水（日降水量大于等于 50.0 毫米）以及局地短时强降水引起江河洪水泛滥，冲毁堤坝、房屋、道路、桥梁，淹没农田、城镇等，引发地质灾害，造成农业或其他财产损失和人员伤亡的一种灾害。

本年鉴收录整理的标准为某一地区发生局地或区域暴雨过程，并造成洪水或引发泥石流、滑坡等地质灾害，使农业受灾面积达 5 万公顷以上，或造成死亡人数 10 人以上，或造成直接经济损失 1 亿元以上。

3. 热带气旋

指生成于热带或副热带海洋上伴有狂风暴雨的大气涡旋，在北半球作逆时针方向旋转，在南半球作顺时针方向旋转。它在围绕自己中心旋转的同时，不断向前移动，其形状像旋转的陀螺边行边转。热带气旋主要是依靠水汽凝结时释放的潜热而形成和发展起来的。其强度以中心附近最大平均风力划分为热带低压（中心附近最大平均风力 6 ～ 7 级）、热带风暴（中心附近最大平均风力 8 ～ 9 级）、强热带风暴（中心附近最大平均风力 10 ～ 11 级）、台风（中心附近最大平均风力 12 ～ 13 级）、强台风（中心附近最大平均风力 14 ～ 15 级）、超强台风（中心附近最大平均风力 16 级或 16 级以上）。热带气旋尤其是达到台风强度的热带气旋具有很强的破坏力，狂风会掀翻船只、摧毁房屋和其他设施，巨浪能冲破海堤，暴雨能引发山洪。

本年鉴收录整理的标准为中心附近最大平均风力大于等于8级，在我国登陆或虽未登陆但对我国有影响，并造成10人以上死亡，或造成直接经济损失1亿元以上的热带气旋。

4. 冰雹和龙卷风

冰雹是指从发展强盛的积雨云中降落到地面的冰球或冰块，其下降时巨大的动量常给农作物和人身安全带来严重危害。冰雹出现的范围虽较小，时间短，但来势猛，强度大，常伴有狂风骤雨，因此往往给局部地区的农牧业、工矿企业、电讯、交通运输以及人民生命财产造成较大损失。龙卷风是一种范围小、生消迅速，一般伴随降雨、雷电或冰雹的猛烈涡旋，是一种破坏力极强的小尺度风暴。

本年鉴收录整理的标准为在某一地区出现的风雹过程，使农业受灾面积1000公顷以上，或造成2人以上死亡，或造成直接经济损失1000万元以上。

5. 沙尘暴

指由于强风将地面大量尘沙吹起，使空气浑浊，水平能见度小于1000米的天气现象。水平能见度小于500米为强沙尘暴，水平能见度小于50米为特强沙尘暴。沙尘暴是干旱地区特有的一种灾害性天气。强风摧毁建筑物、树木等，甚至造成人畜伤亡；流沙埋没农田、渠道、村舍、草场等，使北方脆弱的生态环境进一步恶化；沙尘中的有害物及沙尘颗粒造成环境污染，危害人们的身体健康；恶劣的能见度影响交通运输，并间接引发交通事故。

本年鉴收录整理的标准是沙尘暴以上等级，并且造成直接经济损失超过10万元以上的沙尘天气过程。

6. 低温冷（冻）害及雪（白）灾

低温冷（冻）害包括低温冷害、霜冻害和冻害。低温冷害是指农作物生长发育期间，因气温低于作物生理下限温度，影响作物正常生长发育，引起农作物生育期延迟，或使生殖器官的生理活动受阻，最终导致减产的一种农业气象灾害。霜冻害指在农作物、果树等生长季节内，地面最低温度降至0℃以下，使作物受到伤害甚至死亡的农业气象灾害。冻害一般指冬作物和果树、林木等在越冬期间遇到0℃以下（甚至−20℃以下）或剧烈变温天气引起植株体冰冻或丧失一切生理活力，造成植株死亡或部分死亡的现象。雪灾指由于降雪量过多，使蔬菜大棚、房屋被压垮，植株、果树被压断，或对交通运输及人们出行造成影响，造成人员伤亡或经济损失的现象。白灾是草原牧区冬春季由于降雪量过多或积雪过厚，加上持续低温，雪层维持时间长，积雪掩埋牧场，影响牲畜放牧采食或不能采食，造成牲畜饿冻或因而染病、甚至发生大量死亡的一种灾害。

本年鉴收录整理的标准为影响范围1万平方千米以上并造成农业受灾面积1000公顷以上，或造成2人以上死亡，或死亡牲畜1万头（只）以上，或造成经济损失100万元以上。

7. 雾

指近地层空气中悬浮的大量水滴或冰晶微粒的乳白色的集合体，使水平能见度降到1千米以下的天气现象。雾使能见度降低会造成水、陆、空交通灾难，也会对输电、人们日常生活等造成影响。

本年鉴收录整理的标准为影响范围1万平方千米以上，持续时间2小时以上；并因雾造成2人以上死亡，或造成经济损失100万元以上。

8. 雷电

雷电是在雷暴天气条件下发生于大气中的一种长距离放电现象，具有大电流、高电压、强电磁辐射等特征。雷电多伴随强对流天气产生，常见的积雨云内能够形成正负的荷电中心，当聚集的电量足够大时，形成足够强的空间电场，异性荷电中心之间或云中电荷区与大地之间就会发生击穿放电，这就是雷电。雷电导致人员伤亡，建筑物、供配电系统、通信设备、民用电器的损坏，引起森林火灾，造成计算机信息系统中断，致使仓储、炼油厂、油田等燃烧甚至爆炸，危害人民财产和人身安全，同时也严重威胁航空航天等运载工具的安全。

本年鉴所收集整理的雷电灾害事件标准为雷击死亡3人及以上，或者死亡和受伤4人及以上，或者直接经济损失超过100万元的雷击事件。

9. 高温热浪

本年鉴将日最高气温大于或等于35℃定义为高温日；连续5天以上的高温过程称为持续高温或“热浪”天气。高温热浪对人们日常生活和健康影响极大，使与高温有关的疾病发病率和死亡率增加；加剧土壤水分蒸发和作物蒸腾作用，加速旱情发展；导致水电需求量猛增，造成能源供应紧张。

本年鉴收录整理的标准为对人体健康、社会经济等产生较大影响的高温热浪过程。

10. 酸雨

pH值小于5.6的雨水、冻雨、雪、雹、露等大气降水称为酸雨。酸雨的形成是大气中发生的错综复杂的物理和化学过程，但其最主要因素是二氧化硫和氮氧化物在大气或水滴中转化为硫酸和硝酸所致。酸雨的危害包括森林退化，湖泊酸化，导致鱼类死亡，水生生物种群减少，农田土壤酸化、贫瘠，有毒重金属污染增强，粮食、蔬菜、瓜果大面积减产，使建筑物和桥梁损坏，文物遭受侵蚀等。

本年鉴按照大气降水pH值$\geqslant 5.6$为非酸性降水、$4.5 \leqslant$ pH值< 5.59为弱酸性降水、pH值< 4.5为强酸性降水的标准，对酸雨基本情况进行分析和整理。

11. 农业气象灾害

农业气象灾害是指不利的气象条件给农业生产造成的危害。农业气象灾害按气象要素可分为单因子和综合因子两类。由温度要素引起的农业气象灾害，包括低温造成的霜冻害、冬作物越冬冻害、冷害、热带和亚热带作物寒害以及高温造成的热害；由水分因子引起的有旱害、涝害、雪害和雹害等；由风力异常造成的农业气象灾害，如大风害、台风害、风蚀等；由综合气象要素引起的农业气象灾害，如干热风、冷雨害、冻涝害等。此外，广义的农业气象灾害还包括畜牧气象灾害（如白灾、黑灾、暴风雪等）和渔业气象灾害等。

本年鉴所收集整理的农业气象灾害为对农作物生长发育、产量形成造成不利影响，导致作物减产、品质降低、农田或农业设施损毁等影响较大的灾害过程或事件。

12. 森林草原火灾

指失去人为控制，并在森林内或草原上自由蔓延和扩展，对森林草原生态系统和人类带来一定危害和损失的森林草原火灾。

本年鉴收录整理的标准为造成森林草原受灾面积 100 公顷以上或造成人员伤亡、或造成经济损失 100 万元以上的森林草原火灾。

13. 病虫害

病虫害是农业生产中的重大灾害之一，指虫害和病害的总称，它直接影响作物产量和品质。虫害指农作物生长发育过程中，遭到有害昆虫的侵害，使作物生长和发育受到阻碍，甚至造成枯萎死亡；病害指植物在生长过程中，遇到不利的环境条件，或者某种寄生物侵害，而不能正常生长发育，或是器官组织遭到破坏，表现为植物器官上出现斑点、植株畸形或颜色不正常，甚至整个器官或全株死亡与腐烂等。

本年鉴收录整理的标准为与气象条件相关的病虫害，造成受灾面积 100 万公顷以上。

三、港澳台地区灾情

全国气象灾情统计数据未包含香港、澳门和台湾地区，港澳台地区的部分灾情见附录 6。

目　录

概 述

2009年，中国平均年降水量574.0毫米，比常年偏少38.8毫米，是1951年以来历史第四少值，也是1987年以来最少值（图1）；四季降水量除春季接近常年同期外，冬、夏、秋三季均偏少，其中秋季降水量为近10年来历史同期最少值。中国年平均气温9.8℃，较常年偏高1.0℃，是1951年以来历史第4高值，也是连续第13年高于常年值（图2）；四季气温均偏高，其中冬季平均气温为历史同期第3高，春季为历史同期第2高。

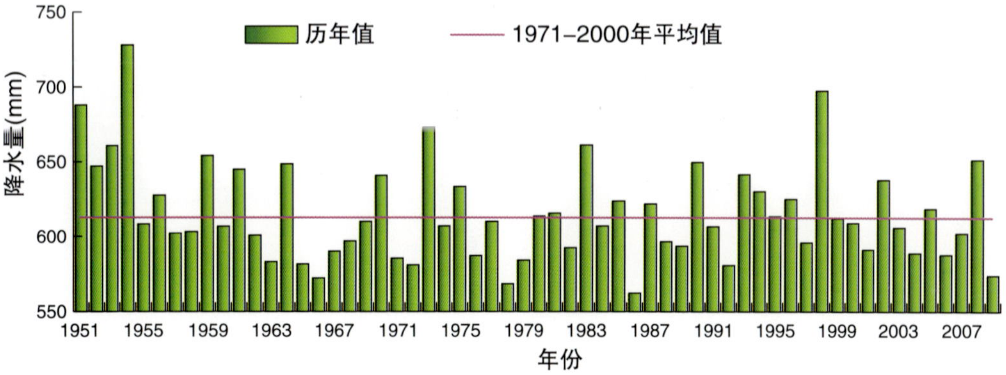

图1 1951—2009年全国平均年降水量历年变化图

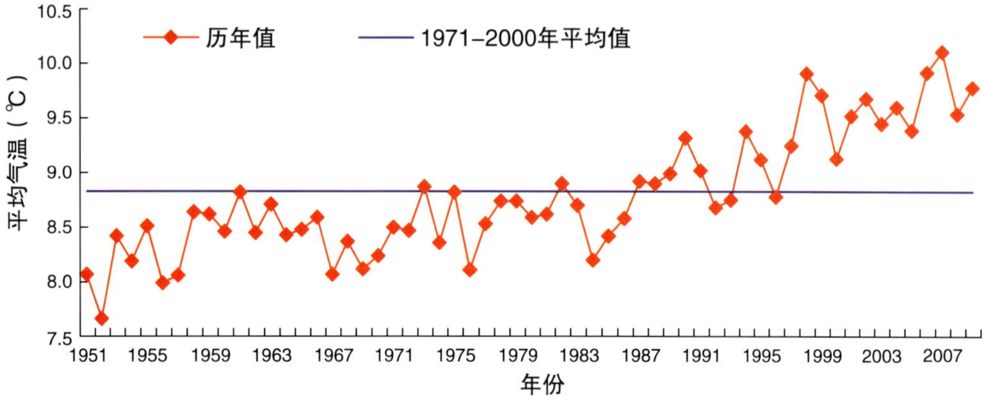

图2 1951—2009年全国年平均气温历年变化图

2009年，我国区域性和阶段性干旱突出，全国干旱面积偏大。年初北方冬麦区遭受罕见秋冬连旱，黑龙江及内蒙古东北部发生严重春旱，辽宁、吉林及内蒙古东南部夏秋连旱严重，南方6省（区）遭遇近50年来罕见秋旱。全国没有出现大的流域性暴雨洪涝灾害，但局地暴雨洪涝和次生灾害严重。华北、黄淮5月出现罕见大范围暴雨，长江中下游6月底遭受年内最强暴雨袭击，长江中下游7月下旬至8月中旬出现强降水天气，四川地震灾区夏季遭受局地暴雨灾害。年内有10个热带气旋在我国华南沿海登陆，登陆比例高，影响区域集中且路径复杂，但灾害损失轻。全国低温冷冻害和雪灾受灾面积较1990—2008年平均值偏小，但部分地区损失较重。6—7月东北地区罕见低温阴雨导致延迟性冷害，11月中东部地区遭受寒潮暴雪袭击。强对流天气发生频繁，风灾影响大、损失重。全国高温日数明显偏多，高温范围广、强度大。春季，北方地区出现7次沙尘天气过程，为近10年来最少。

据统计，2009年全国因气象灾害及其次生、衍生灾害导致受灾人口近4.8亿人次，因灾死亡约1300人，农作物受灾面积4700多万公顷，绝收面积490多万公顷，直接经济损失2490.5亿元（图3）。总体来看，2009年气象灾害直接经济损失超过1990—2008年的平均水平，气象灾害属于一般年份。

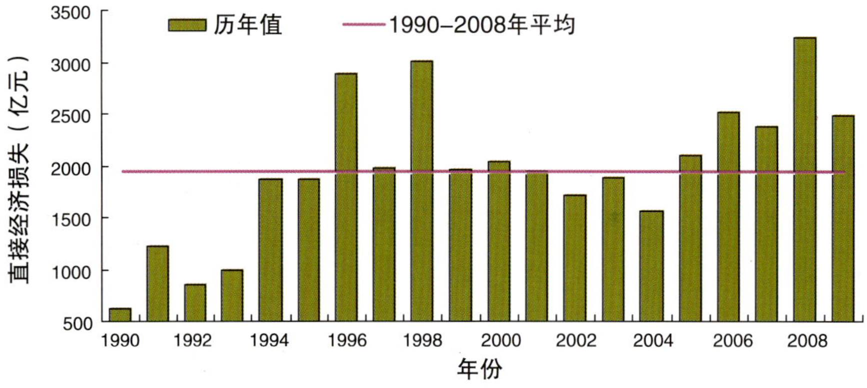

图3 1990—2009年全国气象灾害直接经济损失直方图

图4给出2009年全国主要气象灾害在各项损失指标中所占比例。除“死亡人口”和“倒塌房屋”外，其他各项损失指标中以干旱所占比例最高。干旱在“受灾面积”中所占比例为62%，“绝收面积”中占66.5%，“受灾人口”中占48.2%，“直接经济损失”中占44.1%。暴雨洪涝灾害死亡人数最多，占因灾总死亡人数的54.3%，在“倒塌房屋”中占74.3%。

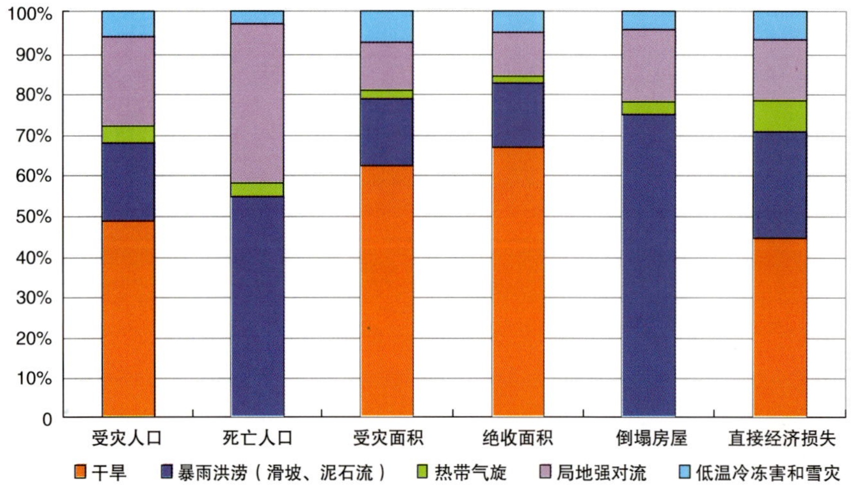

图4 2009年全国主要气象灾害各项损失指标比例图

与2008年相比，2009年全国气象灾害造成的受灾人口、农作物受灾面积、绝收面积偏多，死亡人数、直接经济损失偏少。分灾种比较，2009年低温冷冻害和雪灾、热带气旋直接经济损失较2008年偏轻，干旱和局地强对流的直接经济损失高于2008年，暴雨洪涝损失接近2008年（图5左）；低温冷冻害和雪灾、热带气旋、暴雨洪涝造成的死亡人数较2008年明显减少，局地强对流死亡人数略减少（图5右）。

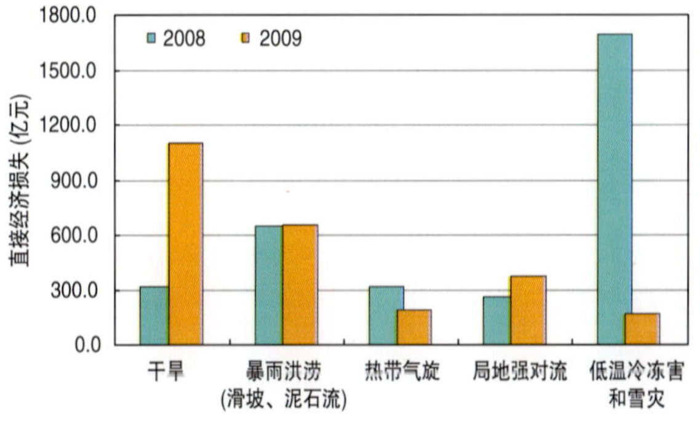

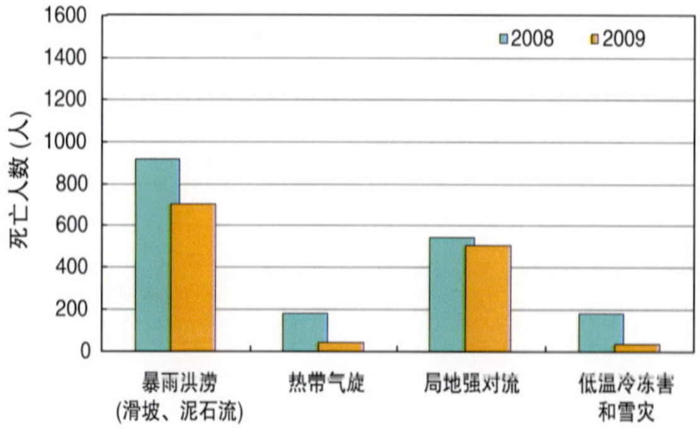

图5　2009年全国主要气象灾害直接经济损失（左）和死亡人数（右）与2008年比较图

2009年主要气象灾害概述：

干旱　2009年区域性和阶段性干旱突出，年初北方冬麦区出现罕见秋冬连旱，华南、西南地区东部出现明显冬旱，黑龙江及内蒙古东北部出现严重春旱，西藏东部出现了严重初夏旱，辽宁、吉林、内蒙古东部等地出现严重夏秋连旱，湖南、江西、贵州、云南、广西、广东6省（区）出现近50年来罕见秋旱。总体来看，全国农作物受旱面积2925.9万公顷，高于1990—2008年平均值，且较2008年明显偏大，比2008年增加1712.2万公顷，属干旱灾害偏重年份（图6）。

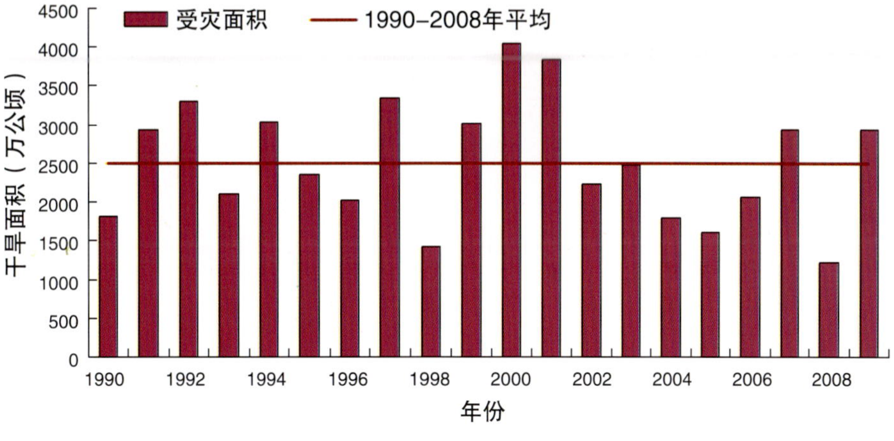

图6　1990—2009年全国干旱受灾面积直方图

暴雨洪涝（及其引发的滑坡和泥石流）　2009年，我国未发生大的流域性暴雨洪涝灾害，但局地和区域性暴雨洪涝灾害多发，次生灾害严重。5月9—10日，华北南部和黄淮北部出现区域性暴雨过程；6月底，长江中下游遭受年内最强暴雨袭击；7月下旬至8月中旬，长江流域强降雨天气频繁，长江上中游主要支流先后发生洪水，长江上游干流发生超警戒水位洪水，四川、重庆、湖南、浙江等地遭受暴雨洪涝灾害，并引发山洪、滑坡和泥石流等次生灾害。总体来看，全国因暴雨洪涝灾害造成 764.4 万公顷农作物受灾，洪涝面积低于 1990—2008 年平均值，但较 2008 年增加 96.2 万公顷（图 7）；因灾死亡 704 人，较 2008 年减少 211 人；直接经济损失 655.0 亿元，较 2008 年略有增加。

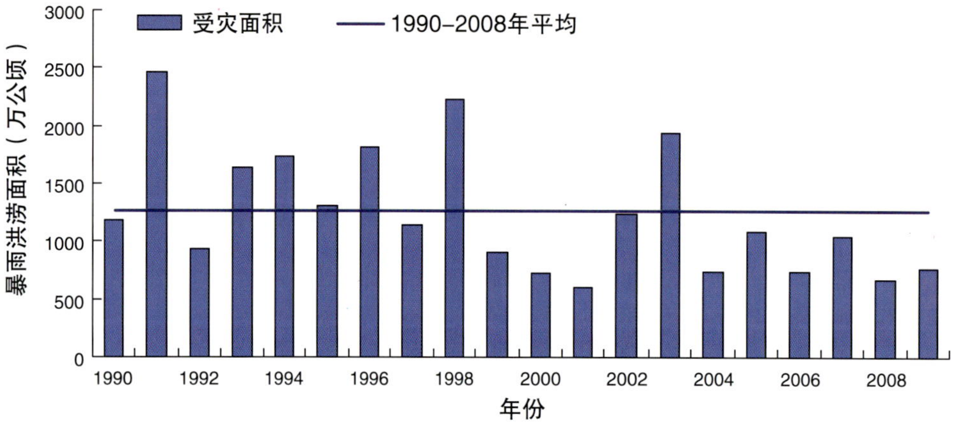

图7 1990—2009年全国暴雨洪涝受灾面积直方图

热带气旋（台风） 2009 年，有 10 个热带气旋在我国登陆，登陆个数较常年偏多 3 个。热带气旋登陆比例高，影响区域集中且路径复杂，但灾情偏轻。2009 年热带气旋共造成直接经济损失 190.9 亿元，死亡 43 人，直接经济损失低于 1990—2008 年的平均水平，死亡人数也少于 1990—2008 年的平均值。总体来看，属于热带气旋灾害偏轻年份（图 8）。

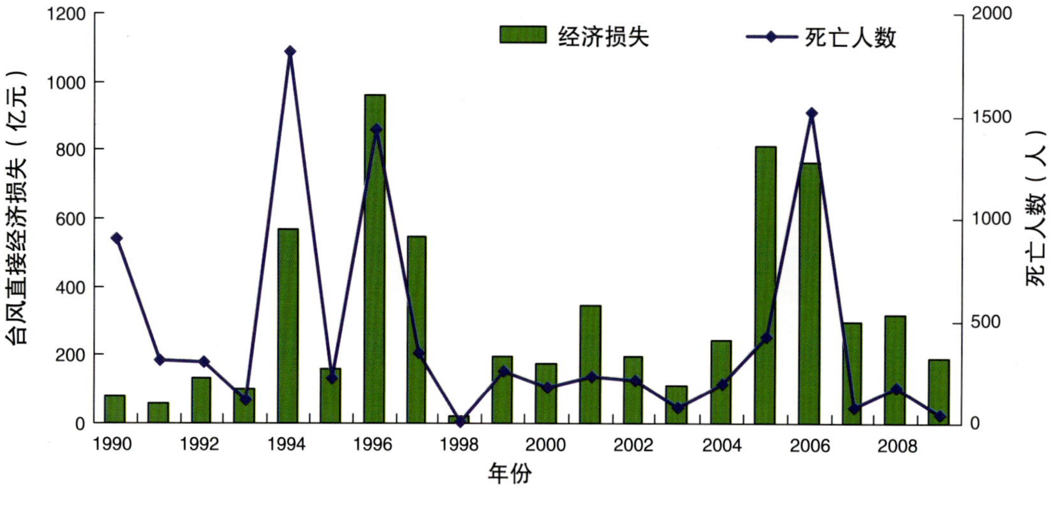

图8 1990—2009年全国热带气旋直接经济损失和死亡人数直方图

局地强对流（大风、冰雹、龙卷及雷电等） 2009 年，我国大风、冰雹、龙卷风、雷电等局地强对流天气发生频繁。据统计，全国 31 个省（区、市）均不同程度地遭受冰雹袭击，共有 1600 多个县（市）次出现冰雹，降雹次数比常年（平均约 1000 个县次）明显偏多。局地强对流共造成全国农作物受灾面积 549.3 万公顷，死亡 580 人，直接经济损失 373.3 亿元，其中风灾影响大、损失重。总体来看，风雹受灾面积和经济损失均较常年偏重。6 月 3—6 日，河南、安徽、江苏、山西、山东、浙江、湖北 7 省先后遭受强飑线、强雷暴和大风冰雹等强对流天气袭击；11 月 8—10 日，长江中下游地区出现同期罕见的强对流天气，范围广、强度大、影响重。

低温冷冻害及雪灾 2009年，全国因低温冷冻害和雪灾共造成农作物受灾面积367万公顷，受灾面积较1990—2008年平均值偏小，且远低于2008年。但部分时段出现的低温或强降温暴雪天气给农牧业生产造成一定损失。6月上旬至7月中旬，东北地区中北部出现持续低温阴雨天气导致延迟性冷害；10月底至11月中旬，我国东部地区出现了3次大范围降温和雨雪天气过程。

沙尘暴 2009年春季，我国北方地区共出现7次沙尘天气过程，其中5次沙尘暴、2次扬沙过程，且未出现强沙尘暴过程。沙尘天气过程较2000—2008年平均（13.3次）明显偏少，与2003年相当，并列为近10年来最少。4月23—25日的沙尘暴天气是2009年范围最大、强度最强的一次沙尘天气过程，波及西北、华北、黄淮、江汉、西南地区东部的12个省（区、市）。

第一章　重大气象灾害和气候事件及气候异常成因分析

1.1 重大气象灾害和异常气候事件

1.1.1 强台风“莫拉克”影响严重

0908 号强台风“莫拉克”是 2009 年登陆我国热带气旋中影响范围最广、造成损失最大的台风。受其影响，8 月 6—11 日，福建东部、浙江大部、江苏中南部及安徽南部等地过程降水量普遍有 100 ~ 300 毫米，福建东北部和浙江东南部 300 ~ 500 毫米，福建柘荣达 708.0 毫米，其中 8 月 6 日 20 时至 9 日 20 时，浙江泰顺九峰雨量达 1235.3 毫米；福建、浙江、安徽、江西部分站点过程雨量超过 50 年一遇。福建、浙江、江西、安徽、江苏、上海 6 省（市）因灾死亡 9 人，直接经济损失达 126.9 亿元。台湾阿里山过程降水量为 3139 毫米，且连续两天日降水量超 1000 毫米，强降水导致台湾南部地区发生近 50 年来最严重水灾，造成重大人员伤亡和财产损失。

1.1.2 北方冬麦区遭受近 30 年来罕见秋冬连旱

2008 年 11 月至 2009 年 1 月，北方冬麦区降水量较常年同期偏少 50% ~ 80%，其中山西中部、河北中南部、河南东北部和中部、山东西部、安徽西北部等地降水量偏少 80% 以上。京冀晋豫鲁苏皖陕甘 9 省（市）平均降水量仅 11.6 毫米（常年同期为 30.9 毫米），为 1951 年以来历史同期第四少；平均无降水日数达 85.1 天，为 1951 年以来历史同期次多，其中河南为历史同期最多，河北、山西为历史同期次多。总体上看，冬麦区降水量之少为 30 年一遇，部分地区达 50 年一遇。持续少雨导致北方冬麦区出现严重秋冬连旱，农业生产、人畜饮水受到严重不利影响。

1.1.3 黑龙江、内蒙古东北部发生近 50 年来最严重春旱

2009 年 4 月 1 日至 5 月 29 日，黑龙江及内蒙古东北部降水量较常年同期偏少 50% ~ 80%，其中内蒙古东北部偏少 80% 以上。特别是 5 月 1—29 日，黑龙江及内蒙古东北部区域平均降水量仅 9.6 毫米，为 1951 年以来历史同期最小值；区域平均气温达 15.9℃，为 1951 年以来历史同期最高值。温高雨少导致黑龙江大部出现中到重旱，内蒙古东北部达特旱。干旱造成黑龙江部分地区播种受阻，已播玉米和大豆种子出苗困难；黑龙江、内蒙古等地森林火险气象等级持续偏高，部分地区发生森林火灾。

1.1.4 南方 6 省（区）遭遇近 50 年来罕见秋旱

8 月 1 日至 11 月 10 日，我国南方大部地区降水量较常年同期明显偏少，湖南、江西、贵州、云南、广西、广东 6 省（区）区域平均降水量 294.9 毫米，比常年同期（425.6 毫米）偏少 31%，为 1951 年以来历史同期第三少值。特别是 8 月 15 日至 9 月 15 日，6 省（区）平均降水量为 1951 年来历史同期最少，高温日数为 1951 年以来历史同期最多。高温少雨致使湖南、江西、贵州、云南、

广西、广东等地出现严重秋旱。干旱导致江西鄱阳湖比常年提前两个月进入枯水期，赣江、湘江部分河段最低水位创历史新低；部分水库、山塘干涸；居民生活用水和农业生产也受到严重影响。

1.1.5 初夏，华北部分地区最高气温超过 40℃，突破当地 6 月历史最高纪录

6 月 23—27 日，我国北方出现大范围持续高温天气，此次高温天气影响范围广、强度强。河北南部、河南北部、山东等地局部最高气温达 40 ~ 43℃，6 月 25 日，河南安阳（43.2 ℃）、河北邢台（42.4℃）以及山东朝城（41.8℃）、潍坊（41.4℃）、济南（41.2℃）、陵县（41.0℃）等地最高气温创当地 6 月新高，安阳、邢台、朝城、潍坊等地最高气温打破当地夏季极端最高气温历史纪录。异常高温天气对人体健康和城市用电、用水等造成不利影响。

1.1.6 盛夏，四川地震灾区遭受严重局地暴雨洪涝灾害

7 月 14—17 日，四川成都、德阳、绵阳、广元和阿坝州部分地区出现暴雨天气过程，青川（203.7 毫米）、北川（182.0 毫米）、剑阁（166.2 毫米）等 8 县（市）降大暴雨，其中青川连续 3 天出现大暴雨。强降雨造成青川县通讯、交通一度中断；北川老县城发生泥石流，交通受阻；平武县发生大面积山体垮塌和泥石流；宝成线广元至绵阳区段多趟列车运营受到不同程度影响。

1.1.7 11 月华北黄淮等地遭受罕见寒潮暴雪夹击

11 月 9—12 日，受强冷空气影响，华北、黄淮、江淮、江南等地出现 10℃以上降温，其中华北西南部、黄淮中西部、江淮中西部等地降温幅度达 15℃以上；西北东部、华北出现中到大雪，山西大部和河北中部和南部积雪深度普遍超过 10 厘米，河北西南部及山西阳泉等地积雪深度达到 30 ~ 50 厘米。河北、河南、山西、江苏、安徽等省的部分地区最大雪深破历史纪录，其中石家庄积雪深度 55 厘米，超历史极值 36 厘米，阳泉积雪深度 40 厘米，超历史纪录 21 厘米，大同、临汾、长治、邢台的积雪深度超历史极值 10 厘米以上。由于降雪强度大，对交通运输、居民生活和设施农业等造成了不利影响。

1.1.8 5 月华北黄淮遭受罕见大范围暴雨袭击

5 月 9—10 日，华北南部、黄淮北部普降大到暴雨，局部大暴雨，其中山东北部出现区域性大暴雨，过程降水量一般在 50 ~ 150 毫米。山东、河北、山西、河南局地日降水量创当地 5 月历史新高，其中河北邢台日降水量 175.5 毫米，比当地 5 月历史日降水量极大值偏多 123.5 毫米。此次降雨过程具有历时短、强度强、极值多、范围广等特点，我国北方在 5 月份出现如此大范围的暴雨天气极为罕见。强降雨缓解了北方大部冬麦区的旱情，但同时造成山东、河北等省农作物受灾严重。

1.1.9 6 月底长江中下游遭受 2009 年最强暴雨袭击

6 月 28 日至 7 月 1 日，长江中下游地区出现区域性大暴雨，过程降水量普遍有 100 ~ 150 毫米，部分地区达 150 ~ 200 毫米；湖北鹤峰过程降水量达 384.0 毫米，24 小时降水量达 313.2 毫米，突破当地最大日降水量历史记录，为超百年一遇。这是长江中下游地区 2009 年范围最大、强度最强的一次暴雨天气过程，强降雨导致长江流域洞庭湖水系的部分河道及淮河支流的淠河出现超警戒水位，上海、武汉等城市出现严重内涝，并造成较大人员伤亡和财产损失。

1.1.10 初夏，罕见强对流天气侵袭我国 7 省

6 月 3—6 日，河南、安徽、江苏、山西、山东、浙江、湖北 7 省先后遭受飑线、强雷暴和大风冰雹等强对流天气袭击。其中，河南出现历史罕见强飑线天气，商丘的永城、宁陵均出现 1957

年有气象记录以来的最大风速；江苏省4天共38个站日出现冰雹等强对流天气，冰雹发生范围之大为1961年来之最；安徽6月5日有43个县（市）出现8级以上大风，25个县（市）最大风速超过历史记录，风力之大、范围之广为历史罕见。此次强对流天气过程共造成7省因灾死亡56人，直接经济损失58.7亿元。其中河南、安徽两省灾情最为严重。

1.1.11 夏季，南方地区高温天气频繁

7月8—24日，长江中下游及其以南地区出现大范围持续高温天气，极端最高气温一般有37～39℃，局部地区超过39℃；区域平均高温日数较常年同期偏多近1倍；部分地区高温日数及最高气温突破历史同期极值。8月15日至9月14日，南方再次出现长时间高温天气，长江中下游及华南地区平均高温日数达9.8天，较常年同期偏多2倍，为1952年以来历史同期最多。持续高温天气加剧了南方地区干旱的发展。

1.1.12 6至7月，东北地区罕见低温阴雨导致农作物遭遇延迟性冷害

6月1日至7月20日，东北地区中北部出现持续低温阴雨天气，此次低温阴雨事件具有气温偏低幅度大、持续时间长、雨日多、降水量大等特点。黑龙江、吉林区域平均气温均为1984年以来历史同期最低值。黑龙江平均降水日数和降水量均为1951年以来历史同期最多值，吉林平均降水日数为1972年以来历史同期最多。低温、寡照加之前期干旱，对农业生产造成较大影响，导致作物生长缓慢，发育期延后，抗病虫害能力下降。

1.2 主要异常气候事件成因分析

1.2.1 北方冬麦区罕见秋冬连旱

2008年11月至2009年1月，我国北方冬麦区降水持续偏少，出现了30～50年一遇的秋冬连旱。形成这样的冬季气候异常，与前期和同期的海洋大气环流异常有着密切的联系。

1. 海温变化的影响

2008年12月，赤道中东太平洋进入La Nina状态（Nino Z ≤ −0.5℃），2008年12月至2009年3月间，Nino Z指数在−0.5～−0.6℃之间波动变化。进入4月份后，赤道中东太平洋海温距平迅速上升，4月份Nino Z指数为0.0℃，La Nina状态结束，之后，赤道中东太平洋大部海温呈增暖趋势（图1.2.1）并持续升高，2009年6月形成一次新的El Niño事件。

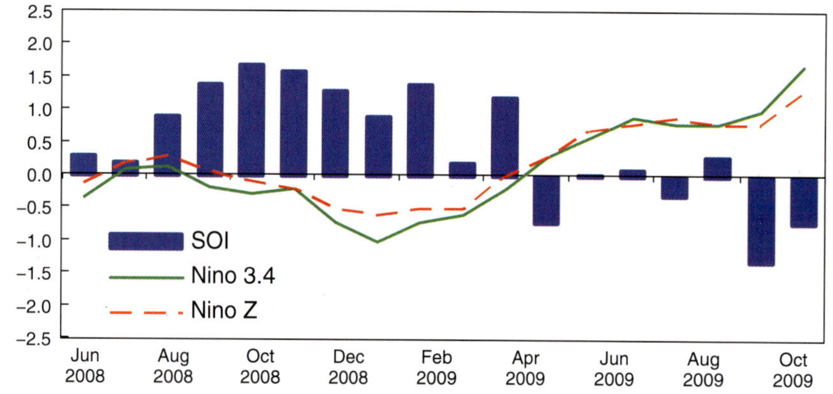

图1.2.1 Nino3.4区和综合区（Nino Z）海温距平（℃）和南方涛动指数（SOI）演变
Fig.1.2.1 Evolutions of Nino3.4 and Nino Z (Nino 1+2+3+4) index and SOI

2008 / 2009 年冬季我国的气候异常是在赤道中东太平洋进入 La Nina 状态的海洋背景下形成的。

2. 冬季东亚大气环流异常

2008/2009 年冬季，北半球中高纬 500 百帕高度距平场波型分布清晰，自欧洲西南部向东到北太平洋的距平为“－＋－＋”的波列分布，乌拉尔山地区位势高度场异常偏高、贝加尔湖以东至俄罗斯远东地区西部高度场偏低，这种环流分布是我国降水偏少的类型。

3. 南支槽不活跃，水汽输送弱

冬季的西太平洋副热带高压为正常偏强的状态，高原高度场持续偏高，南支槽不活跃，南海地区有明显的气旋式环流距平，向大陆的暖湿水汽输送弱。

1.2.2 夏季长江中下游和黄淮地区发生暴雨洪涝灾害，南方秋旱严重

2009 年夏季，我国总降水较常年同期偏少，降水偏少站数为近 20 年来同期第一；中东部地区降水出现了三条多雨带：北面的在东北中北部，中间的在黄河至长江之间，南面的在华南东南部，长江中下游和黄淮地区发生暴雨洪涝灾害。

1. 海洋异常

对 ENSO 和我国夏季降水的统计分析发现，当前期赤道中东太平洋海温持续较长时间的偏冷位相时，有利于夏季我国北方、特别是黄河与长江之间多雨。2007 年下半年至 2009 年初春，赤道中东太平洋持续了较长时间的冷位相，春季海温距平上升，初夏已发展成为厄尔尼诺事件。由于夏季降水受前期冷水位相的影响，主要雨带在黄淮至江淮；另外，赤道中东太平洋海温从冬到春的上升变化，也影响了夏季降水主雨带在黄淮至江淮之间，导致我国夏季北方降水比南方偏多。

2. 副高演变

新的 El Niño 事件在 6 月形成后，6 月西太平洋副高由弱转强，7 月以后持续异常偏强（图 1.2.2）。夏季西太平洋副高脊线位置 6 月偏南，7 月偏北，8 月正常，西伸脊点 6 月偏东，7 月、8 月偏西。6 月副高的偏弱偏南偏东与 7 月副高的偏强偏北偏西的特征及东北低涡的活跃，造成了长江中下游在 6 月中旬至 7 月上旬期间没有典型的梅雨集中期，出现了 2000 年来的第三个空梅。副高状态的变化及波动不稳定，水汽输送少，是 2009 年夏季没有发生流域性洪涝、旱重于涝的主要原因。

秋季副高异常偏强，向西伸展控制江南地区，是导致南方 6 省 9 月高温日数偏多、秋旱严重的主要原因。

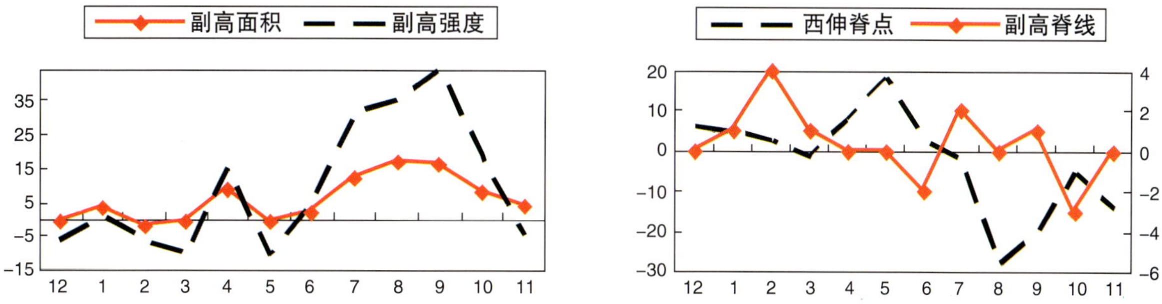

图1.2.2　2008年12月至2009年11月西太平洋副热带高压指数距平变化
（左：面积和强度；右：脊点和脊线）
Fig.1.2.2 Indices anomalies for the Northwest Pacific Subtropical High from December 2008 to November 2009

3. 中高纬大气环流

夏季亚洲中高纬环流场上，经向环流偏强，纬向环流偏弱，中高纬度的阻塞活动弱，不利于长江出现异常多雨。在500百帕高度距平分布图上，东亚120° E附近从低纬到高纬为“+－+”的距平分布，其中负距平中心在黑龙江东北部，东北低涡活跃；另外，表征极地冷空气向南扩张的北极涛动AO指数也出现了异常：6月、7月的指数异常偏低，冷空气活动频繁造成了东北持续的低温连阴雨。12月，AO指数达到历史同期最低值，极地冷气团控制北半球中高纬地区，东亚地区大部为负距平控制，东亚大槽偏西，受冷空气源源不断的影响，我国大部地区气温偏低，特别是东北地区异常偏低。

4. 热带对流及季风演变

2009年春季，南海至菲律宾周围的热带对流活动较常年同期偏强，进入夏季后为阶段性的偏强。2009年东亚夏季风于5月第6候在南海全面建立后（较常年偏晚），至7月上旬，由于东北低涡的持续活跃，西北太平洋副热带高压偏东、偏南，夏季风北进南退变化大，雨带不稳定，在华南和长江之间摆动；7月上旬末，伴随副高的北跳，夏季风前沿向北推进到华北，中旬雨带移至华北南部至黄淮地区，江淮和江南皆为暖湿气团控制，高温热浪明显；7月下旬，副高南撤，夏季风前沿南退，主雨带回到江淮至江南西部，华南为暖湿气团控制；8月副高在正常位置摆动，夏季风前沿再次向北推进到华北中部，雨带移至华北南部至黄淮地区；9月副高继续偏北，暖湿气团控制江南和华南地区，高温持续，下旬，暖湿气团南撤到了25° N以南地区；10月中旬，夏季风撤离南海地区，南海夏季风结束。2009年夏季东亚季风是偏强的，有利于我国夏季多雨区偏北，而长江中游降水偏少。

1.2.3 热带气旋登陆个数多，登陆地点集中

2009年在南海和西太平洋生成的热带气旋个数明显偏少，但登陆的热带气旋偏多，第一个登陆的时间在6月21日，较常年（6月29日）时间偏早，最后一个登陆的时间在10月12日，较常年（10月7日）略偏晚。

2009年，共有10个热带气旋在我国登陆，登陆个数较常年偏多，且登陆地点集中在华南。2009年热带气旋活动偏早与春末夏初西太平洋暖池区对流活跃存在密切联系，南海地区对流阶段性的活跃分明、季风槽在该地区加深是2009年南海地区热带气旋活跃的原因；另外，由于在南海生成的热带气旋离我国陆地近，所以登陆我国华南的偏多，登陆时平均强度偏弱。

第二章 气象灾害分述

2.1 干旱

2.1.1 基本概况

2009 年，全国平均年降水量 574.0 毫米，比常年偏少 38.8 毫米，为 1987 年以来最少，也是 1951 年以来历史第四少值。全国近 2/3 省（区、市）为少雨年，其中广东、宁夏、吉林、福建、北京、广西、辽宁、甘肃、新疆、湖南、贵州、云南、江西、西藏、内蒙古年降水量较常年偏少 10.2% ~ 21%；11 省（市）年降水量较常年偏多，其中山东、黑龙江、上海、青海、海南偏多 12.6% ~ 30.6%。

2009 年，全国干旱受灾面积 2925.9 万公顷，高于 1990—2008 年平均值（2505.1 万公顷），是 2008 年的 2.4 倍，属干旱灾害偏重年份。2009 年，我国区域性和阶段性干旱突出，主要旱区分布如图 2.1.1 所示。年初河南、河北、安徽等北方冬麦区出现罕见秋冬连旱，华南、西南地区东部

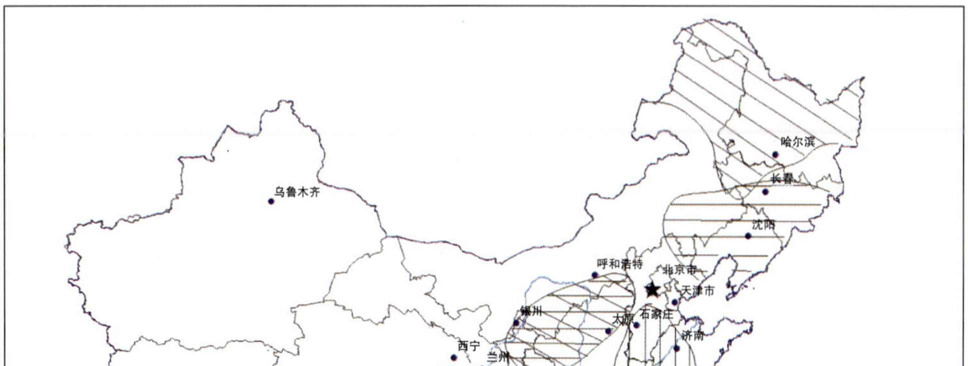

图2.1.1 2009年主要干旱示意图

Fig.2.1.1 Sketch of major droughts over China in 2009

出现明显冬旱，黑龙江及内蒙古东北部出现严重春旱，西藏东部出现了严重初夏旱，辽宁、吉林、内蒙古东部等地出现严重夏秋连旱，湖南、江西、贵州、云南、广西、广东6省（区）出现近50年来罕见秋旱（表2.1.1）。2009年干旱受灾面积排前10位的是内蒙古、辽宁、吉林、湖南、山东、河北、黑龙江、甘肃、山西、云南；与2008年相比，除黑龙江、山西、新疆、青海和海南偏少外，其余省（区、市）干旱面积均高于2008年（图2.1.2）。

表 2.1.1　2009 年我国主要干旱事件简表

Table 2.1.1　List of major drought events over China in 2009

时间	地区	程度	旱情概况
2008年11月至2009年1月	北京、河北、河南、山西、山东、安徽、湖北、陕西、甘肃	降水量较常年同期偏少5～8成；京冀晋豫鲁苏皖陕甘平均降水量11.6毫米（常年值为30.9毫米），为1951年以来历史同期第四少	北方冬麦区气象干旱达到中到重旱，河北南部、山西东南部、河南西南部局部地区达到特旱。冀晋鲁豫陕甘皖苏8省因干旱造成8932.1万人受灾，298.1万人、105万头大牲畜饮水困难，受灾面积945.3万公顷，直接经济损失超过60亿元。
2008年12月至2009年2月	华南及云南等地	大部地区降水量较常年同期偏少5～8成，广东东部、福建南部偏少8成以上	华南大部及云南、贵州大部、四川中南部、西藏中部中到重度气象干旱，局部达特旱；云南、广西、广东、福建四省（区）708.8万人受灾，162万人饮水困难，受灾面积115.2万公顷，直接经济损失7.4亿元。
3月至7月上旬	宁夏、陕西、山西	3月1日至7月6日西北东北部及山西北部降水量为72.1毫米，比常年同期偏少近5成；宁夏降水量37.4毫米，比常年同期偏少61%，为1963年以来次少值	冬小麦、春小麦、玉米等农作物生长发育受到较大影响；6月底，宁夏中部干旱带及南部山区达到重旱和特旱等级，12个县（区）、71个乡镇、739个行政村受灾。
4—6月	西藏东部	降水量比常年同期偏少3成，为近10年来同期最少值；6月1—22日，西藏东部平均降水量16.6毫米，为1956年以来历史同期最少	雅鲁藏布江一线主要农区、昌都地区、林芝地区及阿里地区41个县出现旱情，对农业、林业、草场、牲畜等造成不同程度影响。
4月1日至5月29日	黑龙江、内蒙古、吉林	黑龙江及内蒙古东北部降水量较常年同期偏少5～8成；5月1—29日上述地区平均降水量9.6毫米，为1951年以来历史同期最小值	黑龙江大部出现中到重旱，内蒙古东北部达特旱；播种受阻，已播玉米和大豆出苗困难，部分地区发生森林火灾。
6月下旬至11月上旬	辽宁、吉林、内蒙古	6月21日至8月15日辽宁、吉林及内蒙古东南部平均降水量118.5毫米，为1952年以来历史同期最小值	出现1952年以来最严重夏旱，部分地区玉米、牧草因旱干枯；8月下旬至11月上旬，旱区干旱迅速发展，出现严重夏秋连旱。
8月1日至11月10日	湖南、江西、贵州、云南、广西、广东等地	6省（区）平均降水量294.9毫米，比常年同期偏少31%，为1951年以来历史同期第三少；其中8月15日至9月15日，6省（区）平均降水量为1951年以来历史同期最少	湖南、江西、贵州、云南、广西、广东等地出现50年罕见秋旱，干旱导致江西鄱阳湖比常年提前两个月进入枯水期，赣江、湘江部分河段最低水位创历史新低；部分水库、山塘干涸；居民生活用水和农业生产受到严重影响。

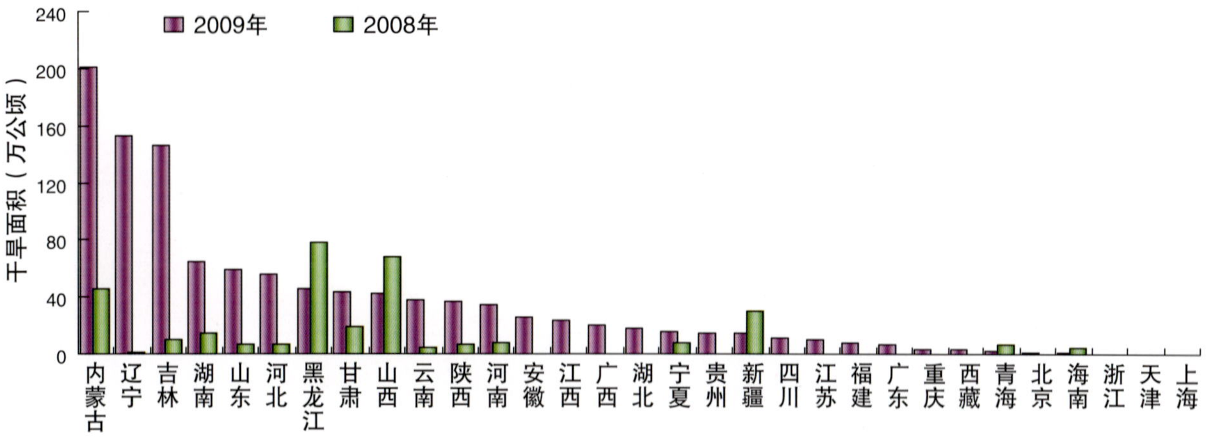

图2.1.2 2009年31省（区、市）干旱面积与2008年比较

Fig 2.1.2 Drought areas in 31 provinces (autonomous regions, municipalities) in 2008 and 2009

2.1.2 主要旱灾事例

1. 北方冬麦区遭受罕见秋冬连旱

2008年11月至2009年1月底，北方冬麦区降水量较常年同期偏少5～8成，其中山西中部、河北中南部、河南东北部和中部、山东西部、安徽西北部等地降水量偏少8成以上。京冀晋豫鲁苏皖陕甘9省（市）平均降水量11.6毫米（常年值为30.9毫米），为1951年以来历史同期第四少；平均无降水日数85.1天，为1951年以来历史同期次多，其中河南为历史同期最多，河北、山西为历史同期次多（图2.1.3）。持续少雨导致北方冬麦区出现罕见秋冬连旱。北京、河北中南部、山西大部、山东西部、河南大部、安徽北部、湖北北部、陕西大部、甘肃东部等地气象干旱一度达到中到重旱，河北南部、山西东南部、河南西南部局部地区达到特旱（图2.1.4）。此次干旱过程具有降水持续少、无雨日数多、平均气温高、土壤失墒快、气温起伏大、旱冻相叠加、干旱范围广、灾害影响大的特点，农业生产、人畜饮水受到严重影响。

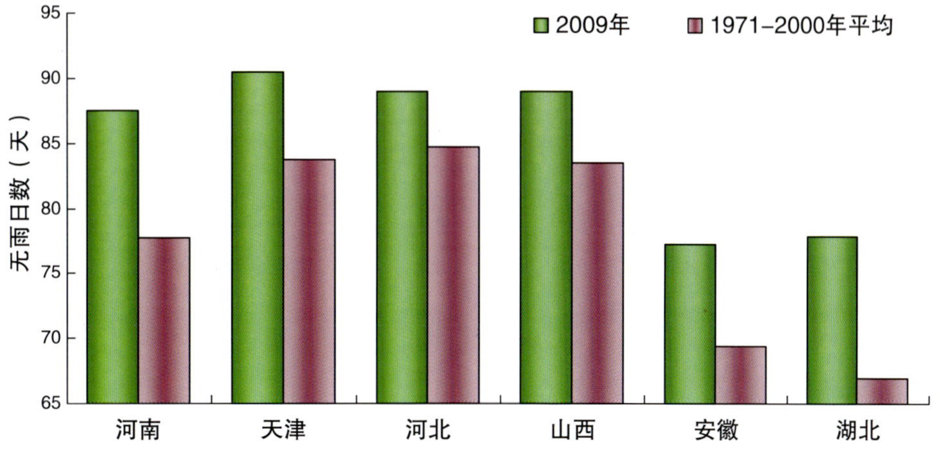

图2.1.3 部分省（市）2008年11月至2009年1月无降水日数与常年同期比较

Fig.2.1.3 The number of non-precipitation days in some provinces (municipalities) from November 2008 to January 2009

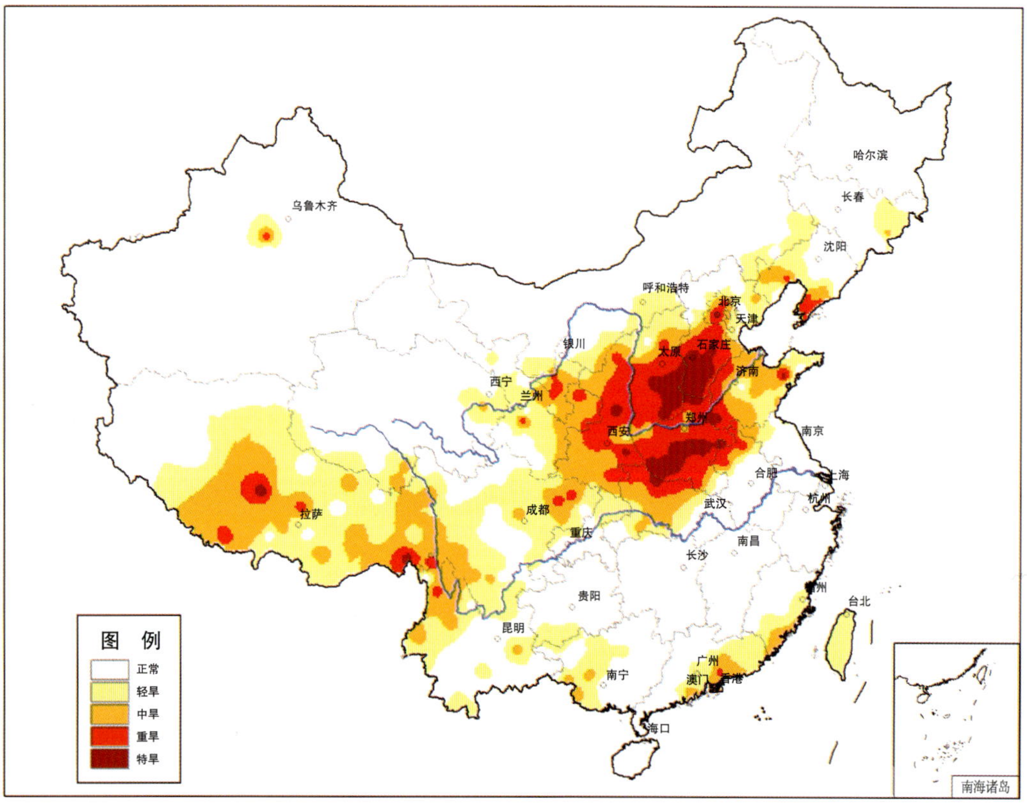

图2.1.4 2009年1月31日气象干旱监测图
Fig.2.1.4 Drought monitoring on January 31, 2009

河南 2008 年 11 月 1 日至 2009 年 2 月 6 日，全省平均降水量仅 11.5 毫米，较常年同期偏少 8 成，仅次于 1996 年和 1999 年同期，为 1961 年以来历史同期第三少；全省平均无降水日数多达 100 天，为 1961 年以来同期次多值。由于降水持续偏少，加之气温持续偏高，致使全省出现了新中国成立以来仅次于 1998/1999 年的第二严重的秋冬连旱，农业生产、人畜饮水受到严重影响。2 月上旬全省超过一半的站点气象干旱达到特旱等级，有 41% 的站点出现了干土层。干旱少雨使水利工程蓄水严重不足，主要河道入冬后来水量比常年偏少 3 ~ 8 成，大中型水库蓄水量比上年同期偏少 5 亿立方米，为近 6 年来最少，有 498 座小型水库干涸。干旱造成 42 万人、9 万头大牲畜出现临时性饮水困难。

安徽 2008 年 11 月 1 日至 2009 年 2 月 8 日，安徽沿淮淮北累计降水量为 23.0 毫米，较常年同期偏少 5 成以上，其中淮北中西部偏少 8 成以上；砀山、太和、涡阳、萧县、淮北、亳州、界首和宿州无降水日数超过 90 天；亳州和界首最长连续无降水日数超过 40 天。合肥以北地区发生严重秋冬连旱，持续时间达 3 个多月。入冬后冷空气活动频繁，气温波动大，最低气温低，造成旱冻叠加、寒旱并存的不利局面，给受旱小麦带来不同程度危害。

山西 2008 年 10 月中旬至 2009 年 1 月，山西省大同市西部、忻州市西部和运城市南部降水量偏少 3 ~ 5 成，其余大部分地区降水比常年偏少 5 成以上；全省平均降水量仅为 11.8 毫米，较常年偏少 7 成，为山西省 1961 年以来历史同期第二少；全省平均无降水日数达到了 106.4 天，降水日数之少为历史第二位。干旱严重地区出现土地干裂，麦苗枯死的现象；森林草原火险等级居高不下。

湖北 2008 年 11 月 1 日至 2009 年 2 月 12 日，湖北省中北部降水量为历史同期最少年份之一，全省大部降雨偏少 5 成以上，鄂北岗地、鄂西北东部偏少 6 ~ 7 成。无雨日数多，其中襄樊、随州连续无降水日数达 48 天（1994 年和 1997 年为 39 天，2005 年为 36 天），排历史第一位。秋冬连旱主要发生在鄂北地区，以轻度到中度干旱为主，襄樊、十堰、随州等地局部地区旱情较重。干旱造成在田作物分蘖减少、叶片枯黄、根系分布浅、欠发达、脱肥等现象。

2. 东北及内蒙古东北部发生严重春旱

2009 年 4 月 1 日至 5 月 29 日，黑龙江及内蒙古东北部降水量较常年同期偏少 50% ~ 80%，其中内蒙古东北部偏少 80% 以上。特别是 5 月 1—29 日，黑龙江及内蒙古东北部区域平均降水量 9.6 毫米，为 1951 年以来历史同期最小值（图 2.1.5）；区域平均气温 15.9℃，为 1951 年以来历史同期最高值。温高雨少导致黑龙江大部出现中到重旱，内蒙古东北部达特旱。干旱造成黑龙江部分地区播种受阻，已播玉米和大豆出苗困难；黑龙江、内蒙古等地森林火险气象等级持续偏高，部分地区发生森林火灾。

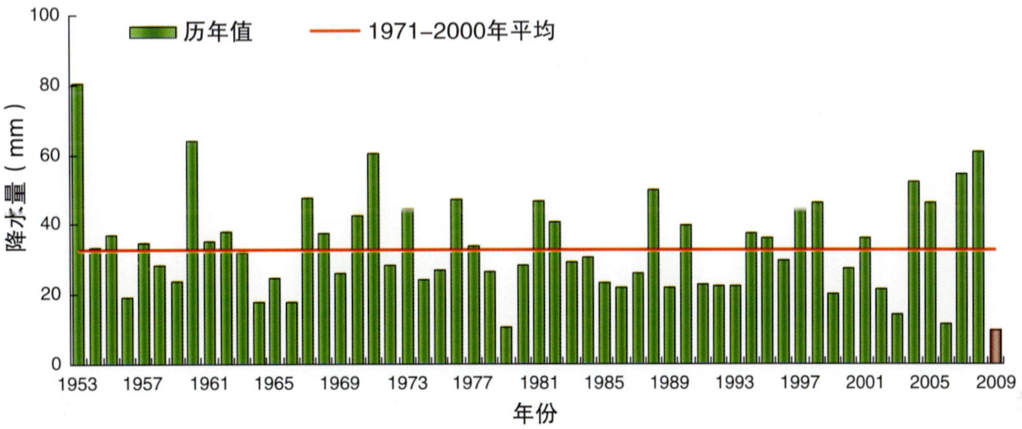

图2.1.5　东北旱区5月1—29日降水量历年变化图（1953—2009年）

Fig.2.1.5　Precipitation in Northeast from May 1 to 29 during 1953-2009

黑龙江　4 月下旬各地气温持续上升，无明显降水过程，进入 5 月后持续高温少雨，大风日数较多，致使土壤失墒快，全省各地出现严重干旱，松嫩平原西部和三江平原北部旱情严重。旱情发展快、范围广、持续时间长，风旱灾交织，程度重。截至 5 月 28 日，全省干旱县（市）78 个，其中松嫩平原中西大部、三江平原北部等地 35 个县（市）土壤旱情严重。严重干旱对玉米、大豆播种、出苗及幼苗生长产生极为不利的影响，水田出现渴水现象，稻株生长缓慢，植株小，一些地块甚至出现稻苗干枯现象。

内蒙古　呼伦贝尔市春季土壤解冻后，全市长达 61 天无有效降水，各地干土层厚度普遍在 4 ~ 15 厘米。干旱波及范围广，尤其农区为重旱到特旱，对春播作物的正常出苗和苗期生长发育影响很大；牧区大部分地区为重旱，致使牧草发黄、枯萎、死亡，天然草场牧草生长高度和覆盖度都差于往年。赤峰市阿鲁科尔沁旗和巴林左旗的中北部、阿拉善盟额济纳旗春季也出现严重旱情。

吉林　4 月 2 日至 5 月 29 日，吉林省气温持续偏高，全省平均气温为 1949 年以来历史同期次高值；4 月 26 日至 5 月 29 日，全省平均降水量仅 28.4 毫米，较常年同期少 50%，居 1949 年以来少雨的第 6 位。持续高温少雨使土壤失墒严重，部分地方出现旱情。白城市、松原市大部、四平市大部及辽源、长白、延吉干旱严重。

3. 辽宁、吉林及内蒙古东南部出现严重夏秋连旱

6 月下旬至 11 月上旬，辽宁、吉林及内蒙古东南部降水量较常年同期明显偏少，其中 6 月 21 日至 8 月 15 日上述区域平均降水量 118.5 毫米，为 1952 年以来历史同期最小值（图 2.1.6），出现 1952 年以来最严重夏旱，部分地区玉米、牧草因旱干枯。8 月中旬后期，旱区出现明显降雨，干旱得到不同程度缓和；但 8 月下旬至 11 月上旬，旱区降水再次偏少，干旱迅速发展，出现了严重夏秋连旱。

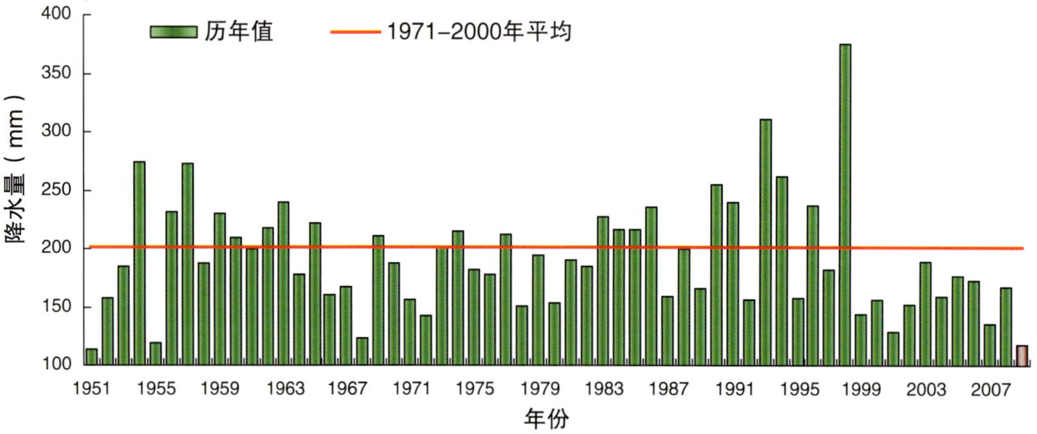

图2.1.6　辽宁、吉林及内蒙古东部6月21日—8月15日降水量历年变化图（1951—2009年）

Fig.2.1.6　Precipitation from June 21 to August 15 in Liaoning, Jilin, eastern Inner Mongolia from 1951 to 2009

内蒙古　夏季，旱情持续发展，其中以通辽市、赤峰市、乌兰察布市旱情最为严重。8 月 1—16 日，赤峰市、通辽市由于降水少气温高，导致旱情迅速发展蔓延，这次干旱发生在粮食主产区及作物产量形成关键期，旱情严重，部分旱区玉米灌浆缓慢，局部地区作物生长停滞，植株矮小、叶片枯黄，雄穗无粉干瘪，吐丝困难，花期不遇，造成空秆，大面积枯黄绝收。锡林郭勒盟农区在农作物灌浆和成熟关键期，因严重缺水生长受阻，部分农作物枯死，小麦、玉米减产 4 ～ 6 成、马铃薯减产 3 ～ 4 成、油料减产 3 ～ 7 成、杂粮豆减产 5 ～ 7 成；牧区受旱面积 1590.8 万公顷，超过全盟可利用草场总面积的 85%，受灾牲畜 1100 万头（只），193.67 万头大牲畜饮水困难。严重干旱波及 13 个旗（县、市、区）的 59 个苏木（乡、镇、农牧场）、775 个嘎查（村）。赤峰市由于严重夏旱影响，全市粮食总产量仅 27 亿千克，比上年总产量下降 23%。夏季大部分牧区降水偏少，中西部地区受高温干旱影响牧草出现黄尖、枯萎现象，部分提前枯黄，牧草减产 20% ～ 50%。截至 7 月末，阿拉善盟阿右旗草牧场大面积枯死，水井干涸，牲畜乏弱，85.9 万公顷草场枯死，200 万公顷草场未返青，产草量减少 8 成以上，因灾损失达 650 多万元。6 月初，全区大中型水库总蓄水量为 12 亿立方米，比常年平均值少 2 亿立方米，受持续干旱影响，有 191 座水库干涸，5.65 万眼机电井出水不足；全区地下水位与 2008 年同期相比，中西部地区及赤峰市、通辽市、兴安盟大部地区地下水位下降了 20 ～ 170 厘米，其中翁牛特旗下降幅度最大，达 235 厘米。8 月份通辽市西部、赤峰市大部、锡林郭勒盟中部、乌兰察布市北部、呼和浩特市南部、包头市大部、巴彦淖尔市东部、阿拉善盟东南部地区地下水位与 2008 年同期相比下降幅度为 20 ～ 290 厘米，其中阿巴嘎旗地下水位下降幅度最大为 290 厘米。地下水不足直接导致灌溉用水紧缺，部分乡镇出现人畜饮水困难。秋季，锡林郭勒盟南部、赤峰市大部、通辽市南部旱情仍然维持，其中赤峰市旱情十分严重，大部分地区持续干旱 75 ～ 90 天，敖汉旗达 118 天。

辽宁　6 月 21 日至 8 月 16 日，全省平均降水量为 151.0 毫米，较历史同期偏少 50%，为

1951 年以来同期最少值。朝阳县、建平县、北票市、义县、凌海市、建昌县、康平县、台安县达重度夏旱。截至 8 月 16 日，辽西北地区旱情持续 16 ～ 47 天，发生了 1951 年有完整气象记录以来最严重夏旱。8 月 11 日至 9 月 10 日，朝阳大部、葫芦岛西北部、阜新西部、锦州西北部及沈阳北部地区平均降水量为 46.8 毫米，较常年同期偏少 4 成以上，出现重度秋旱，阜新、建平县为 1951 年以来最严重秋旱。全省农作物受旱面积 88.2 万公顷。

吉林 7 月 22 日至 8 月 17 日，吉林省持续少雨，降水量较常年同期偏少 60% ～ 90%。8 月 1—17 日，全省平均气温较常年同期高 1.8℃，居新中国成立以来第 5 位。高温少雨导致农田大面积干旱，白城、镇赉、大安、乾安、通榆和四平土壤旱情严重。干旱对正处在灌浆期的玉米造成“卡脖旱”，受旱严重的地方玉米不能灌浆。截止 8 月末，全省干旱枯死面积 30 万公顷。

4. 南方 6 省（区）遭遇近 50 年来罕见秋旱

8 月 1 日至 11 月 10 日，我国南方大部地区降水量较常年同期明显偏少，湖南、江西、贵州、云南、广西、广东 6 省（区）区域平均降水量 294.9 毫米，比常年同期（425.6 毫米）偏少 31%，为 1951 年以来历史同期第 3 少。特别是 8 月 15 日至 9 月 15 日，6 省（区）平均降水量为 1951 年以来历史同期最少，高温日数为 1951 年以来历史同期最多。高温少雨致使湖南、江西、贵州、云南、广西、广东等地出现严重秋旱（图 2.1.7）。干旱导致江西鄱阳湖比常年提前两个月进入枯水期，赣江、湘江部分河段最低水位创历史新低；部分水库、山塘干涸；居民生活用水和农业生产受到严重影响。

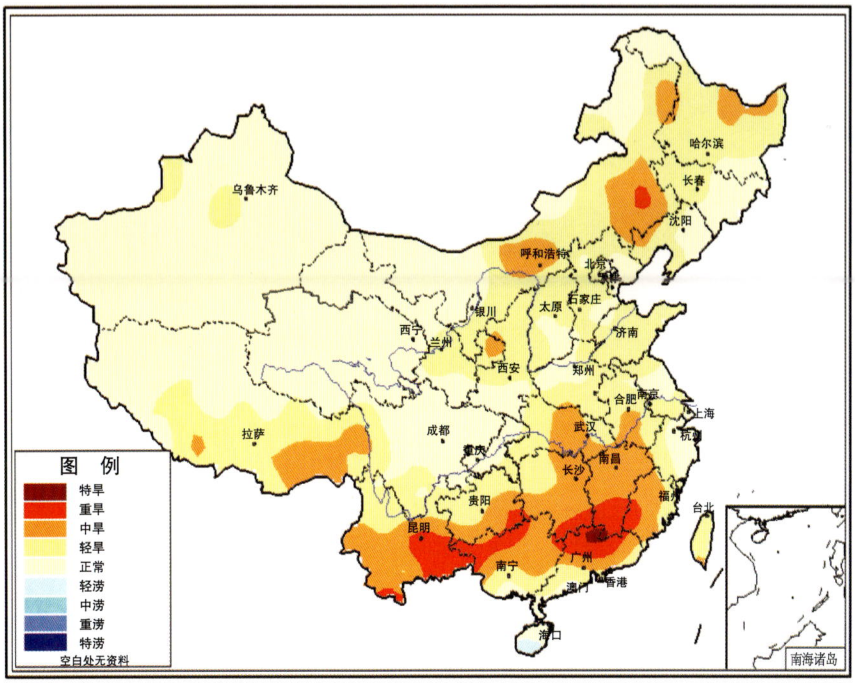

图2.1.7　2009年11月1日气象干旱监测图

Fig.2.1.7　Drought monitoring on November 1, 2009

湖南 6 月初，从湘西北和湘东南开始出现气象干旱，并向湘中发展，8 月初，全省出现干旱，入秋后降水持续偏少，形成长时间的夏秋连旱。由于干旱历时长，土壤墒情差，直至 11 月中旬全省旱情才全面解除。全省有 94 个县（市）干旱日数在 50 天以上，其中有 42 个县（市）达 100 天，79 个县（市）出现重旱，31 个县（市）达特旱；最旱时段出现在 8 月下旬至 11 月上旬。

据8月28日统计，有105万人、35万头大牲畜因旱发生饮水困难，862座水库、25万多处山塘干涸，1900多条溪流断流；重旱主要分布在湘西北和湘南局部地区。长时间持续高温少雨，各大型水库蓄水锐减，江河来水减少，水位持续下降，湘江沿岸城市供水受到严重威胁；四水入湖和长江干流流量急剧减少，导致城陵矶水位快速下降，洞庭湖大片水域干涸，仅东洞庭湖就有2100户渔民7600条船搁浅受困，2/3的渔民无业可作。干旱导致水位严重偏低，各流域航道水浅，河槽窄、河弯急，通航保证率大大降低，湘江中下游先后发生多起搁浅事故。湘江株洲段因枯水提前而基本断航，长沙、湘潭等地大型电厂煤炭告急，长株潭的能源命脉以及下游的产业受到极大影响。9月下旬开始，湘江中下游河段水位持续下降，长沙、株洲、湘潭等河段多次刷新历史最低水位纪录，干涸的河床大片显露，水质受到影响；干旱还使洞庭湖原本就脆弱的生态环境更加恶化。一望无垠的湿地被切割成小水塘，大片洲滩裸露干枯；水体自净能力降低，使洞庭湖区部分内河水体富营养化十分普遍；湿地鸟类食物减少，候鸟死亡率大增。

湖北 7—8月，全省大部降水量较常年同期偏少4～9成，同时受高温天气影响，江汉平原、鄂东北出现旱情。干旱正值全省中晚稻抽穗乳熟、玉米灌浆成熟、棉花铃期的生长需水关键期，“卡脖子”旱给农作物生长和成熟造成严重危害。全省农作物因旱受灾51万公顷，成灾5万公顷，部分人畜饮水困难。重旱区在江汉平原的荆州市以及黄冈、孝感、荆门、随州等地。9月下旬至11月上旬，全省降水异常偏少、气温持续偏高，导致旱情逐步扩大、加重，几乎遍布全省，其中江汉平原和鄂东大部旱情较严重，对秋播造成较大影响，部分田块不能翻耕播种，影响小麦、油菜秋播，部分田块播种后出苗困难，出苗不整齐，苗小苗弱。截止10月底，襄樊市播种困难、未正常出苗和死苗面积13.3万公顷，大悟县有18座水库、2420座塘堰接近死水位。

江西 8月1日至11月10日，江西大部降水量较常年同期偏少3～5成，特别是9月1日至11月5日，全省平均降水量仅51.0毫米，为1951年来历史同期最少，平均气温为1951年以来历史同期第二位。气温高降水少，致使全省大部分地区出现严重秋旱。截至10月26日，全省受旱面积20.9万公顷，有5.2万公顷油菜无法播种，因干旱灾害导致全省农作物直接经济损失4.3亿元。干旱导致江西境内河流水位持续下降，全省5大江河中除饶河外，赣江、抚河、信江、修河等先后出现低于历史最低水位的极枯水位，并提前进入枯水期，鄱阳湖比常年提前两个月进入枯水期。赣江部分河段最低水位创历史新低，赣江中下游低水位致航运受阻，万安至新干段航道一度出现堵航现象，部分船只被困2个多月。部分山丘岗地水库、山塘干涸；居民生活用水和农业生产也受到严重影响。全省因旱饮水困难人口90.9万人。

广东 8月1日至11月10日，广东北部和东南部地区降水量仅50～200毫米，比常年同期偏少5～8成，有5个县（市）雨量为有记录以来同期最少。与此同时全省有58个县（市）平均气温为历史同期最高。由于雨少温高，蒸发量大，江河来水和水库蓄水锐减，土壤失墒日益加重，致使粤北和粤东南局部旱情持续扩大和发展，北部局部地区晚稻干枯。受旱比较严重的主要有韶关、清远、潮州和汕头等地。全省农作物受旱面积13.5万公顷，其中重旱2.94万公顷、干枯3100公顷，饮水困难人口24万人。受干旱影响，2009年秋冬咸潮来得早，程度重。平岗泵站9月15日即出现咸潮，比往年偏早约一个半月；截止12月30日，平岗泵站含氯度累计超标时数已达1207小时，联石湾水闸累计超标时数达2230小时，是往年同期的3～4倍。由于7—10月份持续少雨，广东省东部各大水库来水明显偏少，水位无法回蓄，至10月份底，水库水位大多较历年同期偏低5～6米，全年来水偏少近5成。省内最大水库新丰江水库9—12月各月水位与常年同期相比均偏低4米左右，给后期供水带来很大的压力。

广西 8月1日至12月31日，广西大部地区降水量较常年同期偏少2～7成；全区平均降水量 284.2 毫米，比常年同期偏少 4 成，偏少程度居 1951 年以来历史同期第 2 位。降水持续偏少导致广西出现夏秋冬连旱。据 9 月 10 日统计，广西 14 个市 82 个县（市、区）的 60.9 万公顷受旱，其中重旱 23.5 万公顷、干枯 2.6 万公顷；干旱还造成 100 万人、61.3 万头大牲畜出现临时饮水困难。旱情较重的是河池市、崇左市、百色市南部、桂林市中部、柳州市北部以及贺州市富川县。由于降水持续偏少，10 月份以后广西各江河来水明显减小，受上游来水严重偏少及长洲枢纽调度影响，11 月 11 日 08 时西江梧州水文站出现实测最低水位（2.06 米），为 1900 年设站有记录以来最低。水位偏低导致大量船只滞留在梧州市西江航道。

5. 华南及云南严重冬旱

2008 年 12 月至 2009 年 2 月，我国南方地区降水持续偏少，华南及云南大部降水量较常年同期偏少 5 ~ 8 成，广东东部、福建南部偏少 8 成以上。同期气温普遍偏高，尤其 2 月份偏高达 4 ~ 8℃。少雨温高导致干旱发展，华南大部及贵州大部、云南、四川中部和南部、西藏中部有中到重度气象干旱，局部达特旱（图 2.1.8）。干旱导致云南、广西、广东、福建四省（区）708.8 万人受灾，162.0 万人饮水困难，受灾面积 115.2 万公顷，直接经济损失 7.4 亿元；南方大部地区森林火险气象等级持续偏高，湖南、广东、广西、福建、云南、四川等地发生多起森林火灾。

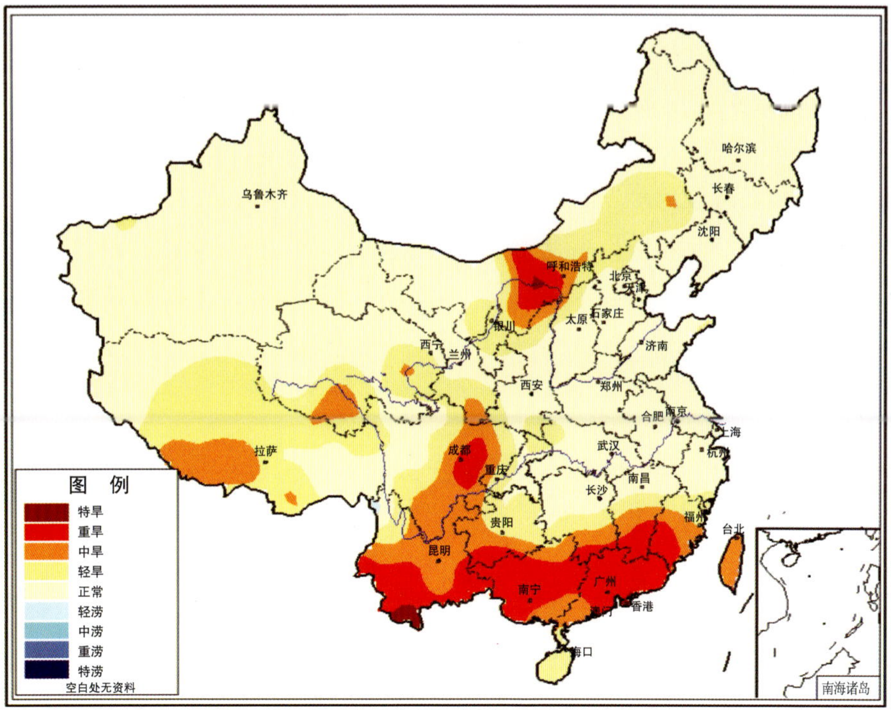

图2.1.8　2009年2月28日气象干旱监测图

Fig.2.1.8　Drought monitoring on February 28, 2009

云南　2008 年 11 月中旬至 2009 年 3 月，云南省大部发生冬春干旱灾害，昭通、曲靖、昆明、玉溪、红河、文山、普洱、临沧、保山、丽江等州（市）受灾严重。1 月中旬至 3 月中旬，云南大部地区旱情严重，库塘蓄水量锐减，部分地区出现库塘干涸现象，其中昭通市镇雄县至 2 月下旬就有 3 座水库干涸。昭通市严重旱灾波及全市范围，共造成近 60 万人、30 万头大牲畜饮水困难，农作物受灾面积逾 8 万公顷；曲靖市旱灾造成全市 16 万余人、14 万多头大牲畜饮水困难，农作物受灾面积 9 万余公顷；至 2 月底，大理州高温少雨已持续 3 个多月，终年积雪的苍山顶峰积雪已基本消融，干旱造成全州 5 万余人、近 8 万头大牲畜饮水困难，农作物受灾面积约 5 万公顷。2

月，腾冲、香格里拉、晋宁等地出现重大森林火灾，其中腾冲县中缅边境森林火灾火线长达 6 千米，过火面积 300 多公顷，其中我国境内约 60 公顷。

广西　2008 年 12 月至 2009 年 2 月，广西大部降水量比常年同期偏少 5 ～ 8 成；其中 1—2 月全区平均降水量比常年同期偏少近 8 成，为 1951 年以来历史同期最少。由于气温偏高，降水量明显偏少，大部地区出现冬旱。持续干旱使部分地区农作物受灾，部分地区地表干硬，无法耕翻，造成春玉米（早稻）无法播（插）种或插播工作被迫延迟，增加春播春种难度。干旱导致森林火险等级偏高，给森林防火工作增加了难度。2009 年 1 月，广西累计发生森林火灾 53 起，过火总面积 779 公顷，受害森林面积 94 公顷；2 月 9—15 日，连续发生多起森林火灾，造成 4 人死亡。干旱还致使部分地区农作物受灾、春玉米播种期被延迟，人畜饮水困难。截至 2 月 24 日，全区受灾人口 365.23 万人，55.9 万人及 23 万头大牲畜出现饮水困难；农作物受旱面积 58.3 万公顷，成灾面积 34.7 万公顷，绝收面积 2.2 万公顷；直接经济损失 3.6 亿元，其中农业损失 3.5 亿元。

广东　2008 年 11 月 11 日至 2009 年 2 月 28 日，全省平均降水量 31.8 毫米，较常年同期偏少 8 成，有 57 个县（市）降水量为历史同期最少；全省有 74 个县（市）降水量不足 50 毫米，其中 24 个县（市）降水量不足 20 毫米。2 月份全省降水尤为稀少，同时气温异常偏高，蒸发量大，致使土壤失墒迅速，干旱进一步发展。截至 2 月 28 日，全省有 74 个县（市）气象干旱等级达到重旱或特旱。全省农作物受旱面积 2.3 万公顷，12.45 万人的饮水受到影响。2008 年 11 月下旬开始，珠江咸潮影响显现，2009 年 1 月下旬至 2 月上旬咸情最严重；联石湾水闸共有 74 天含氯度超标，超标时数达 1164 小时，最大连续超标天数 28 天。温高雨少致使森林火险气象等级持续偏高、林火频发，1—2 月发生森林火灾 67 起，受害面积 1105 公顷，并造成人员伤亡。

6. 西北东北部及山西春夏连旱

3 月 1 日至 7 月 6 日，西北地区东北部及山西北部平均降水量为 72.1 毫米，比常年同期偏少 5 成，加上气温偏高，上述地区出现春夏连旱，冬小麦、春小麦、玉米等农作物生长发育受到较大影响。

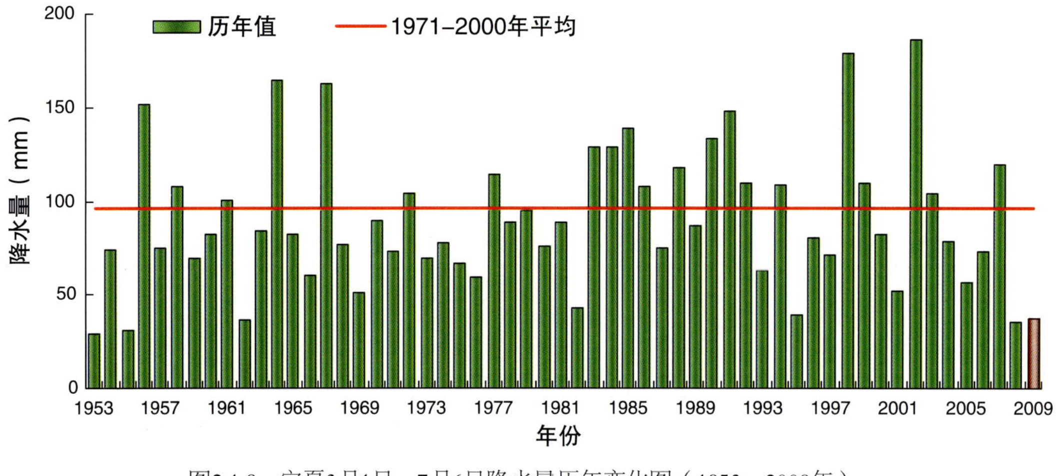

图2.1.9　宁夏3月1日—7月6日降水量历年变化图（1953—2009年）

Fig.2.1.9　Precipitation amounts from March 1 to July 6 in Ningxia from 1953 to 2009

宁夏　2009 年 3 月至 7 月中旬末期，宁夏发生严重春夏连旱，特别是中部干旱带及南部山区干旱严重。3 月 1 日至 7 月 6 日，宁夏平均降水量 37.4 毫米，比常年同期偏少 61%，为 1963 年以来第二少值（图 2.1.9）。春夏连旱影响范围广、持续时间长，中部干旱带及南部山区各种农作物受害，人畜饮水困难、水库缺水，影响严重。尤其进入夏季以后，气温明显偏高，降水量异常偏少，加重了旱情的发展和蔓延。至6月底宁夏中部干旱带及南部山区旱情非常严重，大部分地区达到了重旱和特旱等级。严重的旱情给中部干旱带及南部山区的农业、生态及人畜饮水造成了严重的不利影响。干旱造成中部干旱带和南部山区12个县（区）、71个乡镇、739个行政村受灾。

7. 西藏春夏连旱

4—6月，西藏东部出现近10年来严重干旱。4月1日至6月22日，西藏东部地区降水量78.4毫米，比常年同期偏少3成，为近10年来同期最少值，特别是6月1—22日，西藏东部平均降水量只有16.6毫米，为1956年以来历史同期最少值。与此同时，上述地区气温偏高1～2℃，少雨温高，导致西藏东南部干旱严重。 进入6月以后，西藏大部持续少雨晴热天气，农田耕作层土壤墒情下降，致使雅鲁藏布江一线主要农区及昌都地区、林芝地区、阿里地区41个县出现了不同程度的旱情。干旱对农业、林业、草场、牲畜等造成了不同程度的影响。

2.2 暴雨洪涝

2.2.1 基本概况

2009年，我国暴雨洪涝灾害比常年偏轻。全国平均年降水量比常年明显偏少，除春季接近常年同期外，冬、夏、秋三季均偏少，全国没有出现大的流域性暴雨洪涝灾害，但降水极端性强，局地暴雨洪涝和次生灾害严重。华北黄淮5月出现罕见大范围暴雨，6月底长江中下游遭受年内最强暴雨袭击，7月下旬至8月中旬南方多省（区）遭遇暴雨洪涝灾害，四川地震灾区夏季遭受局地暴雨灾害。据统计，2009年全国因暴雨洪涝及其引发的滑坡、泥石流灾害共造成9245.7万人次受灾，因灾死亡704人；农作物受灾面积764.4万公顷，其中绝收面积78.1万公顷；倒塌房屋56.5万间，直接经济损失655亿元。

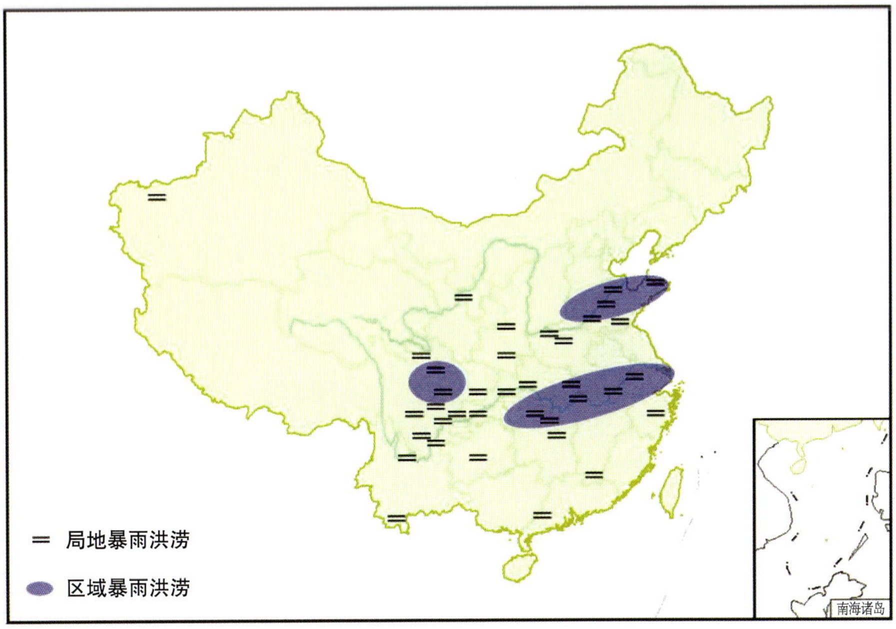

图2.2.1　2009年全国主要暴雨洪涝示意图

Fig.2.2.1　Sketch map of major rainstorm induced floods over China in 2009

总体上看，2009 年全国暴雨洪涝灾害造成的损失轻于 21 世纪以来同期平均水平，但局部地区灾情较重。受灾较重的有四川、湖南、山东、江西、黑龙江、广西、重庆等省（区、市）。

表 2.2.1　2009 年全国主要暴雨洪涝过程简表

Table 2.2.1　List of major rainstorm induced flood events over China in 2009

时间	地区	主要过程降水量（毫米）	死亡（人）	直接经济损失（亿元）
5 月上旬末	山东北部	50 ~ 150，局地 200		13.2
5 月下旬	广东南部	100 ~ 300	4	1.8
5 月下旬	湖北大部	50 ~ 100，局地 150	4	5.7
6 月下旬	湖北随州、孝感、荆门、宜昌、十堰、襄樊、荆州等地	50 ~ 100	5	1.7
6 月下旬	四川乐山、自贡、雅安、宜宾、凉山等 5 个市（州）	50 ~ 100，局地 150	5	1.4
7 月中旬	四川成都、德阳、绵阳、广元和阿坝州部分地区	50 ~ 150，局地 200	8	20.6
7 月中旬	山东烟台、菏泽、滨州、淄博等地	50 ~ 100，局地 150		25.1
7 月下旬	湖南长沙、张家界、株洲、益阳、衡阳等 12 个市	50 ~ 150	21	25.5
7 月下旬	四川宜宾、甘孜、阿坝、攀枝花、凉山、泸州等地	50 ~ 100，局地 150	24	2.0
8 月上旬	重庆西部 11 个区（县）	50 ~ 100，局地 250	5	3.8
8 月中旬	山东西南部 25 个县（市、区）	50 ~ 200		11.3
8 月下旬	四川达州、宜宾、泸州等 8 个地（州、市）	50 ~ 200	7	6.7

2.2.2 主要暴雨洪涝灾害事例

1. 春季，华北南部、黄淮及我国南方部分地区发生局地洪涝灾害

（1）4 月下旬，南方部分地区发生局地洪涝

4 月 17—20 日，我国中东部地区出现大范围降水过程。其中湖北东部、湖南北部、江西、福建、浙江西部等地过程降水量有 50 ~ 100 毫米，部分地区超过 100 毫米。强降水导致湖北、湖南、江西、贵州、浙江等省局部发生洪涝及山体滑坡等灾害，共造成 80 多万人受灾，死亡 1 人，失踪 1 人，紧急转移安置 2100 多人；倒塌房屋 1000 多间，损坏房屋 8000 余间；农作物受灾面积 15.5 万公顷；直接经济损失 2.5 亿元。

4 月 23—25 日，江南、华南部分地区出现大到暴雨、局地大暴雨天气过程。安徽省安庆市因灾死亡 1 人，农作物受灾面积 1920 公顷，直接经济损失 1140 万元；广东省肇庆、云浮等地发生洪涝及山体滑坡灾害，造成 3 人死亡，直接经济损失 2380 万元。此外，4 月 26 日云南省昭通市威信县发生山体滑坡灾害，造成 24 人死亡，2 人重伤。

（2）5 月，华北、黄淮、江南、华南局地遭受暴雨洪涝

5 月 9—10 日，华北南部和黄淮北部普降大到暴雨，局部大暴雨，其中山东北部出现区域性大暴雨，过程降水量一般有 50 ~ 150 毫米，最大降雨出现在山东高青，为 225.5 毫米。山东、河北、山西、河南局地日降水量创 5 月历史新高，其中河北邢台日降水量 175.5 毫米，比当地 5 月历史日降水量极大值多 123.5 毫米。此次降雨过程具有历时短、强度强、极值多、范围广等特点，我国北方在 5 月份出现如此范围大、强度强的暴雨天气极为罕见。此次强降雨缓解了北方大部冬麦区的旱情，但同时造成山东、河北等省农作物受灾严重。山东省受灾人口 270 多万人，农作物

受灾面积 34.5 万公顷，其中绝收 4.1 万公顷，倒塌房屋 1663 间，损坏房屋 6225 间；直接经济损失 13.2 亿元。

5 月 16—20 日，江南中部、华南中西部出现大到暴雨，局部大暴雨，广西、湖南南部过程降水量 100 ~ 250 毫米，广西局部地区超过 250 毫米。强降水造成广西、湖南、江西 120 多万人受灾，直接经济损失超过 4 亿元。

5 月 23—25 日，广东南部、江西东北部、福建西北部、浙江东南部出现大到暴雨，局部大暴雨，广东南部过程降水量 100 ~ 300 毫米，局部地区超过 300 毫米。此次暴雨过程，造成广东省 70 多万人受灾，死亡 4 人，农作物受灾面积 4.4 万公顷，直接经济损失 1.8 亿元。

5 月 27—28 日，河南西部、湖北大部、江西西部、广西中南部出现大到暴雨，局部大暴雨，过程降水量一般在 50 ~ 150 毫米，其中湖北天门降水量 149 毫米。湖北省受灾较为严重，近 230 万人受灾，死亡 4 人，失踪 6 人，直接经济损失 5.9 亿元。江西省 18.5 万人受灾；农作物受灾面积 1.2 万公顷；直接经济损失 1 亿元。

2. 夏季局地极端强降水多，次生灾害严重

2009 年夏季，我国大部地区暴雨日数接近常年同期（图 2.2.2），未发生大范围严重暴雨洪涝灾害，全国大江大河干流水势平稳，但强降水天气面广、极端性强，导致部分中小河流洪水频发，局地和区域性暴雨洪涝及其引发的次生灾害严重。

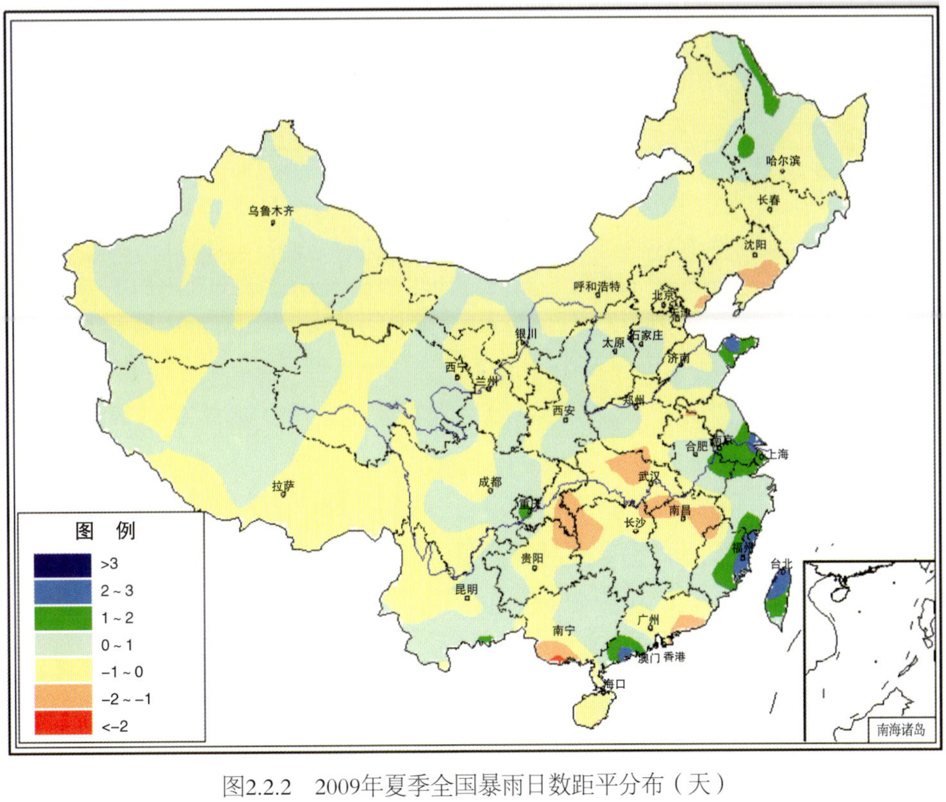

图2.2.2　2009年夏季全国暴雨日数距平分布（天）

Fig.2.2.2　Distribution of the days anomalies with daily precipitation≥50.0mm over China in summer of 2009(d)

（1）6 月底长江中下游遭受 2009 年最强暴雨袭击

6 月 28 日至 7 月 1 日，西南地区东部及长江中下游地区出现区域性大暴雨，过程降水量普遍有 100 ~ 150 毫米，部分地区达 150 ~ 200 毫米（图 2.2.3）；湖北鹤峰过程降水量达 384.0 毫米，

24 小时降水量达 313.2 毫米，突破当地日降水量历史记录。这是长江流域 2009 年范围最大、强度最强的一次暴雨天气过程，强降雨导致长江流域洞庭湖水系的部分河道及淮河支流的滑河出现超警戒水位，上海、武汉等城市出现严重内涝，并造成江苏、浙江、安徽、江西、湖北、湖南、广西、重庆、四川、贵州、云南 11 个省（区、市）、72 个地（市）、282 个县（市、区）2408.2 万人受灾，因灾死亡 64 人，失踪 6 人，紧急转移安置 33.8 万人；倒塌房屋 4.7 万间；直接经济损失 64.4 亿元。

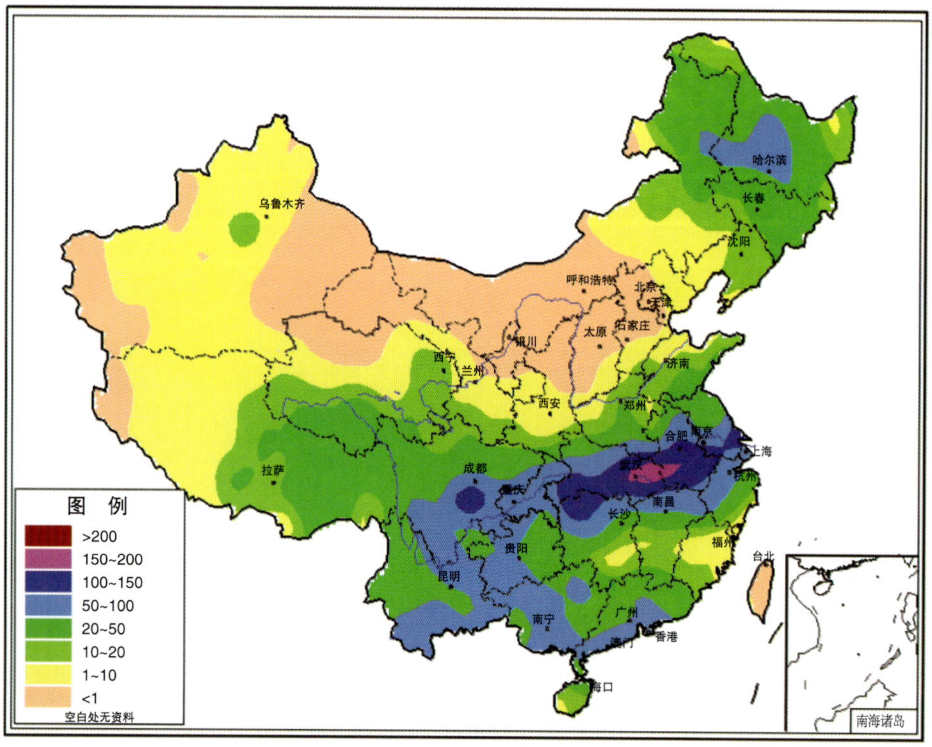

图2.2.3　2009年6月28日至7月1日全国降水量分布图（毫米）

Fig.2.2.3 Distribution of precipitation over China from June 28 to July 1 in 2009（mm）

湖北　6 月 28 日，随州、孝感、荆门、宜昌、十堰、襄樊、荆州、咸宁、恩施等地共 92.5 万人受灾，因灾死亡 5 人，紧急转移安置 1.2 万人；倒塌房屋 557 间；直接经济损失 1.7 亿元。

湖南　6 月 28—29 日，益阳、张家界等 2 个市 4 个县（市）51 万人受灾，因灾死亡 2 人，紧急转移安置 6104 人；倒塌房屋 529 间；直接经济损失 1.7 亿元。

重庆　6 月 27—28 日，万州、长寿、垫江、南川、丰都、潼南、北碚等 17 个县（区）129.5 万人受灾，失踪 1 人，紧急转移安置 2.8 万人；倒塌房屋 3494 间；直接经济损失 2.9 亿元。

四川　6 月 28—29 日，乐山、自贡、雅安、宜宾、凉山等 5 个市（州）8 个县（区）105 万人受灾，因灾死亡 5 人，失踪 1 人，紧急转移安置 0.9 万人；倒塌房屋 1700 间；直接经济损失 1.4 亿元。

（2）7 月中旬四川地震灾区遭受局地暴雨灾害

7 月 14—17 日，四川成都、德阳、绵阳、广元和阿坝州部分地区出现暴雨天气过程，16 日青川（203.7 毫米）、17 日北川（182.0 毫米）、15 日剑阁（166.2 毫米）等 8 县（市）降大暴雨，其中青川连续 3 天出现大暴雨。强降雨造成青川县通讯、交通一度中断；北川老县城发生泥石流，交通受阻；平武县发生大面积山体垮塌和泥石流；宝成线广元至绵阳区段多趟列车运营受到不同程度影响。强降雨造成上述部分地区通讯、交通中断，基础设施损毁严重，局地发生洪涝、山体滑坡、泥石流等灾害，226.8 万人受灾，8 人死亡，13 人失踪，紧急转移安置 12.9 万人；倒塌房屋 6000 间，损坏房屋 2.9 万间；直接经济损失 20.6 亿元。

（3）7 月中旬山东部分地区遭受暴雨洪涝灾害

7 月 17—18 日，山东烟台、菏泽、滨州、淄博等地发生暴雨洪涝灾害。其中 18 日长岛降雨 245.6 毫米、龙口降雨 184.8 毫米，日降水量均突破了当地 7 月份日降水量的历史极值。暴雨洪涝造成 12 个县（市、区）113.1 万人受灾，紧急转移安置 1.7 万人；倒塌房屋 4000 间；直接经济损失 25.1 亿元。

（4）7 月下旬至 8 月中旬南方多省（区）遭遇暴雨洪涝灾害

7 月 21 日至 8 月 14 日，长江流域强降雨天气频繁，受其影响，长江上中游的主要支流先后发生洪水，长江上游干流发生超警戒水位洪水；江苏、安徽降水量和降水日数为 1952 年以来历史同期最多，江苏、安徽、江西局地日降水量打破 7 月历史极值，强降水导致太湖水位持续上涨，太湖及周边河网地区水位长时间居高不下；四川、重庆、湖南、浙江等地也遭受暴雨洪涝灾害，并引发山洪、滑坡和泥石流等次生灾害。

湖南 7 月 24—27 日，长沙、张家界、株洲、益阳、衡阳、邵阳、永州、娄底、怀化、岳阳、湘潭、常德等 12 个市 52 个县（市、区）503.9 万人受灾，因灾死亡 21 人，失踪 1 人，紧急转移安置 17.3 万人；倒塌房屋 1.4 万间；直接经济损失 25.5 亿元。

四川 7 月 26—27 日，四川宜宾、甘孜、阿坝、攀枝花、凉山、泸州等地遭受暴雨袭击。其中，水易县遭受了有气象记录以来的最强降雨袭击，12 小时内降雨量达 177 毫米（其中 26 日 22 时至 27 日 04 时 6 小时降雨量达 166.7 毫米），强降雨引发山洪和泥石流，导致 24 人死亡、4 人失踪、44 人受伤，农作物、基础设施和房屋受损严重，直接经济损失超 2 亿元。

重庆 8 月 2—5 日，重庆西部出现了一次明显的持续性强降雨过程，重庆西部 11 个区（县）出现暴雨，重庆铁山坪（244.3 毫米）、铜梁（164.7 毫米）、渝北（206.5 毫米）、璧山（166.9 毫米）、沙坪坝（159.1 毫米）、巴南（140.6 毫米）等过程降水量超过 100 毫米。此次暴雨过程造成重庆市 79 万人受灾，5 人死亡，2 人失踪，直接经济损失 3.8 亿元。

（5）8 月中旬，山东遭受暴雨洪涝灾害

8 月 17—19 日，山东出现强降水过程，其中山东西南部平均降水量 58.3 毫米，费县（301 毫米）、平邑（192 毫米）、济宁（177 毫米）、滕州（174 毫米）、台儿庄（158 毫米）多站过程降水量超过 100 毫米。费县日降雨量达 299.5 毫米，是建站（1959 年）以来历史最大值。山东 25 个县（市、区）遭受暴雨洪涝灾害，240 万人受灾；倒塌房屋 1000 间；直接经济损失 11.3 亿元。

（6）8 月中下旬，四川遭受暴雨洪涝灾害

8 月 17—19 日，四川盆地西部局部地区出现大暴雨或特大暴雨，四川的乐山（159 毫米）、资阳（115 毫米）、荥经（112 毫米）、青神（111 毫米）、雅安（109 毫米）等多站过程降水量超过 100 毫米。四川 107.6 万人受灾，死亡 4 人，失踪 2 人；倒塌房屋 4000 间；直接经济损失 1.3 亿元。8 月 28—29 日，四川达州、宜宾、泸州等 8 个地（州、市）普降暴雨，暴雨引发多处泥石流、滑坡，造成 70 万人受灾，7 人死亡，2 人失踪，直接经济损失 6.7 亿元。

2.3 热带气旋

2.3.1 基本概况

2009 年，西北太平洋和南海上共有 23 个热带气旋（本文指中心附近最大风力≥ 8 级的热带

气旋，下同）生成，其中 0903 号“莲花”（Linfa）、0904 号“浪卡”（Nangka）、0905 号“苏迪罗”（Soudelor）、热带风暴（未编号命名）、0906 号“莫拉菲”（Molave）、0907 号“天鹅”（Goni）、0908 号“莫拉克”（Morakot）、0913 号“彩虹”（Mujigae）、0915 号“巨爵”（Koppu）、0917 号“芭玛”（Parma）先后在我国登陆（见图 2.3.1）。“天鹅”、“莫拉克”和“芭玛”路径复杂多变，10 个登陆热带气旋中，有 5 个集中在 6 月下旬至 7 月中旬登陆。总的来看，2009 年热带气旋生成个数较常年偏少，登陆个数较常年偏多且时间集中，强度偏弱；起编时间偏晚，停编时间偏早，初台登陆偏早，末台登陆时间接近常年。

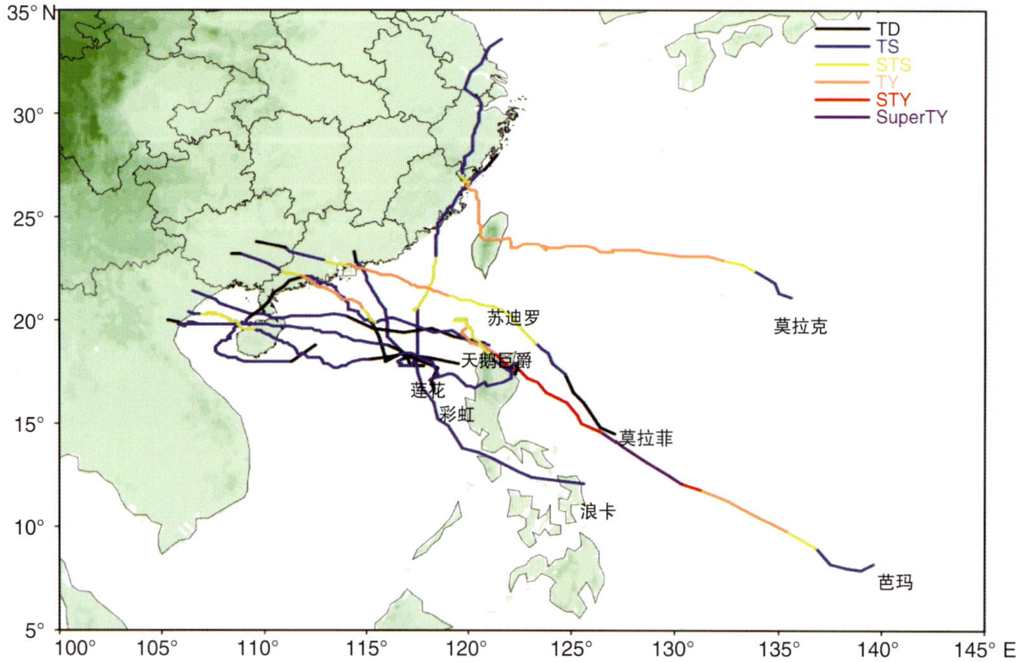

图2.3.1　2009年登陆我国的热带气旋路径（中央气象台提供）
（注：未编号命名的登陆热带气旋没有收录）
Fig.2.3.1　Tracks of tropical cyclones landed on China in 2009（provided by Central Meteorological Observatory）

2009 年，热带气旋带来的大量降水，对缓解南方部分地区的夏伏旱和增加水库蓄水等十分有利，但由于登陆时间集中，部分地区因降水强度大、风力强，遭受的损失比较严重。据不完全统计，全国共有 1943.6 万人受灾，43 人死亡，21 人失踪，转移安置 278.1 万人，111.4 万公顷农作物受灾，2.5 万间房屋倒塌，直接经济损失 190.9 亿元（表 2.3.1）。其中，影响较大的是 0908 号“莫拉克”（Morakot）和 0915 号“巨爵”（Koppu）；受灾较重的地区是浙江，其次是广东。

表 2.3.1　2009 年热带气旋主要灾情表

Table 2.3.1　List of tropical cyclones and associated disasters over China in 2009

国内编号及中英文名称	登陆时间（月．日）	登陆地点	最大风力（风速）	受灾地区	受灾人口（万人）	死亡人口（人）	失踪人口（人）	转移安置（万人）	倒塌房屋（万间）	受灾面积（万公顷）	直接经济损失（亿元）
0903 莲花（Linfa）	6.21	福建晋江	10(26)	福建	47.48	1	1	13.75	0.05	5.0	6.50
				广东	9.58	5		1.99	0.56	0.36	7.53
				浙江	2.25					0.11	0.43

续表

国内编号及中英文名称	登陆时间（月.日）	登陆地点	最大风力（风速）	受灾地区	受灾人口（万人）	死亡人口（人）	失踪人口（人）	转移安置（万人）	倒塌房屋（万间）	受灾面积（万公顷）	直接经济损失（亿元）
0904 浪卡（Nangka）	6.26	广东惠东	8(20)	广东	3.5			2.17		0.33	0.37
0905 苏迪罗（Soudelor）	7.12	海南文昌	8(18)	广东	5.25			9.17	0.03	0.11	0.46
	7.12	广东徐闻	8(18)	海南							
未编号命名	7.13	台湾台东	8（20）	福建							
	7.14	福建莆田	8（20）	广东							0.03
0906 莫拉菲（Molave）	7.19	广东深圳	13(38)	广东	104.63			22.63	0.04	4.24	4.65
				广西	50.75			0.22	0.07	1.17	0.89
				云南	5.07					0.39	0.24
0907 天鹅（Goni）	8.5	广东台山	9(25)	广东	88.78	2		20.98	0.14	11.42	10.41
				海南	163.44	6	12	8.15	0.10	6.64	3.87
0908 莫拉克（Morakot）	8.7	台湾花莲	13(40)	浙江	768.51	5	1	86.03	0.77	35.04	88.43
				福建	165.01	3	1	52.99	0.14	9.57	19.83
				江西	44.06	0	0	0.13	0.01	1.08	1.57
				安徽	104.52	1	0	9.66	0.05	2.87	9.81
	8.9	福建霞浦	12(33)	江苏	70.72	3	0	1.79	0.06	16.38	5.27
				上海	4.63			0.27		1.63	3.32
0913 彩虹（Mujigae）	9.11	海南文昌	8(20)	广东	0.31					0.21	0.19
				海南	25.56			4.62	0.01	0.86	0.56
0915 巨爵（Koppu）	9.15	广东台山	12(35)	广东	167.82	13	6	26.33	0.45	10.35	23.93
				广西	21.82			1.12	0.04	0.71	0.27
0917 芭玛（Parma）	10.12	海南万宁	9(23)	海南	89.87	4		7.56	0.01	2.96	2.37
				广东				8.9			
合 计					1943.56	43	21	278.45	2.54	111.4	190.93

2.3.2 主要热带气旋灾害事例

1. 0903 号“莲花”（Linfa）

0903 号“莲花”（Linfa）于 6 月 21 日 20 时 30 分在福建省晋江市东石镇登陆，登陆时中心气压 985 百帕，中心附近最大风力有 9 级（23 米/秒）。“莲花”是 2009 年登陆我国的第一个热带气旋，登陆时间比常年初台登陆时间（7 月 1 日）提早 10 天，比 2008 年第一个登陆热带气旋（浣熊，登陆时间为 4 月 18 日）晚 64 天。受其影响，福建、广东、浙江 3 省共有 59.3 万人受灾，死亡 6 人，失踪 1 人，紧急转移安置 15.7 万人；农作物受灾面积 5.5 万公顷；倒塌房屋 6000 多间；直接经济损失 14.5 亿元。

福建 受“莲花”正面登陆影响，6 月 21　22 日，福建省沿海风力自南向北先后逐渐加大至 6～8 级，局部乡镇出现短时阵风 9～11 级。受其残留云团与冷空气的共同影响，中南部沿海地区的大部分县市和内陆的局部县（市）出现暴雨到大暴雨，其中东山、云霄、诏安和厦门的局部乡镇出现特大暴雨。20 日 20 时—23 日 20 时过程雨量，全省 29 个县（市）总雨量超过 50 毫米，其中 11 个县（市）总雨量超过 100 毫米，以东山县 394.9 毫米为最大，为该县 1961 年以来日降水量最大值。另外同期区域自动站统计，全省 55 个县（市）的 441 个测站雨量大于 50 毫米，其中 37 个县（市）的 133 个测站雨量大于 100 毫米，4 个县（市）的 9 个测站雨量大于 250 毫米，以东山红旗水库的 495.1 毫米为最大。"莲花"造成福建 47.5 万人受灾，紧急转移安置 13.8 万人；农作物受灾面积 5.0 万公顷；倒塌房屋 500 间；直接经济损失 6.5 亿元。

广东　受"莲花"外围环流影响，南海东北部海面、粤东海面、台湾海峡出现 6 ～ 8 级，阵风 9 级的大风，梅州、汕头、潮州、揭阳等地区出现了大雨到暴雨，其中，6 月 22 日平远气象观测站录得 425 毫米的特大暴雨，为该站历年最大日雨量，并远远大于 1961 年 8 月 26 日录得的 194.2 毫米的原最高纪录。22 日 08—09 时一小时雨量达 138.9 毫米。"莲花"造成广东省共 9.6 万人受灾，因灾死亡 5 人，紧急转移安置 2.0 万人；农作物受灾面积 0.4 万公顷；倒塌房屋 6000 多间；直接经济损失 7.5 亿元。

2. 0904 号**"浪卡"**(Nangka)

0904 号"浪卡"（Nangka）于 6 月 26 日 22 时 50 分在广东省惠东市平海镇沿海登陆，登陆时中心附近最大风力有 8 级（20 米 / 秒），中心气压 994 百帕。6 月 27 日凌晨 1 时在大亚湾开发区澳头镇再次登陆，登陆时中心附近最大风力 8 级（18 米 / 秒），中心最低气压 994 百帕。热带风暴"浪卡"具有带来风雨强度弱、影响时间短、损失小等特点。

广东　受"浪卡"减弱后的热带低压和西南季风的共同影响，珠江口两侧及广东东部地区出现 6 ～ 8 级大风；广东大部降水量普遍在 20 毫米以上，其中广东中南部降水量有 50 ～ 100 毫米，局部地区在 100 毫米以上，广东惠阳降水量达 206.3 毫米。据统计，全省共有 3.5 万人受灾，紧急转移安置 2.2 万人；农作物受灾面积 3000 多公顷；直接经济损失 3700 万元。

福建　受"浪卡"风暴外围环流影响，福建省中南部地区出现 7 ～ 8 级的阵风和中－大雨，漳州局部县（市）出现暴雨。统计 26 日 20 时—28 日 20 时雨量，漳州地区的 4 个县 (市) 过程雨量大于 50 毫米，以平和县 80.5 毫米为最大（同期区域自动站平和县安厚镇 107.8 毫米为最大）。"浪卡"对福建省的影响利大于弊。"浪卡"影响之际正值雨季即将结束之时，带来的降水，有利于增加福建省部分水库的蓄水量，提高盛夏抗旱和水力发电能力；有利于调节气温、降低森林火险等级和减轻用电负荷压力，具有一定的社会和经济效益。

3. 0905 号**"苏迪罗"**(Soudelor)

0905 号"苏迪罗"（Soudelor）于 7 月 12 日 5 时 30 分在海南省文昌北部沿海登陆，登陆时中心附近最大风力有 8 级（18 米 / 秒），中心气压 994 百帕；12 日 8 时 20 分在广东省徐闻再次登陆，登陆时中心附近最大风力有 8 级（18 米 / 秒），中心气压 994 百帕；12 日 18 时 30 分再次在越南东北部的广宁省锦普市沿海登陆，登陆时中心附近最大风力 8 级（18 米 / 秒），中心最低气压 994 百帕。热带风暴"苏迪罗"对海南和广东大部的高温天气有一定程度的缓解。

海南　7 月 11—12 日，海南北部出现大雨、暴雨或大暴雨，共有 28 个乡镇雨量超过 100 毫米，其中临高马袅镇达到 181.1 毫米。另外，海南北部和东部沿海陆地普遍出现 6 ～ 8 级的阵风。"苏迪罗"带来的暴雨使文昌、琼海等市（县）的低洼路段积水，对交通运输有一定影响

广东　受"苏迪罗"影响，12 日珠江口外海面、粤西海面出现 6 ～ 8 级大风，粤西沿海地区也出现了 6 ～ 7 级大风，其中徐闻出现最大风力 9 级（21.7 米 / 秒），阵风 10 级（27.3 米 / 秒）。

11、12 两日广东省各地降小到中雨，有 3 个气象观测站录得 25 ～ 29 毫米的降水，高温天气得到暂时缓解。据统计，全省受灾人口 5.3 万人，紧急转移安置 9.2 万人；农作物受灾面积 1000 多公顷；直接经济损失 4600 万元。

4. 0906 号“**莫拉菲**”(Molave)

0906 号“莫拉菲”(Molave) 于 7 月 19 日零时 50 分在广东省深圳市大鹏半岛（南澳镇）沿海登陆，登陆时中心附近最大风力有 13 级（38 米 / 秒），中心气压 965 百帕。“莫拉菲”是继 9107 号台风“艾美”(Amy) 后，7 月份登陆广东的最强台风，列 1951 年以来 7 月登陆广东台风的第三强。“莫拉菲”具有强度强、发展快、移速快等特点。受其影响，广东、广西、云南 3 省（区）共有 160.5 万人受灾，紧急转移 22.9 万人；农作物受灾面积 5.8 万公顷；倒塌房屋 1200 间；直接经济损失 5.8 亿元。

广东　珠江三角洲和粤东沿海出现了 9 ～ 11 级、阵风 12 ～ 14 级大风，其中惠州大亚湾马鞭洲岛自动站最大阵风达 49.1 米 / 秒（15 级）。全省共有 185 个气象站出现暴雨，65 个站出现 100 毫米以上的大暴雨，广东中山五桂山站降雨量达 179.5 毫米。受台风暴雨影响，珠江三角洲部分潮位站最高潮位陆续出现超警戒潮位，广州中大站最高潮位达 2.07 米（超警戒潮位 0.57 米）。“莫拉菲”影响有弊也有利，台风降水一度缓解了高温炎热天气，对增加水库蓄水、晚稻备耕以及缓解华南电力负荷紧张状况有利，但也使局部地区遭受内涝及山体滑坡、泥石流等地质灾害。据统计，全省有 104.6 万人受灾，紧急转移人员 22.6 万人；房屋倒塌 400 间；农作物受灾面积 4.2 万公顷；直接经济损失 4.7 亿元。

广西　7 月 19 日 08 时到 20 日 08 时，有 20 站出现暴雨，8 站出现 100 毫米以上的大暴雨，其中北流达 156 毫米。据统计，全区有 50.8 万人受灾，紧急转移安置 2000 多人；农作物受灾面积 1.2 万公顷；直接经济损失 8900 万元。

云南　7 月 20—21 日，全省普降中到大雨，局地降暴雨或大暴雨。据统计，全省有 5.1 万人受灾；农作物受灾面积 3.9 万公顷；直接经济损失 2400 万元。

5. 0907 号“**天鹅**”(Goni)

0907 号“天鹅”(Goni) 于 8 月 5 日 06 时 20 分在广东省台山市沿海登陆，登陆时中心附近最大风力有 9 级（23 米 / 秒），中心气压 990 百帕。“天鹅”具有生命史长、路径复杂、强度弱、移速慢等特点。受其影响，广东、海南 2 省共 252.2 万人受灾，死亡 8 人，失踪 12 人，紧急转移安置 29.1 万人；倒损房屋 2400 间；农作物受灾面积 18.1 万公顷；直接经济损失 14.3 亿元。

广东　受“天鹅”影响，珠江三角洲和粤西南沿海和陆地以及北部湾等地出现了 6 ～ 8 级、阵风 9 ～ 10 级的大风，其中 5 日江门赤溪镇曹冲村出现 29.4 米 / 秒（11 级）的阵风。8 月 3 日 08 时至 10 日 08 时，广东西部降雨量普遍有 100 ～ 300 毫米，西南部沿海降雨量达到 300 ～ 400 毫米，阳江（550.1 毫米）、上川岛（485.1 毫米）、徐闻（480.2 毫米）等地超过 400 毫米。其中，8 月 5 日 08 时至 6 日 08 时上川岛（346.5 毫米）、阳江（326.3 毫米）、台山（307.4 毫米）和 8 月 6 日 08 时至 7 日 08 时徐闻（308.5 毫米），24 小时降水量均超过 8 月历史日降水量极值。据统计，全省受灾人口 88.8 万人，死亡 2 人，紧急转移 21.0 万人；农作物受灾面积 11.4 万公顷；倒塌房屋 1400 间；直接经济损失 10.4 亿元。

海南　西部和南部沿海出现了 6 ～ 8 级、阵风 9 ～ 10 级的大风。8 月 6 日，海口降水量 246.3 毫米，为 8 月日降水量历史次大值；7 日，东方 369.0 毫米，昌江 428.0 毫米，均为 8 月日降水量历史极大值。据统计，全省受灾人口 163.4 万人，死亡 6 人，失踪 12 人，紧急转移安置人口 8.2 万人；倒塌房屋 1000 间；农作物受灾面积 6.6 万公顷；直接经济损失 3.9 亿元。

6. 0908 号“莫拉克”(Morakot)

0908 号“莫拉克”(Morakot) 于 8 月 7 日 23 时 45 分在台湾省花莲市沿海登陆，登陆时中心附近最大风力 13 级（40 米 / 秒），中心气压 955 百帕；9 日 16 时，在福建省霞浦县沿海再次登陆，登陆时中心附近最大风力有 12 级（33 米 / 秒），中心最低气压 970 百帕。“莫拉克”具有强度强、范围广、移速变化大等特点。受“莫拉克”影响，浙江、福建、江西、安徽、江苏、上海 6 省（市）共 1157.5 万人受灾，死亡 12 人，失踪 2 人；紧急转移 150.9 万人；倒损房屋 1.0 万间；农作物受灾面积 66.6 万公顷；直接经济损失 128.2 亿元。

福建 沿海出现了 10 ～ 12 级、局部 13 ～ 15 级的大风。8 月 6 日 20 时至 10 日 06 时，全省共有 26 个县（市）的 135 个站极大风速超过 10 级，有 46 个站达到或超过 12 级，8 个站超过 14 级，其中霞浦西洋风力达到 15 级（47.7 米 / 秒）。6 日 08 时至 12 日 08 时，福建出现强降水，东部过程降水量普遍有 100 ～ 300 毫米，东北部达 300 ～ 500 毫米，柘荣达 708.0 毫米；部分站点过程雨量超过 50 年一遇。8 日 08 时至 9 日 08 时，柘荣降水量 405.8 毫米、罗源 313.9 毫米。9 日 08 时—10 日 08 时，九仙山降水量 205.5 毫米，超过当地 8 月日降水量历史极值（1990 年 8 月 20 日 185.7 毫米）。据统计，全省共计受灾人口 165.0 万人，死亡 3 人，失踪 1 人，紧急转移安置 53.0 万人；农作物受灾面积 9.6 万公顷；倒塌房屋 1400 间；直接经济损失 19.8 亿元。

浙江 沿海等地出现了 10 ～ 12 级、局部 13 ～ 15 级的大风，其中苍南渔寮极大风速 43.2 米 / 秒、苍南马站 42.8 米 / 秒、温州大罗山雷达站 41.7 米 / 秒、洞头小门 41.0 米 / 秒、瑞安北龙 40.9 米 / 秒。6 日 08 时至 12 日 08 时，浙江出现强降水，过程降水量普遍有 100 ～ 300 毫米，东南部达 300 ～ 500 毫米；部分站点过程雨量超过 50 年一遇。6 日 20 时至 9 日 20 时，泰顺九峰（1235.3 毫米）、文成桂山 (869.4 毫米)、平阳吴垟 (810.4 毫米)、文成公阳 (735.5 毫米)、苍南昌禅 (692.4 毫米)、苍南南宋 (688.0 毫米)、乐清砩头 (675.7 毫米)、苍南莒溪 (656.0 毫米)、苍南五凤 (612.5 毫米) 等地降水量均在 600 毫米以上。9 日 08 时至 10 日 08 时，瑞安（152.4 毫米）、嵊县（113.5 毫米) 降水量均超过当地 8 月日降水量历史极值。据不完全统计，全省共计有 768.5 万人受灾，死亡 5 人，失踪 1 人，紧急转移安置 86.0 万人；倒塌房屋 7700 多间；农作物受灾面积 35.0 万公顷；直接经济损失约 88.4 亿元。

上海 大部分地区出现了暴雨到大暴雨，1 小时降雨量以虹桥 92.1 毫米为最大。市区最大阵风普遍达到了 7 ~ 8 级，长江口区和沿江沿海地区 7 ~ 9 级，上海市沿海海面和洋山港区 9 ~ 11 级。初步统计，全市共有 4.6 万人受灾，紧急转移 2700 人；农作物受灾面积 1.6 万公顷；直接经济损失 3.3 亿元。

江苏 淮河以南地区出现 7 ～ 8 级大风，沿海出现 9 ～ 10 级大风，最大风速达 11 级。10 日 5 时至 11 日 5 时，江苏南通、泰州、盐城、镇江、扬州等 14 个台站雨量在 100 毫米以上，最大雨量 150.6 毫米（姜堰）；全省有 118 个加密自动观测站雨量在 100 毫米以上，最大雨量姜堰蒋垛 179.3 毫米。据不完全统计，全省有 70.7 万人受灾，因灾死亡 3 人，紧急转移安置 1.8 万人；倒塌房屋 600 余间；农作物受灾面积 16.4 万公顷；直接经济损失 5.3 亿元。

安徽 淮河以南大部出现降水，其中江南中东部过程降水量普遍超过 100 毫米，最大九华山 438.2 毫米。全省高密度自动观测站网显示：江南中东部有 44 个站点过程降水量超过 100 毫米，其中 8 个站点超过 200 毫米。从逐日降水量看，8 月 10 日，江南中东部有 28 个站点超过 100 毫米，最大九华山（242.7 毫米）逼近历史单日雨量极值（2007 年 7 月 10 日 264.9 毫米）；11 日，江南中部有 10 个站点超过 100 毫米，最大泾县蔡村 165.1 毫米。8 月 9—11 日，九华山和黄山光明顶 3 天累计雨量分别高达 438.2 毫米和 317.2 毫米，具有降水集中、强度强的特征。同时，江淮之间东部、大别山区南部和沿江江南东部有 76 个站点出现 7 级以上大风，黄山光明顶最大风速达 25.7 米 / 秒。强降水导致部分河流和水库明显上涨，局部还发生了山洪灾害。初步统计，全省有 104.5 万人受灾，因灾死亡 1 人，紧急转移安置 9.7 万人；农作物受灾面积 2.9 万公顷；倒塌房屋 500 间，损坏房屋 1.74 万间；直接经济损失 9.8 亿元。受灾较重的主要是宁国市、广德县、九华山风景区、东至县、贵池区等县（区）。

江西 大部分地区出现中到大雨、局部暴雨，全省有 75 个县（市）的 313 个乡镇出现 7 级以上大风。有 15 个县（市）的 53 个乡镇出现暴雨、大暴雨，24 小时雨量以铅山县篁碧大岩（196.8 毫米）为最大，铅山县武保（179.7 毫米）次之。8 月 7 日 08 时至 11 日 08 时累计雨量以铅山县篁碧大岩 286.9 毫米为最大。总体上“莫拉克”带来的降水对抑制高温、增加水资源有利，对农业生产影响利大于弊。但强降水导致部分地区发生山洪及山体滑坡灾害。初步统计，全省有 44.1 万人受灾，紧急转移安置 1300 人；农作物受灾面积约 1.1 万公顷，绝收 1400 公顷；倒塌房屋 100 间；直接经济损失 1.6 亿元。

7. 0913 号 **“彩虹”**（Mujigae）

0913 号“彩虹”(Mujigae) 于 9 月 11 日 2 时 20 分在海南省文昌市沿海登陆，登陆时中心附近最大风力有 8 级（20 米 / 秒），中心气压 992 百帕；12 日 10 时 30 分左右在越南清化沿海登陆，登陆时中心附近最大风力有 8 级（18 米 / 秒）。受其影响，广东、海南共有 25.9 万人受灾，紧急转移安置 4.6 万人；直接经济损失约 8000 万元。

海南 受热带风暴“彩虹”环流影响，海南北部出现了暴雨到特大暴雨，东部、北部和西部沿海地区出现 8 ~ 10 级阵风。据自动站资料统计，9 月 10 日 14 时至 11 日 14 时，全省有 191 个乡镇降雨量超过 50 毫米，106 个乡镇雨量超过 100 毫米，9 个乡镇雨量超过 250 毫米，其中儋州市西庆农场最大为 324.1 毫米；有 89 个乡镇自动站出现 8 级以上大风，其中临高美台最大风速为 27.6 米 / 秒。由于热带风暴“彩虹”移动快、停留时间短，影响范围小，灾情轻。总的看“彩虹”有利有弊，利大于弊。受“彩虹”影响，海南省水库增加蓄水 9233 万立方米，其中松涛水库增加蓄水 1980 万立方米，为冬春的抗旱工作创造了有利条件。据统计，全省有 25.6 万人受灾，紧急转移安置 4.6 万人；倒塌房屋 100 多间；直接经济损失约 6000 万元。

广东 中南部普降中到大雨，西南沿海出现大雨—特大暴雨，其中 9 月 11 日上川岛降水量为 195 毫米。“彩虹”带来降雨利大于弊，及时补充了江河雨洪资源，西江、北江、东江水位喜见小幅提升，有效改善了江河水质量、优化了流域生态环境。全省没有发生人员伤亡和明显灾情，仅粤西部分地区遭受“彩虹”的“微创”。据不完全统计，徐闻县有 3000 多人受灾；农作物受灾面积 2000 多公顷；直接经济损失近 2000 万元。

8. 0915 号 **“巨爵”**（Koppu）

0915 号“巨爵”（Koppu）于 9 月 15 日 7 时前后在广东省台山市沿海登陆，登陆时中心附近最大风力有 12 级（35 米 / 秒），中心气压 970 百帕。台风“巨爵”带来的降水使两广前期存在的气象干旱得到一定程度的缓和或解除，华南部分地区库塘蓄水得到增加，为抗旱工作创造了有利条件。同时，降水还缓解了华南地区前期高温炎热天气。据统计，广东、广西 2 省（区）受灾人口 189.6 万人，紧急转移安置 27.5 万人；农作物受灾面积 11.1 万公顷；直接经济损失 24.2 亿元。

广东 中西部沿海出现了 11 ~ 13 级大风。西部和珠三角地区出现大雨到特大暴雨，9 月 14—16 日 3 天内有 25 个台站过程降雨量超过 100 毫米，尤其罗定录得超百年一遇过程降雨量 362.2 毫米，居历史第一位。15 日广州市珠江口附近海面出现 80 ~ 160 厘米风暴潮增水，南沙和番禺沿海以及广州市区珠江河段普遍出现 2.3 ～ 2.7 米 20 年一遇高潮水位，其中黄埔站潮位 2.50 米，超 50 年遇高潮位（2.41 米）。"巨爵"具有影响范围大、时间长、风暴潮和局部暴雨强度强等特点，对广东省造成较严重灾害。据统计，全省有 167.8 万人受灾，因灾死亡 13 人，失踪 6 人，紧急转移安置 26.3 万人；农作物受灾面积 10.4 万公顷；倒塌房屋 4500 间；直接经济损失 23.9 亿元。

广西　出现了较强的风雨天气。9 月 14 日 08 时至 18 日 08 时过程降水量，广西东南部降水量有 100 ~ 200 毫米，其中北海（333.9 毫米）、涠洲岛（233.3 毫米）超过 200 毫米。另外，东部地区普遍出现 8 级以上大风，其中北流大容山出现最大风力达 11 级（31.3 米 / 秒）。据统计，全区有 21.8 万人受灾，紧急转移安置 1.1 万人；农作物受灾面积 7000 多公顷；倒塌房屋 400 余间；直接经济损失约 3000 万元。

9. 0917 号"芭玛"(Parma)

0917 号"芭玛"（Parma）于 10 月 12 日 9 时 50 分在海南省万宁市北部沿海登陆，登陆时中心附近最大风力有 9 级（23 米 / 秒），中心气压 992 百帕。14 日 16 时 30 分前后在越南北部一带沿海登陆，登陆时中心气压 992 百帕，中心附近最大风速 9 级（23 米 / 秒）。"芭玛"具有生命史长、路径诡异、强度变化大、登陆频繁（2 次登陆菲律宾，1 次登陆我国，1 次登陆越南）特点。受"芭玛"影响，海南、广东两省共有 89.9 万人受灾，因灾死亡 4 人，紧急转移安置 16.5 万人；农作物受灾面积 3.0 万公顷；直接经济损失 2.4 亿元。

海南　普遍出现大雨到大暴雨，10 月 11 日 08 时至 16 日 08 时，大部地区过程降水量有 100 ~ 200 毫米，海南临高（378.4 毫米）、文昌（325 毫米）、澄迈（316.1 毫米）、儋县（311.5 毫米）等站点超过 300 毫米。海南西北部地区普遍出现了 8 ~ 10 级阵风，以昌江十月田镇 32.0 米 / 秒 (11 级) 阵风风力为最大。全省有 89.9 万人受灾，因灾死亡 4 人，紧急转移安置 7.6 万人；农作物受灾面积约 3.0 万公顷；倒塌房屋 100 多间；直接经济损失 2.4 亿元。

广东　西南部出现大雨到大暴雨，10 月 11 日 08 时至 16 日 08 时过程降水量一般在 50 毫米以上，其中雷州半岛部分地区有 100 ~ 200 毫米，局部超过 200 毫米。湛江市一些乡镇受灾，农作物受浸 1000 多公顷，倒塌房屋 50 多间，直接经济损失近 70 万元。

2.4 冰雹与龙卷风

2.4.1 基本情况

2009 年全国共有 31 个省（区、市）、1637 个县（市）次出现冰雹，38 个县（市）次出现龙卷风；冰雹和龙卷风累计受灾面积 549.3 万公顷，绝收面积 53.5 万公顷，倒塌房屋 13.5 万间，损坏房屋 108.1 万间，死亡 509 人，直接经济损失 373.3 亿元。2009 年全国降雹县次数比常年明显偏多，龙卷风县次数少于常年，风雹造成的经济损失比常年偏重。

2.4.2 冰雹

1. 主要特点

(1) 降雹次数比常年明显偏多

2009 年，全国 31 个省（区、市）均不同程度地遭受冰雹袭击。据统计，共有 1637 个县（市）次出现冰雹。降雹次数比常年（平均约 1000 个县次）明显偏多。

(2) 初雹时间较常年偏早，终雹时间接近常年

2009 年，记录到的全国最早一次风雹天气出现在 1 月 21 日（河南嵩县），初雹时间较常年（平均出现在 2 月上旬）偏早；最晚一次风雹天气出现在 11 月 9 日，终雹时间接近常年（平均出现在

11 月上旬）。

（3）降雹集中在夏季，以 6 月最多

从降雹发生的季节分布来看，2009 年冰雹主要集中在夏季，共有 1136 个县（市）次降雹，占全年降雹总次数的 69.4%；春季降雹次多，共有 308 个县（市）次降雹，占全年的 18.9%。秋季降雹次数较少，共有 150 个县（市）次降雹，占全年的 9.2%；冬季降雹次数最少，集中在 1、2 月，总共只有 43 个县（市）降雹，仅占全年的 2.6%。

从各月降雹情况看，2009 年 6 月最多，共 507 个县（市）次降雹，占全年的 31%；7 月次多，329 个县（市）次降雹，占全年的 20.1%；8 月居第三位，300 个县（市）次降雹，占全年的 18.3%；4 月居第四位，159 个县（市）次降雹，占全年的 9.7%。11 月，湖北、湖南、江西、安徽、浙江先后出现大范围强对流天气，强度大、影响重。12 月全国无降雹。

（4）中东部地区降雹较多

2009 年，全年降雹较多的是华北、黄淮、江淮、西南地区东部、西北地区东部以及内蒙古等地。从各省分布来看，云南最多，降雹 178 县次，河北其次，降雹 170 县次，宁夏、西藏、福建、上海、海南降雹较少，低于 10 县次（图 2.4.1）。安徽、河南、河北、内蒙古、江苏、云南等省（区）因风雹遭受的经济损失较重。

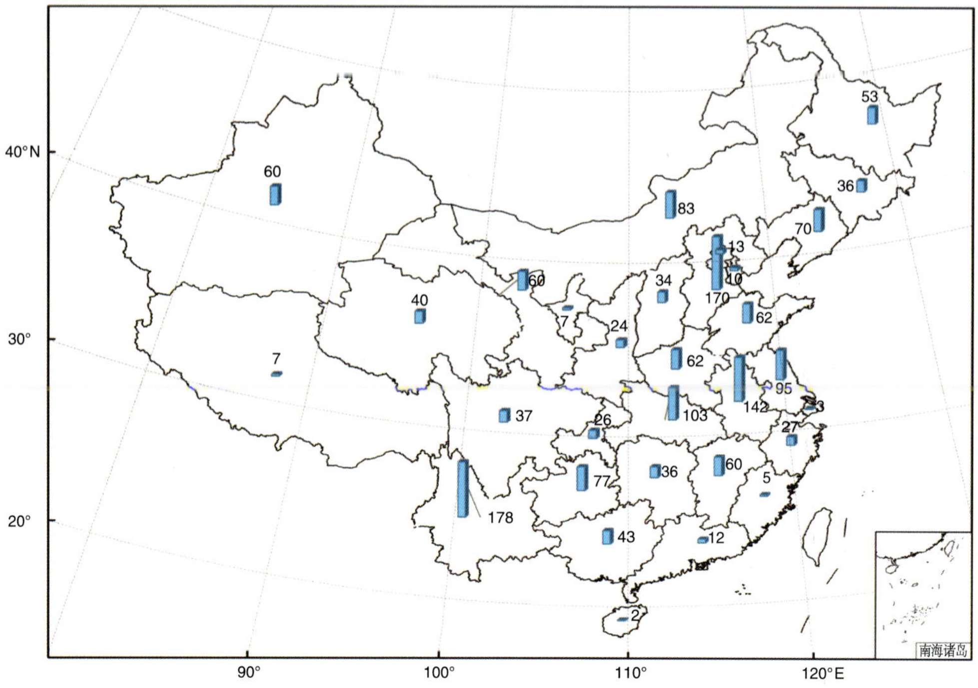

图 2.4.1　2009年全国降雹县次分布

Fig.2.4.1　Distribution of hail events over China in 2009

2. 部分风雹灾害事例

（1）2 月 12—13 日，湖南省衡阳、岳阳、永州等市部分县（区）遭受风雹袭击。13.67 万人受灾，死亡 2 人；农作物受灾面积 0.3 万公顷；损坏房屋 3686 间，倒塌房屋 395 间；直接经济损失 3300 万元。

（2）2 月 24—25 日，浙江省绍兴嵊州、金华、丽水市等地发生雷暴、冰雹灾害。9.7 万人受灾，农作物受灾面积 1500 公顷，直接经济损失 5180 万元。

(3) 2月24—27日，湖北省宜昌、荆州、天门、咸宁等地11县市（次）发生冰雹。41万多人受灾；农作物受灾2.6万公顷；直接经济损失5440万元。

(4) 2月26日，贵州省遵义、汇川、桐梓等16个县（市、区）遭受不同程度风雹灾害。受灾人口11.3万人；农作物受灾面积4000万公顷；直接经济损失2800万元。

(5) 3月21日，江西省南昌、九江、景德镇、鹰潭、宜春等5市发生风雹灾害，受灾人口88.47万人；倒塌房屋995间，损坏房屋4.84万间；直接经济损失2.36亿元。

(6)3月21日，湖南省湘潭、长沙、岳阳等3市不同程度遭受风雹袭击。受灾人口25.4万人；倒塌房屋2795间，损坏房屋3.7万间；直接经济损失5900万元。

(7) 3月21—24日，安徽省宣城市、安庆市、桐城市遭受风雹袭击。受灾人口25.8万人，死亡1人；农作物受灾面积1.98万公顷，绝收面积1万公顷；倒塌房屋134间；直接经济损失1.54亿元。

(8) 3月25日，云南省砚山县遭受冰雹袭击。受灾人口1.9万人；农作物受灾面积400公顷；损坏房屋2810间；直接经济损失2900万元。

(9) 3月28—29日，广西河池、百色和南宁市局部地区出现冰雹、短时雷雨大风。受灾人口3.36万人；农作物受灾面积1500公顷；直接经济损失4400万元。

(10) 4月11—12日，贵州省安顺市西秀、普定、龙里、长顺、福泉、惠水、独山、都匀等8个县（市、区）遭受风雹灾害。受灾人口44万人；损坏房屋7900间；直接经济损失1.2亿元。

(11) 4月12—13日，广西南宁、柳州、桂林、百色、河池、钦州等市的18个县（区）遭受风雹袭击。受灾人口45万人；倒塌房屋616间，损坏房屋2万余间；直接经济损失1.1亿元。

(12) 4月15日，河北省衡水市9个县（市、区）遭受风雹灾害。受灾人口34.2万人；农作物受灾面积1.8万公顷；直接经济损失1.5亿元。

(13) 4月15日，山东省滨州市市区及无棣、阳信、沾化、惠民、博兴和滨城6县（区）遭受风雹灾害，受灾人口17.17万人，直接经济损失9200万元。

(14) 4月15日，重庆市酉阳、涪陵 、黔江、武隆、彭水、石柱、秀山等7个区（县）遭受大风、冰雹灾害。20.1万人受灾；农作物受灾面积2万公顷；损坏房屋2.9万间，倒塌房屋137间；直接经济损失3700万元。

(15) 4月15—16日，贵州省贵阳市、六盘水市、铜仁地区、黔西南州、毕节地区遭受风雹灾害。受灾人口49.2万人；倒塌房屋134间，损坏房屋4.4万间；直接经济损失1亿元。

(16) 4月15—16日，湖北省13个县（市、区）遭受风雹灾害。受灾人口28.2万人；农作物受灾面积1.6万公顷；倒塌房屋293间，损坏房屋1.6万间；直接经济损失1.1亿元。

(17) 4月15—16日，广西百色、崇左、柳州、来宾等地11个县（区）遭遇风雹灾害。受灾人口14.3万人，死亡1人；倒塌房屋273间，损坏房屋7990间；直接经济损失0.8亿元。

(18) 5月16日，甘肃省庆阳市正宁县3个乡镇遭受大雨冰雹袭击，冰雹直径20～30毫米，持续时间10分钟。受灾人口2.98万；农作物受灾面积2580公顷；直接经济损失2400万元。

(19) 5月16日，陕西省渭南、礼泉、宜川等地先后遭受大风冰雹袭击。风力8级左右，冰雹直径最大达2厘米，持续时间最长达20分钟。苹果、花椒等经济作物受损严重，直接经济损失约1.6亿元。

(20) 5月19日，陕西省渭南市遭受冰雹袭击。11.9万人受灾；农作物受灾面积达1万公顷；直接经济损失6360万元。

(21) 5月19—21日，四川省广元、南充、乐山、巴中市的部分县（市、区）遭受风雹灾害。受灾人口40.3万人；倒塌房屋120间；直接经济损失1.3亿元。

（22）5月20日，江西省赣州瑞金市遭受风雹灾害。受灾人口13.5万人；倒塌房屋242间，损坏房屋5856间；直接经济损失1400万元。

（23）5月25日，江西省上饶市、德兴市发生风雹灾害，21.4万人受灾；农作物受灾面积6454公顷；倒塌房屋48间，损坏房屋4145间；直接经济损失7100万元。

（24）5月29日，吉林省松原、扶余、榆树、农安等4个县（市）出现冰雹天气，冰雹直径3毫米。农作物受灾面积4200公顷，绝收2007公顷；直接经济损失1100万元。

（25）6月3—6日，河南、安徽、江苏、山西、山东、浙江、湖北7省先后遭受暴雨、风雹等袭击。死亡56人，直接经济损失58.7亿元，其中河南、安徽灾情较为严重。6月3日，河南省北部和东部遭受雷雨、大风、冰雹等强对流天气袭击，宁陵、永城2县最大风速分别达28.6米/秒和29.1米/秒，均为有气象记录以来的历史极值。商丘、开封、济源3市有14个县（市、区）受灾，倒塌房屋5100间，死亡24人，89人重伤，直接经济损失16.1亿元。

6月3日开始，安徽省大部分地区出现了大风、冰雹天气，6月5日有43个市县出现8级以上的大风，最大淮南潘集35.9米/秒，大风影响范围之广、风力之大为有观测记录以来所罕见。受灾人口482万人，死亡25人，失踪3人，农作物受灾面积20.5万公顷，倒塌房屋1.57万间，损坏房屋9.04万间，直接经济损失10.8亿元。

（26）6月5日，青海省西宁市遭受风雹灾害。受灾人口8.1万人；农作物受灾面积5155公顷，成灾面积4510公顷；直接经济损失2800万元。

（27）6月6—9日，内蒙古赤峰市发生风雹灾害。4.4万人受灾，死亡1人，直接经济损失2970万元。

（28）6月8日，河北省石家庄平山县遭受冰雹袭击，冰雹直径2厘米左右，持续近10分钟。农作物受灾面积5000公顷，绝收面积达2000公顷；直接经济损失7100万元。

（29）6月9日，辽宁省葫芦岛市绥中县遭受冰雹袭击。受灾果树40万株，农作物1600公顷，大棚236栋，直接经济损失7500万元。

（30）6月12—16日，云南省文山、大理、楚雄、红河、玉溪等5个自治州（市）的7个县遭受风雹灾害。受灾人口14.2万人，死亡8人；农作物受灾面积0.8万公顷；倒塌房屋144间；直接经济损失5900万元。

（31）6月13—14日，北京门头沟、平谷出现雷雨大风和冰雹天气。8000多人受灾；农作物受灾面积1140公顷；直接经济损失3670万元。

（32）6月14日，安徽、江苏、河南3省部分地区遭受风雹灾害，死亡23人，直接经济损失9.8亿元。

安徽省161.6万人受灾，死亡15人，紧急转移安置1.4万人；农作物受灾面积3.7万公顷；倒塌房屋1.1万间；直接经济损失5.3亿元。

河南省商丘、开封、周口3市遭受雷雨、大风和冰雹袭击，其中商丘永城最大冰雹直径为30毫米，死亡1人，造成直接经济损失3.43亿元。

江苏省50.1万人受灾，死亡7人；农作物受灾面积15.4千公顷；倒塌房屋1258间；直接经济损失2.4亿元。

（33）6月14—16日，河北省邢台、承德、唐山、石家庄、秦皇岛、沧州、张家口等7市的26个县（市）发生风雹灾害。受灾人口24.1万人，死亡1人；直接经济损失8360万元。

（34）6月15日，辽宁省大连、丹东、葫芦岛等3市的4个县（市）遭受风雹灾害。受灾人口6.6万人；农作物受灾面积3300公顷；直接经济损失9200万元。

(35) 6月16日，山西省晋中市榆次区遭受冰雹大风袭击，冰雹最大直径约8毫米，瞬时风速达22.3米/秒，农作物受灾面积约1000公顷，直接经济损失1800万元。

(36) 6月17日，青海省祁连县遭受风雹袭击。受灾人口2万人；农作物受灾面积2300公顷，其中绝收1800公顷；损坏房屋356间；直接经济损失1300万元。

(37) 6月17—19日，安徽、江苏、湖北等省遭受风雹灾害，死亡12人，直接经济损失3.2亿元。

(38) 6月19—23日，云南省曲靖、丽江、楚雄、大理、昆明、昭通、文山、红河、临沧、普洱、玉溪等地遭受风雹灾害。19.2万人受灾，死亡5人；倒塌房屋29间；直接经济损失8450万元。

(39) 6月25—26日，甘肃省定西、平凉等地发生风雹灾害。受灾人口7.5万人，死亡3人；倒塌房屋50间；直接经济损失1.3亿元。

(40) 6月25日，青海省西宁市湟源县出现强雷阵雨冰雹天气，冰雹持续时间10分钟左右，局部地区冰雹最大直径达到20毫米左右。受灾人口3.47万人；农作物受灾面积2800公顷；直接经济损失1200万元。

(41) 6月25—27日，河北、山东、河南、安徽、江苏、湖北、辽宁、云南等省遭受风雹袭击，死亡16人，直接经济损失7.9亿元。

(42) 6月26日，宁夏固原市泾源县发生风雹灾害。受灾人口3万人，农作物受灾面积3500公顷；直接经济损失1350万元。

(43) 6月27—28日，内蒙古呼伦贝尔、赤峰两市5个县（市）遭受暴雨风雹灾害。13.5万人受灾，失踪1人；倒塌房屋260间；直接经济损失2.18亿元。

(44) 6月29日，辽宁省鞍山市、铁岭市出现大风、冰雹天气。农作物受灾面积1.6万公顷，直接经济损失1.2亿元。阜新市区2人被大风吹倒的大树砸死。

(45) 7月3日，辽宁省沈阳市沈北新区出现大风、冰雹等强对流天气，冰雹最大直径约40毫米，持续时间近30分钟。农作物受灾面积3300公顷，直接经济损失4200万元。

(46) 7月6—7日，江苏省泰州、盐城、南通、苏州、南京等5市的15个县（市、区）遭受风雹灾害。受灾人口2.78万人，死亡1人；倒塌房屋84间；直接经济损失2200万元。

(47) 7月7—13日，黑龙江省绥化、佳木斯、哈尔滨、大庆等地遭受风雹灾害。受灾人口13.5万人；直接经济损失1.4亿元。

(48) 7月8日，吉林省汪清县遭受风雹袭击，重灾区烟叶、黄豆、向日葵等农作物绝收。受灾人口1万余人，农作物受灾面积2370公顷，直接经济损失1420万元。

(49) 7月8日，山东省济宁、泰安、临沂等3市5个县（市、区）遭受风雹灾害。受灾人口4万人；倒塌房屋481间，损坏房屋3219间；直接经济损失2400万元。

(50) 7月10—12日，河北省承德、秦皇岛、廊坊、张家口等4市遭受风雹灾害。受灾人口4.7万人；直接经济损失0.4亿元。

(51) 7月11—12日，江西省抚州、九江、宜春等3市遭受风雹灾害。受灾人口22万人，死亡2人；倒塌房屋30余间；直接经济损失0.2亿元。

(52) 7月12—16日，内蒙古赤峰、通辽两市9个县（旗、区）遭受风雹灾害。受灾人口9.3万人，死亡1人；倒塌房屋110余间；直接经济损失2亿元。

(53) 7月16日，黑龙江省绥化、哈尔滨两市4个县（区）遭受风雹灾害。受灾人口10.9万人，死亡1人；倒塌房屋100余间；直接经济损失0.9亿元。

（54）7月20日，辽宁省铁岭市昌图县遭受冰雹袭击。农作物受灾面积1470公顷，直接经济损失约1500万元。

（55）7月20—23日，内蒙古赤峰、通辽、锡林郭勒等3个市（盟）9个县（旗、区）遭受风雹灾害。受灾人口12.4万人；直接经济损失1.3亿元。

（56）7月21日，新疆沙雅县遭受冰雹袭击。棉花等农作物受灾面积6000公顷，直接经济损失1600万元。

（57）7月21—24日，安徽省阜阳、安庆、滁州、合肥等4市遭受风雹灾害。受灾人口32万人，死亡1人；倒塌房屋710余间，损坏房屋390余间；直接经济损失0.9亿元。

（58）7月22—23日，辽宁省铁岭、本溪、朝阳等3市遭受风雹灾害。受灾人口1.2万人，直接经济损失0.7亿元。

（59）7月22—25日，河北省廊坊、石家庄、邢台、张家口、邯郸、唐山、衡水等9个市遭受风雹灾害。受灾人口39.4万人，死亡3人；倒塌房屋160余间；直接经济损失19.1亿元。

（60）7月23—25日，山东省东营、淄博、滨州、德州、济南等5个市遭受风雹灾害。受灾人口118万人；倒塌房屋90余间；直接经济损失3.9亿元。

（61）7月24—27日，云南省昆明、临沧、丽江、曲靖、文山、红河、玉溪等7市（州）20个县（市、区）遭受风雹灾害。12.1万人受灾，死亡4人；倒塌房屋160间；直接经济损失0.6亿元。

（62）7月25日，山西省陵川县遭受冰雹袭击。1.5万人受灾，农作物受灾面积1300多公顷，直接经济损失1600万元。

（63）7月25日，甘肃省庆阳市环县遭受暴雨冰雹灾害袭击。受灾人口1.7万人，农作物受灾面积4500公顷，直接经济损失1600万元。

（64）7月25—27日，四川省南充市遭受风雹灾害。13.7万人受灾，死亡2人；倒塌房屋320余间；直接经济损失0.1亿元。

（65）7月27日，江苏省南通、盐城、镇江、无锡、泰州、苏州等地部分县（区）遭受风雹灾害。63.4万人受灾，死亡1人；倒塌房屋159间；直接经济损失7400万元。

（66）7月28日，甘肃省定西、武威、兰州、甘南、临夏、白银、陇南等地部分县（区）遭受风雹灾害。20万人受灾；倒塌房屋26间；直接经济损失2060万元。

（67）7月30日，河北省丰宁满族自治县遭受冰雹袭击。3400人受灾，农作物受灾面积1900公顷；直接经济损失2040万元。

（68）8月4日，甘肃省天祝藏族自治县遭冰雹袭击，最大冰雹直径约30毫米，农作物受灾面积达3500公顷，直接经济损失2060万元。

（69）8月15日，山东省聊城、济宁、济南等3市遭受风雹灾害。受灾人口4.4万人；直接经济损失0.3亿元。

（70）8月16—17日，河北省邢台、唐山、承德、保定、衡水、沧州等地遭受风雹灾害。受灾人口24.3万人，死亡4人，直接经济损失1.2亿元。

（71）8月16—17日，内蒙古呼和浩特、赤峰、巴彦淖尔等3市的5个县（区）遭受风雹灾害，受灾人口9.4万人，直接经济损失4.1亿元。

（72）8月17日，内蒙古自治区巴彦淖尔市部分乡镇遭受冰雹袭击，最大冰雹直径约5厘米。4万多人受灾；农作物受灾面积1.65万公顷；直接经济损失1.7亿元。

（73）8月17日，山西省天镇县遭受冰雹袭击，冰雹直径2～3厘米。农作物受灾面积

1100 公顷，直接经济损失 1600 万元。

（74）8 月 18—19 日，安徽省六安、滁州、宿州、亳州等地遭受冰雹袭击。受灾人口 27.8 万人，死亡 2 人，直接经济损失 2.5 亿元。

（75）8 月 22—23 日，湖北省恩施、建始、鹤峰、宣恩、秭归、长阳 6 县（市）遭受大风和冰雹袭击。3.57 万人受灾，受伤 4 人；农作物受灾 2500 公顷；损坏房屋 256 间；直接经济损失 3140 万元。

（76）8 月 23 日，湖南省衡阳、昭阳、郴州、怀化等 4 市遭受风雹灾害。16.6 万人受灾，死亡 2 人；倒塌房屋 730 余间；直接经济损失 0.8 亿元。

（77）8 月 22—23 日，江西省吉安、赣州、南昌、萍乡等 4 市遭受风雹灾害。12.8 万人受灾，死亡 2 人；倒塌房屋 210 余间；直接经济损失 0.3 亿元。

（78）8 月 22—24 日，云南省文山、红河、昭通等 4 个市（州）11 个县受风雹灾害。13.5 万人受灾，死亡 1 人；倒塌房屋 50 余间；直接经济损失 0.5 亿元。

（79）8 月 27 日，河北省衡水市大部突发大风、冰雹等强对流天气。枣强最大瞬时风力达 9 ～ 10 级，北部安平等部分地区伴随冰雹。受灾人口 33.7 万人，农作物受灾面积 3.3 万公顷，直接经济损失 2.62 亿元。

（80）8 月 27 日至 9 月 1 日，云南省昆明、迪庆、临沧、曲靖、昭通、保山、普洱、楚雄、文山、红河、玉溪 11 个市（州）的 33 个县（市、区）遭受风雹灾害。受灾人口 32.6 万人，死亡 3 人；倒塌房屋 290 余间；直接经济损失 1.3 亿元。

（81）9 月 1—4 日，内蒙古包头、巴彦淖尔、鄂尔多斯、呼伦贝尔 4 个市遭受风雹灾害，受灾人口 8.3 万人，直接经济损失 1.8 亿元。

（82）10 月 13 日，辽宁省庄河、瓦房店、普兰店 3 市遭受冰雹袭击，农作物受灾面积 7000 多公顷，直接经济损失达 2.3 亿元。

（83）11 月 8—10 日，长江中下游地区出现大范围强对流天气，共造成湖北、湖南、江西、安徽、浙江 127.7 万人受灾，11 人死亡，3 人失踪，直接经济损失 10.9 亿元。湖北省鄂州、黄冈、黄石、荆州等 4 市 6 个县（市、区）受灾，受灾人口 10.4 万人，死亡 2 人，失踪 3 人，直接经济损失 615 万元；湖南省长沙、株洲、衡阳、常德、郴州等 6 市（州）8 个县（市、区）受灾，受灾人口 39.1 万人，直接经济损失 5.9 亿元；江西省上饶、抚州、吉安、新余、鹰潭、宜春等 6 市 21 个县（市）受灾，受灾人口 52.6 万人，死亡 7 人，直接经济损失 3.4 亿元；安徽省安庆、巢湖、黄山等 3 市 4 个县受灾，受灾人口 6.4 万人，死亡 1 人，直接经济损失 387 万元；浙江省衢州、丽水、金华等 3 市 9 个县（市、区）受灾，受灾人口 19.2 万人，1 人死亡，直接经济损失 0.6 亿元。

2.4.3 龙卷风

1. 主要特点

（1）发生次数少于常年

2009 年全国有 16 个省（区、市）、38 个县（市、区）次发生龙卷风（表 2.4.1），龙卷风出现次数较常年偏少（近 10 多年平均每年 50 多个县次）。

（2）发生时间集中在 7、8 月

从 2009 年龙卷风季节分布来看，夏季发生最多，共出现龙卷风 27 个县次，占全年总次数的 71.1%；春季出现龙卷风 9 县次，占全年总次数的 23.7%，秋季出现 2 县次。从龙卷风月际分布来看，7 月龙卷风发生最多，有 14 县次，占全年的 36.8%，8 月龙卷风发生次多，有 10 县次，占全年的 26.3%，其他月份共发生 14 县次。

(3) 广东、海南龙卷风较多

从 2009 年龙卷风发生的地区分布来看，以广东最多，有 6 县次，海南次多，有 5 县次，山东、广西、河北、黑龙江、湖北分别有 3 县次（表 2.4.1）。

表 2.4.1　2009 年龙卷风简表

Table 2.4.1　List of major tornado events over China in 2009

发生时间（月、日）	发生地点	发生时间（月、日）	发生地点
3.24	海南海口	7.16	内蒙古通辽
3.24	江西都昌	7.17	河南濮阳
4.13	广东东源	7.17	吉林吉林
4.13	广东阳东	7.20	河北平泉
4.13	海南文昌	7.21	河北平泉
4.18	海南定安	7.22	内蒙古科尔沁左翼中旗
4.18	海南海口	8.2	辽宁大连
5.17	广东广州	8.6	广东雷州
5.21	新疆叶城	8.17	河北景县
6.5	江苏沛县	8.17	湖南攸县
6.23	海南海口	8.25	广西武鸣
6.25	宁夏海原	8.27	广西武鸣
7.3	广东平远	8.27	湖北京山
7.4	广东广州	8.28	湖北石首
7.8	山东兖州	8.28	江苏昆山
7.8	山东苍山	8.28	辽宁西丰
7.14	山东日照	9.14	广西北海
7.16	黑龙江庆安	11.9	湖北鄂州
7.16	黑龙江铁力		
7.16	黑龙江绥化		

2. 部分龙卷风灾害事例

(1) 3 月 24 日，江西省九江市都昌县出现龙卷风天气过程。受灾人口 5.6 万人；倒塌房屋 90 间，损坏房屋 2000 间；农作物受灾面积 3200 公顷；直接经济损失 500 万元。

(2) 3 月 24 日，海南省海口市三门坡镇出现龙卷夹带冰雹的灾害性天气，其中冰雹直径约为 6 厘米。46 间房屋受损，农作物受灾面积 150 公顷，直接经济损失约 526 万元。

(3) 4 月 13 日，广东省河源市东源县遭受到龙卷风袭击，龙卷风所到之处一片狼藉，厂房屋顶铁皮架被吹落，3000 多株 10 多年树龄的板栗树被吹倒或折断，直接经济损失 860 多万元

(4) 4 月 13 日，广东省阳江市阳东县遭受龙卷风袭击，红丰一印刷厂屋顶许多瓦片被吹落，

房顶被砸破，一个用来堆放废纸的重达千余斤的竹棚被吹翻，1人受伤，直接经济损失约1万元。

（5）4月18日，海南省海口演丰镇北港遭受龙卷风袭击，持续时间约5分钟，损坏房屋25间，10多棵大树被连根拔起，经济损失20万元。

（6）4月18日，海南省定安县出现龙卷风，持续时间约5分钟，损坏房屋15间，4根电线杆被吹倒，约400棵树木被吹倒，影响范围宽约500米，长约4000米，直接经济损失约10万元。

（7）5月17日，广东省广州市南沙区遭受龙卷风突袭，数十棵大树被刮倒，1条高压线被吹断，造成部分城区停电，农作物受灾面积70多公顷，直接经济损失约100万元。

（8）6月5日，江苏省徐州市沛县遭受龙卷风袭击，死亡1人，损毁房屋1000余间，折断树木10万余棵，蔬菜大棚受损1600余栋，直接经济损失3800余万元。

（9）6月23日，海南省海口市琼山市罗牛山学校遭受龙卷风袭击，20多棵树木被吹断，食堂屋顶被吹走，1人受伤，造成经济损失约15万元左右。

（10）6月25日，宁夏回族自治区中卫市海原县出现龙卷风，一公路施工地段十几米高的水泥罐被吹到，造成一名施工人员被砸死，多座房屋被吹倒，大量树木被吹断。

（11）7月3日，广东省平远县局部出现龙卷风，大约持续15分钟。倒塌房屋4间，0.8公顷灵芝大棚被摧毁，直接经济损失18万元。

（12）7月4日，广东省广州市番禺区东涌镇遭遇龙卷风，造成部分厂房、农作物及住宅受损，9人受伤，直接经济损失836万元。

（13）7月8日，山东省兖州、苍山两地先后遭受龙卷风和暴雨袭击。受灾人口3.5万人，22人受伤；直接经济损失1800万元。

（14）7月14日，山东省日照市遭受龙卷风袭击。受灾人口5200人，2人受伤；损毁房屋723间，刮毁、刮倒蔬菜大棚264个；刮倒、折断玉米40多公顷，刮倒电线杆23棵，倒伏树木约11200棵；直接经济损失750万元。

（15）7月16日，黑龙江省绥化市北林区、庆安县、铁力市遭受暴雨和龙卷风袭击。部分农户房屋房顶损毁严重，农作物大面积倒伏，部分大树被连根拔起或折断，供电、通讯线路损毁严重，电力中断。受灾人口14.2万人，死亡2人；农作物受灾面积3.97万公顷；倒塌房屋953间，损坏房屋1.6万间；直接经济损失1亿元。

（16）7月17日，吉林省吉林市局地出现龙卷风，房屋、树木及农作物不同程度受损。农作物受灾面积310公顷，直接经济损失1120万元。

（17）7月17日，河南省濮阳市濮阳县突遭龙卷风袭击，农作物受灾面积918公顷，刮倒树木3万棵；倒塌房屋154间，通讯、供电、交通一度中断；直接经济损失1100万元。

（18）7月20日，河北省平泉县局地遭受龙卷风袭击，持续13分钟左右。1人受伤，54间房屋损坏，供电设施中断。

（19）8月2日，辽宁省大连市金州区出现龙卷风伴有强降雨天气，风灾半径约为1公里，损坏房屋30间。

（20）8月6日，广东省湛江市出现龙卷风天气，252人受灾，7人轻伤，损坏房屋200多间。

（21）8月17日，湖南省株洲市攸县遭受龙卷风袭击。倒塌损坏房屋5间，部分围墙倒塌，直接经济损失100万元。

（22）8月17日，河北省衡水市景县遭受龙卷风袭击。农作物受灾面积310公顷，十多棵行道树拦腰刮断，直接经济损失500万元。

（23）8 月 27 日，广西壮族自治区南宁市武鸣县遭受龙卷风袭击。3650 人受灾；农作物受灾面积 1000 公顷，受灾农作物主要为香蕉；倒塌居民住房 4 间，损坏房屋 82 间；直接经济损失 3400 万元。

（24）8 月 28 日，辽宁省铁岭市西丰县遭受龙卷风袭击。农作物受灾面积 500 公顷，房屋受损 63 间，直接经济损失 520 万元。

（25）8 月 28 日，湖北省荆州市石首市遭受龙卷风袭击。倒损房屋 593 间；农作物受灾面积 1560 公顷；直接经济损失 500 万元。

（26）11 月 9 日，湖北省鄂州市梁子湖地区出现龙卷风，瞬时极大风速达 33.5 米 / 秒。3 名正在水面作业的渔民因船被大风掀翻而落水失踪，一些大树被吹倒吹断，街道钢制电线杆、旗杆被吹歪、扭曲，重约 1 ~ 2 吨的屋顶被整体吹走约 10 米远。

2.5 沙尘暴

2.5.1 基本概况

2009 年，我国共出现了 10 次沙尘天气过程，其中 7 次出现在春季。2009 年春季我国北方沙尘日数较常年同期显著偏少，与 2005 年并列为 1961 年以来最少的年份。4 月 23—25 日的强沙尘暴天气是 2009 年影响范围最大、强度最强的一次沙尘天气过程。总体来看，2009 年春季我国沙尘天气的主要特点是沙尘天气日数偏少、强度偏弱、影响偏轻。

2.5.2 2009 年我国北方沙尘天气主要特征

1. 沙尘天气偏少

2009 年我国出现的 10 次沙尘天气过程，一次发生在 2 月，一次发生在 10 月，一次发生在 12 月，其余 7 次均出现在春季（3—5 月）（表 2.5.1）。在春季的 7 次沙尘天气过程中，有 5 次沙尘暴和 2 次扬沙天气过程。2009 年春季沙尘天气过程总次数低于 2000—2008 年的平均值（13.3 次），较 2008 年同期偏少 3 次（表 2.5.2）。

从 1961—2009 年我国北方地区春季沙尘日数的长期变化看（图 2.5.1），沙尘天气日数总体呈明显的下降趋势。2009 年春季，我国北方平均沙尘日数为 1.4 天，较常年同期（平均 5.6 天）偏少 4.2 天，与 2005 年并列为 1961 年以来春季沙尘日数最少的年份。

空间分布上，2009 年春季，新疆南部、青海西部、内蒙古中西部、甘肃大部、陕西西部局部沙尘日数在 3 天以上，内蒙古中西部、新疆南部在 5 天以上，局部达 12 天（图 2.5.2 左）。与常年同期相比，我国北方大部地区沙尘日数偏少 5 天以上，其中新疆南部、内蒙古中西部、甘肃西部局部及陕西东北部局部偏少 10 天以上，南疆部分地区偏少 20 ~ 30 天（图 2.5.2 右）。

2. 沙尘天气强度较弱

2009 年春季（3—5 月），我国北方地区沙尘天气过程的强度偏弱，共出现 5 次沙尘暴和 2 次扬沙天气过程，没有出现强沙尘暴天气；比 2000—2008 年同期平均的沙尘暴（6.3 次）和强沙尘暴（2 次）天气过程数偏少；较 2008 年春季（强沙尘暴 1 次，沙尘暴 8 次）相比，强度也明显偏弱（图 2.5.3）。

2.5.3 2009 年我国北方沙尘天气影响

2009 年春季沙尘天气的影响总体偏轻，但阶段性沙尘暴对我国北方空气质量、交通、工农业生产具有较大影响。4月23—25日的沙尘暴天气过程是2009年影响范围最大、强度最强的一次，但4月29—30日的沙尘暴天气过程是2009年造成灾害损失最重的一次。甘肃和新疆是2009年受沙尘暴天气过程影响最重的省份。表2.5.3为2009年我国沙尘天气造成的主要影响情况。

4月23—25日的沙尘暴天气过程是2009年影响范围最大、强度最强的一次，影响范围从南疆、西北东部和北部、华北大部、黄淮大部到西南东北部地区，覆盖范围约有73万平方千米，其中沙尘暴影响的区域约29万平方千米，造成这些地区空气污染，近2000万人受影响，并导致一定的经济损失。4月23日，甘肃河西和陇中北部地方出现区域性沙尘暴天气，其中敦煌达特强沙尘暴，能见度只有20米，最大风速24米/秒，敦煌、瓜州、玉门、肃州、民乐、民勤等6县(市、区)受灾较重，造成2.6万公顷农作物受灾，成灾面积1.1万公顷，绝收1068公顷；死亡大牲畜230头只；损坏5000多公顷作物地膜；损坏树木2.5万棵；损坏日光温室1220座、塑料大棚1107座；共造成直接经济损失0.9亿元。4月23—24日内蒙古中西部大部地区发生大风沙尘天气，受沙尘暴天气影响，23日白云铁矿停产，间接经济损失200万元左右。4月23日，宁夏全区出现了5～6级偏北风，部分地区瞬时风力达8～9级，其中石炭井、平罗、吴忠、青铜峡、盐池、兴仁、同心、固原出现了沙尘暴，其他地区出现了扬沙或浮尘；平罗县的大风、沙尘暴天气致使三个乡镇受灾，黄渠桥镇、高庄乡部分地膜马铃薯、架豆地膜被风刮破或刮飞，部分日光温室棚膜刮坏，高仁乡约有260座移动式大棚棚膜被刮破，受到一定经济损失。

4月29—30日的沙尘暴天气过程是2009年造成灾害损失最重的一次。4月29—30日甘肃河西出现区域性沙尘暴天气，酒泉、嘉峪关、金昌、张掖、武威、白银6市沙尘暴灾害导致127.2万人受灾，农作物受灾面积6.7万公顷，绝收面积0.8万公顷，因灾直接经济损失2.8亿元。4月30日，宁夏全区大部地区出现了5～6级偏北风，中卫、麻黄山、韦州、兴仁出现8级左右瞬时大风，同心、韦州、青铜峡、盐池出现沙尘暴，石炭井、惠农、银川、中宁、麻黄山出现扬沙，银川降了冰雹。受大风影响，中卫市沙坡头区的镇罗镇、柔远镇、东园镇共有40座日光温室蔬菜大棚受灾，其中部分蔬菜大棚棚膜被风撕裂、部分蔬菜大棚出现轻度坍塌，直接经济损失达10万元。

甘肃和新疆是2009年受沙尘暴影响较重的省（区）。2009年，甘肃约129万人受到沙尘灾害的影响，直接经济损失3.8亿元；新疆的直接经济损失达5.1亿元。

表2.5.1　2009年我国主要沙尘天气过程纪要表（中央气象台提供）
Table 2.5.1　List of major sand and dust storm events and associated disasters over China in 2009 (provided by Central Meteorological Observatory)

序号	起止时间	过程类型	主要影响系统	扬沙和沙尘暴影响的范围
1	2月19—20日	扬沙	蒙古气旋、冷锋	青海东北部局地、内蒙古西部局地和中部、宁夏东北部、陕西西北部、山西北部、河北北部出现了扬沙，其中青海东北部、内蒙古中部的局地出现了沙尘暴或强沙尘暴。
2	3月9—12日	沙尘暴	蒙古气旋、冷锋、低气压	新疆南疆盆地、青海柴达木盆地、甘肃河西走廊、内蒙古西部、西藏中部等地部分地区出现了扬沙或沙尘暴，其中新疆南疆盆地东部、青海西部局地出现了强沙尘暴。
3	3月14—15日	沙尘暴	蒙古气旋、冷锋	新疆南疆盆地、甘肃河西走廊北部、内蒙古西部、宁夏中部、陕西西北部、山西北部、河北西北部等地的部分地区出现扬沙，其中内蒙古西部、甘肃河西走廊、宁夏东部等地部分地区出现了沙尘暴。

续表

序号	起止时间	过程类型	主要影响系统	扬沙和沙尘暴影响的范围
4	3月19—21日	扬沙	蒙古气旋、冷锋	新疆南疆盆地、青海柴达木盆地、甘肃中北部、宁夏、陕西北部、内蒙古西部、山西北部、河北北部、河南北部、辽宁西北部等地的部分地区出现了扬沙，其中南疆盆地西部、内蒙古西部的局部地区出现了沙尘暴或强沙尘暴。
5	4月16—19日	沙尘暴	冷锋、低气压	新疆南疆盆地北部、西部和南部、内蒙古西部、甘肃、青海柴达木盆地、宁夏、辽宁西北部、陕西北部等地的部分地区出现扬沙或沙尘暴，局地出现强沙尘暴。
6	4月23—25日	沙尘暴	蒙古气旋、冷锋	内蒙古中西部、甘肃中西部、宁夏、陕西北部、山西大部、河南北部、河北西部、山东中西部、四川盆地中北部、重庆北部、湖北北部、南疆盆地等地出现浮尘、扬沙或沙尘暴，甘肃中西部、内蒙古中西部的局部地区出现了强沙尘暴。
7	4月28—30日	沙尘暴	冷锋、低气压	新疆东部及南疆盆地、青海柴达木盆地、甘肃中西部、内蒙古中西部、陕西北部、宁夏北部出现了扬沙或沙尘暴，其中，南疆盆地、青海柴达木盆地、甘肃西部、内蒙古西部的局部地区出现了沙尘暴或强沙尘暴。
8	5月26日	扬沙	冷锋、低气压	新疆南疆盆地、内蒙古中部、陕西北部、宁夏北部等地出现扬沙或沙尘暴。
9	10月17—18日	扬沙	冷锋、蒙古气旋	甘肃西部、内蒙古中西部、宁夏中部偏东地区、陕西北部、山西北部、河北西北部和中南部的部分地区、山东西北部等地出现浮尘或扬沙，局地出现沙尘暴。
10	12月24—25日	沙尘暴	冷锋、蒙古气旋	内蒙古西部的偏东地区和中部的部分地区、以及宁夏北部、陕西北部、山西北部、河北北部、京津、辽宁南部、山东东部等地的局部地区出现浮尘或扬沙，其中内蒙古中部的偏北地区出现沙尘暴，局部地区出现强沙尘暴。(另外受南疆盆地热低压影响，南疆盆地的部分地区出现了扬沙，局部地区出现沙尘暴)。

表 2.5.2　2000 － 2009 年春季（3 － 5 月）我国沙尘天气过程统计

Table 2.5.2　Statistics of sand and dust storm events in spring (from March to May) during 2000 － 2009

时间	3月	4月	5月	总计
2000年	3	8	5	16
2001年	7	8	3	18
2002年	6	6	0	12
2003年	0	4	3	7
2004年	7	4	4	15
2005年	1	6	2	9
2006年	5	7	6	18
2007年	5	4	6	15
2008年	4	2	4	10
2009年	3	3	1	7
2000—2008年总计	38	49	33	120
2000—2008年平均	4.2	5.4	3.7	13.3

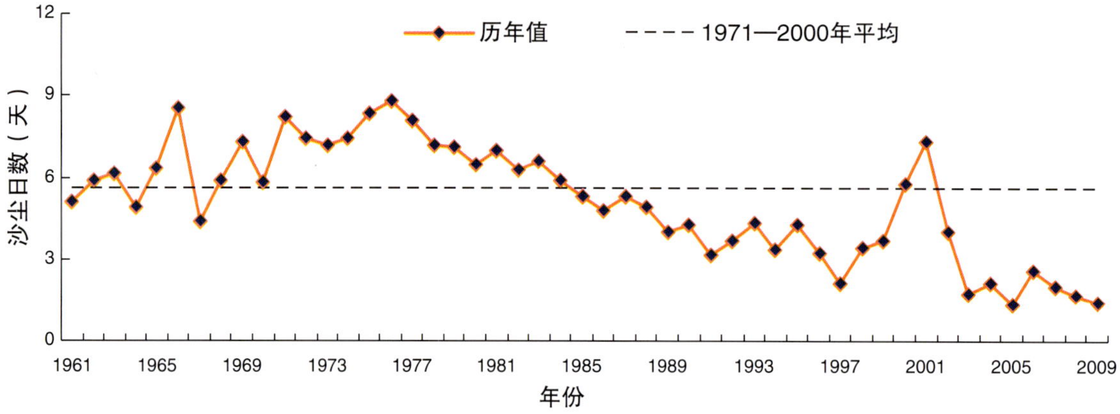

图2.5.1 1961—2009年春季（3—5月）北方地区沙尘（包括扬沙、沙尘暴、强沙尘暴）日数变化

Fig.2.5.1 Number of sand and dust (sand-blowing, sandstorm, strong sandstorm) days averaged over northern China in spring during 1961-2009

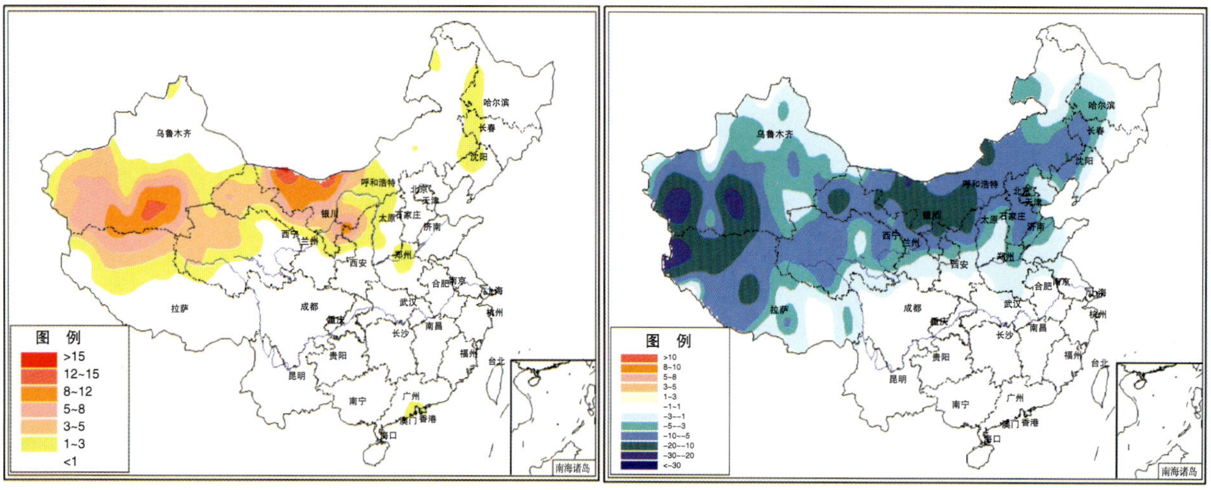

图2.5.2 2009年春季（3—5月）全国沙尘（包括扬沙、沙尘暴、强沙尘暴）日数（左）及距平（右）分布图（单位：天）

Fig.2.5.2 Distribution of the number of sand and dust (sand-blowing, sandstorm, strong sandstorm) days and anomalies over China in spring in 2009(d)

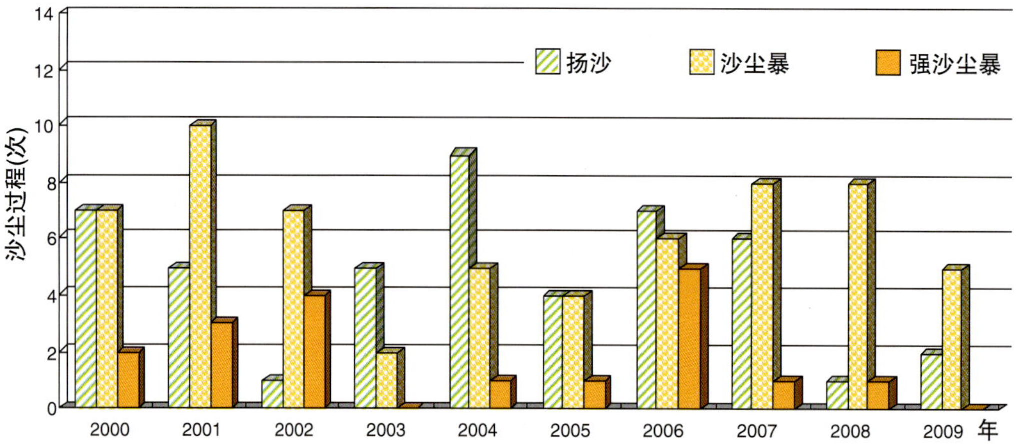

图2.5.3 2000—2009年春季中国沙尘天气过程分布

Fig.2.5.3 Number of sand and dust storm events over China in spring during 2000-2009

表 2.5.3　2009 年我国沙尘天气灾害造成的主要损失
Table 2.5.3　The major loss caused by sand/dust storm in 2009

省份	时间	受灾人口	受灾面积	经济损失	经济损失合计
新疆	3 月 9—10 日	2.122 万人	1054 公顷	949.6 万元	5.1 亿元
	4 月 16—17 日	5.1 万人	11.1 万公顷	3.8 亿元	
	5 月	9.558 万人	14711.18 公顷	9196 万元	
	12 月 25—26 日	2.6 万人		0.3 亿元	
宁夏	3 月 20 日			53 万元	63 万元
	4 月 30 日			10 万元	
甘肃	4 月 23 日		26505 公顷	8938 万元	3.8 亿元
	4 月 29—30 日	127.2 万人	67000 公顷	2.8 亿元	
	5 月	1.865 万人	2802.4 公顷	1056 万元	
内蒙古	4 月 23 日			200 万元	1940 万元
	12 月	650 人		1740 万元	

2.6 低温冷冻害和雪灾

2.6.1 基本概况

从霜冻日数的年变化来看，我国霜冻日数（日最低气温≤ 2℃）呈现出明显的减少趋势，2009 年全国平均霜冻日数（日最低气温≤ 2℃）142 天，较常年偏少约 13 天，是自 1994 年以来连续第 16 年少于常年值（图 2.6.1）。

2009 年全国平均降雪日数为 21 天，比常年偏少 13 天，也是自 1994 年以来连续第 16 年少于常年值（图 2.6.2）。1961—2009 年，我国平均降雪日数呈显著的减少趋势，其线性变化趋势为 −4 天 /10 年。

2009 年，全国因低温冷冻灾害和雪灾造成农作物受灾面积达 367.3 万公顷，占受灾总面积的 7.8%，其中绝收面积 25.3 万公顷；3000 多万人次受灾，40 人死亡；直接经济损失 172.1 亿元，占 2009 年气象灾害总损失的 6.8%。总的来看，全国低温冷冻灾害和雪灾面积低于 2000 年以来平均

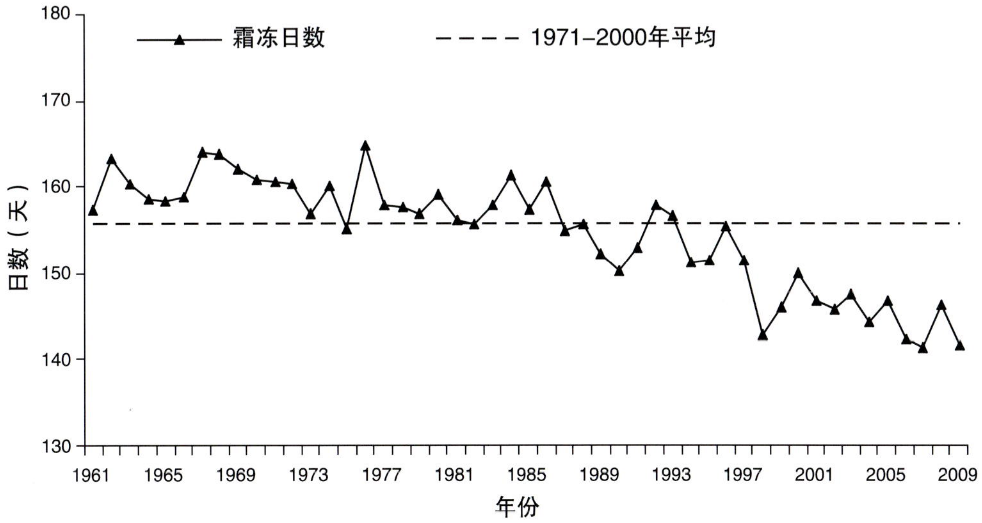

图2.6.1　1961—2009年全国平均霜冻日数历年变化
Fig.2.6.1　Number of frost days averaged over China during 1961—2009

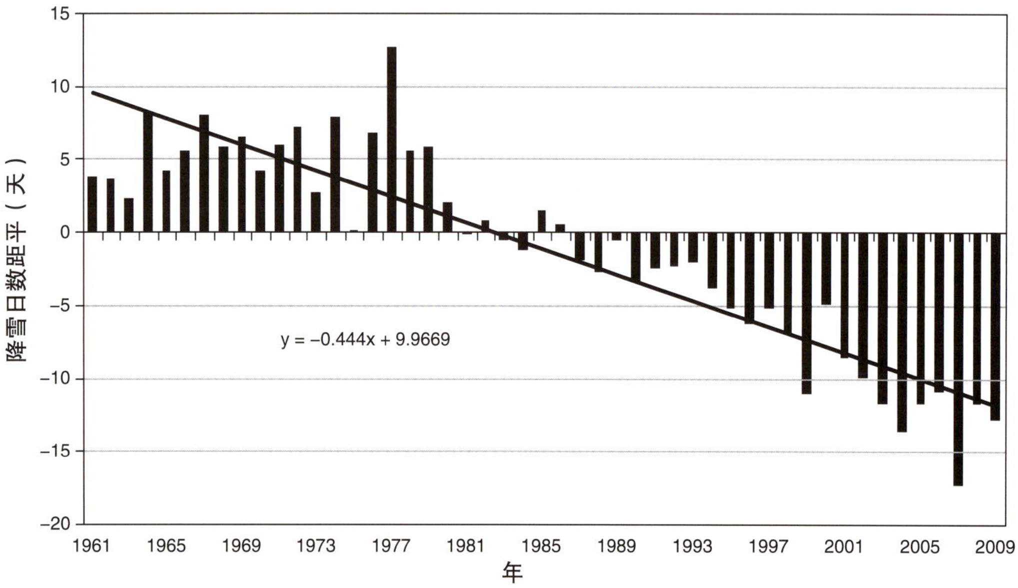

图2.6.2　1961—2009年全国平均降雪日数距平历年变化

Fig.2.6.2　Anomalies of snowfall days averaged over China during 1961−2009

值，但经济损失为近 6 年第三高。

2009 年主要的低温冷冻害和雪灾事件有（表 2.6.1）：2009 年 1 月上旬，长江中下游普降中到大雪，局部暴雪，华南地区遭受强降温天气，出现大范围霜冻灾害；2 月中旬至 3 月上旬长江中下游地区出现持续低温阴雨天气；夏季 6—7 月，东北中北部出现 20 年来最严重低温阴雨；11 和 12 月，我国中东部地区遭受多次强寒潮袭击。

表 2.6.1　2009 年全国主要低温冻害和雪灾事件简表

Table 2.6.1　List of major low-temperature, frost and snowstorm events over China in 2009

时间	影响地区	灾情概况
1 月上旬和下旬	黑龙江、吉林、辽宁、内蒙古、青海、新疆、广西、福建和台湾等 20 个省（区）	我国中东部遭受 2 次明显强寒潮袭击，范围广、降温幅度大、影响重。广西、福建等地出现霜冻，给农作物、林木和花卉带来较大影响。
2 月中旬至 3 月上旬	长江中下游地区	降水量大、持续时间长、最高气温低、伴随灾害多，造成 670 多万人受灾，直接经济损失约 24 亿元。
6—7 月	黑龙江和吉林省	低温阴雨天气持续时间长、降温幅度大、雨日多、积温低并出现罕见延迟性冷害，对水稻和玉米影响较大。
10 月	西藏东北部和西南部、青海南部以及新疆西部等地	西藏东北部和西南部、青海南部、新疆西部等地出现雨雪天气，局部出现大到暴雪，降雪量超过当地同日历史极值，对人民生活、牧业生产和交通运输带来不利影响。
11 月	我国中东部地区，包括东北、华北、黄淮、江淮和江南大部	东北、华北、黄淮、江淮和江南大部先后遭受 3 次明显大范围雨雪和强降温天气过程，具有降水量大、降温幅度大、影响范围广以及京津地区和长江中下游地区初雪日期异常偏早等特点，造成 1300 多万人受灾，因灾死亡 32 人，直接经济损失达 110.7 亿元。
12 月	全国大部	我国大部地区在 12 月上、中和下旬分别出现较强降温和雨雪天气，其中以 22—26 日过程降温最为显著。对人民生活、设施农业和交通运输等行业造成严重影响。

2.6.2 主要低温冻害和雪灾事件

1. 1—3月我国大部地区多次遭受寒潮袭击

2009年1至3月，我国大部地区频遭强冷空气和强降水天气袭击。其中，1月上旬和下旬各有1次较强的冷空气过程影响我国大范围地区，此外1月中旬新疆北部地区还遭遇了一次强冷空气袭击。2月中旬东北、华北东部遭遇降雪天气，长江中下游地区开始持续低温阴雨天气。3月我国大部遭遇2次强冷空气袭击。

黑龙江 2009年3月出现多次降雪过程，间隔时间短、降雪范围大，全省多个市（县）发生雪灾，受灾人口4.6万人，直接经济损失896万元。

吉林 2009年2月12日，吉林省出现强雨雪天气，东南部地区出现区域性暴雪，辽源等18个县（市）出现暴雪，最大过程降水量出现在白山市区，为49.6毫米。吉林省全省过程平均降水量为13.6毫米。因暴雪全省受灾人口6.83万人，直接经济损失7390.3万元。

辽宁 2月12日14时至13日08时，辽宁省11个市普降暴雪，大连、丹东地区降中到大雨。造成直接经济损失3813.6万元。

新疆 1月15—17日北疆部分地区出现大到暴雪，其中，塔城15—16日降雪量达22.4毫米，创历史1月日降水量极值（此前历史记录为14.1毫米）；2月北疆的阿勒泰地区、伊犁地区出现了连续降雪、降温天气，阿勒泰地区受灾人口达4.04万人，造成直接经济损失达4008万元。

福建 2009年1月8—17日，受强冷空气影响，全省自北向南出现明显降温过程，局部县（市）超过10℃，南平、三明、龙岩等地出现霜、霜冻和结冰过程，对冬种作物、交通运输造成不利影响。

2. 2月中旬至3月上旬长江中下游地区出现持续低温阴雨天气

2月14日至3月9日，长江中下游地区出现罕见持续低温阴雨天气。此次低温阴雨天气过程具有降水量大、持续时间长、最高气温低、伴随灾害多等特点。

降水量多：2月14日至3月9日，长江中下游地区多阴雨雪天气，局部地区出现了暴雨。降水量普遍有50～200毫米，局部超过200毫米。安徽、上海区域平均降水量为历史同期次大值，降水量之多分别达20年一遇和30年一遇。

降水日数长：长江中下游地区的降水日数一般有15～21天，区域平均降水日数为15.9天，为1951年以来历史同期次多值，仅次于1985年的17.0天，其中安徽降水日数为历史同期最大值，浙江为次大值。河南南部、贵州东部、广西北部等地低温阴雨日数普遍有9～12天。

灾情重：持续的低温阴雨天气使得长江中下游部分地区土壤墒情偏湿，部分地区出现渍害，对油菜生长发育不利，部分山区还出现了低温雨雪冰冻灾害。另外，连续降水引发了局地地质灾害和水库汛情，直接经济损失约24.0亿元。

安徽 2月15日起，沿江江南地区出现连阴雨，持续长达19天，降水集中程度超过历史同期典型连阴雨时段。连阴雨期间累计降水量之多位列同期第二；休宁县日降水量创2月份全省新高。此外，2月26—28日岳西、霍山、潜山和桐城等地山区乡镇出现了低温冻雨天气。

江苏 2月13日—3月5日沿江苏南地区降水为1961年以来同期极值，沿江苏南雨日数也为历史同期少见，由于雨量大、日照少，沿江苏南低洼地区出现湿渍害，对小麦、油菜的危害较严重。

3. 6—7月东北中北部出现严重低温阴雨天气

2009年6月1日至7月20日，黑龙江和吉林大部地区发生持续低温多雨天气，此次低温阴雨天气持续时间长、低温幅度大、雨日多、日照少、积温低并出现了罕见的延迟性冷害。

日气温低：6 月 1 日至 7 月 20 日，黑龙江省平均气温为 18.2℃，比常年偏低 1.8℃，为 1984 年以来最低值，1951 年以来历史同期第 5 低值；吉林省平均气温为 19.0℃，比常年同期偏低 1.4℃，为 1984 年以来最低值。

降水日数多：6 月 1 日至 7 月 20 日，黑龙江省降水量全省平均达 285.9 毫米，大部地区较常年同期偏多 5 成至 2 倍，为 1951 年以来历史同期最多值，平均降水日数达 33.7 天，比常年同期偏多 10.6 天，为 1951 年以来历史同期最多值；吉林全省平均降水量达 220.5 毫米，较常年同期略偏多，平均降水日数为 31.4 天，比常年同期偏多 6.8 天，为 1972 年以来历史同期最多。

日照少：6 月 1 日至 7 月 20 日期间，黑龙江省日照时数一般有 200 ～ 400 小时，比常年同期偏少 50 ～ 100 小时，西部的部分地区偏少 100 ～ 150 小时；吉林省日照时数一般有 270 ～ 430 小时，比常年同期偏少 40 ～ 110 小时。

积温低：6 月 1 日至 7 月 20 日期间，东北大部地区大于等于 10℃的积温一般有 800 ～ 1200℃ · d，其中黑龙江和吉林大部地区较常年同期偏少 50℃ · d 以上，黑龙江西部和三江平原部分地区偏少 100 ～ 150℃ · d。

出现延迟性冷害：黑龙江和吉林部分地区在当年 5 月发生了较为严重的干旱，作物播种、出苗和幼苗生长受到较大影响，使前期热量条件得不到有效利用；6—7 月持续低温阴雨寡照，导致作物生长缓慢，苗情较差，水稻、玉米、大豆植株矮小，叶面积偏小，出现严重的营养生长不良现象，生育进程与历年同期相比平均偏晚约一周左右，延迟型冷害特征明显。

4. 10 月底至 11 月中旬我国中东部地区出现大范围雨雪天气和强降温过程

10 月 31 日至 11 月 16 日，我国中东部地区先后出现了 3 次大范围的雨雪天气和强降温过程。随后全国大部在 12 月上、中和下旬又遭遇 3 次强降温和雨雪天气。这些天气过程具有初雪日期早，雨雪范围广、强度强，积雪深度深，降温幅度大和气温低等特点。

降温幅度大：10 月 31 日至 11 月 16 日期间，我国大部地区出现了剧烈降温，东部大部地区最大降温幅度普遍有 15 ～ 20℃，其中东北、华北西部、黄淮西部、江淮西部、江南大部及内蒙古等地达 20℃以上；江南北部及长江以北地区极端最低气温普遍在 0℃以下。东北南部、华北、黄淮、江淮等地平均气温比常年同期偏低 2 ～ 6℃，华北地区平均气温为 1951 年以来历史同期最低值，长江中下游地区平均气温为 2001 年以来历史同期最低值。12 月 22—26 日，我国北方及东部地区再次遭受强降温天气，我国北方大部地区降温幅度普遍在 5 ～ 10℃，东北中部和南部、内蒙古中东部和新疆北部等地降温幅度一般有 10 ～ 15℃，部分地区降温幅度为 20 ～ 25℃，局地超过 25℃。

降水量大：11 月中旬，我国中东部大部地区降水量一般有 30 ～ 100 毫米，其中江南东部、江淮南部及福建北部、广东北部等地超过 100 毫米。长江中下游和华北地区降水量分别为 1951 年以来历史同期第 2 多和第 3 多。

初雪日早：10 月 31 日至 11 月 1 日，华北地区出现入秋以来第一场雪。其中，北京、天津、石家庄初雪日比常年偏早近 1 个月，是近 20 年来最早的一场雪。11 月 15—16 日，长江中下游地区出现今秋以来首场大范围低温雨雪天气，大部地区初雪日期比常年偏早 25 ～ 35 天，为近 10 年来最早的一年，其中安徽南部、江苏南部、湖北西南部部分站点为有气象记录以来最早的一年。

积雪深：11 月 9—12 日，华北大部及陕西中北部等地出现降雪，山西中部和河北西南部降中到大雪。山西大部和河北西南部积雪深度普遍超过 10 厘米，河北石家庄至山西阳泉一带积雪深度达到 30 ～ 50 厘米。河北、河南、山西等省的部分地区最大雪深突破历史记录。11 月 15—16 日，江苏、安徽、湖北的部分地区积雪深度突破 11 月历史极值。12 月 4—6 日，东北地区出现明显降雪天气，大部积雪深度增加 5 ～ 12 厘米，其中黑龙江东部的部分地区积雪深度增加 15 ～ 20 厘米。12 月 22—23 日，新疆北部部分地区出现中到大雪，阿勒泰北部降暴雪，积雪厚度增加 15 ～ 27 厘米。

灾害重：11 月初、中旬前期及中旬的 3 次大范围雨雪天气和强降温过程共造成 1300 多万人受灾，因灾死亡 32 人，直接经济损失 110.7 亿元。

内蒙古 2009 年内蒙古 6 个盟（市）发生雪灾和低温冷害，受灾 17.8 万人，农作物受灾 28.7 万公顷，绝收 4.7 万公顷，直接经济损失 1.8 亿元。

吉林 从 2009 年 10 月 30—31 日，汪清和靖宇等县普降暴雪，降雪量达到 21.4 毫米，雪深 20 厘米，给人民生活和社会生产造成了较严重影响。2009 年 11 月 12—16 日辉南县发生暴雪，全县受灾人口达 3 万人，直接经济损失 1000 多万元。

北京 11 月 1—2 日，北京市各区（县）普降大雪，雪层最厚达 40 厘米，导致部分农业设施被压塌，仅房山区和大兴区直接经济损失 5853.2 万元。

河北 11 月 8—12 日，河北省大部地区出现雨雪天气，保定以南的大部地区过程降水量达 30 毫米以上，石家庄中西部部分地区超过 50 毫米，石家庄市区降水量最大为 93.5 毫米。大暴雪造成交通、运输以及各类房屋和设施农业受损。全省共 87 个县（市、区）、328.4 万人不同程度受灾，因灾死亡 8 人，直接经济损失 15.3 亿元。

山西 2009 年 11 月 9—12 日，山西省遭遇了历史罕见的强降雪天气。此次降雪全省受灾人口 315 万人，死亡 27 人（其中因暴雪引起的交通事故死亡 24 人），受伤 34 人，直接经济损失约 34 亿元。此外，暴雪还对交通、电力造成严重影响，经济损失 80 多万元。

山东 11 月 10—12，日山东出现历史罕见的大范围暴雪天气。济南等 10 站日降雪量突破有气象资料以来历史同期最大记录。此次暴雪造成全省受灾人口 181.43 万人，死亡 2 人，直接经济损失 6.4 亿元。

河南 11 月 11—12 日，北中部地区普降暴雪，降雪量一般为 20 ～ 45 毫米，积雪深度在 15 厘米以上，过程最大积雪深度出现在长垣达 34 厘米，郑州积雪深度达 32 厘米，全省有 29 个站积雪深度突破历史极值。此次暴雪天气对农业生产、电力、交通运输及人民生活造成了严重影响。

安徽 10 月 31 日—11 月 2 日，安徽省出现秋末初冬首个寒潮天气，48 小时平均降温幅度达 10℃，其中江淮之间东部和沿江江南达 11 ～ 13℃，降温幅度为 1961 年以来同期第四位，也是近 10 年来同期最强；11 月 3 日还出现了初霜冻，为 1998 年以来最早的一年。寒潮过后接踵而至的是 11 月 15—16 日暴雨雪天气过程。

新疆 11 月 5—10 日，塔城盆地出现雨转雨夹雪的连续降水过程，天气转晴后，最低气温降至－14℃以下，造成额敏和裕民两县共 16884 人受灾，直接经济损失 1260 万元。11 月 10 日，乌鲁木齐市遭遇大到暴雪，交通严重受阻。11 月 15—18 日，阿克苏地区拜城县、克孜勒苏柯尔克孜州的阿合奇县、喀什地区的喀什市、疏附县、疏勒县遭受暴雪、雪灾，5447 人受灾，直接经济损失 1527.76 万元。12 月新疆又出现了 6 场降雪、降温天气，连续的降雪致使北疆大部地区以及巴音郭楞蒙古自治州、哈密地区遭受雪灾，7 个地（州）21 个县（市）13 万人受灾，北疆北部部分牧区出现“白灾”。

2.7 雾

2.7.1 基本概况

2009 年，我国中东部大部地区雾日一般在 10 天以上，其中辽宁东部、河北南部、山东大部、江苏、安徽南部、浙江西北部、江西北部、湖南西部、四川东南部、贵州东部、云南南部、福建等地有 20 ~ 40 天，局部地区在 40 天以上（图 2.7.1）。

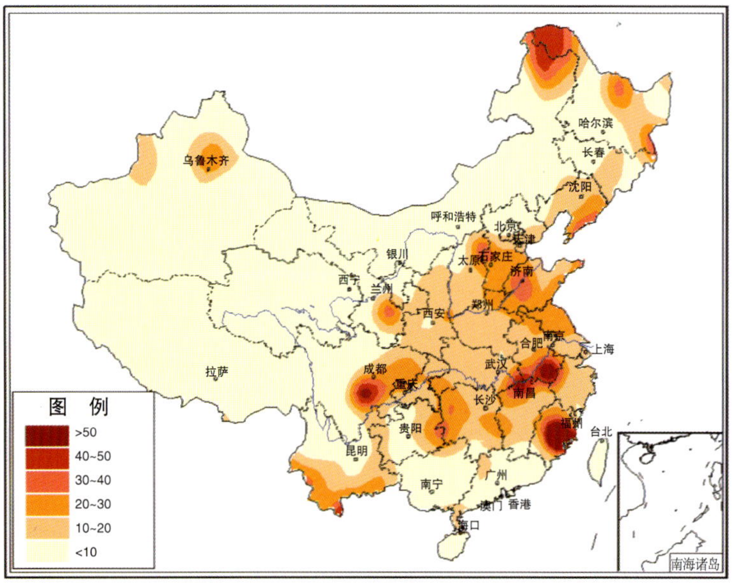

图2.7.1 2009年全国雾日数分布（天）
Fig.2.7.1 Fog days over China in 2009 (d)

与常年相比，江南大部、江汉、西南东部和南部、西北东南部以及吉林东部、江苏、福建等地 2009 年雾日数偏少 10 ~ 30 天，四川、福建、云南等省的局部地区偏少 30 天以上（图 2.7.2）。

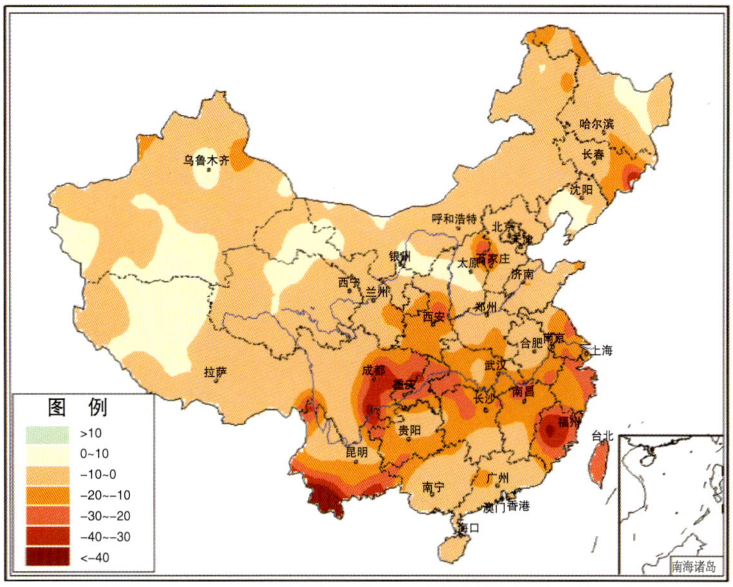

图2.7.2 2009年全国雾日数距平分布（天）
Fig.2.7.2 Anomalies of fog days over China in 2009(d)

1961—2009年，全国平均年雾日数呈显著的减少趋势（图2.7.3）。从20世纪60年代到80年代，我国的年雾日数处于比较稳定的状态，约22天。从20世纪90年代初开始，雾日数出现了明显的减少，到2005年减少至最少。2009年，全国平均雾日数为12.2天，较常年偏少9天，为近50年来的第二小值。1961—2009年中，年雾日数最大值出现在1980年，为24.3天；次大值出现在1985年，为24.1天；最小值出现在2005年，为11.7天。

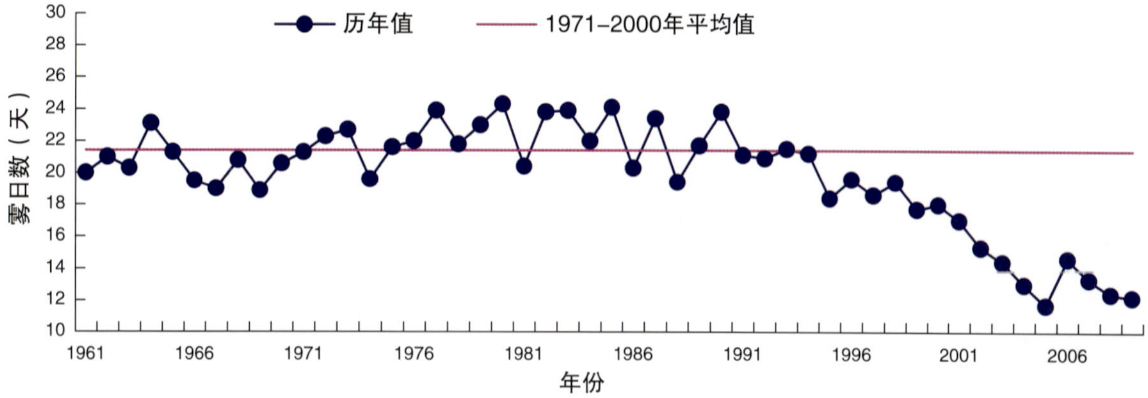

图2.7.3　1961—2009年全国平均年雾日数变化
Fig.2.7.3　Annual fog days averaged over China during 1961−2009

从各月雾日数分布可以看到，2009年我国雾多发月份为2月、11月和12月，5月份最少。2月、10月和11月的雾日数均占全年的35.3%。与常年同期相比，各月的雾日数均偏少，其中1月和10月偏少幅度较大（图2.7.4）。

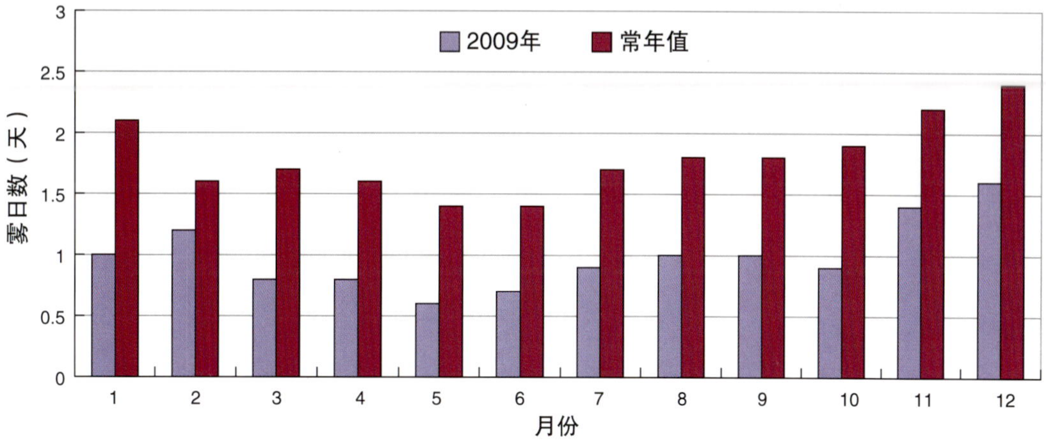

图2.7.4　2009年全国平均各月雾日数与常年同期雾日数对比
Fig.2.7.4　Monthly fog days averaged over China in 2009

安徽、山东、福建和湖南为2009年雾日数最多的四个省份，分别为31天、28天、26天和26天，而宁夏、北京、内蒙古、新疆、青海、西藏的雾日数较少，均在5天以下（图2.7.5）。2009年，吉林、福建、湖南、云南的雾日数分别为7天、26天、26天和15天，均为1961年以来最小值；北京、贵州为次小值。

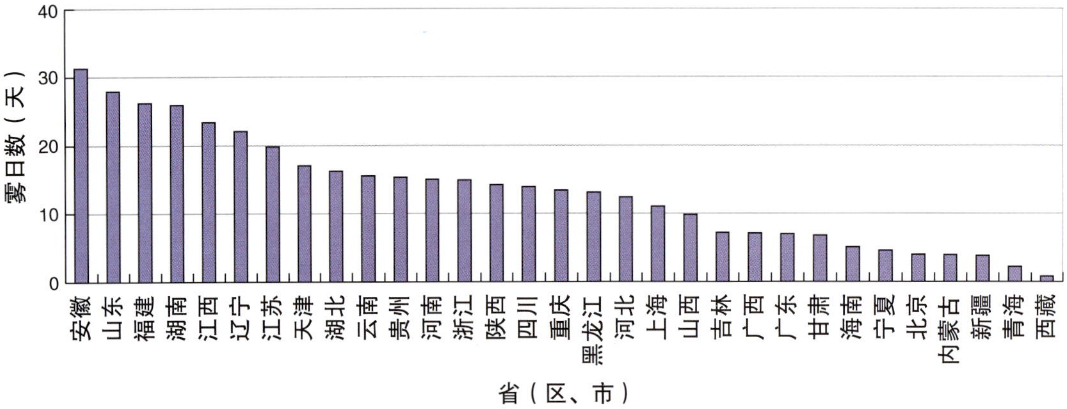

图2.7.5 2009年中国各省（区、市）年雾日数序列

Fig.2.7.5 Sequence of annual fog days for all provinces (municipalities, autonomous regions) in 2009

2009 年我国雾天主要出现在 1 月、2 月、10 月、11 月、12 月，其中 1 月 30 日至 2 月 1 日、2 月 9—10 日、11 月 7—9 日、11 月 23—27 日、11 月 31 日至 12 月 2 日、12 月 9—13 日出现的大范围持续雾天对交通运输产生了较大影响（表 2.7.1）。据不完全统计，2009 年全国因雾引发的交通事故共造成 50 人死亡，死亡人数较 2008 年明显偏少。

表 2.7.1 2009 年全国主要雾事件简表

Table 2.7.1 List of major fog events over China in 2009

发生时间	发生地区	覆盖面积（万平方千米）
1 月 7—11 日	江淮、江南西部和北部及湖北北部、重庆、四川盆地、云南南部	9 ~ 32
1 月 22 日	安徽中东部、江苏南部和湖北东部	6.3
1 月 30 日—2 月 1 日	黄淮东部、江淮、江南、西南东南部及北京南部、河北南部、广西西部、广东北部和福建西部	13.6 ~ 53.3
2 月 5 日	山东西部、河南东部、安徽北部以及山西南部和湖北西部等地	14
2 月 7 日	江西大部、湖南南部、广东中北部、广西东部等地部分地区	8.7
2 月 9—11 日	天津北部、河北东部、辽宁西南部、山东南部、江苏中北部、湖北、浙江大部、福建沿海、湖南东南部以及江西东北部	5 ~ 21.7
2 月 12 日	河南西南部和中北部、湖北西北部和西南部的局部地区、重庆中部和东南部、浙闽沿海以及黄海西部	12.1
2 月 27 日	河北中南部、河南北部	8.5
3 月 19 日	河北局部、河南中东部、湖北北部、山东东部	28
4 月 14 日	山东南部局地、江苏、安徽北部和南部的部分地区、湖北局部地区	6.8
9 月 6 日	山东南部、安徽、河南东部和南部以及江苏北部	7.3
10 月 23 日	辽宁中部的辽河平原、辽东半岛东部以及其附近的海域、长白山区的部分地区、吉林中部和黑龙江中部	9
10 月 28 日	北京东南部、天津、河北中东部、山东北部和南部、江苏北部和安徽北部	22.5
10 月 30 日	河北中南部、山东半岛以及鲁西北和鲁东南、江苏北部、安徽中东部和南部局地、江西北部	8.5
10 月 31 日	江苏北部、安徽北部和中部、湖北中部、湖南北部、江西西北部的部分地区、浙江西部局地	9.4

续表

发生时间	发生地区	覆盖面积（万平方千米）
11 月 7 日	四川、重庆、贵州北部、湖南西北部、湖北西南部	5.1
11 月 8 日	河北中南部、北京、天津西部、河南北部、山东北部和东部、江苏中北部、安徽部分地区	23.7
11 月 13—14 日	华北中南部、黄淮西部	15.1 ~ 15.4
11 月 23 日	宁夏南部、甘肃东部、陕西南部、河北南部、河南北部、湖北西部、四川盆地、重庆中南部、贵州北部和东部、湖南西部、江西中部和云南东北部	20.8
11 月 24 日	山西南部、河北南部、河南北部、山东西部、甘肃东部、陕西南部、湖北西部、四川东部、重庆大部、云南东北部以及江西东部和福建大部	27.4
11 月 25 日	山西南部、陕西东部和南部、湖北西北部、北京东南部、天津、河北中南部、河南北部、山东西部、安徽南部、浙江、福建、江西东部、广西东部局地和广东的部分地区	23.5
11 月 26 日	安徽大部、江苏西北部和南部、江西中部、浙江和福建等地	21.4
11 月 30 日	吉林和辽宁中部、河北南部、天津南部、河南北部和南部局地、山东西部和北部、山西中部以及山西和陕西的交界处、湖北的部分地区	
12 月 1 日	天津、河北南部、河南东部、山东、安徽、江苏、山西中部、陕西和山西交界处、陕西南部、宁夏北部、甘肃东部、河南西南部、湖北等地	45.6
12 月 2 日	辽宁的中部、河北中南部、天津、江苏中南部、浙江部分地区、广西东北部和广东西北部等地	19.5
12 月 3 日	江淮西部、江汉东南部、江南中西部等地	17.0
12 月 10 日	北京南部、天津、河北南部、河南东北部和山东的西部和北部	12.9
12 月 17 日	河南北部、安徽北部、山东西部、湖北西部以及湖南西部的局部地区	20.6
12 月 21 日	贵州东部、湖南西北部、重庆南部以及江西西部等地	7.1
12 月 30 日	湖北南部、湖南大部、安徽南部、江西北部和浙江西部等地	19
12 月 31 日	安徽南部、江西东部、浙江西部和中部、福建西部等地	6.2

注：上表中的雾事件均为雾覆盖范围超过 5 万平方千米的雾过程。

2.7.2 主要雾灾事例

1. 1 月中下旬，四川、湖北、浙江、新疆等地出现大雾天气

1 月 7 日，湖北省荆州市荆州区与枝江交界的万城大桥上，因雾发生两起交通事故，造成 1 人死亡，多人受伤。9 日，四川省受大雾影响，有 14 条高速公路一度被迫封闭。17 日，大雾使新疆乌鲁木齐国际机场 63 架次航班延误，6000 余名乘客滞留。18—19 日，浓雾袭击四川盆地，导致 10 条高速公路通行受阻，成都双流国际机场被迫关闭 11 个多小时，大批航班延误，造成 2.5 万旅客滞留。21 日沿淮部分地区出现大雾天气，京台高速合徐南段发生多车连环追尾事故，造成 9 人死亡、30 余人受伤；蚌埠禹会服务区也发生了一起交通事故，造成 1 人死亡，两起交通事故导致京台高速公路蚌埠段被迫关闭 1.5 小时。22 日，湖北中东部出现大雾，致使武汉天河机场共有 27 个航班延误，约 2000 名旅客滞留；京珠高速、武黄高速、黄黄高速实行交通管制，武黄、黄黄高速先后关闭，黄石迎宾大道滞留 2000 辆汽车。30 日，我国中东部地区大雾弥漫（图 2.7.6）；受其影响，浙江杭州绕城高速公路、沪杭甬高速公路和上（虞）三（门）高速公路关闭；杭州往宁波、余姚、上虞、临海等方向近 300 辆班车被迫停开或延误，萧山国际机场共有 90 个左右航班延误，大批旅客滞留机场。

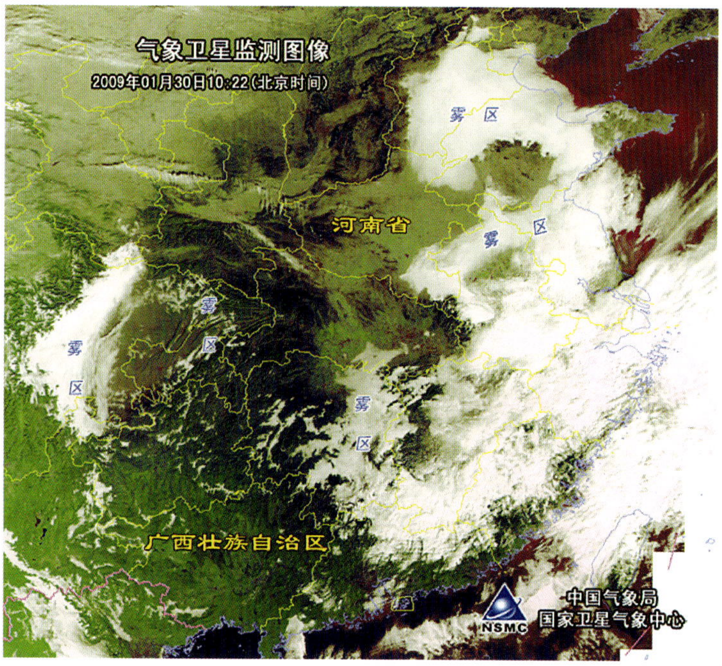

图2.7.6　2009年1月30日气象卫星雾监测图像
Fig.2.7.6　Fog monitoring image by meteorological satellite on January 30, 2009

2. **2 月华北南部、黄淮、江淮等地雾天频繁**

2 月 1 日，黄淮地区出现大雾，受其影响，山东、河南境内的大多数高速公路的多个路段相继关闭，旅客一度滞留，山东 44 个、河南 12 个航班被取消或延误。2 日，大雾使四川省内多条高速公路受影响，成都双流机场关闭 4 个多小时，造成 131 个航班延误或取消，近 1.3 万名旅客滞留。5 日，华北南部、黄淮等地出现雾，受其影响，山东京福、济青、京沪、日东等主要高速公路关闭；安徽合徐、合淮阜、合肥北环、南洛高速界阜蚌段全线封闭。9 日，华北中南部及河南南部、山东、湖北的部分地区出现雾天气，受其影响，河北平原地区的部分高速公路实行全线封闭，大量长途车辆因高速公路封闭而阻塞；石家庄机场、武汉天河国际机场航班大面积延误，武汉天河机场 8 个航班被迫取消，近 5000 名乘客滞留；山东省内多条高速公路因雾一度封闭；京珠高速河南郑州段发生了 11 起连环追尾事故，事故导致 500 余辆客、货车受阻，约 3000 人滞留。10 日，辽宁西南部、天津北部、河北东部、山东南部、江苏中北部、湖北、浙江、福建沿海、湖南东南部等地出现了大雾天气（图 2.7.7），京福高速公路泰安服务区附近因大雾能见度较低，百余辆汽车相撞，30 余人受伤；合宁高速 10 多辆车分段追尾，造成 10 人受伤；合肥至厦门、上海、北京、广州、成都等方向的 14 个进出港航班延误，约 2000 多名旅客滞留。9—10 日，湖北省连续两天出现大雾，导致天河机场 125 个航班延误，15 个航班备降南昌等机场，23 个进出港航班取消，6000 多名旅客出行受影响。11 日，京沪高速公路山东苍山段因雾发生 21 起交通事故，导致 5 人死亡，6 人受伤；同日，雾雪天气造成乌鲁木齐市国际机场 93 个进出港航班延误或备降，约 4000 余名旅客滞留机场。12 日，辽宁大连周水子国际机场因雾 36 个航班被取消，滞留旅客 1000 余人。

3. **10 月下旬，黄淮东部、江淮东部、西南地区东部出现雾天气**

10 月 24—27 日，江苏大部地区连续出现浓雾天气，引发多起交通事故，共造成 8 人死亡，数十人受伤，其中 25 日长江下游南京段、镇江段水域能见度仅在 100 ～ 200 米之间，超过 2500

图2.7.7　2009年2月10日气象卫星雾监测图像

Fig.2.7.7　Fog monitoring image by meteorological satellite on February 10, 2009

艘船舶被困。25 日，受大雾天气影响，贵遵高速连发多起汽车追尾事故，造成 22 辆车受损，5 人重伤，近百辆车受阻，交通中断 3 个多小时。26 日，重庆江北国际机场因大雾 130 多个出港航班延误和取消，41 个航班备降和返航，逾万名旅客被滞留。28 日，山东济青高速昌邑段大雾导致 12 辆汽车相撞事故。29 日，铁路蓝烟线太祉庄道口因雾发生一辆货车与火车相撞事故，导致 2 人死亡。30 日，大雾致使进出青岛的高速路全部封闭。30—31 日，安徽合安高速因雾发生多辆汽车连环相撞，造成 3 人死亡。

4. 11 月华北南部、黄淮、江淮等地雾天频繁

11 月 7 日，北京城区大部分地区大雾弥漫，受其影响，京沈、京开、六环、京石等 7 条高速公路封闭。8 日，江苏滨海出现浓雾，沿海高速江苏滨海出口 15 辆车发生连环相撞，致使 3 人死亡，4 人受伤。8 日，山东半岛局部大雾，受其影响，济青高速、京福高速部分路段封闭；青岛轮渡和快艇全面停航，机场多数进出港航班顺延，青岛至胶南、青岛至黄岛的长途车，20 多班次延误。13 日，鲁西南、鲁西北和鲁中地区出现大雾天气，受大雾和道路结冰影响，山东境内共有近 80 个高速公路收费站临时关闭，17 个航班延误或取消。25 日，山东出现大雾天气，受其影响，山东省所有高速公路基本都处于封闭状态，济南国际机场 15 个航班取消，多个航班延误，京台高速公路枣庄段停止通行，长途客运班车全部停发。24—25 日，乌鲁木齐市出现大雾天气，导致乌鲁木齐国际机场 144 架次航班延误、备降和取消，4000 余名旅客滞留机场。26—27 日，江淮地区出现大雾天气，安徽省多条高速公路封闭，合肥机场多个进出港航班延误，芜湖长江大桥水域实行全面禁行，滞留船舶近 2000 艘。27 日，广东云浮、肇庆等 15 个县（市）出现了大雾，受其影响，多条高速公路封闭；广州西二环高速发生一起 4 车相撞事故，其中一辆油罐车被撞起火，造成 5 辆汽车被焚，其后的 10 余辆汽车为躲避前方事故发生连环碰撞，造成 3 人受伤；佛山三水二桥发生 7 车相撞事故，1 人死亡。27 日，受大雾天气影响，京珠高速发生 8 起车祸，40 多辆车相撞，造成 3 人死亡，车龙十几千米。28 日，北方大雾致使重庆飞往石家庄、乌鲁木齐等城市航班延误 42 个，近 5000 名旅客行程被误。29 日，河北石家庄机场因大雾影响，20 多个进出港航班取消，11 个进出港航班延误。29 日，大雾造成宁夏 53 架次航班延误或被取消；银川市境内高速公路全部关闭，150 班始发的长途班车停运，银川市永宁县发生 3 车相撞事故，造成 2 人死亡，4 人受伤；平罗境内和桃山境内高速公路上有 13 辆车发生追尾。

5. 12 月华北东部和南部、黄淮、西北东部、江汉及四川等地出现大雾

12 月 1 日，华北东部和南部、黄淮、西北东部、江汉等地出现大雾（图 2.7.8），受其影响，江苏省宁连公路南京高速段发生 3 起交通事故，造成 3 人死亡，8 人受伤；湖北武汉天河机场 40 个航班无法正常起降，3000 多名旅客出行受影响。2 日，上海市大雾天气致使沪宁、沪杭等高速公路和各长江大桥一度封闭，沪宁杭 250 个班次长途客运延误，上海港百艘次国际航船出航推迟或取消，虹桥机场所有航班一度处于停航状态。3 日，大雾致使湖北省京港澳、宜黄、大广、武黄高速短时关闭，近万辆车滞留。7 日，陕西咸阳机场遭遇大雾天气，造成 80 余次航班被取消，约 2700 名旅客滞留。24 日，上海外高桥港区出现大雾，长江航道一度封航，上海港 40 多艘船舶进出港推迟或取消；同日，四川省盆地西北部出现大雾，受大雾影响，省内 10 条高速路最长封闭近 10 小时，双流机场关闭 9 小时，131 个航班延误，1.2 万名旅客滞留，公路客运多条线路停运。28 日，由于大雾低温导致路面能见度低及桥面结冰，江西九景高速公路鄱阳湖大桥上发生 11 起追尾交通事故，造成 13 人死亡，26 辆汽车受损；多条高速公路被迫关闭，南昌部分客运汽车推迟发车；南昌昌北国际机场 26 个进出港航班延误。

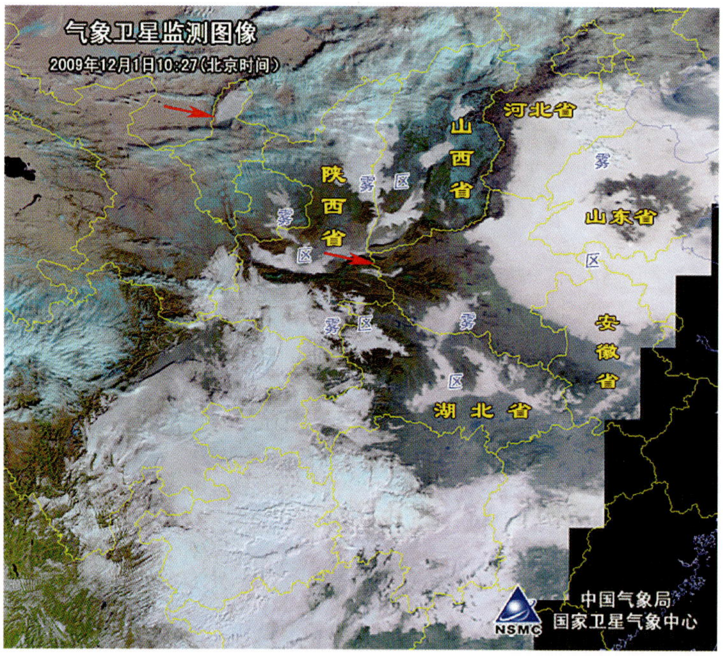

图2.7.8 2009年12月1日气象卫星雾监测图像

Fig.2.7.8 Fog monitoring image by meteorological satellite on December 1, 2009

2.8 雷电

2.8.1 基本概况

据不完全统计，2009 年全国共发生雷电灾害 13481 起，其中造成火灾或爆炸 121 起，造成人身事故 387 起，导致 371 人死亡、310 人受伤。雷电灾害在全国造成大量电子设备、电力系统、建筑物受损，雷击造成建筑物损坏事件 637 起，办公和家用电子电器损坏事件 6590 起，损坏电子电器设备 26954 件，造成直接经济损失 2.3 亿元，间接经济损失 6.4 亿元。一次造成百万元以上直接经济损失的雷电灾害有 22 起。2009 年雷电造成的经济损失主要发生在电力、石化、通讯等行业，其中电力行业雷灾事故 985 起，石化行业 117 起，通信行业 6125 起。

表 2.8.1　2003—2009 年全国雷电灾害

Table 2.8.1　Statistics of lightning disasters over China during 2003-2009

年份	雷灾事故数	受伤人数	死亡人数	雷击死亡率	直接经济损失（亿元）	间接经济损失（亿元）
2009	13481	310	371	54.5%	2.31	6.41
2008	8604	345	446	56.4%	2.24	6.21
2007	12967	718	827	53.5%	4.25	7.43
2006	19982	640	717	52.8%	3.84	0.96
2005	11026	690	646	48.4%	2.45	0.28
2004	8892	1059	770	42.1%	2.24	0.35
2003	7625	391	328	45.6%	1.76	0.34

从 2003—2009 年全国雷电灾害表（表 2.8.1）中可以看出，2009 年雷电灾害事故数比 2008 年增加 56.7%，与 2007 年基本持平。2009 年雷灾死亡和受伤人数比 2008 年少，达到 2004 年以来最低值。2009 年雷电灾害造成的直接经济损失、间接经济损失和雷击死亡率接近 2008 年。

2.8.2 雷电灾情空间分布

2009 年我国东部和南部是雷电灾害的多发区（图 2.8.1）。从全国范围来看，广东、湖南、江苏、浙江、河北、山东、江西、福建、辽宁 9 个省雷电灾害相对严重，各省全年事故超过 200 起。云南、江西、广东、江苏、河北、湖北、贵州 7 个省全年雷击死亡超过 20 人（图 2.8.2）。考虑人口权重（表 2.8.2）后，人口基数少的地区（如西藏、海南、青海）伤亡率增大，而湖北、湖南、山东等人口多的省份伤亡率减小。除青藏高原外，高伤亡率地区都位于我国南部，西北地区和几大直辖市伤亡率仍然较低。广东、浙江、湖南等地雷灾发生率仍较高。

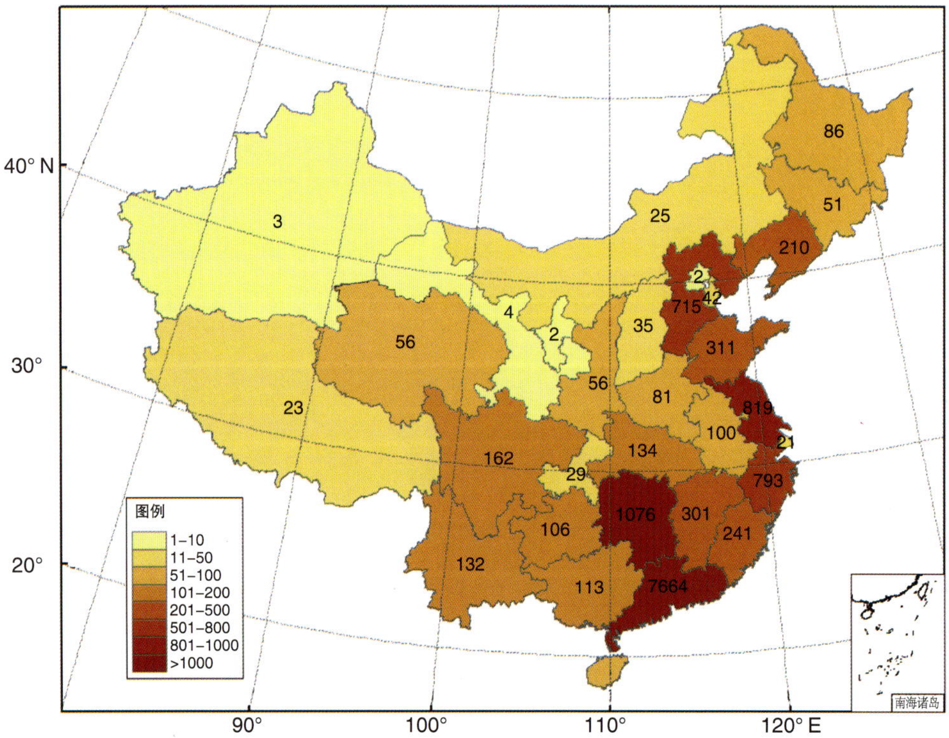

图2.8.1　2009年全国各省（区、市）雷灾事故分布图

Fig.2.8.1　Number of lightning events for all provinces (municipalities, autonomous regions) over China in 2009

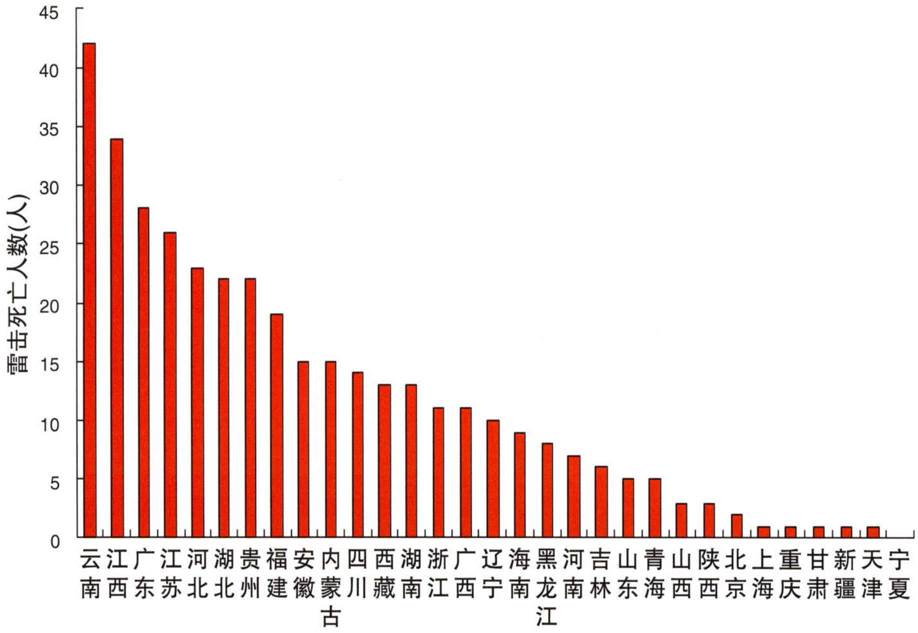

图2.8.2　2009年全国各省（区、市）雷击死亡人数分布图

Fig.2.8.2　Fatalities by lightning for all provinces (municipalities, autonomous regions) over China in 2009

表 2.8.2　2009 年全国各省（区、市）每百万人口雷击死亡率、受伤率、伤亡率和雷灾事故发生率及其排序

Table 2.8.2　Rate per million people of lightning fatalities, injuries, casualties and events, as well as their ranks for all provinces (municipalities, autonomous regions) over China in 2009

省　份	人口数 *（百万）	雷击死亡		雷击受伤		雷击伤亡		总雷灾事故	
		死亡率	排序	受伤率	排序	伤亡率	排序	事故率	排序
北　京	13.82	0.1	21	0.2	14	0.4	19	0.1	31
天　津	10.01	0.1	22	0.0	29	0.1	28	4.2	12
河　北	67.44	0.3	11	0.2	11	0.6	12	10.6	7
山　西	32.97	0.1	23	0.0	28	0.1	26	1.1	24
内蒙古	23.76	0.6	6	0.1	20	0.8	8	1.1	25
辽　宁	42.38	0.2	15	0.1	23	0.3	20	5.0	11
吉　林	27.28	0.2	17	0.2	12	0.4	14	1.9	20
黑龙江	36.89	0.2	18	0.1	24	0.3	21	2.3	17
上　海	16.74	0.1	26	0.2	15	0.2	22	1.3	23
江　苏	74.38	0.3	10	0.1	25	0.4	16	11.0	5
浙　江	46.77	0.2	16	0.6	5	0.8	7	17.0	2
安　徽	59.86	0.3	13	0.2	17	0.4	17	1.7	21
福　建	34.71	0.5	8	0.2	16	0.7	9	6.9	10
江　西	41.4	0.8	5	0.2	13	1.0	5	7.3	9
山　东	90.79	0.1	27	0.1	18	0.2	23	3.4	13
河　南	92.56	0.1	25	0.1	21	0.2	24	0.9	27
湖　北	60.28	0.4	9	0.3	8	0.7	10	2.2	18
湖　南	64.4	0.2	19	0.3	9	0.5	13	16.7	3
广　东	86.42	0.3	12	0.3	6	0.7	11	88.7	1
广　西	44.89	0.2	14	0.1	19	0.4	18	2.5	16
海　南	7.87	1.1	2	1.1	3	2.3	3	11.2	4
重　庆	30.9	0.0	30	0.1	22	0.1	25	0.9	26
四　川	83.29	0.2	20	0.3	10	0.4	15	1.9	19
贵　州	35.25	0.6	7	0.3	7	1.0	6	3.0	15
云　南	42.88	1.0	3	0.8	4	1.7	4	3.1	14
西　藏	2.62	5.0	1	11.5	1	16.4	1	8.8	8
陕　西	36.05	0.1	24	0.0	30	0.1	29	1.6	22
甘　肃	25.62	0.0	29	0.0	27	0.1	30	0.2	29
青　海	5.18	1.0	4	1.4	2	2.3	2	10.8	6
宁　夏	5.62	0.0	31	0.0	31	0.0	31	0.4	28
新　疆	19.25	0.1	28	0.1	26	0.1	27	0.2	30
全　国	1262.28	0.5		0.6		1.1		7.3	

* 人口数来自于我国第五次全国人口普查。

2.8.3 雷电灾情不同月份分布

2009 年雷灾事故全年都有发生，但主要发生在 6—8 月，三个月的雷灾事故、受伤人数、死亡人数分别占全年的53.2%、65.8%和83.8%，雷灾事故和伤亡人数均在6月份达到最高（图2.8.3）。与 2008 年相比，2009 年 3 月、4 月和 6 月雷灾事故明显增加，5 月雷灾比去年减少。

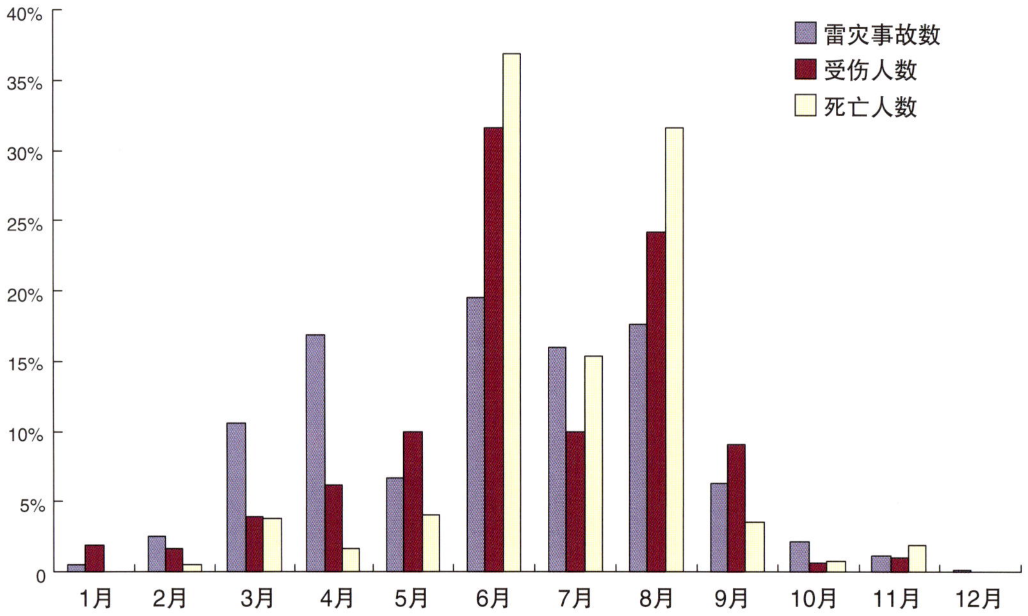

图2.8.3 2009年全国雷电灾害百分比月变化

Fig.2.8.3 Monthly percentage of lightning disasters over China in 2009

2.8.4 2009 年较大雷电灾害事件

（1）1 月 23 日 1 时 40 分至 45 分，云南省普洱市澜沧县境内的糯福乡戈的村袜块村民小组发生强雷电灾害，造成 2 人重伤、3 人轻伤，击坏电视机、接收机等电器，直接经济损失 20 万元。

（2）2 月 24 日，江西省九江市都昌县松古山、杭桥、潘垅移动基站遭雷击坏，直接经济损失近 100 万元。

（3）2 月 27 日，江西省九江市都昌县移动基站遭雷击坏，直接经济损失约 150 万元。

（4）3 月 5 日 16 时至 17 时，广东省深圳市机场遭雷击，造成航班延误和取消，直接经济损失 800 万元，间接经济损失 5800 万元。

（5）4 月 5 日 14 时 30 分，山东省青岛市平度市大泽山镇仉家寨村民耕田时被雷击中，造成 1 人身亡、7 人受伤。

（6）4 月 15 日 5 时左右，辽宁省大连市开发区新港罐区遭雷击，击坏感温电缆、联动门、工控机等设备，造成直接经济损失 223.7 万元。雷灾原因是防雷装置不完善。

（7）4 月 15 日，贵州省黔西南州兴义市郑屯镇 110kV 变电站遭雷击，击坏主变压器，直接经济损失 100 万元。

（8）4 月 21 日 21 时，四川省德阳市罗江县万安镇德阳市金诚纸塑制品厂遭雷击，烧坏三色印刷机，造成工厂停工，直接经济损失 105 万元，间接经济损失 80 万元。雷击原因是该厂未按规定安装防雷装置。

(9) 5月22日16时29分，西藏自治区山南地区加查县洛林乡措果一村加加山遭雷击，造成1人身亡、9人受伤。

(10)5月26日，云南省文山州丘北县舍得乡发生雷击事故，造成5人受伤，直接经济损失0.3万元。

(11) 5月28日11时左右，云南省红河州建水县岔科镇大冲遭雷击，造成4名村民受伤。

(12) 5月31日17时，西藏自治区那曲地区索县亚拉镇16村多名村民在采虫草时遭雷击，造成4人身亡、7人受伤。

(13) 6月3日15时，广东省佛山市顺德区容桂街道高黎村某建筑工地发生雷击事故，造成在工棚中避雨的5名工人身亡、1人轻伤，直接经济损失105万元，间接经济损失1050万元。

(14) 6月13日13时30分左右，北京市怀柔区雁栖镇箭扣长城5名游客遭雷击，造成2人身亡、3人轻伤。

(15) 6月14日9时30分左右，山东省济南市长清区张夏镇邵家庄村村民在菜园中浇地时遭雷击，造成1人身亡、4人轻伤。

(16) 6月14日19时，西藏自治区昌都地区昌都县城郊昌都地区物资公司炸药库遭雷击，击坏1部卫星接收设备、多部电话机，造成7人受伤，直接经济损失0.3万元。

(17) 6月15日18时30分，云南省红河州石屏县龙武镇脚白亩村委会鸡爬山村，村民在山上干活时被雷电击中，造成3人身亡。

(18) 6月18日18时，西藏自治区那曲地区索县荣布镇16村遭雷击，击坏房屋、太阳能电板等，造成5人受伤，直接经济损失28万元。

(19) 6月20日16时10分，浙江省绍兴市浙江龙盛薄板有限公司35kV变压器遭雷击，造成停止生产，直接经济损失103万元，间接经济损失10万元。雷击原因是雷电波入侵。

(20) 6月21日16时28分至18时25分，湖南省娄底市冷水江市志光福利锑品冶炼厂遭雷击，造成4名职工重伤。

(21) 6月21日22时54分左右，湖南省衡阳市区20条电力线路遭受雷击，直接经济损失100万元左右，间接经济损失800万元左右，雷击原因是电力设施的防雷措施不到位。

(22) 6月27日14时30分至17时20分，四川省南充市所辖三区遭雷击，电力、通信等行业受灾严重，造成城区大面积停电，通信中断，网络系统因雷击损坏，城区共1968户住户的家电设备受到不同程度损坏，直接经济损失140万元，间接经济损失186万元。

(23) 6月30日15时30分，山东省日照市五莲县供电公司遭雷击，击坏避雷器、跌落开关、光端机、通讯控制器、网络交换器，直接经济损失100万元，间接经济损失180万元。

(24) 7月2日14时，福建省莆田市涵江区三江口镇鲸山村静月庵遭雷击，造成正在施工作业的工人3人身亡、2人受伤。

(25) 7月17日1时，四川省阿坝州红原县壤口乡措琼沟牧民南麦某居民帐篷遭雷击，造成1人身亡、5人受伤。雷灾原因是无任何防雷措施。

(26) 7月23日20时，西藏自治区那曲地区申扎县马跃乡三村遭雷击，造成3人身亡，直接经济损失1.8万元。

(27) 8月2日18时左右，浙江省义乌市廿三里街道武溪北街晨鑫文具用品厂仓库遭雷击，引发火灾事故损失严重，经济损失达200万元。

(28) 8月4日，河北省石家庄长安区西兆通镇南石家庄村一栋村民自建临街房屋遭雷击后坍塌，造成17人身亡、3人受伤。

(29) 8月6日14时10分左右，湖南省长沙市浏阳市枨冲镇新南村境内浏阳市三信出口礼花厂因雷击发生爆炸，造成250多户房屋损坏，直接经济损失约200万元。

(30) 8月11日17时30分，广东省茂名市高州市新垌镇新垌村委会互窑村遭雷击，击坏全村约三分之一的电话机、电视机、电风扇、灯泡、光管等，四幢楼电器设备被击坏，直接经济损失120万，间接经济损失200万。

(31) 8月15日21时左右，湖南省岳阳市景湖湾小区鑫源物业公司遭雷击，击坏电梯、程控对讲门、监控系统主机等设备，直接经济损失129.9万，间接经济损失0.5万元。

(32) 8月15日，浙江省江北慈城后洋村发生雷击事故，在田地小屋里避雨的2人身亡、2人受伤。

(33) 8月16日14时30分，湖北省宜昌宜都市五眼泉镇袁家榜村董家湾遭雷击，正在窝棚避雨的农民2人身亡、2人受伤。

(34)8月16日20时15分左右，湖南省长沙浏阳市华海烟花制造厂库房因雷击发生爆炸起火，直接经济损失约300万元。

(35) 8月20日18时30分左右，云南省曲靖市罗平县富乐镇和外村委会大白村，村民在户外除草时被雷电击中，造成3人身亡。

(36) 8月23日17时左右，湖南省永州市冷水滩区的湖南地源化工有限公司遭雷击，击坏生产主车间蒸发器、调控阀等设备，直接经济损失200万元，间接经济损失204.8万元。

(37) 8月24日19时46分左右，湖南省衡阳市石鼓区松木乡松木村的衡阳市交警支队红外线桩考场遭雷击，击坏计算机、红外线桩考仪、红外线桩考设备，直接经济损失120万元，间接经济损失100万元。

(38) 8月26日18时50分，湖北省宜昌经济技术开发区东苑新城小区发生雷击事故，造成3人身亡。

(39) 8月27日，安徽省合肥市某单位遭雷击引起火灾，直接经济损失100多万元。

(40) 8月28日6时，湖北省荆州市洪湖市燕窝镇出现强对流雷雨大风天气，2人因雷击身亡，受灾人口4.2万人，倒塌房屋6户21间，损坏房屋16户63间，紧急转移人口96人，农作物受灾面积1200公顷，直接经济损失达800万元。

(41) 8月28日10时30分，湖北省武汉市新洲区凤凰镇雷寨村村民在田地干活，跑到山脚下躲雨时遭雷击，造成2人身亡、1人重伤、3人轻伤，直接经济损失10万元。

(42) 8月28日14时，福建省福安市甘棠镇春雷云村发生雷击事故，造成1人身亡、3人受伤。

(43) 8月29日，安徽省安庆市太湖县徐桥镇桥东村发生雷击，造成6人身亡、1人受伤。

(44) 8月29日19时左右，湖南省怀化市麻阳苗族自治县城北中心市场遭雷击引发火灾，直接经济损失180万元，间接经济损失300万元。

(45) 9月9日6时，四川省德阳市旌阳区东湖乡新场气田东湖井站、秦宓井站遭雷击，烧毁变送器、计算机、温度板等设备，直接经济损失100万元，间接经济损失60万元。

(46) 9月12日17时至19时，云南省普洱市思茅区南屏镇整碗村遭雷击，造成1人重伤、3人轻伤。

2.9 高温热浪

2009年夏季（6—8月），我国中东部地区以及新疆、内蒙古等地出现了高温（日最高气温

≥ 35℃）天气。全国平均高温日数较常年同期明显偏多，位于 1961 年以来历史同期第 9 多。大范围的持续高温天气出现在 6 月 23—27 日、7 月 8—24 日及 8 月 15—29 日，其中第一次大范围的高温主要出现在北方，后两次主要发生在南方。持续高温给当地人体健康、能源及农业生产等都造成了不利影响。

2.9.1 高温热浪概况

1. 高温强度

2009 年夏季，全国平均气温为 21.0℃，较常年同期（20.4℃）偏高 0.6℃；全国大部地区气温接近常年或偏高，其中华北西北部以及内蒙古中西部、甘肃中部、西藏、青海南部、湖北南部、湖南北部等地气温偏高 1 ~ 2℃。西藏夏季平均气温为历史同期最高值，福建、湖南、广西均为历史同期次高值。

2009 年夏季，我国中东部地区以及新疆、内蒙古等地均出现日最高气温超过 35℃的高温天气，其中华北中南部、黄淮西部、江淮西部、江汉及重庆、湖南、江西、浙江、内蒙古、新疆等省（区、市）部分地区极端最高气温达 38 ~ 44.7℃（图 2.9.1）。河北邢台，山东朝城、龙口、潍坊，河南安阳，辽宁丹东，江西庐山，湖北五峰、荆州，湖南岳阳，浙江鄞县、平湖，内蒙古阿拉善左旗，西藏拉萨、日喀则，云南腾冲等地夏季极端最高气温突破了当地夏季历史最高纪录。

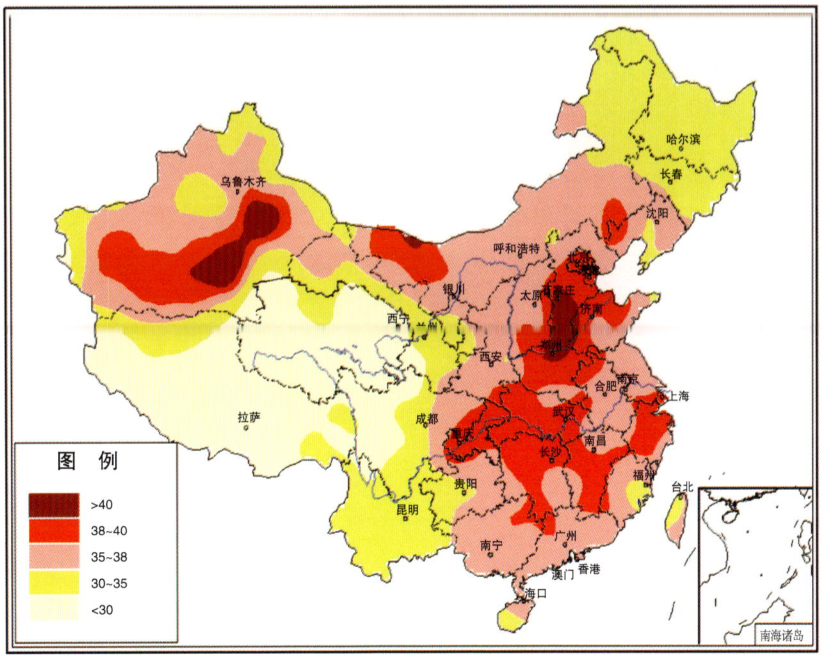

图2.9.1　2009年夏季全国极端最高气温分布图（℃）

Fig.2.9.1　Distribution of extreme maximum temperatures in summer of 2009 over China（℃）

2. 高温日数

2009 年夏季，全国平均高温日数 8.2 天，较常年同期（6.3 天）明显偏多（图 2.9.2），但少于 2006、1978、2005、2001、2007、1997、1961 和 2002 年，位于 1961 年以来历史同期第 9 位。统计全国 578 个站中，2009 年夏季有 354 个站点出现高温天气，占总站数的 61.2%。

从各省（区、市）平均高温日数来看（图 2.9.3），2009 年夏季江西省平均高温日数多达 32.5 天，列各省（区、市）之首；湖南、重庆高温日数分别为29.2天和28.8天，分列各省（区、市）的第二、第三位。此外，湖北、福建、广西夏季高温日数均超过20天。

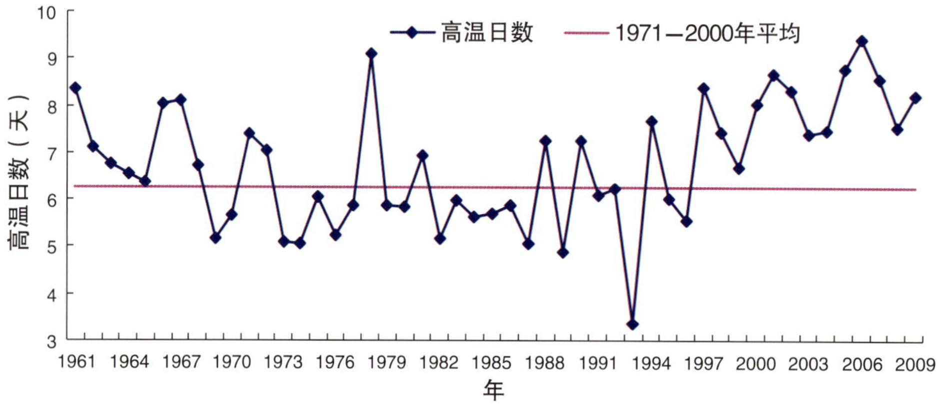

图2.9.2　1961—2009年全国平均夏季高温日数历年变化图（天）

Fig.2.9.2　Annual mean high temperature days(daily maximum temperature ≥35℃) over China during summers of 1961−2009

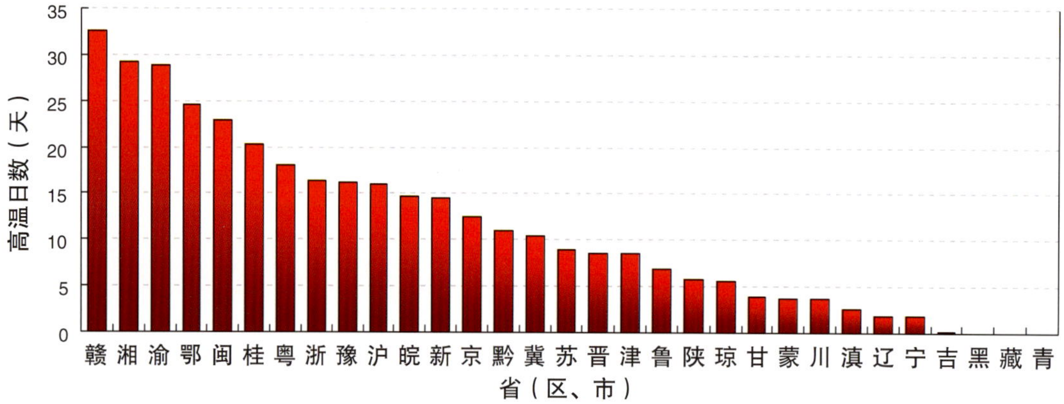

图2.9.3　2009年夏季各省（区、市）平均高温日数排序图

Fig.2.9.3　Sequence of the number of high temperature days (daily maximum temperature≥35℃) in summer of 2009 for all provinces (municipalities, autonomous regions)

从各地分布来看，2009年夏季，华北中南部、黄淮西部、江淮西部、江汉、江南、华南大部以及重庆、贵州东部、新疆东部和南部、内蒙古西部等地高温日数普遍有10～30天，其中江西、湖南、福建、浙江、广东、新疆等省（区）部分地区有30～50天（图2.9.4）。与常年同期相比，江南大部、江汉大部、华南大部以及重庆东部、新疆东南部等地高温日数较常年同期偏多8～12天，其中湖南北部、湖北南部、江西中南部、福建西部、广西北部等地偏多12天以上（图2.9.5）。

从全国极端高温日数距平分布来看（单站极端高温阈值定为：1971—2000年6—8月日最高气温按升序排列后的第90分位数值，日最高气温超过极端高温阈值即为出现1个极端高温日，气候值取1971—2000年夏季平均极端高温日数），2009年夏季，除东北中北部及内蒙古东北部、新疆北部和西部、青海西部和东北部等地极端高温日数较常年同期偏少外，我国其余大部分地区极端高温日数偏多，其中华北大部、江南、江汉大部、华南大部、西南西部和南部等地偏多5～15天，西藏南部和山西东北部等地偏多15天以上（图2.9.6）。

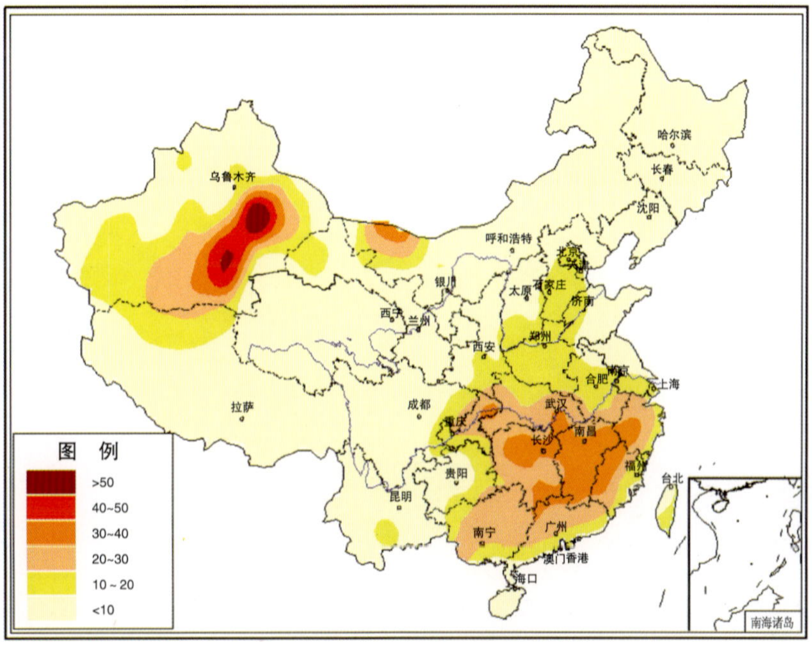

图2.9.4　2009年夏季全国高温日数分布图（天）

Fig.2.9.4　Distribution of high temperature days (daily maximum temperature ≥35℃) in summer of 2009 over China（d）

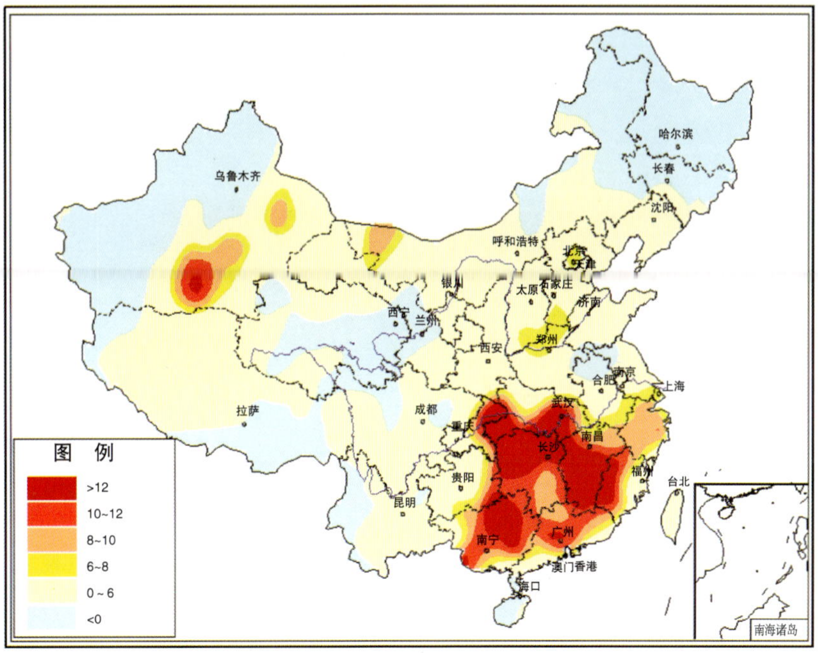

图2.9.5　2009年夏季全国高温日数距平分布图（天）

Fig.2.9.5　Distribution of the anomalies of high temperature days (daily maximum temperature≥35℃) in summer of 2009 over China（d）

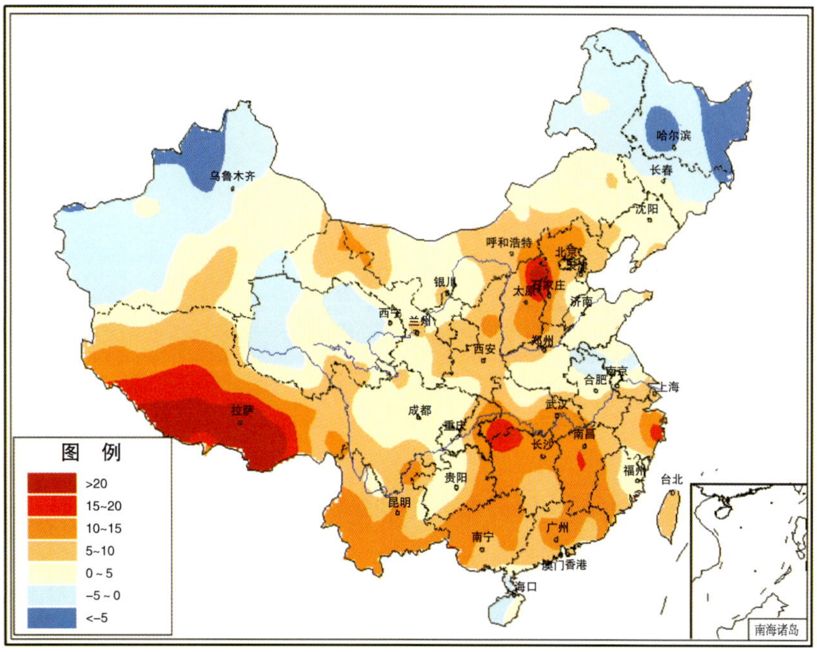

图2.9.6　2009年夏季全国极端高温日数距平分布图（天）

Fig.2.9.6　Distribution of the anomalies of extreme high temperature days (daily maximum temperature≥35℃) in summer of 2009 over China（d）

3. 主要高温天气过程

2009 年夏季，我国大范围的持续高温天气过程主要有三次：6 月 23—27 日、7 月 8—24 日及 8 月 15—29 日。

6 月 23—27 日，我国出现大范围高温天气过程，高温范围涉及 17 个省（区、市）。河北南部、河南北部以及新疆、山东等地的局部最高气温达 40 ～ 43℃。其中，6 月 24 日，北京、石家庄最高气温分别达 39.6℃、42.1℃；6 月 25 日，河南安阳（43.2 ℃）、河北邢台（42.4℃）和山东朝城（41.8℃）、潍坊（41.4℃）等地的最高气温均打破当地 6 月份极端最高气温纪录。

7 月 8—24 日，南方出现大范围持续高温天气。长江中下游及其以南地区极端最高气温达 37 ～ 39℃，局部地区超过 39℃；高温日数普遍有 6 ～ 12 天，其中江西中北部、湖南东北部、浙江北部等地有 12 ～ 15 天。长江中下游地区区域平均高温日数为 9 天，较常年同期（4.7 天）偏多近 1 倍，为 1989 年以来历史同期最多。

8 月 15—29 日，长江中下游及其以南大部分地区出现大范围持续高温天气。极端最高气温一般有 35 ～ 38℃，湖南、江西、重庆的部分地区达 39 ～ 40℃；高温日数普遍有 8 ～ 12 天，湖南、江西、重庆的部分地区超过 12 天。湖北、湖南、江西、浙江、贵州、重庆 6 省（市）区域平均高温日数为 7.9 天，比常年同期（2.2 天）偏多 5.7 天，为 1961 年以来历史同期最多。

2.9.2 夏季高温及影响

1. 高温对人体健康的影响

热指数（Heat Index, HI）是用来评价高温热浪对人体健康影响的指标之一。热指数也称显温，最早由美国著名的生物气象学家 Steadman 提出，基于 Steadman 的显温公式，NWS（美国国家天气服务中心）使用热指数来评价人在夏季的不舒适状况。热指数以温度表示，它能较为客观地反映出在相对湿度与气温共同作用下的人体感受。

热指数的计算公式如下：

$$HI = -42.379 + (2.04901523 \times T + 10.14333127 \times RH) - (0.22475541 \times T \times RH) - (0.00683783 \times T^2) - (0.05481717 \times RH^2) + (0.00122874 \times T^2 \times RH) + (0.00085282 \times T \times RH^2) - (0.00000199 \times T^2 \times RH^2)$$

其中 T 为气温（华氏度，°F），RH 为相对湿度，在日常监测中计算某日的热指数时取 T 为日最高气温、RH 为日平均相对湿度，热指数的单位为华氏度（°F）。热指数的分级标准见表 2.9.1。

表 2.9.1　热指数的分级标准

Table 2.9.1　The degrees of heat index

等级名称	分级标准	高危人群可能发生的热病
极端危险	130°F 以上	连续暴晒极易中暑
危险	105 ~ 130°F	易发生中暑、热痉挛或热疲劳，较长时间暴晒和 / 或从事体力活动容易中暑
十分注意	90 ~ 105°F	可能发生中暑、热痉挛或热疲劳，较长时间暴晒和 / 或从事体力活动可能中暑
注意	80 ~ 90°F	较长时间暴晒和 / 或从事体力活动容易疲劳

研究表明，热指数达到 105°F 以上，会对人体健康产生较大影响，其中 105 ~ 130°F 之间，属危险等级，容易发生中暑、热痉挛或热疲劳，如果较长时间暴晒或从事体力活动容易导致人中暑；热指数在 130°F 以上属极端危险天气，如果在这种高温高湿的天气下，连续暴晒极易导致中暑。

对广州、福州、重庆、北京、武汉、沈阳、上海、杭州 8 个城市 2009 年夏季逐日热指数分析表明（图 2.9.7），上述几个城市中极端危险日数相对较多的城市有：杭州（13 天）、重庆（9 天）、福州（8 天）和武汉（8 天），其中武汉 8 天主要集中在 8 月中下旬左右（图 2.9.8）；危险日数相对较多的城市有：广州（70 天）、福州（58 天）、武汉（57 天），杭州（45 天），其中广州极端危险和危险日数共有 75 天，占整个夏季的 82%（图 2.9.9）。7 月上旬中期至下旬中期及 8 月中下旬，武汉热指数一直维持在危险等级以上，持续酷热天气使高温中暑人数不断增加，截至 8 月 17 日，武汉市共有 178 例高温中暑，8 人死亡，中暑和死亡人数均较 2008 年有所增加（2008 年高温中暑 85 人，死亡 1 人）。

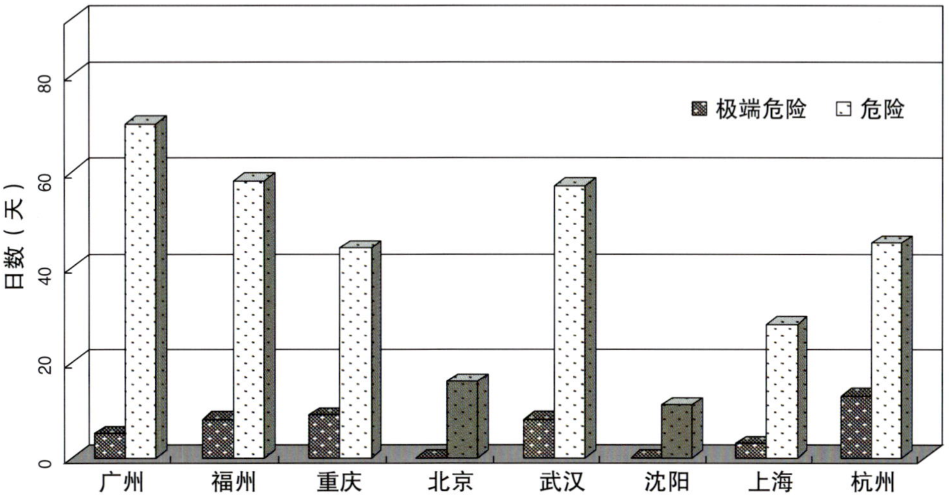

图2.9.7　2009年夏季广州、福州等8城市热指数达危险和极端危险等级日数

Fig.2.9.7　The danger or extreme danger days of exceeding heat index in eight cities during summer of 2009 (d)

注：华氏度（°F）与摄氏度（℃）的关系为：摄氏度（℃）$= \frac{\text{华氏度（°F）} - 32}{1.8}$

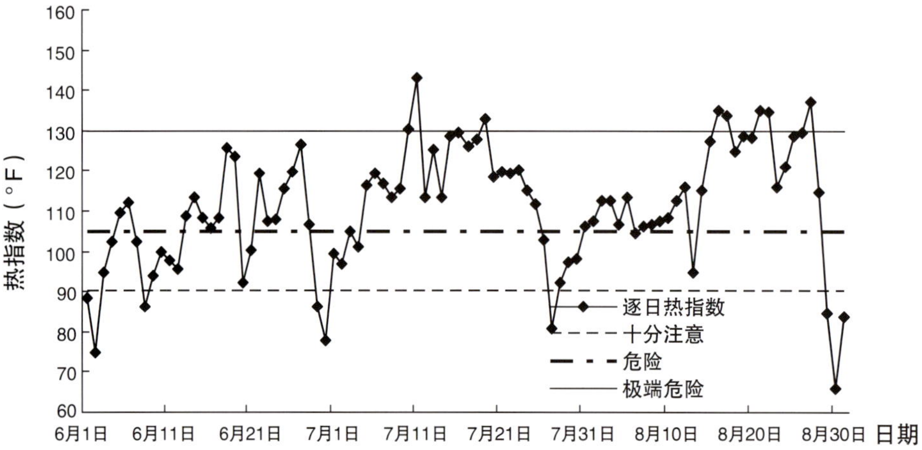

图2.9.8 2009年夏季武汉逐日热指数变化

Fig.2.9.8 Daily heat index in Wuhan city in summer of 2009

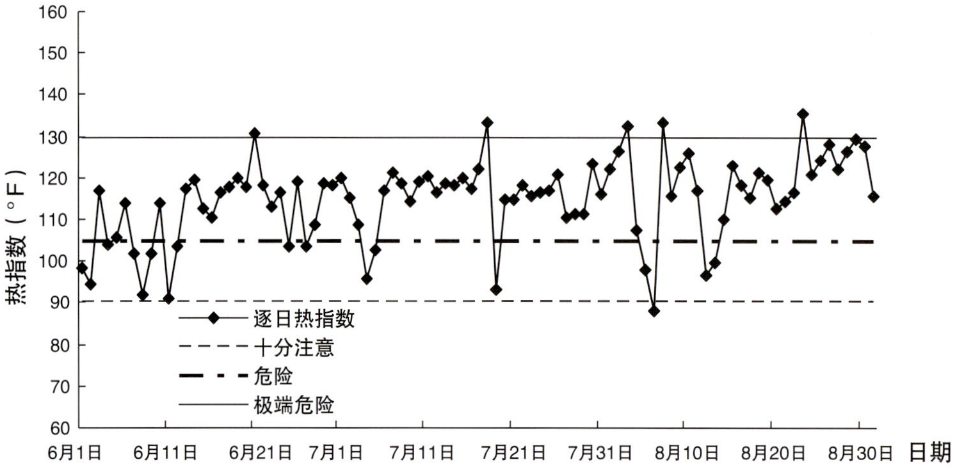

图2.9.9 2009年夏季广州逐日热指数变化

Fig.2.9.9 Daily heat index in Guangzhou city in summer of 2009

2. 高温对能源、农业的影响

6 月下旬，高温天气席卷我国 17 个省（区、市），对当地人们的健康和用电、用水等造成不利影响。其中，6 月 23 日，郑州市用水量为 82.35 万立方米，为近 5 年来日用水量最高。6 月 24 日，河北石家庄用电负荷达到 454.5 万千瓦，创入夏以后日用电负荷新高。6 月 25 日，北京市区日供水量 266 万立方米，突破 1999 年日供水量 263 万立方米的历史最高纪录；河南省电网最高供电负荷达到 2930 万千瓦，比上年最高日供电负荷高出 115 万千瓦，日用电量达到 6.24 亿度，比上年最高日用电量增长 4.6%，均创历史新高。26 日，北京电网供电负荷创出 1265.9 万千瓦的历史最高纪录。

7 月，受持续高温天气影响，长江中下游及其以南地区城市用电用水量大增。7 月 17 日，南方电网统调负荷 2009 年第 3 次创历史新高，比 2008 年同期增长 8.5%。此外，持续高温天气导致江南、华南部分地区早稻出现高温“逼熟”现象，灌浆提前终止；高温天气还对部分地区的一季稻孕穗及抽穗、棉花蕾铃发育产生不利影响。

广东　7 月中旬，8 月中下旬及 9 月上中旬均出现大范围的高温天气，用电负荷一再攀升，广东电网统调负荷保持高位运行，连创历史新高。广州、深圳、东莞、佛山等城市最高用电负荷均创历史新高。广州市自来水供水量与上年同期相比上升了 3.7%。高温持续，造成汽车自燃、爆胎等事故增多、叶菜类蔬菜减产，对日常生活以及社会经济造成严重影响。

湖北 农业影响：6月中下旬为湖北早稻孕穗或抽穗开花的季节，持续高温导致早稻结实率下降，应城、汉川、公安、监利、洪湖等地结实率仅62%～79%。7月6—23日的高温过程导致早稻遭受高温逼熟，千粒重和结实率下降，棉花蕾铃脱落。8月中下旬，晚熟中稻处于抽穗开花期，早熟中稻处于灌浆期，高温影响水稻花药开裂，降低花粉活力，导致授粉不良，空秕粒增多，结实率降低。电力影响：6月中下旬的高温导致电网负荷大增，7月17日，武汉电网最大负荷、日用电量第5次刷新历史纪录，18日用电量再创历史新高，日用电量过亿千瓦时的天数已长达16天，远超过2008年4天的记录，创下历史之最，20日，主网用电负荷及日用电量均刷新历史最高纪录。

2.10 酸雨

2.10.1 基本概况

2009年我国区域酸雨的特点如下：华北与西南地区东部部分地区强酸雨区的范围有所缩小，降水酸度有所减弱；长江三角洲及其周边地区降水酸度增强；新疆西北部和黑龙江东北部酸雨频率高于50%区域范围较2008年有所扩展，部分站点的强酸雨频率也略有上升。

1. 全国年均降水pH值分布

我国酸雨区（年均降水pH低于5.6）主要覆盖华南、江南、西南地区东部、华东、华北大部和东北地区中东部等地，其中河南西部、湖北中东部、湖南东部、江西大部、贵州南部、江苏南部、浙江北部、广东西南部和广西西部部分地区的年均降水pH值低于4.5，为重酸雨区。新疆、西藏、青海、宁夏、甘肃和内蒙古大部为非酸雨区（图2.10.1）。与往年相比，我国酸雨区范围变化不大，南方部分地区强酸雨频率略有降低，湖北、湖南、广西和江西等省（区）依然是我国酸雨较为严重的地区。

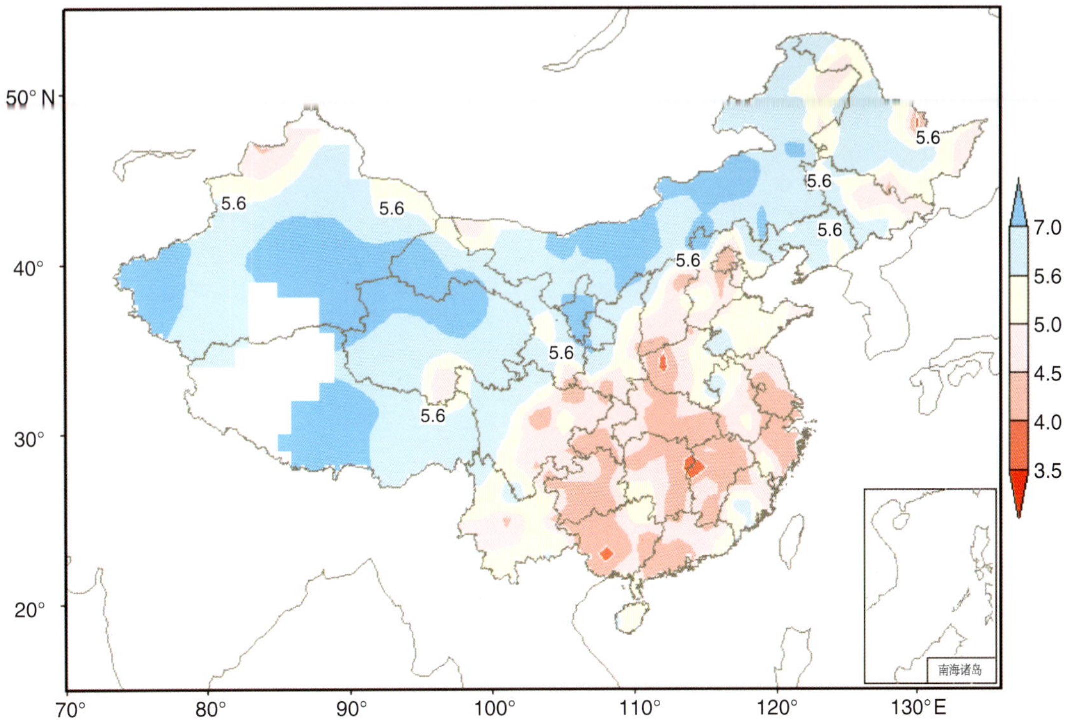

图2.10.1 2009年全国334个酸雨站年均降水pH值分布图

Fig.2.10.1 Distribution of annual mean pH values at 334 acid rain stations over China in 2009

取近三年有连续观测的 294 个酸雨站数据进行统计（下同），2009 年年均降水 pH 值达到强酸雨程度的站数较过去两年减少，年均降水 pH 值达弱酸雨和非酸雨程度的站数略有增加（表 2.10.1）。总体而言，我国大部分地区站点的降水酸度较 2008 年变化不大，少数地区降水酸度继续增强，如天津、丽江和马鬃山等 8 个站的年均降水 pH 值下降均超过 1 个 pH 值单位，也有少数地区降水酸度在减弱，如呼和浩特、承德和满洲里等五站的年均降水 pH 值上升均超过 1 个 pH 值单位。

表 2.10.1　降水出现不同 pH 值等级的台站数统计表

Table 2.10.1　Statistics of the number of stations with different levels of precipitation pH values

pH 值	pH ＜ 4.5	4.5 ≤ pH ＜ 5.6	pH ≥ 5.6
2007 年台站数（个）	97	121	76
2008 年台站数（个）	102	111	81
2009 年台站数（个）	84	127	83

2. 全国酸雨出现频率分布

2009 年我国酸雨发生频率大于 80% 的区域主要位于华南和江南，其中重庆的潼南、垫江、铜梁、綦江和武隆站的酸雨频率达 100%，赣州、江津、无锡、北碚、泰和、长寿、宜春、景德镇、曲江、长沙、咸丰、苏州和广州共 13 个站的酸雨频率在 96% 以上（图 2.10.2）。

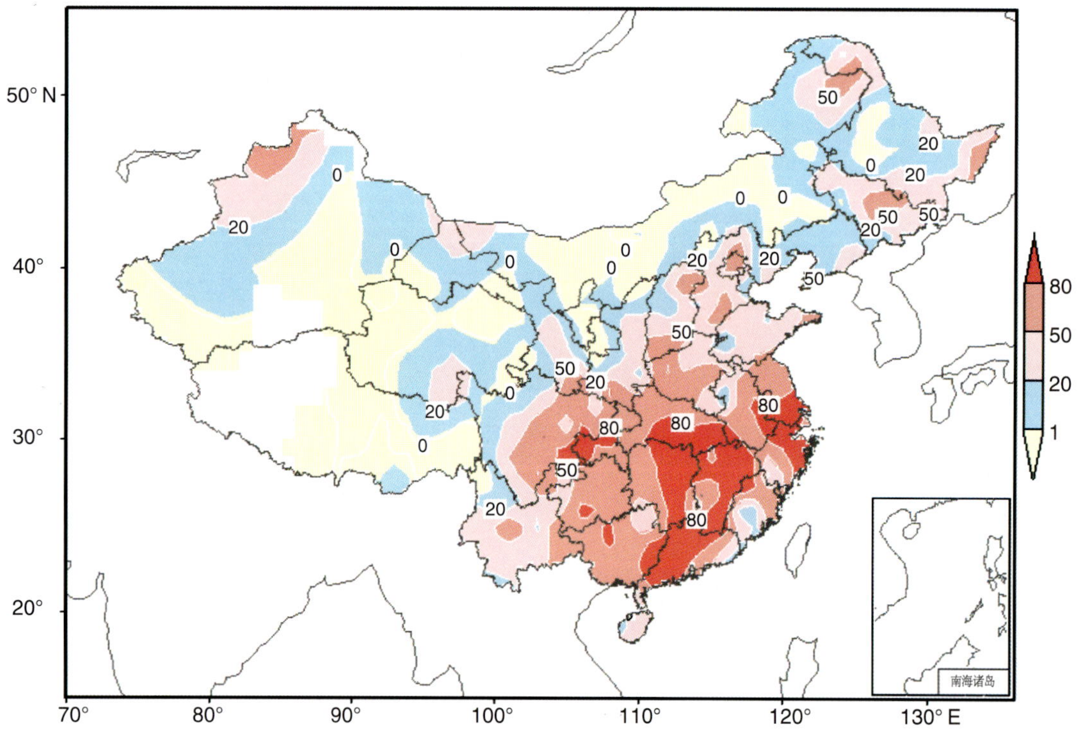

图2.10.2　2009年全国334个酸雨站年酸雨出现频率分布图

Fig.2.10.2　Distribution of acid rain frequency at 334 acid stations over China in 2009（%）

2009 年 294 个国家级酸雨站的年酸雨出现频率在 50%至 80% 之间的站点数较过去两年有所

减少，而年酸雨出现频率为零的站点数略有增加（表 2.10.2）。酸雨频率增长较为明显的站点有义乌、克拉玛依、通山、简阳和蚌埠，年酸雨频率较上年增长 30%～40%左右。汕头、秦皇岛、济南、泰山和北海等 9 个站的年酸雨频率较 2008 年下降超过 30%，其中汕头站酸雨频率下降 50%左右。

2009 年我国强酸雨频率较高的站点仍然是重庆綦江站，高达 91%，浙江温州、江西宜春、浙江临安的强酸雨频率也在 80% 以上。全年没有强酸雨出现的站点主要位于青海、宁夏、西藏、内蒙古、新疆、山东和辽宁等地。呼和浩特、银川、拉萨和乌鲁木齐等 43 个站全年无酸雨发生，其中甘肃敦煌和新疆和田站自 1993 年有酸雨观测记录以来均无酸雨发生。

表 2.10.2　2009 年年酸雨出现不同频率等级的台站数统计表

Table 2.10.2　Statistics of the number of stations with different levels of acid rain frequency over China in 2009

酸雨频率（F）%	F=0	0< F ≤ 20	20< F ≤ 50	50< F ≤ 80	80< F ≤ 100
2007 年台站数（个）	32	55	55	83	69
2008 年台站数（个）	34	48	61	81	70
2009 年台站数（个）	39	48	60	77	70

3. 2009 年中国区域酸雨特点

(1) 与 2007 和 2008 年相比，2009 年我国华北与西南地区东部部分地区强酸雨区的范围有所缩小，降水酸度有所减弱。北京、陕西、山西、河北和山东等强酸雨区范围和强度均有所减小，近三年酸雨频率和强酸雨频率呈逐年递减的趋势（图 2.10.3）。北京观象台、昌平和山西太原等站的酸雨和强酸雨频率均降至 2007 年以来的最低值。此外，我国西南地区如云南、贵州、四川东部和重庆部分地区年降雨出现 pH 值小于 5.6 的降水总量较过去两年偏少，强酸雨频率高于 20% 区域的范围也有所缩小。

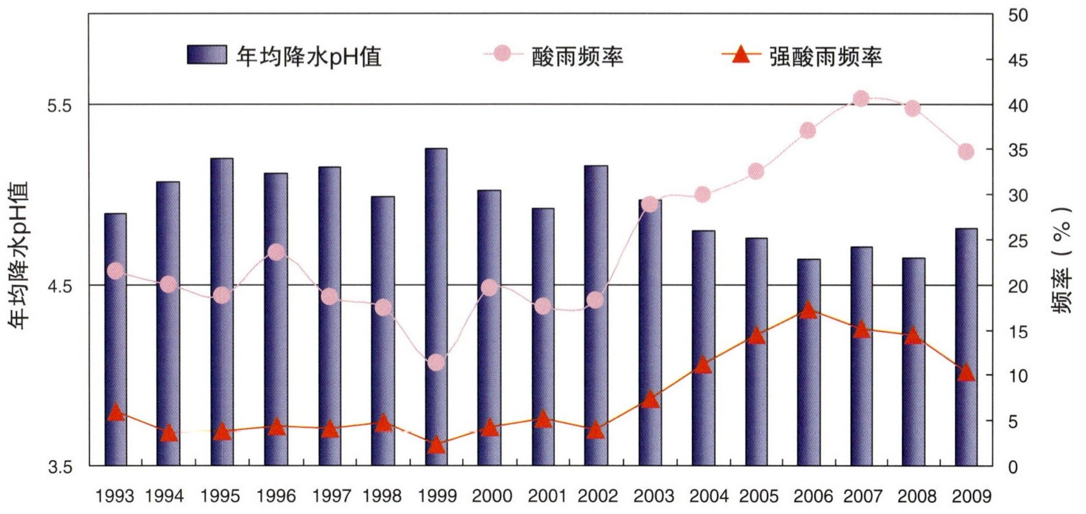

图2.10.3　1993—2009年北京、陕西、山西、河北和山东年均降水pH值、酸雨频率和强酸雨频率逐年变化

Fig.2.10.3　Annual mean pH values, acid rain frequency and strong acid rain frequency for Beijing, Shaanxi, Shanxi, Hebei and Shandong during 1993–2009

(2) 长江三角洲及其周边地区，如江苏中南部、浙江北部和安徽等地降水酸度增强，安徽省的酸雨频率和强酸雨频率也呈明显增高的趋势。安徽黄山和江苏南京的酸雨频率及强酸雨频率均达到 1993 年以来的最高值；上海宝山、安徽合肥和江苏常州的酸雨频率为 1993 年以来的最高值；江苏淮阴的强酸雨频率为 1993 年以来同期的最高值。表明 2009 年长江三角洲及周边地区的酸雨加重（图 2.10.4）。

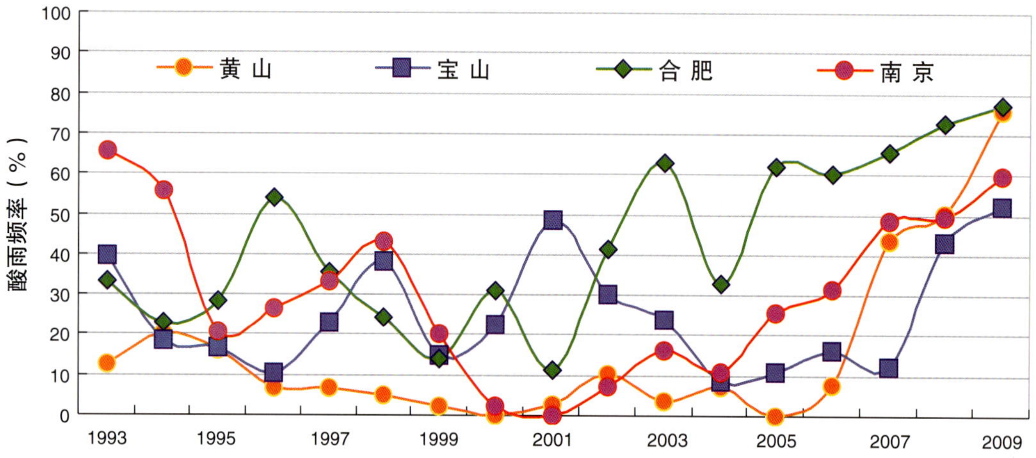

图2.10.4 1993—2009年宝山、南京、黄山和合肥站酸雨频率变化趋势图

Fig.2.10.4 Acid rain frequency for Baoshan, Nanjing, Huangshan and Hefei stations during 1993−2009

(3) 新疆西北部和黑龙江东北部酸雨频率高于 50% 区域范围较 2008 年有所扩展，该地区部分站点的强酸雨频率也略有上升。青海玉树、新疆伊宁和克拉玛依站年均降水 pH 值均降至 5.6 以下，黑龙江虎林和鹤岗站近三年的年均降水 pH 值也呈逐年下降、强酸雨频率逐年上升的趋势，表明降水酸度在持续增强。

2.10.2 区域酸雨特征及成因初探

1. 节能减排等措施使华北地区酸雨减弱

近几年北京地区实行了包括城市节能减排、机动车污染治理、燃煤污染治理等措施，使空气中可吸入颗粒物、二氧化硫和二氧化氮均有所下降。2008 年，通过对机动车新车执行新的排放标准和新的油品标准，对燃煤设施执行非常严格的排放标准等，使得二氧化硫和可吸入颗粒物再次下降。而对机动车的限行措施一直延续到今年，对北京地区空气质量的改善有一定作用。

在此期间，北京周边的省市也实行了一系列的措施，削减了本地大气污染源排放，并从区域尺度上尽可能控制北京周边排放源，以期能够有效改善北京地区的大气污染状况。以上众多措施的实行，可能是华北部分地区近三年降水酸度减弱的原因之一。

2. 长江三角洲酸雨分析

长江三角洲是我国最大的河口三角洲，随着该区域工业化进程的加快，人口、资源、环境与经济发展之间的矛盾也越来越突出，目前长江三角洲已经成为我国酸雨的多发区，且近几年降水酸度持续加重。近 5 年国家环保部的监测数据表明，上海市二氧化硫年均值总体呈下降趋势，但可吸入颗粒物年均值也呈下降态势，且二氧化氮年均值稳中有升。该地区对酸雨起中和缓冲作用的大气中气溶胶粒子的减少和二氧化氮排放的增加，可能是造成降水酸度增强的重要原因。

2.11 农业气象灾害

2.11.1 基本概况

2009年，全国农业气象灾害主要特点为：区域性、阶段性农业干旱此起彼伏，部分地区受旱较重；低温阴雨出现区域较广，东北中北部夏季发生低温冷害，影响农作物生长发育和产量形成；热带气旋和流域性洪涝灾害影响偏轻，但强降水、大风、冰雹等强对流天气较多，局地农业损失严重。干热风、高温热害、霜冻、冻害、病虫害等总体影响较轻。东北农区干旱、低温冷害等灾害交替、重复出现，农业气象灾害偏重。

2.11.2 主要农业气象灾害事例

1. 农业干旱

2009年，我国农业干旱发生范围广，区域性、阶段性干旱此起彼伏，部分地区受旱较重，主要干旱过程包括：华北、黄淮冬麦区冬旱；西北地区东部和华北部分地区春夏旱；东北地区北部和内蒙古东北部春旱；内蒙古中东部和东北地区西部夏秋旱；江南、华南、西南地区东部伏秋旱。

(1) 华北、黄淮冬麦区冬旱突出，但影响较轻

2008年12月至2009年2月中旬前期，华北、黄淮冬麦区降水持续偏少，气温偏高，干旱不断发展，其中河南北部、安徽北部麦区旱情较重，部分麦田叶片发黄、干枯甚至死苗。2月中旬中后期冬麦区出现大范围明显降水，加之各地积极采取灌溉等抗旱措施，冬麦区大部旱情得到有效缓解。由于此次干旱发生期间正值越冬期，冬小麦需水量较少，加之返青后气象条件较为适宜，未对产量形成造成大的影响。

(2) 西北地区东部、华北西部春夏旱较重，影响农作物、牧草产量

入春以后，西北地区东部、华北西部降水量较常年同期偏少，部分地区偏少3～8成，出现春旱。6月下旬至7月初，上述地区出现持续高温天气，日最高气温≥35℃的天数达6～14天，高温导致土壤失墒加快，部分地区旱情加剧。干旱对冬小麦灌浆、春小麦抽穗开花、春玉米拔节、马铃薯以及秋杂粮生长等造成不利影响；内蒙古中西部牧草长势偏差，生物量比去年同期偏低，畜牧业生产受到影响。

(3) 东北地区、内蒙古中东部等地春旱和夏秋旱，部分地区农作物减产

5月，黑龙江大部、内蒙古东北部降水偏少、气温偏高，土壤失墒迅速，干旱持续发展，使玉米和大豆播期延迟，出现缺苗断垄、毁种现象，进入苗期的作物植株矮小、细弱，甚至凋萎、死亡；缺水严重的地区水稻移栽延迟，移栽后生长缓慢，甚至出现禾苗干枯现象。截至5月28日，黑龙江受旱面积656.5万公顷，其中重旱面积303.3万公顷，毁种面积33.3万公顷、补种63万公顷；内蒙古东北部毁种和晚播的面积达40%～60%。

7月下旬至8月中旬，东北地区西部、内蒙古中东部多晴热少雨天气，黑龙江西南部、吉林和辽宁西部、内蒙古中东部等地出现不同程度的旱情（图2.11.1）。8月中旬部分旱区旱情一度缓和，但内蒙古东南部、吉林和辽宁西部、河北北部旱情持续发展。干旱使部分地区玉米植株矮小、叶片枯黄，灌浆缓慢、甚至停滞，雄穗无粉干瘪，吐丝困难，花期不遇，造成空秆，大面积枯黄绝收；大豆灌浆鼓粒受阻，落荚增加，产量受到影响；牧区牧草长势偏差，枯草比例增高，产草量下降，受旱严重牧区牧草减产幅度有2～5成，部分地区达5成以上，农牧业生产受到较大影响。

图2.11.1　2009年8月东北地区伏旱导致春玉米茎叶干枯
Fig.2.11.1　Summer drought occurring in Northeast China in August, 2009

(4) 江南、华南伏秋旱导致农田缺水，影响农作物生长发育

夏末秋初，南方大部地区持续高温少雨，降水量偏少5成以上，农田蒸散强烈，干旱范围不断扩大，程度不断加重。持续干旱对晚稻、秋玉米、秋黄豆、红薯、甘蔗等作物的生长不利，部分无灌溉条件的稻田缺水明显，晚稻孕穗抽穗受到影响，甚至无法抽穗而导致绝收（图2.11.2）；秋玉米、秋黄豆等旱地作物长势不良，局地出现萎蔫、死亡现象；广西部分蔗区甘蔗植株矮小，局部地区甘蔗甚至出现萎蔫、干枯现象。此外，干旱还使柑、橙、柚等果树果实发育受到影响。

图2.11.2　2009年9月伏秋旱导致广西晚稻无法抽穗而绝收
Fig.2.11.2　Summer-autumn drought occurring in Guangxi in September, 2009

2. 低温阴雨

2009年低温阴雨过程主要有：春季，湖北、湖南、江西阶段性低温阴雨寡照；夏季，东北地区中北部低温冷害以及江淮、江汉低温阴雨；秋季，西北地区东部、华北、黄淮阴雨寡照。其中，夏季持续低温阴雨导致东北地区中北部水稻延迟型冷害和障碍型冷害的影响较大。

(1) 湘鄂赣春季低温阴雨影响油菜、水稻和大棚蔬菜生长

2月中下旬至3月上旬，湖北、湖南、江西持续阴雨和低温寡照天气，导致油菜花期拉长。湿度大、光照不足使大棚蔬菜霉病蔓延，甚至出现僵苗死苗。5月22—29日，湖北、湖南、江西三省再次出现持续阴雨低温天气，部分地区出现“五月寒”，致使早稻分蘖受到抑制，有效分蘖减少，成穗数不足，生长发育延缓。

(2) 东北地区中北部夏季持续低温阴雨导致冷害发生

东北地区中北部6月1日至7月26日阴雨日数达30～44天，日照时数偏少60～150小时（图2.11.3a）；气温较常年同期偏低1～2℃，≥10℃积温较常年同期偏少50～150℃·d（图2.11.3b）；黑龙江大部地区降水偏多5成至2倍，作物生长前期光热条件明显偏差，为近年少见。持续低温阴雨寡照使作物光合作用减弱，生长缓慢，发育进程延迟，其中水稻受到的影响最大，

成穗数不足、空壳率增加。玉米、大豆等作物生长缓慢，植株矮小，发育期延后，局部甚至出现停长现象。持续低温使一季稻、春玉米等作物发育期推迟，营养生长明显不足，造成延迟型冷害。7 月 11—24 日，黑龙江中部和吉林东部出现 4 ~ 10 天日平均温度低于 20℃的天气，其中三江平原大部出现 2 ~ 3 天日平均温度低于 18℃的天气，出现了障碍型冷害，部分地区水稻空壳率达 15% ~ 20%。

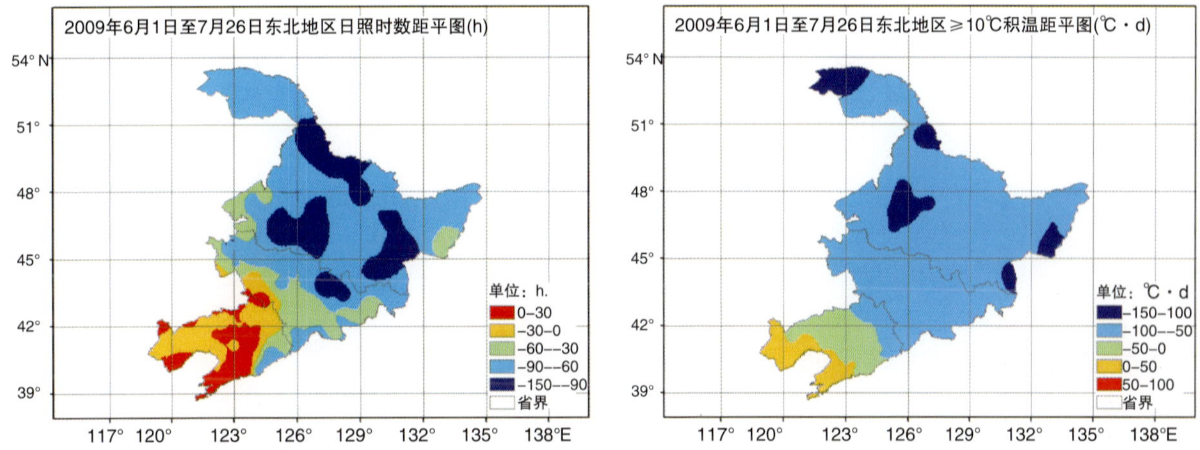

图2.11.3　2009年6月1日–7月26日东北地区日照时数距平（a）和≥10℃积温距平（b）

Fig.2.11.3　Anomalies of sunshine hours (a) and ≥10℃ effective accumulated temperature (b) in Northeast China from June 1 to July 26, 2009

(3) 江淮、江汉夏季低温阴雨导致棉田蕾铃脱落、烂铃增多

7 月下旬至 8 月上旬，江淮、江汉东部等地多低温阴雨寡照天气，平均气温较常年同期偏低 2 ~ 4℃，其中江淮东部平均气温之低、日照之少、降雨量之多为 1961 年以来历史同期之最。阴雨多、日照不足，造成棉田通风透光不良，棉花落花落铃增多，大铃少、烂铃多，病虫害蔓延；一季稻晒田、孕穗及大豆开花、结荚受到不利影响。

(4) 西北地区东部、华北、黄淮等地秋季阴雨寡照使农作物熟期推后，籽粒霉变

9 月上中旬，西北地区中部和东南部、华北南部、黄淮多阴雨天气，降水日数达 8 ~ 15 天，甘肃东南部、陕西南部、河南大部、安徽北部、山东西南部日照不足 60 小时，陕西南部和河南北部局部地区甚至不足 20 小时。低温阴雨寡照不利于玉米、大豆等作物后期灌浆、收晒和棉花裂铃吐絮，部分作物成熟收获期较常年同期偏晚 4 ~ 8 天，黄淮中西部前期倒伏的部分玉米发生霉变，籽粒饱满度不够，棉花吐絮不畅，出现烂桃、僵瓣现象，产量和品质受到一定影响。

3. 热带气旋、洪涝、雹灾

夏季，中东部大部地区均有暴雨天气出现，洪涝灾害影响比常年偏轻，未发生流域性洪涝灾害。局地大风、冰雹等强对流天气较重。

(1) 台风总体强度较弱，影响范围相对较小

2009 年共有 10 个热带气旋登陆我国，总体强度较弱，影响范围相对较小，其中“莫拉克”影响较大。第 8 号台风“莫拉克”持续时间长、过程雨量大，导致福建、浙江等地田间严重积水，部分迟熟的早稻倒伏，影响产量提高；瓜果蔬菜遭受水淹，大棚、水产养殖等农业设施被毁坏，损失严重；果树大量落果，影响产量和果农收益。“莫拉克”造成福建省农作物受灾面积 9.6 万公顷，减产粮食 6.7 万吨，水产养殖损失 12.2 万吨；浙江省农作物受灾面积 29.2 万公顷，15.2 万公

顷成灾，33.2 公顷绝收，38.8 万公顷水产养殖损失，农业经济损失 27.9 亿元。

(2) 雷暴、大风等强对流天气频发，危害农业生产

6 月 3—6 日，河南北部和东部、安徽北部、江苏北部、山东西南部、山西南部等地出现雷暴大风等强对流天气，局部地区出现了强飑线天气，造成部分地区小麦倒伏，影响收割；强对流天气给设施农业和果树生产造成较大损失，造成温室大棚倒塌、渔业设施损毁、果树果实吹落。

8 月 27—30 日，华北南部、黄淮中西部等地出现雷雨大风天气，造成处于灌浆期的夏玉米、一季稻大面积倒伏，影响籽粒灌浆和成熟，导致作物减产，品质下降，给田间管理和成熟后收获增加难度。风雹共导致河北、河南、安徽、江苏 4 省 130.9 万公顷作物发生倒伏，其中玉米倒伏 110.0 万公顷，水稻倒伏 16.7 万公顷，其他作物倒伏 4.2 万公顷；4 省因灾损失粮食合计 114.9 万吨，其中河北损失 61.8 万吨，河南损失 41.5 万吨，安徽损失 11.4 万吨，江苏损失 0.2 万吨。

(3) 洪涝灾害影响较轻

2009 年，洪涝灾害主要发生在华南西部、江南南部、四川盆地等地，导致部分农田、鱼塘、温室大棚、蔬菜等被毁，造成较大经济损失。与常年相比，洪涝灾害影响较轻，未发生流域性洪涝灾害。

4. 高温热害

(1) 盛夏，江南、华南高温使部分地区早稻出现“逼熟”现象

江南大部、华南北部等地 7 月出现晴热高温天气。从 7 月中旬中期开始高温范围向北、向西扩展至江淮南部、江汉大部和四川盆地东部等地，导致江南、华南部分地区早稻出现“逼熟”现象，对一季稻穗分化及抽穗开花不利，导致空壳率增加。

(2) 夏末秋初，南方持续高温影响水稻生长发育或灌浆结实，柑橘遭受日灼危害

8 月中下旬至 9 月上旬，南方大部地区出现持续高温天气，影响江汉、江南一季稻开花授粉，造成结实率偏低，空秕粒增多，晚稻生长缓慢，分蘖减少、分蘖质量差，抗病能力下降；西南地区东部、江汉部分一季稻遭遇高温逼熟，籽粒灌浆时间明显缩短，影响产量形成。高温对江汉、江南等地正处于果实膨大期的柑橘生长发育不利，造成柑橘日灼危害、裂果落果等，影响产量和品质。

5. 干热风

2009 年冬小麦灌浆乳熟期间，西北地区东部、华北、黄淮等地冬麦区均有干热风天气出现，但危害较轻。6 月 1—7 日，北京、天津、河北中北部、山东中部、山西南部、陕西中部出现 1 ~ 4 天轻至中度干热风天气，其中河北中部部分地区出现重度干热风，部分墒情较差的地区小麦灌浆时间缩短，成熟期提前 1 ~ 3 天，不利于粒重增加，但对冬小麦后期灌浆总体影响不大。

6. 霜冻、冻害

(1) 寒潮降温引发冻害，影响农作物、设施农业生产

2009 年安徽、江苏小麦越冬期间遭受 3 次寒潮天气，由于多次受冻，在田作物受冻面积和程度均重于特大雪灾的 2008 年，特别是淮北干旱程度较重的田块，旱冻交加，造成部分麦田麦苗死亡。新疆 2 月份出现大雪伴随降温过程，使蔬菜大棚和牲畜棚圈损毁，蔬菜、牲畜冻死冻伤。

11 月上中旬，西北、华北和黄淮普遍出现雨雪天气，其中河北省 8—11 日出现强降雪和降温天气，降雪降温时间比常年明显偏早，涉及范围较大，为历年同期少见；下旬，我国中东部地区多大雾天气，其中浙江雾日数为 1951 年以来历史同期最多。低温、寡照天气使设施蔬菜、花卉、瓜果等生长缓慢，植株细弱、果实短小，降低产量和品质；同时，温室大棚内湿度大，易导致病害发生；部分地区由于积雪较厚，温室大棚出现机械性损坏甚至倒塌，棚内蔬菜受冻。

(2) 霜冻

2009 年，霜冻灾害影响范围较广，其中 4 月中旬山东中部出现的较大范围晚霜冻造成较大损

失。1 月中旬，福建、广东、广西等地受降温过程影响，农作物、果树和蔬菜等遭受不同程度霜冻害，香蕉、木瓜、荔枝、龙眼、甘蔗、番茄和马铃薯等受害较重。春季，贵州、云南、甘肃、江苏、山东、新疆等地出现晚霜冻，影响蔬菜、水果、茶、桑等作物生长及水产养殖、家禽家畜生产，造成部分地区农作物受灾。4 月 15—16 日，山东西北部和中部、半岛地区出现较大范围的降温过程，此时正值小麦拔节—抽穗期和苹果、梨、大樱桃等果树的开花期，受霜冻灾害较重，造成经济损失 2.3 亿元。

2.12 森林草原火灾

2.12.1 基本概况

2008 年 11 月至 2009 年 1 月我国中东部大部地区的降水明显偏少，造成了大范围的气象干旱，尤其是我国西南和华南等地一直干旱少雨，2 月华南、西南地区东部出现明显冬旱，持续呈现较高的森林火险等级。1 月和 2 月，西南地区发生了多起森林火灾，发生在广西、云南、四川、西藏、湖北、湖南等地。4 月至 5 月，黑龙江及内蒙古东北部出现严重春旱，4 月底黑龙江省伊南河林场发生森林火灾。6 月至 11 月中旬，辽宁、吉林、内蒙古东部等地出现严重夏秋连旱，8 月至 11 月上旬，湖南、江西、贵州、云南、广西、广东 6 省（区）出现近 50 年来罕见秋旱，造成东北地区和西南地区火险等级偏高，火情发生较多。

2009 年全年发生的森林火灾以小火情为主，主要集中在北方的内蒙古和黑龙江，南方的云南、贵州、湖南、江西、广东、福建和广西（表 2.12.1）。较大森林火灾为 4 月底发生在黑龙江省伊南河林场森林火灾。草原火灾为 2009 年 11 月上旬，蒙古国境内靠近我国内蒙古自治区锡林郭勒盟和兴安盟边境处出现的一次境外火侵扰我国草场火事件，境外火对我国造成一定的危害（表 2.12.2）。图 2.12.1 和图 2.12.2 分别显示以行政区划划分的 2009 年卫星遥感全国森林火点分布和草场火点分布。2009 年森林、草场火情总发生数少于 2008 年，但 1、2 月份和 10 月份火情发生多于 2008 年同期。

表 2.12.1　2009 年气象卫星监测我国林区火点分省统计

Table 2.12.1　Provincial statistics of the numbers of forest fire spots over China in 2009 monitored by meteorological satellite

	发生于林地火点数统计												
	1 月	2 月	3 月	4 月	5 月	6 月	7 月	8 月	9 月	10 月	11 月	12 月	总计
安徽	5	3	12	0	0	11	0	0	0	15	1	13	60
北京	0	0	0	0	0	0	0	0	0	0	0	0	0
福建	264	175	24	7	23	1	0	0	0	13	17	24	548
甘肃	1	3	0	0	0	0	0	0	0	0	0	0	4
广东	359	248	46	4	3	1	2	0	1	19	31	12	726
广西	200	392	60	27	0	3	0	0	0	13	47	20	762
贵州	15	363	47	2	0	0	0	1	0	0	0	1	429
河北	2	3	9	0	0	4	0	0	0	0	0	2	20
河南	11	0	8	0	0	2	0	0	0	0	1	1	23

续表

发生于林地火点数统计													
黑龙江	0	0	0	118	125	0	0	7	35	427	145	0	857
湖北	22	19	23	2	1	0	0	0	0	3	1	13	84
湖南	375	558	76	2	0	0	0	0	4	63	45	9	1132
吉林	0	0	0	9	0	0	0	0	0	2	2	0	13
江苏	0	0	0	0	2	8	0	0	0	0	0	0	10
江西	93	182	35	1	2	0	0	0	1	10	3	5	332
辽宁	1	0	0	13	0	0	0	0	0	1	1	0	16
内蒙古	0	0	1	95	28	0	0	0	10	126	25	0	285
青海	0	0	0	0	0	0	0	0	0	0	0	0	0
山东	0	0	2	1	2	5	0	0	0	2	0	1	13
山西	3	0	13	0	1	0	0	0	0	1	0	0	18
陕西	4	2	2	1	0	0	0	0	0	0	0	0	9
四川	5	103	12	0	1	0	0	0	0	0	0	6	127
西藏	13	64	139	63	6	9	0	0	0	0	1	0	295
新疆	0	0	0	0	0	0	0	0	0	0	0	0	0
云南	14	675	343	44	58	1	0	0	0	3	13	66	1217
浙江	19	20	4	6	8	1	0	0	0	4	13	4	79
重庆	1	5	0	0	0	0	0	0	0	0	0	0	6

表2.12.2 2009年气象卫星监测我国草原火点分省统计表

Table 2.12.2 Provincial statistics of the numbers of grassland fire spots over China in 2009 monitored by meteorological satellite

	发生于草地火点数统计												
	1月	2月	3月	4月	5月	6月	7月	8月	9月	10月	11月	12月	合 计
安徽	3	2	1	0	0	1	0	0	0	1	0	0	8
北京	0	0	0	0	0	0	0	0	0	1	0	0	1
福建	3	5	1	3	1	0	0	0	0	0	1	1	15
甘肃	1	5	2	0	0	0	0	0	0	1	0	1	10
广东	111	78	14	4	1	0	0	0	1	5	11	0	225
广西	46	110	19	3	0	0	0	0	0	3	17	1	199
贵州	2	139	18	0	0	0	0	0	0	0	4	0	163
河北	7	7	22	5	0	3	0	0	1	8	2	6	61
河南	4	0	7	0	0	4	0	0	0	0	0	1	16
黑龙江	0	0	3	157	73	0	0	5	22	235	138	0	633
湖北	3	1	4	0	0	0	0	0	0	0	0	0	8

续表

发生于草地火点数统计													
湖南	60	94	14	0	0	0	0	0	3	5	13	1	190
吉林	0	0	2	27	1	0	0	0	0	24	19	0	73
江苏	0	0	0	0	0	2	0	0	0	0	0	0	2
江西	43	67	7	5	8	0	0	0	0	10	7	0	147
辽宁	0	0	1	2	0	0	0	0	0	0	1	0	4
内蒙古	0	1	1	89	24	3	0	0	10	108	16	4	256
青海	0	1	0	0	0	0	0	0	0	0	0	0	1
山东	2	0	1	0	2	4	0	0	0	2	0	2	13
山西	9	7	43	6	3	1	0	0	0	6	2	1	78
陕西	6	0	3	0	0	0	0	0	0	0	0	1	10
四川	7	55	14	1	12	0	0	0	0	0	0	5	94
西藏	2	6	1	0	2	0	0	0	0	0	1	0	12
新疆	0	0	1	1	0	0	0	1	1	0	0	0	4
云南	2	230	103	4	5	0	0	0	0	1	1	33	379
浙江	2	2	0	0	1	2	0	0	0	0	0	0	7
重庆	0	0	0	0	0	0	0	0	0	0	1	0	1

（注：火点即卫星监测到的一处火区，各火点范围根据火区大小而有所不同，即各火点所含像元数随火区大小而异）

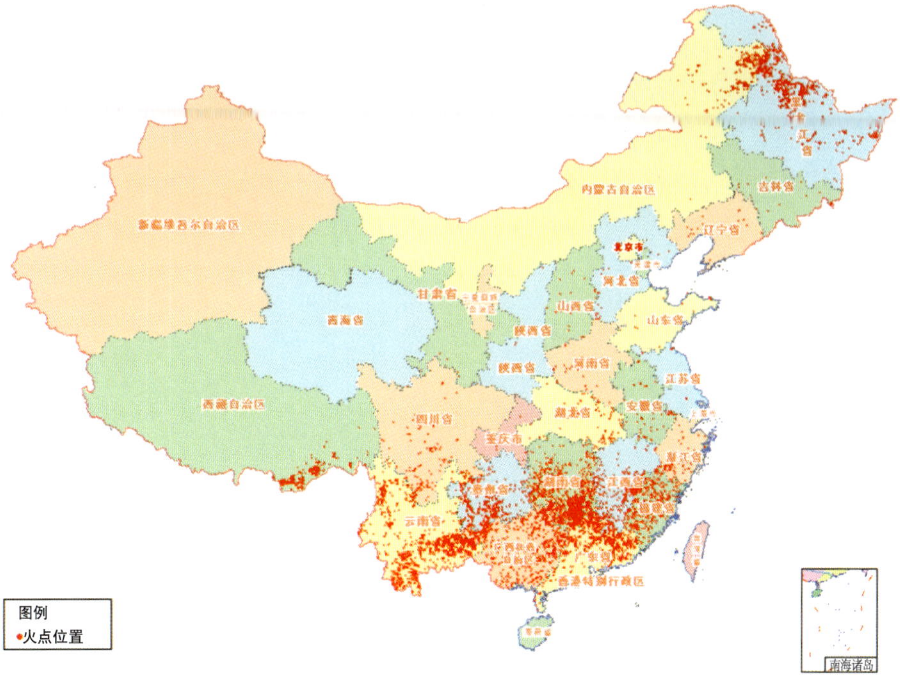

图2.12.1　2009年卫星监测全国林地火点分布示意图（按行政区划）

Fig.2.12.1　Sketch of forest fire spots monitored by meteorological satellite over China in 2009 (on the basis of administrative division)

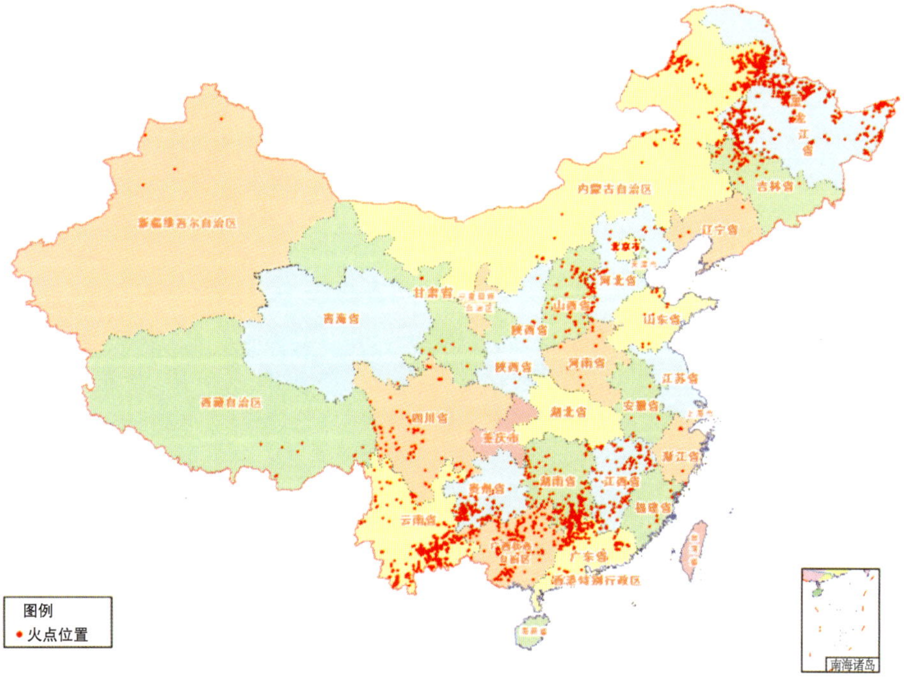

图2.12.2　2009年卫星监测全国草场火点分布示意图（按行政区划）

Fig.2.12.2　Sketch of grassland forest fire spots monitored by meteorological satellite over China in 2009 (on the basis of administrative division)

2.12.2 主要森林、草原火灾事件

1. 4 月底 5 月上旬发生的伊南河林场森林火灾

4 月 27 日 13 时黑龙江省沾河林业局伊南河林场突发火灾，火灾火势之猛、发展之快、扑救难度之大为历年罕见。武警森林部队奉命紧急调集黑龙江、吉林、内蒙古森林总队 5000 名官兵火速奔赴火场，连续奋战 14 个昼夜，将大火扑灭。

2. 蒙古国边境火

2009 年秋季 11 月上旬，蒙古国境内靠近我国内蒙古自治区锡林郭勒盟和兴安盟边境处出现了一次境外火侵扰我国草场火事件。蒙古国草原火场南部蔓延至我国内蒙古锡林郭勒盟东乌珠穆沁旗境内和兴安盟阿尔山市边境。兴安盟森警支队派出 300 余名官兵迅速赶赴火场，与 300 多名林业专业扑火队员投入扑火战斗，经过一天两夜的连续奋战，7 日蒙古国入境草原大火被全部扑灭。

2.13 病虫害

2.13.1 基本概况

2009 年农业病虫源基数高，但防治得力，未对农业生产造成明显损失。其中，西北地区东南部、西南等地因受秋季长时间阴雨寡照以及冬季麦田土壤湿度大、结露时间长的影响，小麦条锈病冬繁和春季发生程度较重；受 2008 年草地螟大发生的影响，2009 年草地螟越冬代成虫发生面积大、密度高，经有效控制，一代成虫和二代幼虫比 2008 年减少 95% 以上；夏季南方大部稻区多次出现集中较强降水过程，稻飞虱和稻纵卷叶螟大量迁入华南、江南和长江中下游稻区，呈中等至偏重发生，局部地区大发生，其中稻飞虱发生面积比 2008 年增加 7%；西南、华中地区受春季阴雨日数多、田间湿度大的影响，马铃薯晚疫病危害较重，局部地区偏重至大发生；草原蝗虫和亚洲飞蝗在北方农牧交错区和东北地区局部发生偏重；小麦其他病虫害、玉米螟、棉铃虫和油菜菌核病发生较轻（图 2.13.1、图 2.13.2）。

2.13.2 主要病虫害事例

1. 小麦条锈病在西北东南部和西南冬繁区持续扩展，发生程度重于常年

2008 年秋季，四川盆地西部、重庆大部、贵州西部、云南西南部、江汉部分地区、甘肃南部和陕西南部等地长期阴雨寡照导致麦田处于持续高湿状态，为小麦条锈病病菌秋季侵染、蔓延提供了有利条件。据统计，小麦秋苗条锈病发病面积达 45.3 万公顷，其中，西北地区东南部发生面积 42.9 万公顷，大部病情是 2000 年以来最重；甘肃、宁夏部分麦区病田率达 75% 以上，为 1990 年以来最重；西南和湖北北部麦区也不同程度发病。2008 年入冬至 2009 年 1 月，西南地区、甘肃南部和陕西南部等小麦条锈病冬繁区平均气温较常年同期偏高，麦田土壤湿度大，大雾天气多，麦田结露时间长，小麦条锈病病情持续扩展。截至 2 月 5 日，冬繁面积涉及 7 省（市）的 223 个县（市、区）达 30.3 万公顷，其中，四川发病程度为 2002 年以来最重，云南、贵州是近年较严重的年份。春季，随着江淮、江汉以及黄淮、华北冬小麦返青生长，小麦条锈病病情进一步向北蔓延。截至 5 月 14 日，全国累计发生 361.9 万公顷，比 2008 年增加 237.7 万公顷。冬春季，全国累计防治 406.3 万公顷，防控组织有效，未造成明显产量损失。

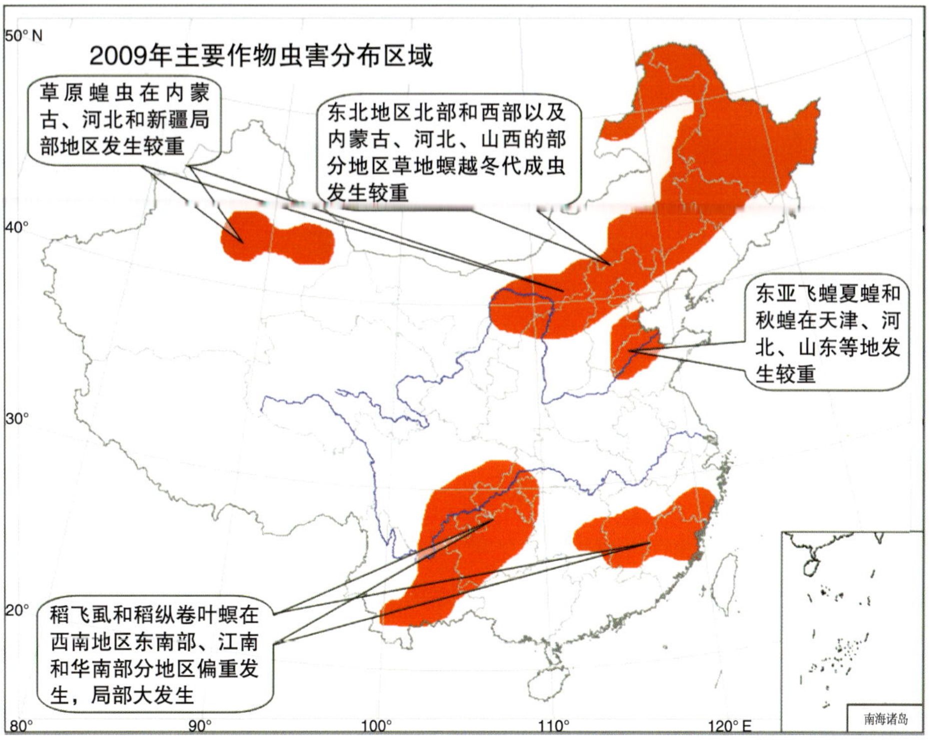

图2.13.1　2009年主要作物虫害分布区域

Fig.2.13.1　Distribution of main agricultural pests over China in 2009

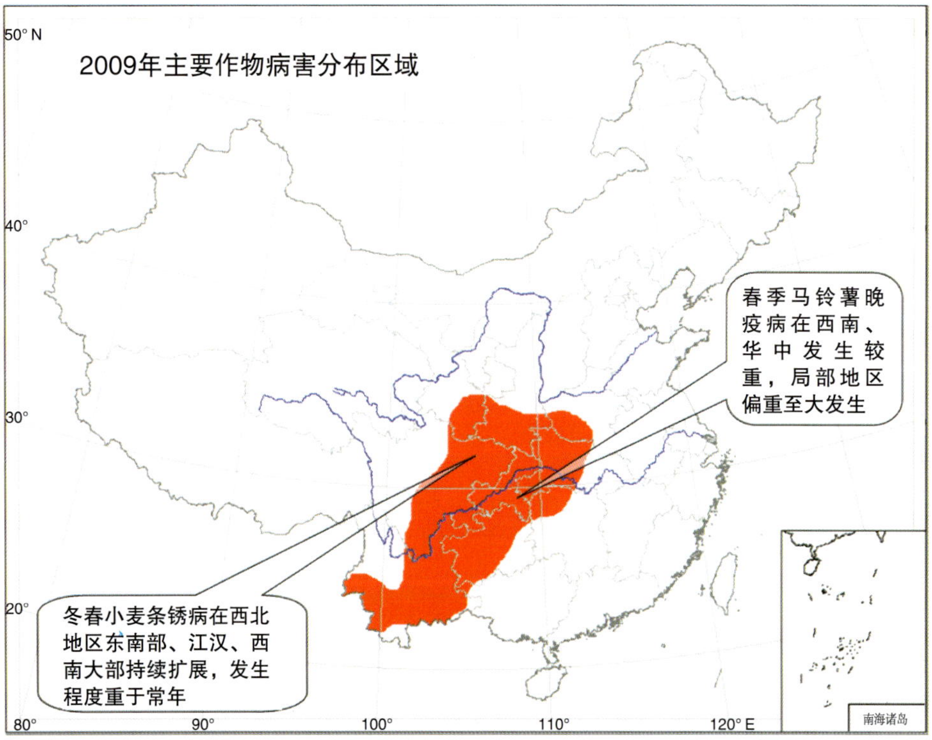

图2.13.2　2009年主要作物病害分布区域

Fig.2.13.2　Distribution of main crop diseases over China in 2009

2. 草地螟越冬代成虫发生面积大，一代成虫和二代幼虫得到有效控制，没有造成严重的产量损失

受 2008 年草地螟一代成虫在东北、内蒙古、华北等农牧区大面积发生的影响，2009 年内蒙古、东北北部、华北等地草地螟越冬基数高。据监测，内蒙古、黑龙江、河北、山西等省（区）越冬总面积达 2320 万公顷，为历史最高年份；内蒙古、黑龙江、河北每平方米活茧密度分别为 6.8 头、50.3 头和 19.38 头，为历史最高值；陕西、山西分别为 8.3 头和 52.3 头，为历史次高值；吉林、辽宁和新疆首次查见。5 月中旬至 6 月中旬进入越冬代成虫盛发期，比常年提早 10 ～ 20 天，成虫数量是有记录以来最高年份；内蒙古、黑龙江、河北、山西部分地区百步惊蛾量达 3000 ～ 5000 头，山西阳高、内蒙古达拉特旗等局部达 1 万～ 10 万头，北京延庆、顺义等北部地区出现两次迁入峰，为历史同期罕见；6 月初，黑龙江中西部出现境外虫源大量迁入，部分内、外虫源叠加聚集地最高百步惊蛾量超过 10 万头，密度之高为历史罕见；至 6 月中下旬，各地成虫数量才明显下降，发生面积基本稳定，截止 6 月 30 日，草地螟越冬代成虫累计发生 1260 万公顷。7 月下旬，各地陆续进入一代成虫和二代幼虫发生阶段，一代成虫主要在山西、河北、内蒙古、吉林发生，二代幼虫主要在山西发生；经积极防控，一代成虫和二代幼虫得到有效控制，没有造成严重的产量损失。截至 8 月 13 日，一代成虫累计发生 251.1 万公顷，比大发生的 2008 年同期减少 95%，二代幼虫累计发生 10.4 万公顷，比 2008 年同期减少 99%。

3. 春季马铃薯晚疫病在西南、华中发生较重，局部地区偏重至大发生。

受 4—5 月阴雨日数多、田间湿度较大的影响，2009 年春季马铃薯晚疫病在西南、华中发生较重，局部地区偏重至大发生。其中，在重庆东南部和西南部、湖北西南部和西北部大发生，重庆东南和西南部为近 13 年来最重的一年，发病面积 13.7 万公顷，占春播马铃薯的 52.7%，较上年同期增 105.5%，一般病株率超过 40%，最高达 100%；湖北西南部和西北部发病面积 13.3 万公顷，一般病株率近 70%。另外，马铃薯晚疫病在贵州 9 个地州、湖南西北部和四川盆周山区偏重发生，云南东北和西北部山区中等发生，华南和西南其他种植区中等以下程度发生。截至 6 月下旬，全国马铃薯晚疫病发病面积 68.7 万公顷。

4. 水稻重大病虫发生面积与 2008 年相比略减，但稻飞虱发生面积同比增加 7%

截至 9 月 24 日，全国水稻重大病虫累计发生 5620 万公顷次，比 2008 年减少 9%。其中，稻飞虱在华南、江南和长江中下游稻区中等至偏重发生，局部大发生，累计发生面积 2020 万公顷次；稻纵卷叶螟在西南地区东南部、江南和长江中下游稻区偏重至大发生，累计发生面积 1686.7 万公顷次，比 2008 年减少 26%。水稻螟虫累计发生面积 1373.3 万公顷次，发生总体较为平稳，仅在江南、长江流域和东北部分稻区中等至偏重发生，经防治未造成明显产量损失。稻瘟病在大部稻区偏轻至中等发生，仅在西南和东北局部地区、个别感病品种穗颈瘟和稻叶瘟发生较重。累计发生面积为 313.1 万公顷。

春夏季伴随境外虫源地水稻成熟收割以及南方稻区多次出现集中强降水过程，水稻“两迁”害虫自南向北大量迁入华南、西南和江南南部，田间虫口密度迅速上升，西南中南部和华南西南沿海稻区稻飞虱发生超过防治指标，云南中南部达大发生指标 2 ~ 3 倍，为历史同期罕见。9 月中下旬，水稻“两迁”害虫自南向北回迁过程中，江南和华南大部晚稻区出现 1000 头以上稻飞虱迁入峰，江南稻区百丛虫量一般为 1000 ~ 2000 头，部分田块达大发生水平，褐飞虱比例占 80% ~ 90%。

5. 北方农牧交错区草原蝗虫发生较重，亚洲飞蝗在东北局地大发生

东亚飞蝗夏蝗在环渤海湾沿海、华北湖库和沿黄中下游滩区中等发生，天津北大港库区偏重发生，江苏、安徽、海南和广西等蝗区偏轻发生。截至 7 月 3 日，东亚飞蝗夏蝗累计发生 74.1 万公顷，累计防治 53.9 万公顷。截至 8 月 27 日，东亚飞蝗秋蝗累计发生面积 61 万公顷，其中，天津、河北、山东、河南发生面积较大。北方农牧交错区草原蝗虫累计发生 464.6 万公顷，河北、内蒙古和新疆局部发生较重。亚洲飞蝗在黑龙江齐齐哈尔和大庆农区荒地大发生，吉林农安县自然保护区荒地出现高密度蝗蝻点片，新疆阿勒泰、伊犁州、塔城、克孜勒苏州和吐鲁番等农区偏轻发生，发生面积 10.4 万公顷，比上年同期增加 55%。西藏飞蝗在四川甘孜、阿坝，西藏昌都、拉萨，青海玉树等地农区中等发生，其中四川甘孜县、西藏日喀则市和拉孜县偏重发生，发生面积为 6.87 万公顷，发生程度接近 2008 年水平。

6. 其他病虫害发生程度总体较轻

受 2008—2009 年冬春北方部分麦区干旱的影响，早春黄淮和西北等地麦蜘蛛和麦蚜虫等发生期提早，发生数量偏高，但总体发生程度较轻。小麦赤霉病、纹枯病和白粉病发生程度低于 2008 年和常年。油菜菌核病发病面积为 309.9 万公顷，总体为偏轻发生。东北地区受 6—7 月低温阴雨的影响，玉米螟偏重发生，其余大部地区玉米螟发生较轻，全国累计发生面积 1786.7 万公顷次。全国棉铃虫累计发生 780 万公顷次，除三代棉铃虫在新疆部分棉区、四代棉铃虫在江西、湖北、河南棉区中度发生外，全国大部棉区发生较轻。

第三章　每月气象灾害事记

3.1 1 月主要气候特点及气象灾害

3.1.1 主要气候特点

1 月，全国平均气温较常年同期偏高，全国平均月降水量为 1987 年以来历史同期最少值。月内，我国北方冬麦区持续干旱；上旬福建、广西等地遭受霜冻灾害；山西吉县和陕西宜川黄河壶口瀑布景区中旬发生罕见凌汛；下旬初寒潮天气席卷我国中东部地区；上旬长江中下游出现大范围雨雪天气，中旬新疆北部出现暴雪；四川盆地、长江中下游、黄淮等地出现大雾天气。

月降水量与常年同期相比，除东北大部及内蒙古东北部和西部、新疆北部和南疆局部、西藏局部不同程度偏多外，全国大部地区接近常年或偏少，华北、黄淮、西北东部、江淮、江汉、江南、华南及新疆大部、青海西北部、西藏大部、云南西部和南部、贵州南部等地偏少 3 ～ 8 成，其中华北大部、黄淮及陕西大部、新疆东部和西部、西藏西南部、广东东南部等地偏少 8 成以上（图 3.1.1）。

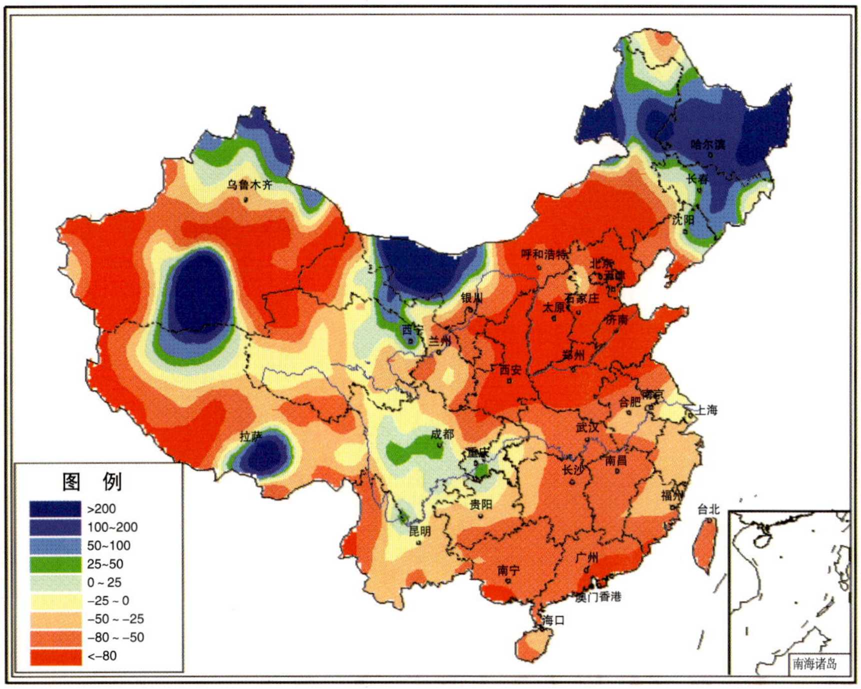

图3.1.1　2009年1月全国降水量距平百分率分布图（%）
Fig.3.1.1　Precipitation anomalies over China in January 2009(%)

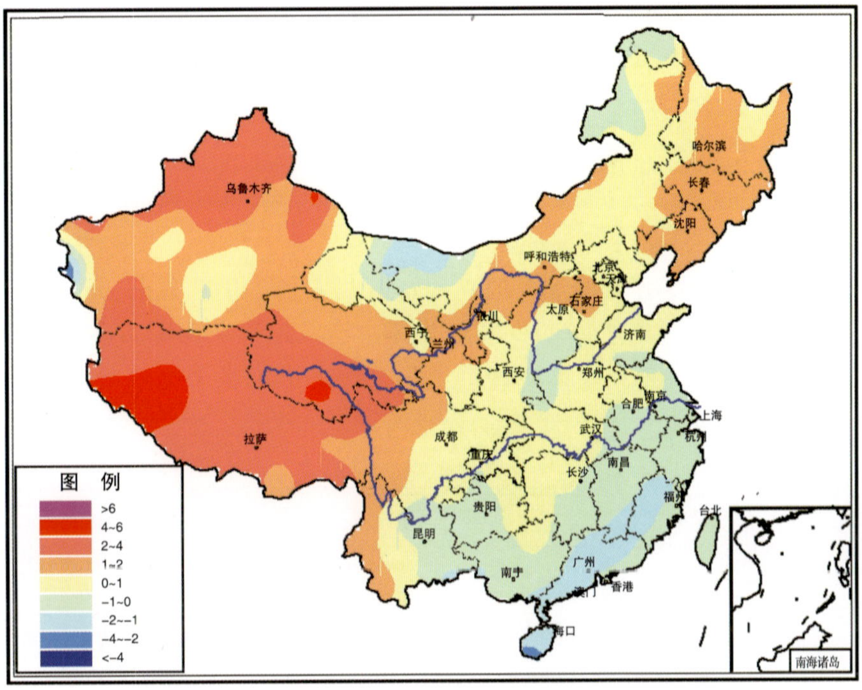

图3.1.2 2009年1月全国平均气温距平分布图（℃）

Fig.3.1.2 Mean temperature anomalies over China in January 2009(℃)

月平均气温与常年同期相比，东北大部、河套部分地区、青藏高原及新疆大部、云南西部等地偏高 1 ~ 2℃，其中青藏高原大部及新疆北部偏高 2 ~ 4℃ ；福建中西部、广东大部、海南、内蒙古西部等地偏低 1 ~ 2℃ ；全国其余大部地区接近常年同期（图 3.1.2）。

3.1.2 主要气象灾害事记

2008 年 11 月至 2009 年 1 月，北方冬麦区长期持续少雨，出现罕见秋冬连旱。此次干旱过程具有降水持续少、无雨日数多，平均气温高、土壤失墒快，气温起伏大、旱冻相叠加，干旱范围广、灾害影响大的特点，农业生产、人畜饮水受到严重影响。

1 月，我国中东部出现大范围降温过程和雨雪天气。1 月 5—7 日，长江中下游地区及贵州、重庆、广西北部等地出现大范围雨雪天气，局部降暴雪。21—24 日，我国中东部气温普降 8 ~ 12℃，西北东部、华北大部、黄淮中东部及内蒙古中西部、吉林东部、辽宁东部等地降温幅度在 12 ~ 18℃。强降温使得福建、广西、广东、浙江等地出现霜冻灾害。此外，安徽、河南等部分地区的冬小麦发生冻害，旱冻叠加，对冬小麦安全越冬产生不利的影响。

1 月 1—15 日，黄河流域气温明显偏低，河流封冻。 16—18 日，气温迅速回升，导致部分河段冰融。17 日夜间至 18 日凌晨，山西吉县和陕西宜川黄河壶口瀑布景区出现罕见凌汛。

1 月，四川盆地、长江中下游地区大部、黄淮及贵州、云南、福建、新疆等地的部分地区出现大雾天气。大雾天气对当地的公路、航空运输和水运带来了不利影响。

3.2 2 月主要气候特点及气象灾害

3.2.1 主要气候特点

2 月，全国平均气温较常年同期偏高，为 1951 年以来历史同期第三高；全国平均月降水量较常年同期偏少。月内，北方冬麦区大部气象干旱基本缓解，南方旱区气象干旱持续发展；上旬至中旬初，全国部分地区极端最高气温创历史同期新高；长江中下游地区出现大范围持续阴雨天气；辽宁、吉林、新疆等地遭暴雪袭击，北京出现 2009 年首场降雪；中东部地区出现大雾天气；内蒙古、宁夏等地出现沙尘天气。

月降水量与常年同期相比，江南南部、华南、西南东部及西藏西部、新疆西南部、甘肃西部、青海中西部、内蒙古中部和西部等地偏少 3 ～ 8 成，其中华南大部及江西南部、湖南南部、云南东部和南部、内蒙古中部等地偏少 8 成以上；东北大部、华北大部、黄淮中西部、江淮大部、江汉大部、江南北部及陕西大部、甘肃东北部、宁夏南部、内蒙古东北部、新疆东北部、西藏东南部等地偏多 3 成至 2 倍，东北东南部及华北东北部偏多 2 倍以上；全国其余地区接近常年（图 3.2.1）。

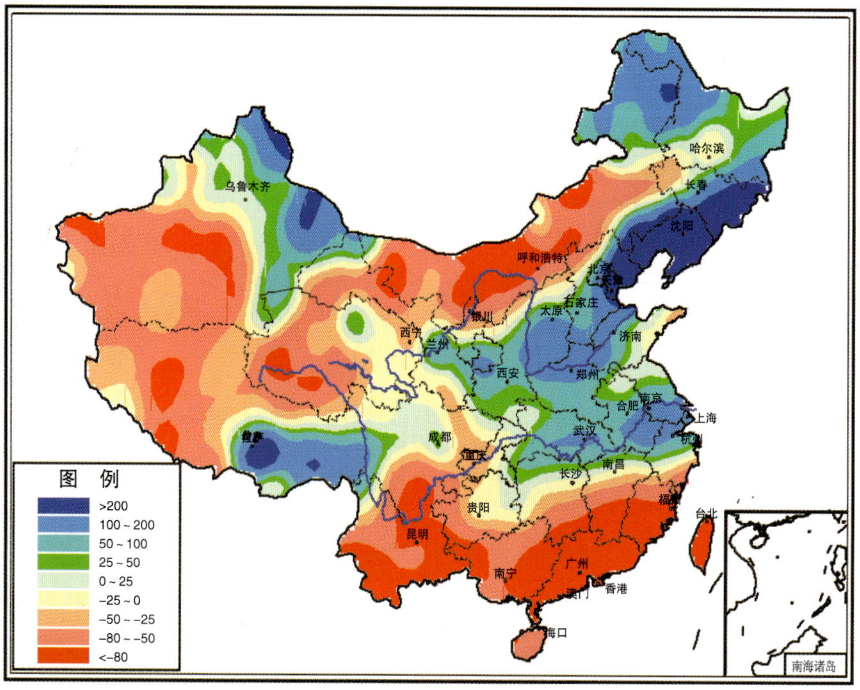

图3.2.1　2009年2月全国降水量距平百分率分布图（%）
Fig.3.2.1　Precipitation anomalies over China in February 2009(%)

月平均气温与常年同期相比，全国大部地区偏高 2 ～ 4℃，其中华南、江南南部及贵州大部、云南东部、四川东南部、山西西北部、陕西北部、甘肃中部和东北部、宁夏、内蒙古中部等地偏高 4 ～ 6℃，华南中北部及贵州西南部、江西南部等地偏高 6℃以上（图 3.2.2）。

3.2.2 主要气象灾害事记

2 月，我国北方冬麦区先后出现 6 次降水过程，大部分地区的旱情得到缓和。江南南部、华南及云南、四川东部等地降水量较常年同期偏少 5 成以上，气温较常年同期明显偏高，导致气象干旱发展迅速，森林火险等级高。

2 月 1—12 日，东北东南部、华北西北部、西北东北部、内蒙古中部和西部、北疆、江南大部、华南北部等地气温偏高 6℃以上。华北、黄淮、江淮、江南、西南东部、西北中东部等地的局部地区极端最高气温创历史同期新高

2 月 14—28 日，长江中下游地区出现大范围阴雨天气，大部地区降水量比常年同期偏多

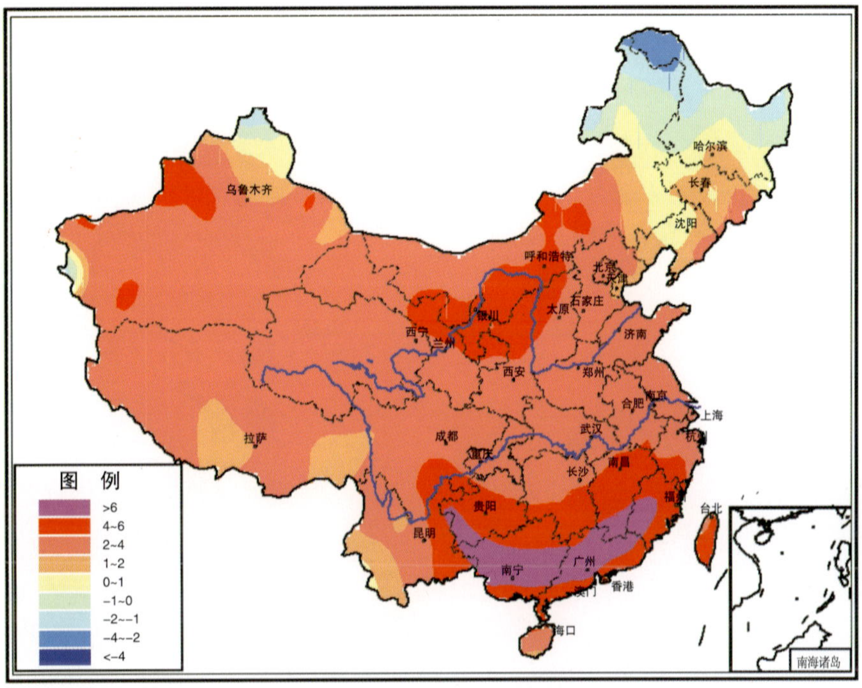

图3.2.2　2009年2月全国平均气温距平分布图（℃）

Fig.3.2.2　Mean temperature anomalies over China in February 2009(℃)

1～2倍，部分地区出现渍害，对油菜生长发育不利。另外，连续降水还引发了局地滑坡等地质灾害。

2月中旬，辽宁、吉林等省部分地区等地出现暴雪，使当地交通运输受到不利影响。2月17日，北京出现2009年首场降雪，造成首都机场进出港航班延误，京津塘等部分高速公路先后被封闭。

2月9日，华北中南部及河南南部、湖北的部分地区出现大雾天气，河北石家庄机场、湖北武汉天河国际机场因大雾造成航班延误或取消。10日，辽宁西南部、天津北部、河北东部、山东南部、江苏中北部、湖北、浙江、福建沿海、湖南东南部等地出现大雾天气，京福高速公路山东泰安段因大雾造成百余辆汽车相撞。

2月19日，内蒙古中部及西部的部分地区、宁夏北部、河北北部等地出现了扬沙天气，其中内蒙古中部部分地区出现了沙尘暴。

3.3 3月主要气候特点及气象灾害

3.3.1 主要气候特点

3月，全国平均气温较常年同期偏高，全国平均降水量较常年同期略偏多。月内，长江中下游地区出现罕见持续阴雨天气；冷暖起伏大，上旬末至中旬前期强冷空气影响我国，中旬后期气温偏高明显，下旬再次遭受强冷空气袭击；江南南部、华南等地气象干旱缓解；我国北方地区出现3次沙尘天气过程；强对流天气袭击部分省（区、市）。

月降水量与常年同期相比，东北北部及内蒙古东北部、新疆北部、西藏中部、河北东部、山东大部、贵州东南部、广东大部、海南等地偏多3成至2倍，局部偏多2倍以上；西北西南部和东北部、东北南部及内蒙古西部和东南部、四川西部、云南大部、西藏东南部等地偏少3～8成，局部偏少 8 成以上；全国其余大部地区接近常年（图 3.3.1）。

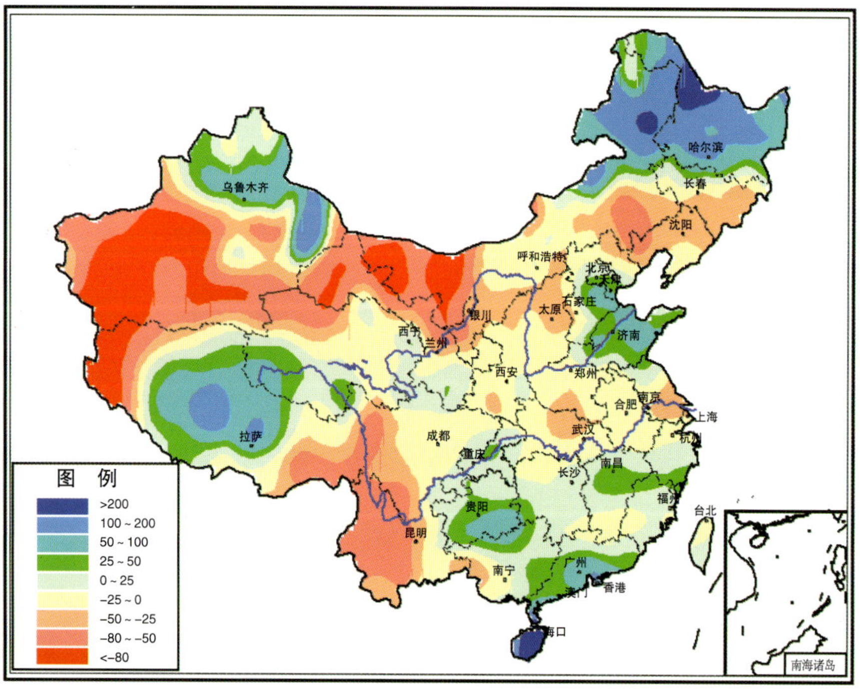

图3.3.1　2009年3月全国降水量距平百分率分布图（%）
Fig.3.3.1　Precipitation anomalies over China in March 2009(%)

月平均气温与常年同期相比，除黑龙江大部、内蒙古东北部等地偏低 1 ～ 2 ℃外，全国其余大部地区偏高或接近常年，其中西北西部和东北部、华北西部及内蒙古西部等地偏高 2 ～ 4 ℃（图 3.3.2）。

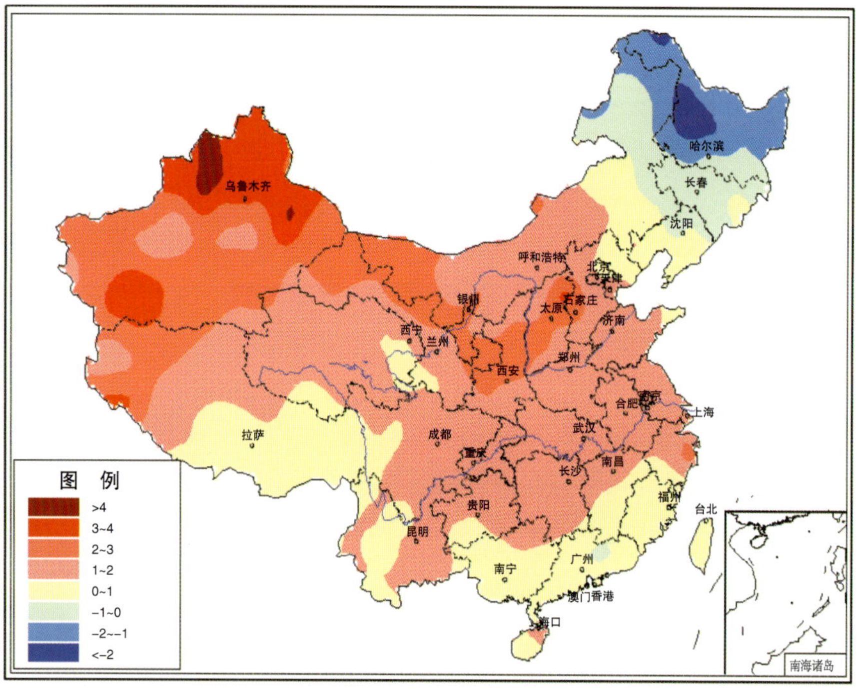

图3.3.2　2009年3月全国平均气温距平分布图（℃）
Fig.3.3.2　Mean temperature anomalies over China in March 2009(℃)

3.3.2 主要气象灾害事记

2月14日至3月9日，长江中下游地区出现罕见持续阴雨天气。此次阴雨天气过程具有降水量大、持续时间长、最高气温低、伴随灾害多等特点。安徽、上海区域平均降水量为历史同期次大值。长江中下游地区平均降水日数15.9天，为1951年以来历史同期次多值。安徽西南部、湖北东南部、湖南东北部、江西北部的平均最高气温较常年偏低2～4℃。雷电、冰雹等强对流天气来得早且多，长江中下游地区区域平均雷暴、冰雹日数4.4天，为历史同期最多。

月内，冷暖起伏大，上旬末至中旬前期强冷空气影响我国，中旬后期气温偏高明显，下旬再次遭受强冷空气袭击。强冷空气带来的大风、降温、雨雪和沙尘天气，给农（牧）业、交通运输、设施农业等带来不利影响，其中新疆、湖北、云南受灾较重。

3月，我国南方地区出现明显降水过程，江南、华南大部、西南东部降水量一般有50～200毫米，部分地区超过200毫米，有效缓解了旱区的气象干旱。但云南等地月内降水偏少，仍存在中等程度气象干旱。

3月，我国北方地区共出现3次沙尘天气过程，较2000—2008年平均值偏少。

月内，强对流天气袭击部分省（市、区）。3月5日，贵州47个县（市、区）降雹，部分地方重复降雹；21—24日，安徽宣城、安庆、桐城等市遭受风雹袭击；21日，江西5个市、13个县（市、区）发生风雹灾害；20—23日，湖北恩施、宜昌部分县（市）遭受冰雹灾害；21日，湖南湘潭、长沙、岳阳等3市、5个县（市）遭受风雹袭击。

3.4 4月主要气候特点及气象灾害

3.4.1 主要气候特点

4月，全国平均气温较常年同期偏高，全国平均降水量接近常年同期。总的来看，本月全国

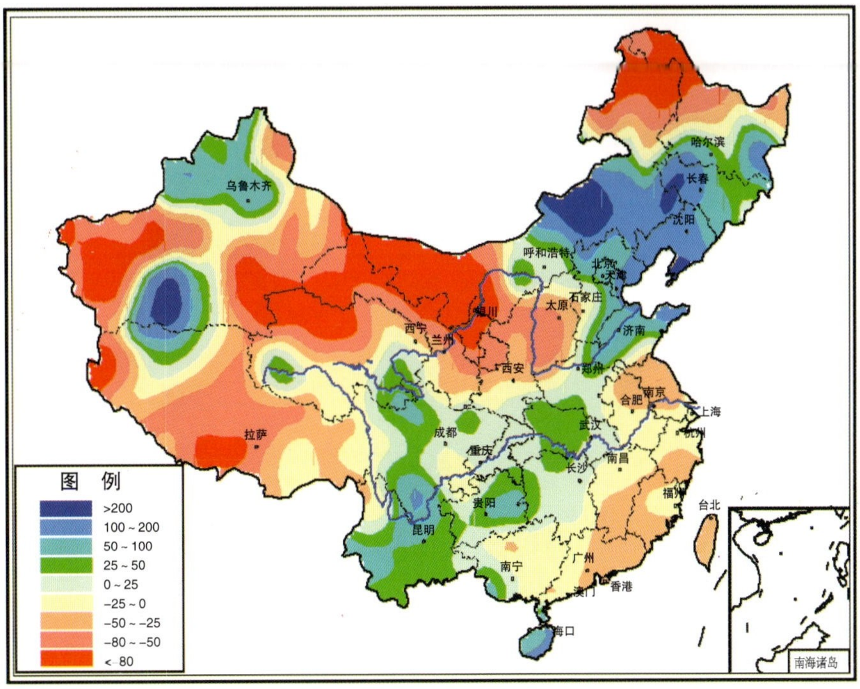

图3.4.1 2009年4月全国降水量距平百分率分布图（%）
Fig.3.4.1 Precipitation anomalies over China in April 2009(%)

大部地区雨水比较调匀，热量比较充足，旱涝范围较小，受灾程度偏轻，气候条件总体偏好。月内，我国南方局部发生洪涝；东北、华北喜降春雨；西北地区东北部等地气象干旱发展；北方出现 2009 年最强的一次沙尘天气过程；部分省（区、市）遭受强对流天气袭击。

月降水量与常年同期相比，东北大部和内蒙古中东部、华北东部、黄淮北部、江汉大部以及贵州中东部、云南大部、四川南部、海南、新疆北部等地偏多 3 成至 2 倍，局部偏多 2 倍以上；西北地区大部、华北西部、江南东南部、华南东部、江淮东部以及西藏大部、内蒙古西部和东北部、黑龙江西北部等地偏少 3 ～ 8 成，部分地区偏少 8 成以上；全国其余地区接近常年（图 3.4.1）。

月平均气温与常年同期相比，除华南、江南南部和西部、西南东部、江汉等地接近常年外，全国大部地区气温偏高，其中西北大部以及内蒙古大部、吉林西部、黑龙江西南部、西藏中部、山西北部等地偏高 2 ～ 4℃，局部偏高 4℃以上（图 3.4.2）。

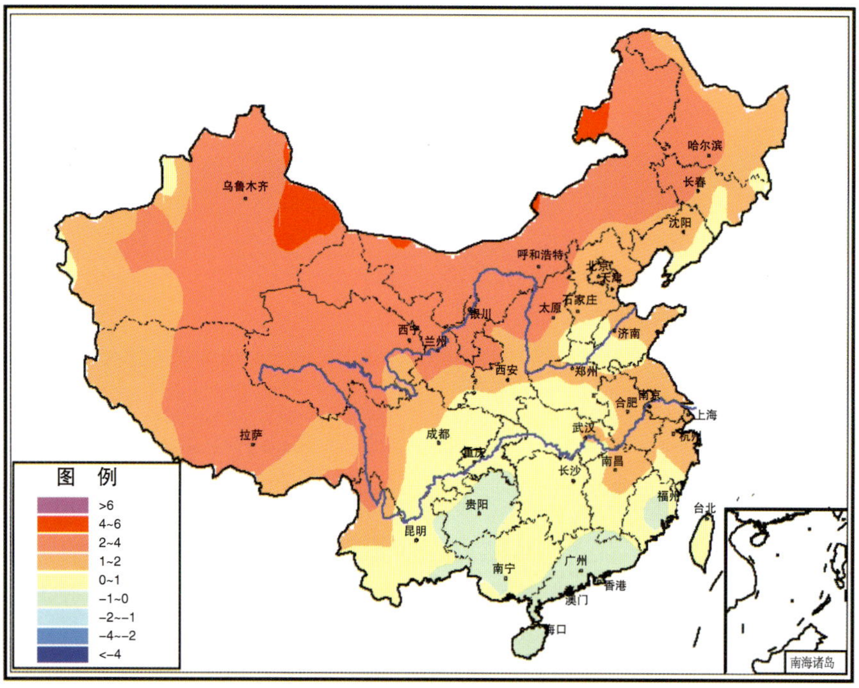

图3.4.2　2009年4月全国平均气温距平分布图（℃）

Fig.3.4.2　Mean temperature anomalies over China in April 2009(℃)

3.4.2 主要气象灾害事记

4 月，我国没有发生大范围暴雨洪涝灾害，但局部地区出现强降水天气，造成了一定损失。4 月 17—20 日，我国中东部地区出现大范围降水过程，强降水导致湖北、湖南、江西、贵州、浙江等省局部出现洪涝及山体滑坡等灾害，给工农业生产造成损失。

4 月中下旬，东北、华北降中到大雨，局部降暴雨或特大暴雨。这次降雨使华北、东北旱区的土壤墒情得到明显改善，水库蓄水增加，对春播和小麦拔节孕穗十分有利。

月内，西北地区东北部及山西中南部、内蒙古东北部、黑龙江西北部等地雨水稀少，降水量比常年同期偏少 3 ～ 8 成，加之气温持续偏高，土壤水分蒸发加快，导致干旱迅速发展，普遍出现中至重度气象干旱。

4 月，我国北方地区共出现沙尘天气过程有 3 次，比常年同期偏少，但与 2008 年 4 月相比，次数偏多、强度偏强，灾害也偏重。4 月 23—25 日，内蒙古中西部、甘肃中西部、宁夏、陕西北部、山西大部、河南北部、河北西部、山东中西部、四川盆地中北部、重庆北部、湖北北部、南疆盆地等地出现浮尘、扬沙或沙尘暴，局部出现强沙尘暴。这是 2009 年我国出现最强的一次沙尘天气过程，覆盖范围约 73 万平方千米，受影响人口近 2000 万人。

4 月份，我国有 15 个省（市、区）部分地区先后遭受雷雨风雹等强对流天气袭击，其中贵州、广西、湖北、河北、山东等省（区）局地受灾较重。4 月 11—12 日，贵州省 8 个县（市、区）遭受风雹灾害；12—13 日，广西 18 个县（区）遭受风雹袭击；15 日，河北、山东两省部分地区遭受风雹灾害；15—16 日，广西、贵州、湖北等省（区）部分地区遭受风雹灾害。

3.5 5 月主要气候特点及气象灾害

3.5.1 主要气候特点

5 月，全国平均气温较常年同期偏高，全国平均降水量较常年同期略偏少。本月，全国大部地区雨水比较调匀，热量比较充足，旱涝范围较小，受灾程度偏轻，气候条件总体偏好。月内，南方和黄淮地区发生暴雨洪涝；全国强对流天气明显偏少，但局地灾害重；黑龙江、内蒙古东北部气象干旱持续发展；部分地区最高气温突破历史同期极值；沙尘日数明显偏少。

月降水量与常年同期相比，华北南部、黄淮大部及内蒙古中部、陕西大部、青海大部、西藏中部等地偏多 3 成至 2 倍，局部偏多 2 倍以上；东北大部及内蒙古东部、京津地区、江南东部、华南东部及云南东北部、四川西部和东南部、西藏东部和西部、新疆南部等地偏少 3 ～ 8 成，部分地区偏少 8 成以上；全国其余地区接近常年（图 3.5.1）。

月平均气温与常年同期相比，东北、华北东部和北部、黄淮东部、江淮东部、江南东部及内

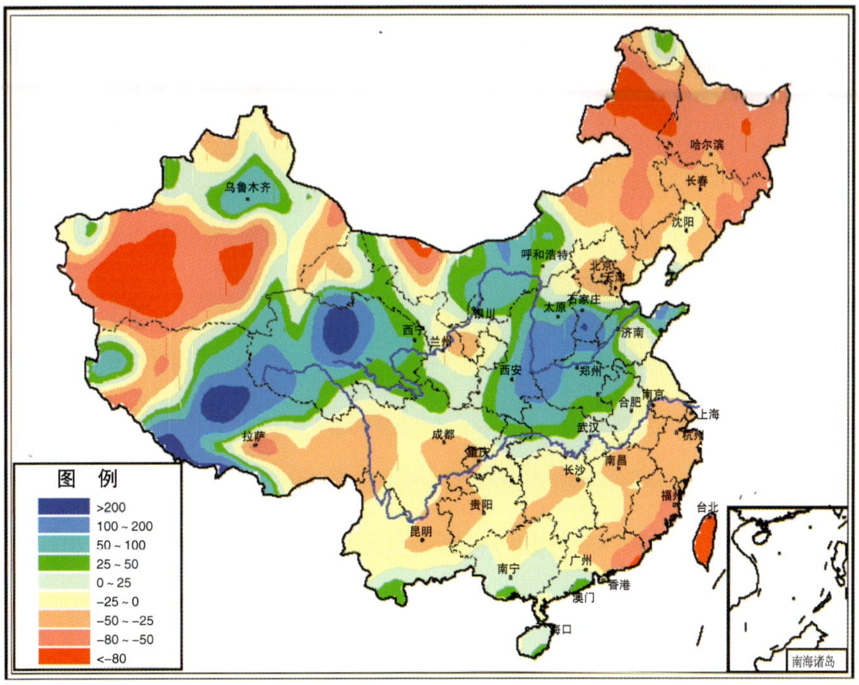

图3.5.1　2009年5月全国降水量距平百分率分布图（%）

Fig.3.5.1　Precipitation anomalies over China in May 2009(%)

蒙古大部、四川西部、云南西北部、西藏东部偏高 1℃以上，其中东北大部、华北东北部及内蒙古东部偏高 2 ~ 4℃，全国其余大部地区气温接近常年（图 3.5.2）。

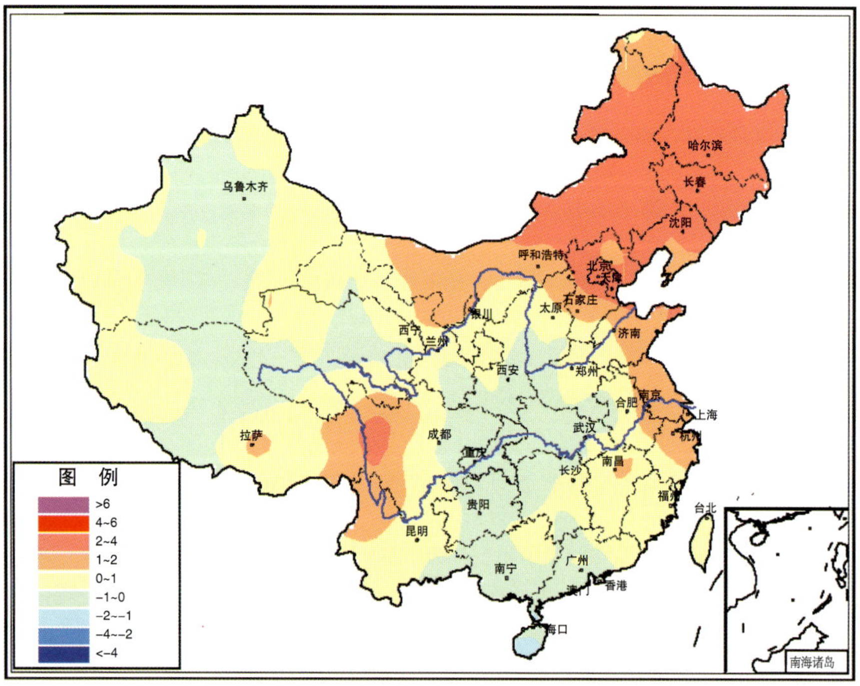

图3.5.2　2009年5月全国平均气温距平分布图（℃）
Fig.3.5.2　Mean temperature anomalies over China in May 2009(℃)

3.5.2 主要气象灾害事记

5 月，我国南方和黄淮等地出现了 4 次区域暴雨和局地洪涝，全国共有 1032 万人受灾，死亡 34 人，失踪 10 人，农作物受灾面积 30.4 万公顷，直接经济损失 31.3 亿元。9—10 日，华北南部和黄淮北部出现本年首次区域性暴雨过程，其中山东北部出现区域性大暴雨，此次降雨过程具有历时短、强度强、极值多、范围广等特点。

5 月，全国平均雷暴、冰雹等强对流天气日数较常年同期偏少 50% 以上，为 1954 年以来的最少值。从空间分布来看，全国大部地区强对流天气日数较常年同期偏少，其中江南、华南、西南东部及西藏南部等地偏少 3 ~ 7 天，华南南部偏少 7 天以上。

5 月 1—29 日，黑龙江大部、内蒙古东北部降水量较常年同期偏少 5 ~ 8 成，局部地区偏少超过 8 成，同时气温偏高 2 ~ 4℃，黑龙江和内蒙古区域平均气温为 1951 年以来最高值。气温偏高、降水偏少，导致上述地区气象干旱迅速发展。月末，旱区大部出现 1 ~ 10 毫米降水，黑龙江中西部有 10 ~ 20 毫米，旱情有所缓和。

5 月，我国中东部大部及新疆南部、内蒙古西部极端最高气温普遍在 32℃以上，其中江西南部、福建西部、浙江西部、天津、内蒙古西部、新疆南部等地超过 35℃。黑龙江、四川、浙江、福建等地的局部地区极端最高气温创历史同期新高。

5 月，我国北方平均沙尘天气日数仅为常年同期的 22%，是 1954 年以来的第三少。月内，仅 26 日在南疆盆地、内蒙古中部等地出现一次沙尘天气过程，沙尘天气过程次数低于近 10 年同期平均值，为 2003 年以来最少。

3.6 6月主要气候特点及气象灾害

3.6.1 主要气候特点

6月，全国平均气温较常年同期偏高，降水较常年同期偏少。黑龙江、吉林出现罕见持续低温阴雨天气；南方局部地区发生暴雨洪涝灾害；22省（市、区）遭受强对流天气袭击；西北地区东北部及山西北部、西藏东部等地干旱发展；热带风暴“莲花”、“浪卡”先后登陆福建、广东；下旬，高温席卷17省（市、区）。

月降水量与常年同期相比，华北东部、东北北部及内蒙古东北部等地普遍偏多3成至1倍，其中黑龙江西部偏多达1～2倍；江南大部、华北西部、西北大部及西藏、内蒙古中西部、海南等地普遍偏少3～8成，其中西藏西部、新疆南部、内蒙古中西部等地偏少8成以上；全国其余地区接近常年（图3.6.1）。

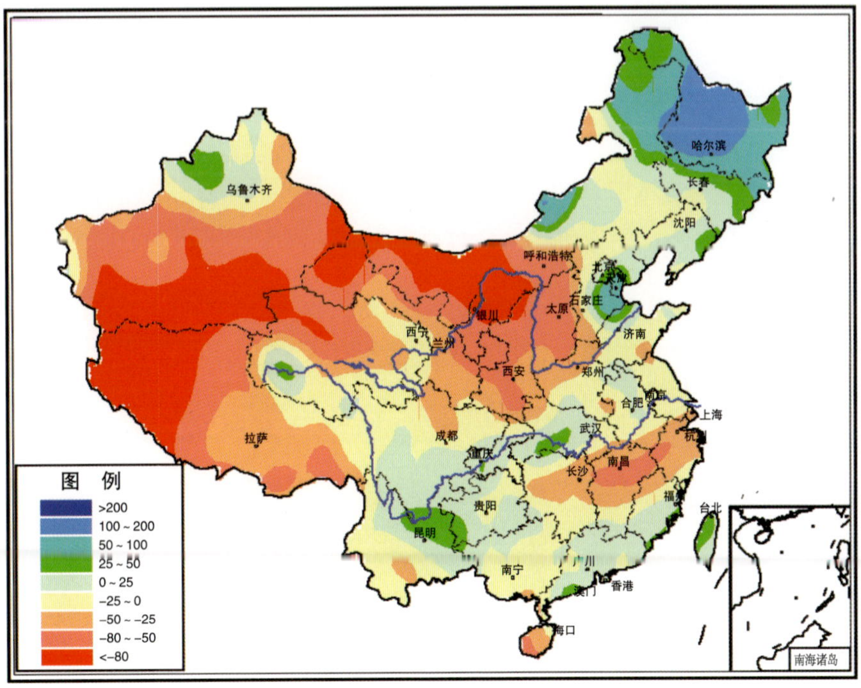

图3.6.1　2009年6月全国降水量距平百分率分布图（%）
Fig.3.6.1　Precipitation anomalies over China in June 2009(%)

月平均气温与常年同期相比，西北地区大部、华北大部、黄淮、江淮、江汉、江南大部及西藏、川西北、内蒙古中西部等地普遍偏高1～2℃，部分地区偏高2℃以上；东北大部及内蒙古东北部、新疆北部等地普遍偏低1～2℃，部分地区偏低2℃以上；全国其余地区接近常年（图3.6.2）。

3.6.2 主要气象灾害事记

6月，黑龙江、吉林出现罕见持续低温阴雨天气。频繁降水使得东北及内蒙古东北部前期发生的气象干旱得以解除。但长时间低温阴雨，光照不足，给东北地区春玉米、大豆、水稻的生长发育带来不利影响。

6月，我国南方共出现4次大到暴雨天气过程。6月28—30日，西南地区东部、长江中下游地区以及华南沿海普降大到暴雨，长江中下游地区及四川盆地大暴雨覆盖面积约有17.5万平方千

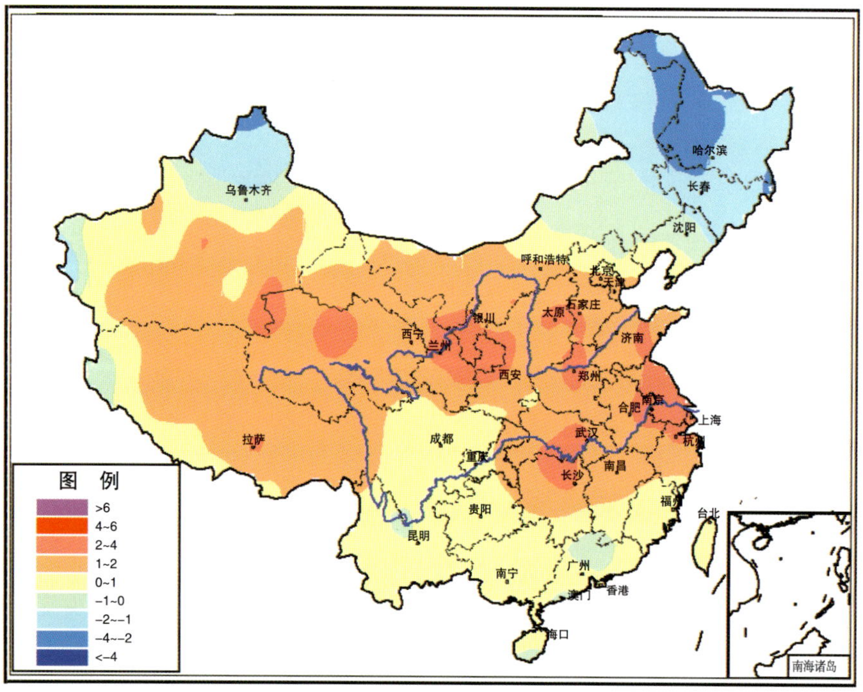

图3.6.2　2009年6月全国平均气温距平分布图（℃）

Fig.3.6.2　Mean temperature anomalies over China in June 2009(℃)

米，江苏、安徽、江西、湖北、湖南、广西、重庆、四川、贵州、云南等 10 个省（区、市）受灾，其中湖北、四川、贵州、重庆灾情较为严重。

6 月，我国 22 省（区、市）遭受强对流天气袭击。6 月 3—6 日，河南、安徽、江苏、山西、山东、浙江、湖北先后遭受暴雨、风雹等袭击；14 日，安徽、江苏、河南 3 省部分地区遭受风雹灾害；17—19 日，安徽、江苏、湖北等省遭受风雹灾害；25—27 日，河北、山东、河南、安徽、江苏、湖北、辽宁、云南等省遭受风雹袭击。

6 月，西北地区东北部及山西北部、内蒙古中部偏南地区、西藏东部等地降水量普遍比常年同期偏少 3 ～ 8 成，部分地区偏少 8 成以上，加之气温持续偏高，土壤水分蒸发加快，导致气象干旱持续发展。

6 月有 2 个热带气旋（≥ 8 级）在我国登陆，登陆个数较常年同期偏多。热带风暴“莲花”21 日在福建晋江沿海登陆，给广东省梅州、潮州和福建省厦门、漳州等地带来较重损失。热带风暴“浪卡”26 日在广东惠东沿海登陆，广东局部受到一定损失。

6 月 23—27 日，我国出现一次大范围高温天气过程，涉及 17 个省（区、市），35℃以上高温覆盖面积约 350 万平方千米。异常高温天气对人们的健康和城市用电、用水等造成不利影响。6 月 25 日，北京市区日供水量 266 万立方米，突破历史最高纪录；26 日，北京电网供电负荷创出 1265.9 万千瓦的历史最高纪录。

3.7 7 月主要气候特点及气象灾害

3.7.1 主要气候特点

7 月，全国平均降水量较常年同期偏少；全国平均气温较常年同期偏高。月内，黑龙江低温阴雨天气持续；热带风暴“苏迪罗”、台风“莫拉菲”先后在华南登陆；长江中下游及其以南地区出现持续高温天气；西北、华北等地气象干旱缓解，内蒙古中部气象干旱持续；部分地区遭受暴雨洪涝灾害；24 个省（区、市）遭受强对流天气袭击。

月降水量与常年同期相比，东北中南部、西北地区西部及内蒙古大部、甘肃大部、西藏西部和南部、重庆、湖北等地偏少 3 ～ 8 成；江南大部、江淮南部及山东东部、黑龙江东北部、青海、四川西北部、广西东北部等地偏多 3 成至 2 倍；全国其余地区接近常年（图 3.7.1）。

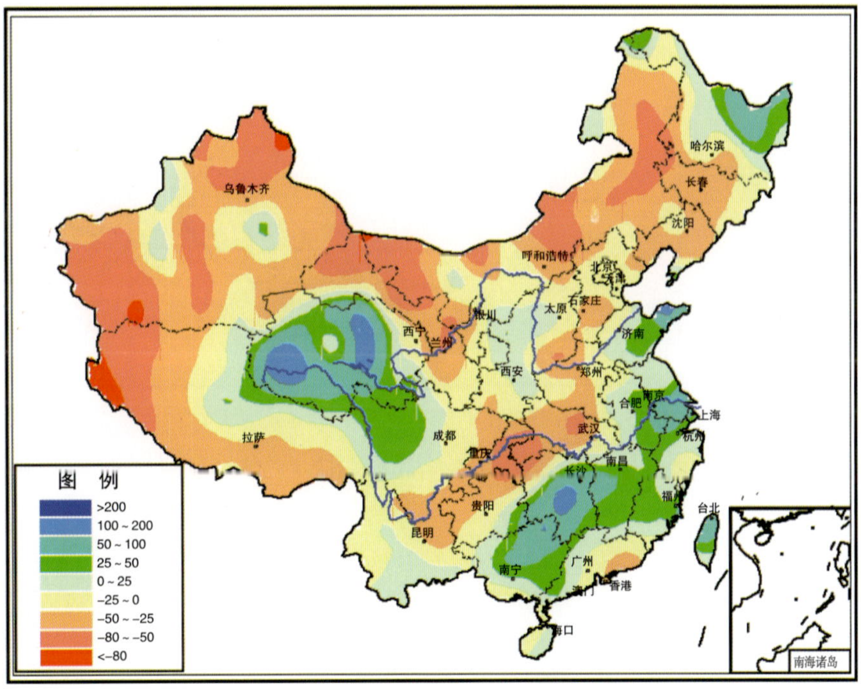

图3.7.1　2009年7月全国降水量距平百分率分布图（%）

Fig.3.7.1　Precipitation anomalies over China in July 2009(%)

月平均气温与常年同期相比，除东北东部偏低 1 ～ 2℃外，全国其余大部地区接近常年或偏高，其中青藏高原大部及内蒙古中西部、山西北部、甘肃中部、陕西西南部、云南等地偏高 1 ～ 2℃，青藏高原部分地区偏高 2℃以上（图 3.7.2）。

3.7.2 主要气象灾害事记

6—7 月，黑龙江出现持续低温阴雨天气，全省平均降水量为 1951 年以来第二多值（312.6 毫米），平均降水日数为 1951 年以来历史同期次多值（38.1 天），平均气温为 1984 年以来最低值（18.7℃）。持续低温阴雨天气造成该省农作物生长缓慢，发育期延后，抗病虫害能力下降。

7 月，共有 3 个热带气旋在我国登陆，登陆个数接近常年同期。热带风暴“苏迪罗”12 日先后在海南文昌、广东徐闻沿海登陆，对缓解海南和广东大部的高温天气有利。台风“莫拉菲”19 日在广东深圳沿海登陆，给广东、广西、云南 3 省（区）造成了一定的人员伤亡和经济损失，但对增加水库蓄水、晚稻备耕以及缓解华南电力负荷紧张状况有利。

7 月 8—24 日，长江中下游及其以南地区出现高温天气。受持续高温天气影响，城市用电用水量大增。7 月 17 日，南方电网统调负荷年内第 3 次创历史新高，比 2008 年同期增长 8.5%。此外，持续高温天气导致江南、华南部分地区早稻出现高温“逼熟”现象，一季稻孕穗及棉花蕾铃发育也受到不利影响。

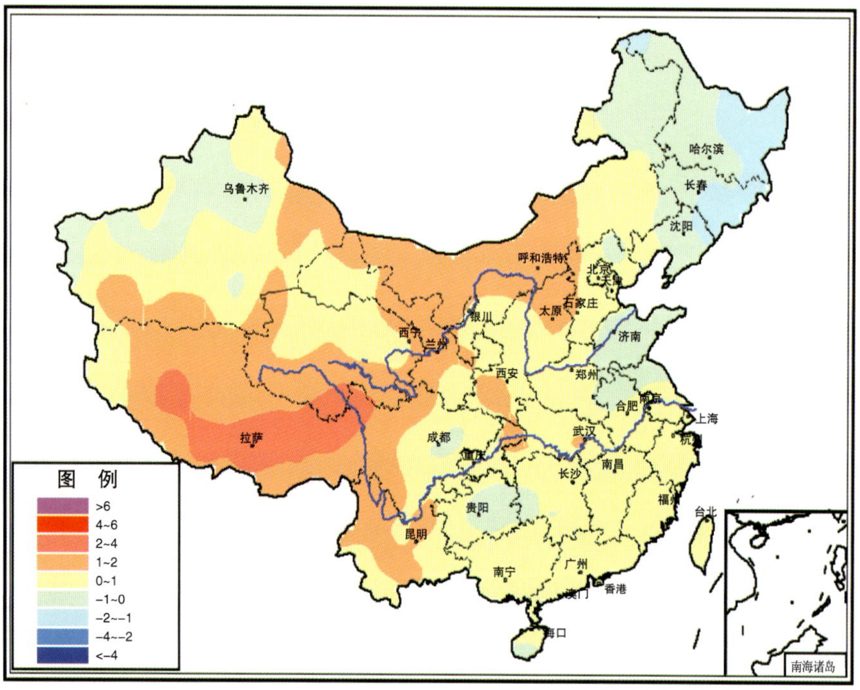

图3.7.2　2009年7月全国平均气温距平分布图（℃）

Fig.3.7.2　Mean temperature anomalies over China in July 2009(℃)

7 月，我国局地暴雨洪涝灾害多发，其中四川、湖南、山东等省部分地区受灾严重。7 月 21—29 日，江淮、江南北部和西南部及广西东北部等地出现强降水过程，过程降雨量普遍有 100 ～ 200 毫米，部分地区遭受暴雨洪涝灾害。

7 月，我国有 24 个省（区、市）部分地区先后遭受雷雨风雹等强对流天气袭击。其中，河北、内蒙古、山东受灾严重，给工农业生产及人们生命财产带来了严重损失。7 月 22—25 日，河北 66 个县（市、区）遭受风雹灾害；7 月 23—25 日，山东 13 个县（市、区）遭受风雹灾害。

3.8 8 月主要气候特点及气象灾害

3.8.1 主要气候特点

8 月，全国平均降水量接近常年同期；全国平均气温较常年同期偏高。月内，热带风暴“天鹅”、台风“莫拉克”先后登陆我国；内蒙古中东部、吉林西部、辽宁西部等地气象干旱严重；长江中下游及其以南地区出现持续高温天气；部分地区遭受暴雨、冰雹、雷击等强对流天气。

月降水量与常年同期相比，东北中南部、内蒙古中东部、华北北部、西北西部、江汉东部、江南西部及广东北部、广西、贵州南部等地普遍偏少 3 ～ 8 成；西北中东部、西南地区东北部、江南东部、华南南部及河南中北部、内蒙古东北部、黑龙江西北部等地偏多 3 成至 1 倍（图 3.8.1）。

月平均气温与常年同期相比，除西北东部局地偏低 1 ～ 2℃以外，全国大部分地区接近常年或偏高，其中华南大部及西藏南部、新疆西南部、内蒙古中东部、吉林西南部、辽宁西部、河北西北部等地偏高 1 ～ 2 ℃，局部偏高 2℃以上（图 3.8.2）。

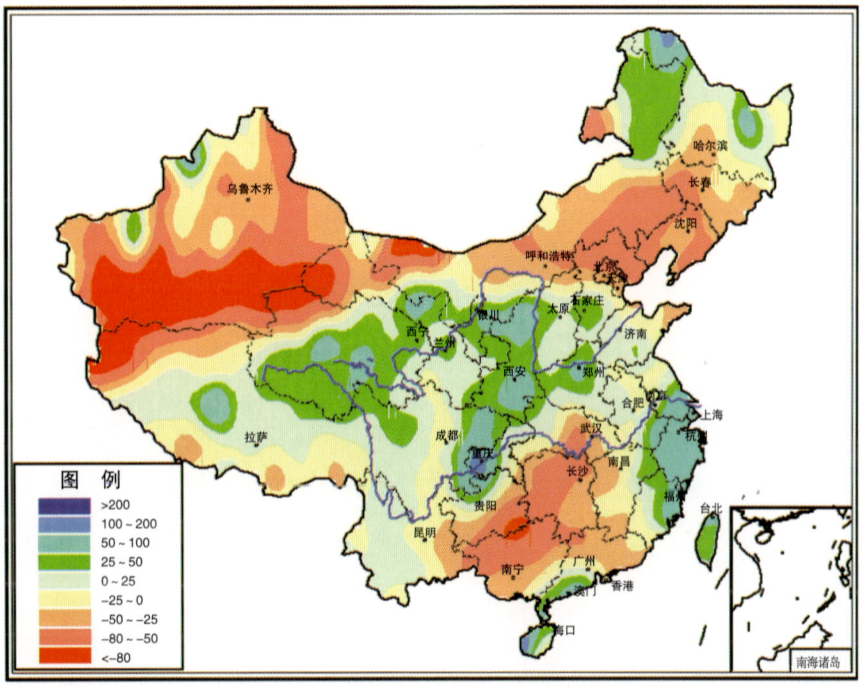

图3.8.1 2009年8月全国降水量距平百分率分布图（%）

Fig.3.8.1 Precipitation anomalies over China in August 2009(%)

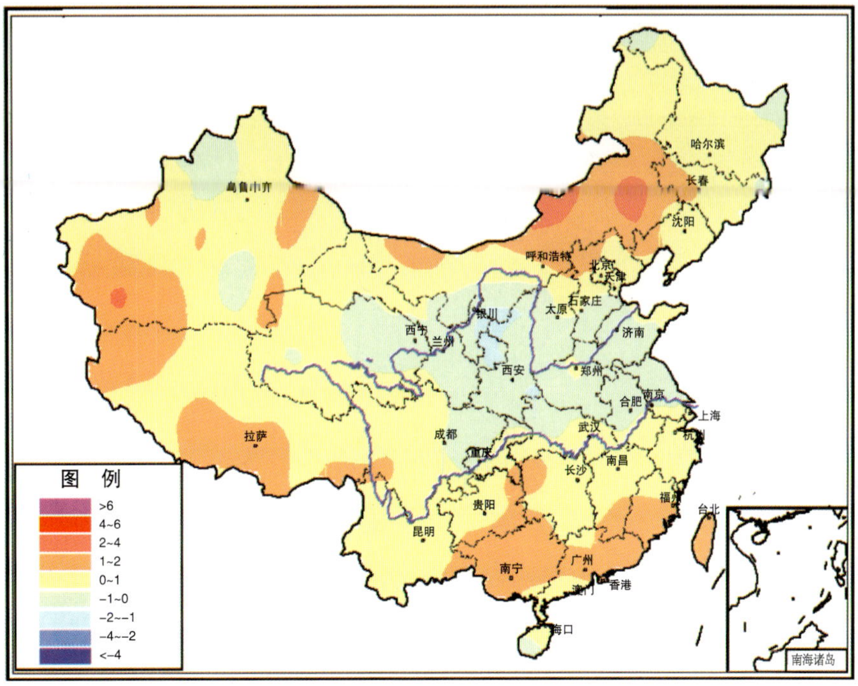

图3.8.2 2009年8月全国平均气温距平分布图（℃）

Fig.3.8.2 Mean temperature anomalies over China in August 2009(℃)

3.8.2 主要气象灾害事记

8 月份，有 2 个热带气旋登陆我国，登陆个数接近常年同期。“莫拉克” 7 日和 9 日先后在台湾花莲、福建霞浦登陆，是 2009 年影响我国范围最广、造成损失最大的台风，台湾、福建、浙江、江西、安徽、江苏等省不同程度受灾，特别是台湾蒙受了重大人员伤亡和财产损失。

6 月 21 日至 8 月 15 日，华北以及内蒙古、辽宁、吉林等地降水量较常年同期偏少 3 ～ 8 成，辽宁、吉林、内蒙古、河北、山西 5 省（区）平均降水量仅 127.6 毫米，为 1951 年以来历史同期最小值。由于长时间少雨，辽宁、吉林、内蒙古中东部、山西南部等地出现了大范围的中到重度气象干旱。

8 月 15—30 日，我国长江中下游及其以南大部分地区出现持续大范围高温天气。与常年同期相比，江淮大部、江汉南部、江南大部、华南北部以及重庆、贵州等地≥ 35℃的高温日数普遍偏多 6 ～ 10 天，湖南西北部偏多 10 天以上。

8 月份，全国有 23 个省（区、市）发生了暴雨、大风冰雹、雷击等局地强对流，造成较大经济损失和人员伤亡。其中，河北、内蒙古、安徽等省（区）局部受灾较重。

3.9 9 月主要气候特点及气象灾害

3.9.1 主要气候特点

9 月，全国平均降水量较常年同期偏少；全国平均气温较常年同期偏高。月内，北方旱区气象干旱持续，南方干旱缓解；热带风暴“彩虹”、台风“巨爵”分别登陆海南、广东；南方出现大范围持续高温天气；西北、华北出现阴雨寡照天气；部分地区遭受暴雨、冰雹、雷击等强对流天气。

月降水量与常年同期相比，华北大部、西北中部及新疆北部和西部、西藏西部、内蒙古西部

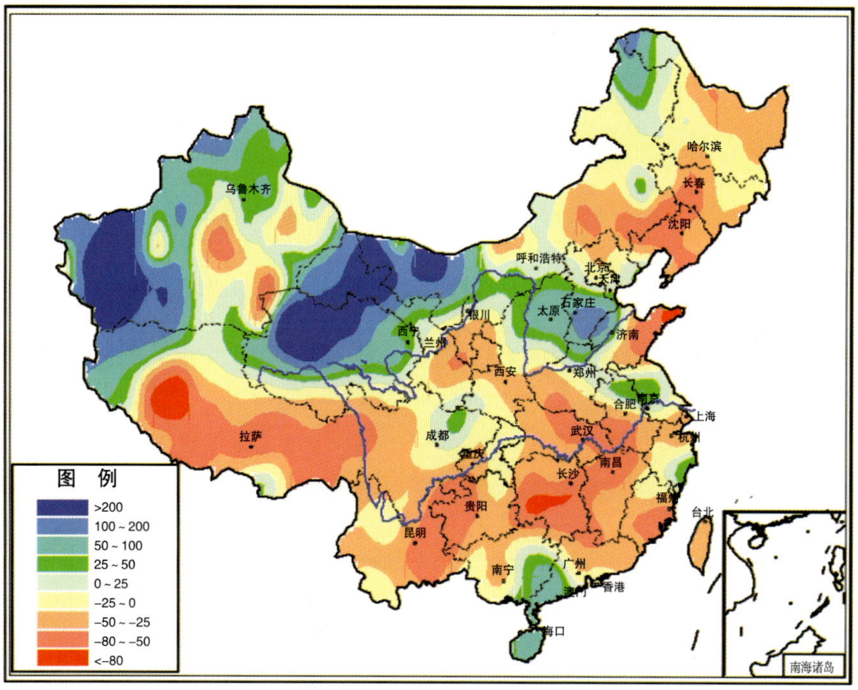

图3.9.1　2009年9月全国降水量距平百分率分布图（%）

Fig.3.9.1　Precipitation anomalies over China in September 2009(%)

和东北部、广东西部、广西东南部、海南等地降水偏多 3 成至 1 倍，部分地区偏多 1 倍以上；西南大部、华南东部、江南大部、江淮西部、江汉、东北中南部及内蒙古东南部、河北北部、山东半岛、河南南部、宁夏等地偏少 3 ～ 8 成，局部地区偏少 8 成以上；全国其余地区基本接近常年（图 3.9.1）。

月平均气温与常年同期相比，全国大部分地区偏高或接近常年，其中江南、华南大部、西南大部及青海、新疆东部、内蒙古中部、河北北部等地偏高 1 ～ 4℃（图 3.9.2）。

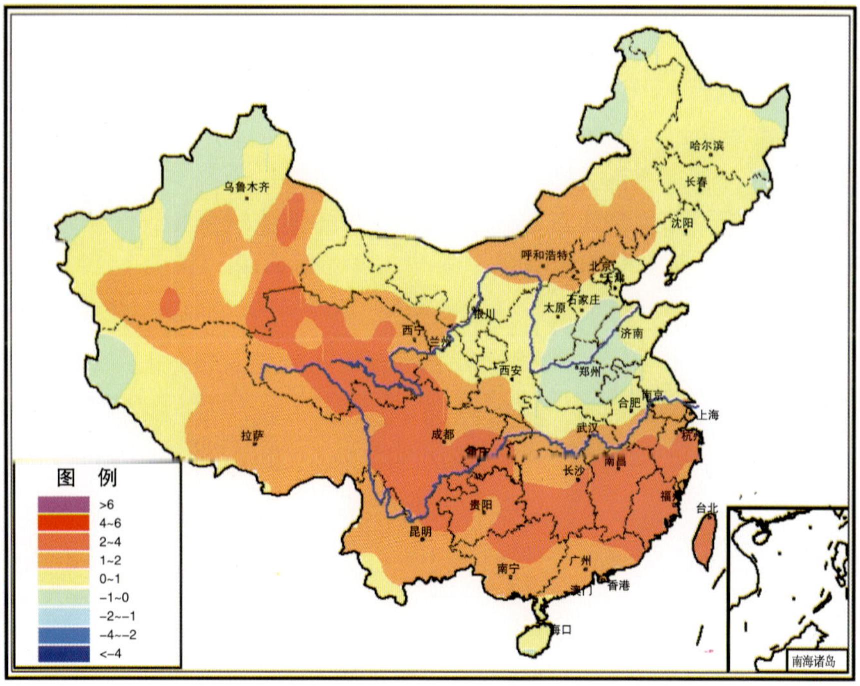

图3.9.2　2009年9月全国平均气温距平分布图（℃）
Fig.3.9.2　Mean temperature anomalies over China in September 2009(℃)

3.9.2 主要气象灾害事记

入秋以来（9 月 1—26 日），东北南部及内蒙古东南部、河北北部等地降水量较常年同期偏少 5 ～ 8 成。长时间少雨致使上述地区气象干旱持续发展。

9 月 1—14 日，南方大部地区持续晴热少雨，土壤失墒加剧，致使湖南中北部、广西西部、广东东部和北部、贵州大部、云南东部等地出现中到重度气象干旱。15—22 日，南方旱区普遍降雨，大部地区的气象干旱得到不同程度缓解。

9 月份，有两个热带气旋在我国登陆，登陆个数比常年同期略偏多。热带风暴“彩虹”11 日在海南文昌沿海登陆，其影响范围小，灾情轻，利大于弊。台风“巨爵”15 日在广东台山沿海登陆，其带来的降水缓解了华南前期高温干旱，增加了库塘蓄水，但也给两广部分地区造成一定人员伤亡和经济损失。

9 月上中旬，我国南方出现大范围高温天气。江南中部和南部、华南大部以及四川东南部、重庆大部、贵州南部等地 35℃以上的高温日数一般有 4 ～ 10 天，其中广西北部达 10 天以上。

9 月 3—13 日，西北地区中东部、华北大部及黄淮部分地区出现阴雨寡照天气，降水日数一般比常年同期偏多 1 ～ 4 天，部分地区偏多 4 天以上。青海、山西、河北、山东等省农业生产受到不利影响。

9月份，全国有10多个省（区、市）遭受局地暴雨、雷雨大风、冰雹、雷暴等强对流天气袭击。其中，内蒙古、青海、新疆等地局部地区受灾较重。

3.10 10月主要气候特点及气象灾害

3.10.1 主要气候特点

10月，全国平均降水量较常年同期偏少；全国平均气温较常年同期偏高。月内，江南、华南等地气象干旱持续或发展；热带风暴“芭玛”登陆海南；青海、西藏、新疆等地局部出现雪灾；10多个省（区、市）遭受强对流天气袭击；部分地区出现大雾天气。

月降水量与常年同期相比，华北大部、黄淮、江汉、江淮、江南、华南大部以及黑龙江大部、内蒙古大部、陕西大部、甘肃西部、新疆中部、西藏东南部、云南、贵州等地偏少3～8成，其中黄淮南部、江淮、江南中部、华南东部以及内蒙古西部等地偏少8成以上；吉林东部、辽宁东北部、海南、青海大部、西藏西部等地偏多3成至2倍（图3.10.1）。

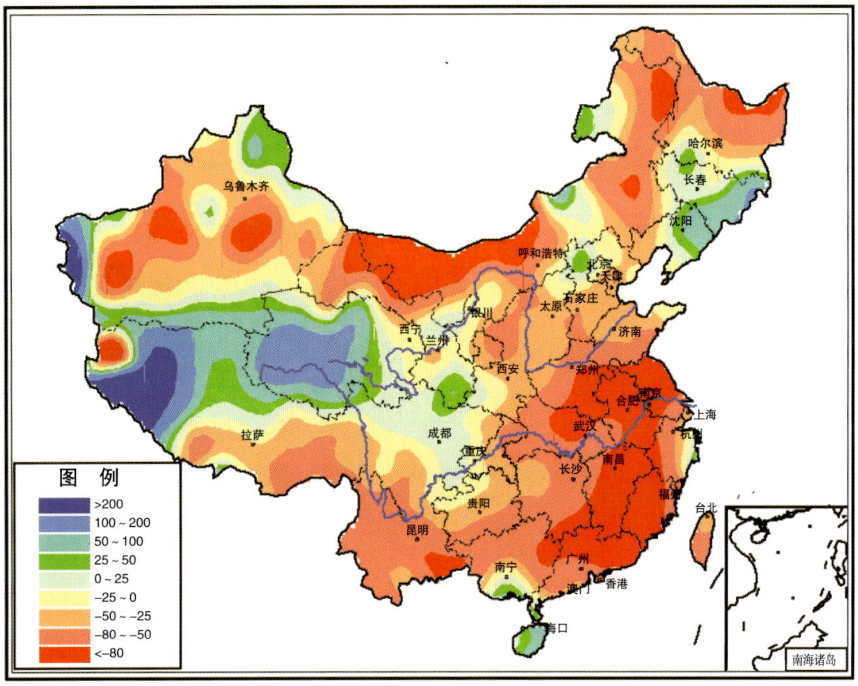

图3.10.1 2009年10月全国降水量距平百分率分布图（%）
Fig.3.10.1 Precipitation anomalies over China in October 2009(%)

月平均气温与常年同期相比，全国大部地区偏高1℃以上，其中华北南部、黄淮、江汉、江淮、江南西部和北部以及内蒙古西部、新疆北部等地偏高2～4℃（图3.10.2）。

3.10.2 主要气象灾害事记

入秋以来，我国黄河以南大部地区降水量较常年同期偏少3～8成。长江中下游地区9—10月平均降水量为有气象记录以来第四少，其中湖南、湖北、江西3省区域平均降水量为62.5毫米，较常年同期（173.4毫米）偏少120.9毫米，为1951年以来同期最少。降水偏少，加之气温持续偏高，土壤水分蒸发加大，导致上述大部地区气象干旱迅速发展。其中，湖北中部、江西南部、广

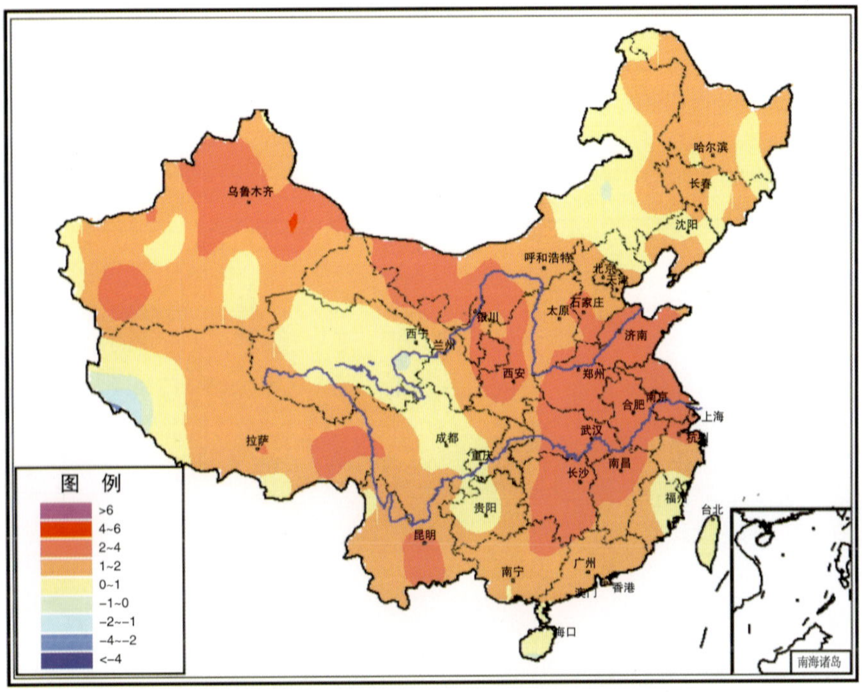

图3.10.2　2009年10月全国平均气温距平分布图（℃）

Fig.3.10.2　Mean temperature anomalies over China in October 2009(℃)

东北部、广西西部、云南东南部等地达到重旱。江西鄱阳湖比常年提前两个月进入枯水期，省内五大河流中有四条河流出现历史最低水位；湖南洞庭湖出现历史同期最低水位，湘江长沙段多次跌破历史最低水位。

热带风暴“芭玛”于 10 月 12 日在海南万宁沿海登陆。受其影响，海南、广东西南部、广西南部出现大到暴雨，海南西北部地区出现了 8 ~ 10 级阵风，海南、广东两省遭受一定损失，人员亦有伤亡。

10 月 4—12 日，青海南部、四川西部、西藏东北部及西南部、新疆西部等地出现雨雪天气过程，局部地区出现大到暴雪天气。此次降雪缓解了部分地区的干旱，增加了封冻前的土壤墒情，有利于来年牧草的生长发育。但西藏、青海等地的牧业生产和交通运输受到不利影响。

10 月份，全国有 10 多个省（区、市）遭受局地暴雨、雷雨大风、冰雹、雷暴等强对流天气袭击。其中，辽宁、山东、陕西等地局部地区受灾较重。

3.11 11 月主要气候特点及气象灾害

3.11.1 主要气候特点

11 月，全国平均降水量较常年同期偏多；全国平均气温较常年同期偏低。月内，我国东部地区出现 3 次大范围雨雪天气和强降温过程；云南、四川、贵州、广西部分地区遭受不同程度气象干旱；长江中下游地区出现大范围强对流天气；我国中东部地区持续出现雾霾天气。

月降水量与常年同期相比，西北大部、华北大部、黄淮、江淮、江汉、江南中东部、华南中东部及四川西北部、西藏西部等地偏多 3 成至 2 倍，部分地区偏多 2 倍以上；西南东南部、华南西部和南部及青海西南部等地偏少 3 ~ 8 成，部分地区偏少 8 成以上；全国其余大部地区接近常年（图 3.11.1）。

月平均气温与常年同期相比，青藏高原大部偏高 1 ~ 4℃ ；我国中东部大部地区气温偏低 1 ~ 2℃，其中华北、黄淮、江淮大部、江汉、江南西部、东北大部及内蒙古中部等地偏低达 2 ~ 4℃（图 3.11.2）。

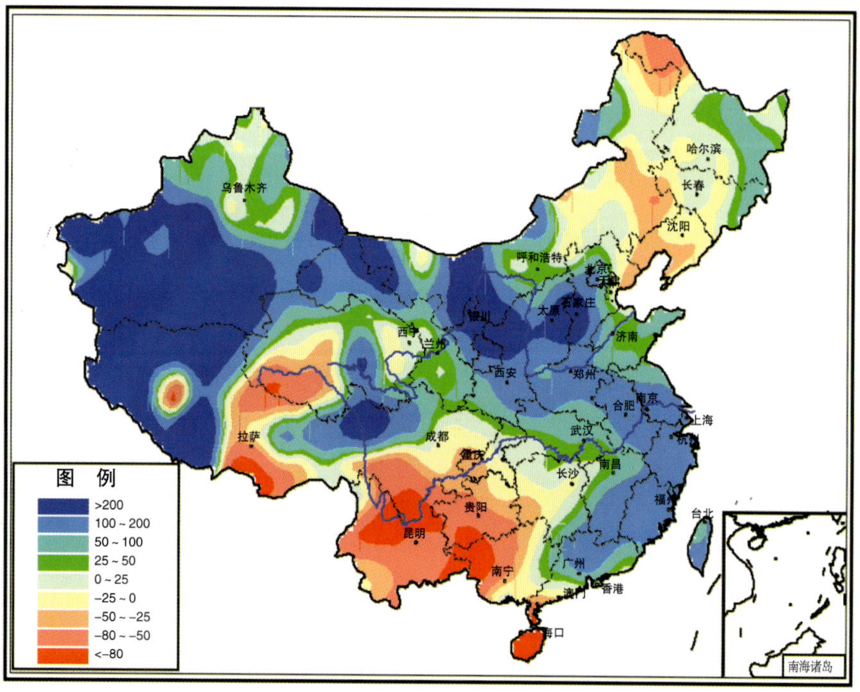

图3.11.1　2009年11月全国降水量距平百分率分布图（%）

Fig.3.11.1　Precipitation anomalies over China in November 2009(%)

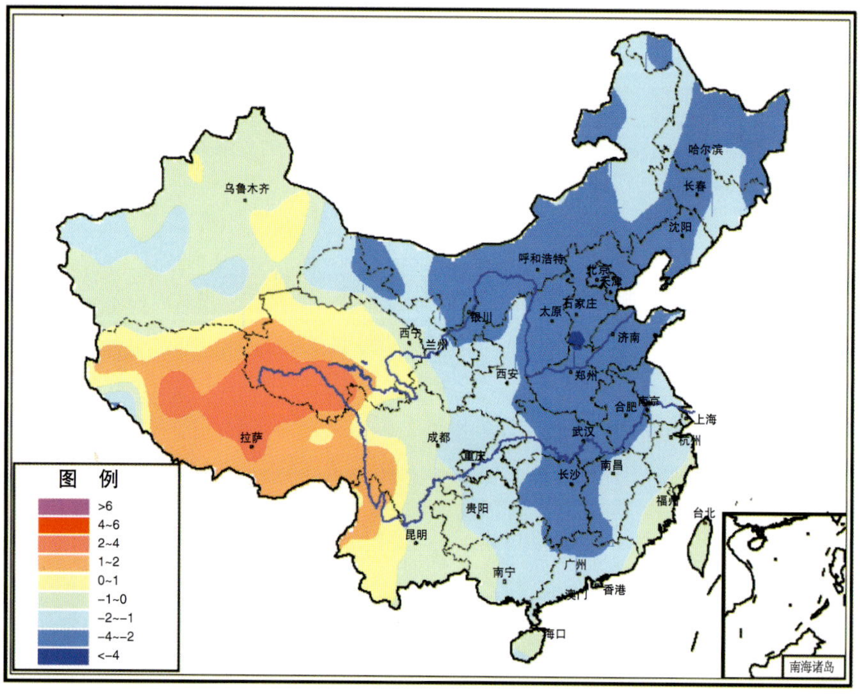

图3.11.2　2009年11月全国平均气温距平分布图（℃）

Fig.3.11.2　Mean temperature anomalies over China in November 2009(℃)

3.11.2 主要气象灾害事记

10 月 31 日至 11 月 16 日，我国东部地区出现了 3 次大范围的雨雪天气和强降温过程，具有初雪日期早，雨雪范围广、强度强，积雪深度深，降温幅度大、气温低等特点。10 月 31 日至 11 月 1 日，华北地区出现入秋以来第一场雪，其中北京、天津、石家庄初雪日比常年偏早近 1 个月，是近 20 年来最早的一场雪；11 月 9—12 日，华北等地出现降雪，河北、河南、山西等省部分地区最大雪深突破历史记录；11 月 15—16 日，长江中下游地区出现今秋以来首场大范围低温雨雪天气，大部地区初雪日期为近 10 年来最早，江苏、安徽、湖北部分地区积雪深度突破 11 月历史极值。低温冷冻和雪灾共造成 1700 多万人受灾，因灾死亡 33 人，直接经济损失 110.7 亿元。

11 月，西南东部和南部、华南西部等地降水偏少明显，云南、四川西南部、贵州、广西西部等地出现不同程度气象干旱，其中云南北部和东部、四川南部、贵州西部、广西西部达到重旱。

11 月 8—10 日，湖北、湖南、江西、安徽、浙江先后出现强对流天气，共造成 5 省 127.7 万人受灾，10 人死亡，直接经济损失达 10 亿元。长江中下游地区 11 月份出现如此范围广、强度大、影响重的强对流天气，为历史同期罕见。

11 月，我国中东部地区大雾天气频繁，尤其 11 月下旬，我国东部及西南地区东部多次出现较大范围的大雾天气。持续大雾天气给交通造成了严重影响。

3.12 12 月主要气候特点及气象灾害

3.12.1 主要气候特点

12 月，全国平均降水量较常年同期偏多；全国平均气温与常年同期持平。月内，西南等地温高雨少，气象干旱持续发展；我国遭受三次较强降温过程；多个省（区、市）出现大雾天气。

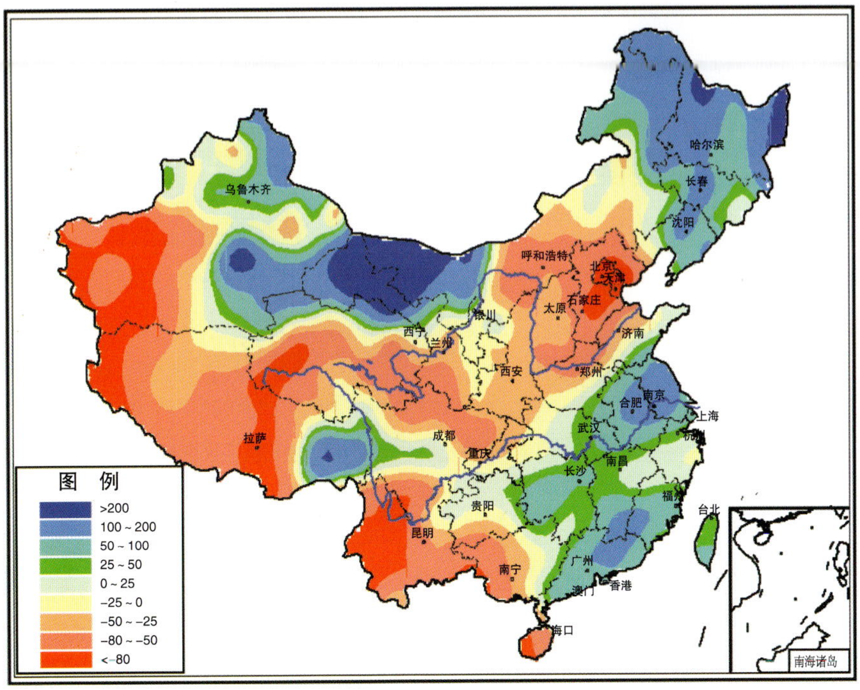

图3.12.1　2009年12月全国降水量距平百分率分布图（%）

Fig.3.12.1　Precipitation anomalies over China in December 2009(%)

月降水量与常年同期相比，东北大部、黄淮南部、江淮、江汉东部、江南中西部和北部、华南东部、西北地区中北部及内蒙古东北部和西部等地偏多3成至2倍，局部地区偏多2倍以上；华北、西北地区东南部及内蒙古中部、海南、广西西部、云南、四川东北部、青海大部、西藏大部、新疆西南部等地偏少3～8成；全国其余地区接近常年同期（图3.12.1）。

月平均气温与常年同期相比，青藏高原大部及新疆南部、云南东部等地偏高1～2℃，其中西藏中北部和西北部、青海南部、新疆西南部等地偏高2～4℃；华北北部和中西部、东北大部及内蒙古中东部和西部、新疆北部等地气温偏低1～2℃，其中黑龙江东部和南部、吉林中西部、辽宁北部、内蒙古东部等地偏低2～4℃；全国其余大部地区接近常年（图3.12.2）。

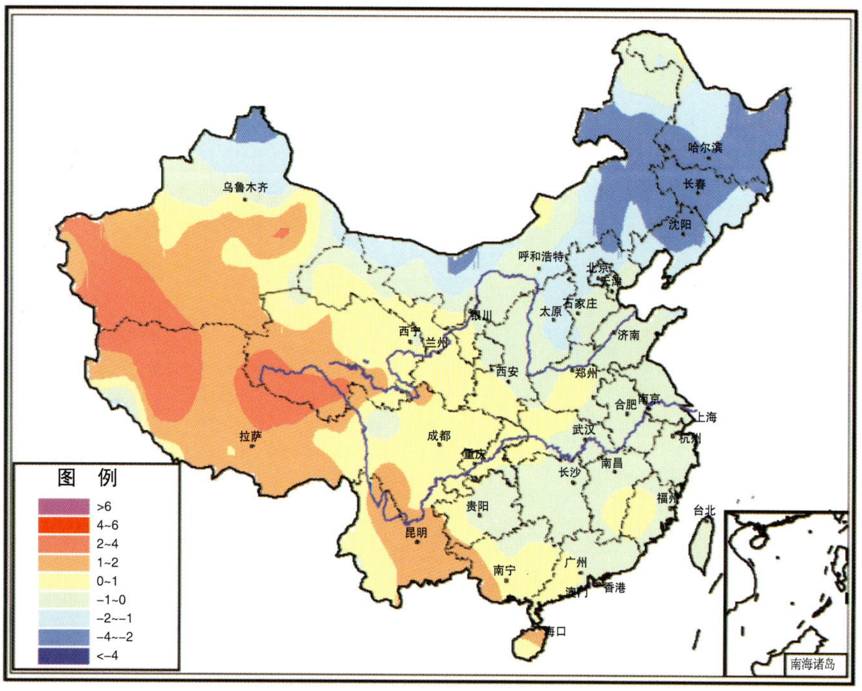

图3.12.2　2009年12月全国平均气温距平分布图（℃）
Fig.3.12.2　Mean temperature anomalies over China in December 2009(℃)

3.12.2 主要气象灾害事记

2009年9月1日至12月31日，滇桂黔藏川五省（区）区域平均降水量为151.1毫米，为1951年以来历史同期最少值，区域平均气温为12.2℃，为1951年以来历史同期次高值。与常年同期相比，云南、四川南部、贵州西南部、广西西部、西藏中部等地降水量较常年同期偏少3～8成，气温较常年同期偏高1～2℃。温高雨少导致干旱持续发展，西南及广西农作物受旱面积240多万公顷，受旱人口4700多万人。

12月上、中、下旬分别出现一次较强降温天气过程。其中以22—26日过程降温最为显著，具有降温幅度大、影响范围广、移动速度快等特点。东北地区中部和南部以及内蒙古中东部和新疆北部等地降温幅度一般有10～15℃，部分地区降温幅度为20～25℃，局地超过25℃。影响范围涉及我国东部和北部地区。

12月，全国平均雾日数为1.4天，略少于常年同期（1.7天）。大雾主要出现在我国中东部地区及新疆。多个省（市、区）出现的大雾天气给当地交通带来了不利影响。

第四章　分省气象灾害概述

4.1 北京市主要气象灾害概述

4.1.1 主要气候特点及重大气候事件

2009年北京市年平均气温为12.7℃，比常年偏高0.7℃，是自1992年以来连续第18年高于或持平于气候值（图4.1.1）。春季气温显著偏高，冬季和夏季气温略偏高，秋季气温略偏低，其中5月平均气温（22.4℃）较常年同期偏高2.6℃，为历史同期次高值，仅低于2001年（23.2℃），11月平均气温（1.3℃）比常年同期偏低2.8℃，为历史同期最低值。北京市年降水量为450.1毫米，比常年偏少23%。冬季降水显著偏多，春季和夏季降水偏少，秋季降水略偏少。年内高温天气明显偏多，秋季出现一次寒潮天气，受其影响，北京市在11月1日出现了下半年以来的第一场雪，为历史同期出现降雪第三早的年份。

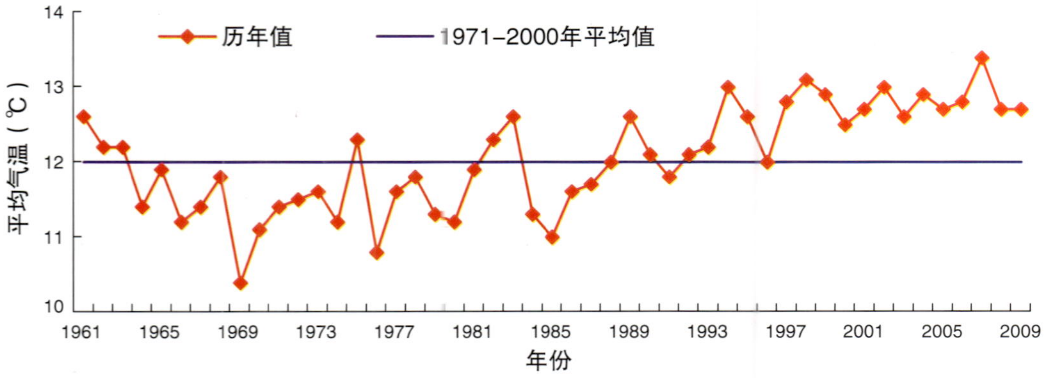

图4.1.1　1961—2009年北京年平均气温变化图

Fig.4.1.1　Annual mean temperature in Beijing during 1961−2009

2009年北京市出现了局地强对流、雪灾、干旱和雾等气象灾害，造成36.9万人次受灾，死亡2人，农作物受灾1.5万公顷，直接经济损失4.5亿元。由于2009年春、夏季出现的阶段性干旱对小麦和春玉米的生长较为不利，总体来井，2009年农业气象条件属于一般年景。

4.1.2 主要气象灾害及影响

1. 局地强对流

2009年，北京市大风、冰雹等局地强对流天气频发，共造成受灾人口21.5万人，农作物受灾1.0万公顷，直接经济损失2.0亿元。其中7月22日，平谷、昌平、顺义、怀柔和延庆等区县出现8级以上大风，持续20～60分钟，并伴有冰雹和暴雨，造成受灾人口9.5万人，受灾农作物

8799.2 公顷，直接经济损失 6634.2 万元。

2009 年，北京市雷电灾害造成直接经济损失 97.7 万元。其中人身伤亡事故 1 起，造成 2 人死亡、3 人轻伤。

2. 雪灾

2009 年，北京市因雪灾造成受灾人口 1.9 万人，农作物受灾 1277.4 公顷，直接经济损失 0.9 亿元。11 月 1—2 日，北京市各区县普降大雪，雪层最厚达 40 厘米，导致部分蔬菜钢架大棚、日光温室和畜禽舍等被压塌（图 4.1.2），露地蔬菜、温室食用菌、苗木以及养殖业等受损严重，其中房山区和大兴区 1.6 万人受灾，农作物受灾面积 655.3 公顷，直接经济损失 5853.2 万元。

图4.1.2　2009年11月1日，北京市大兴区榆垡镇石佛寺村被大雪压塌的蔬菜大棚（北京市民政局救灾处提供）

Fig.4.1.2　Vegetable greenhouses damaged by heavy snow in Shifosi Village, Yufa Town, Daxing District of Beijing on November 1, 2009 (from Disaster Relief Division of Beijing Municipal Bureau of Civil Affairs)

3. 干旱

2009 年 1—5 月，北京市西部地区降水量较常年同期偏少 3 ~ 6 成，部分区县出现严重旱情，其中门头沟区和房山区有 4.3 万人受灾，1345 人饮水发生困难，直接经济损失 7100 多万元。6 月下旬至 7 月上旬，春玉米主产区普遍出现旱情，在春玉米播种面积最大的延庆县发生严重的“卡脖子旱”。

4. 雾

11 月 29 日清晨，因雾大、道路能见度低，京沈高速进京路段发生 9 起连环交通事故，涉及 23 辆机动车，造成 2 人死亡，10 人轻伤。

4.1.3 气象减灾服务简介

2009 年，北京市气象局面对国庆 60 周年服务保障要求高、范围广、时间长以及气象要素多和演练频次密集等难点，继续发扬奥运精神，以精准的预报、优质的服务，圆满完成了新中国成立 60 周年庆祝活动气象服务保障。

针对干旱、大风、冰雹、暴雨、降雪、雾霾等关键天气，北京市气象局及时向决策部门、城市运行相关部门和社会公众等发布预报预警，年内共发布灾害性天气预警信号 65 次，提供各种决策服务产品共 2033 期。在春耕春播和抗旱气象服务中加强墒情、旱情监测，提供滚动的旱情跟踪监测分析及天气趋势预报，及时组织人影作业，有效缓解了春季旱情。

4.2 天津市主要气象灾害概述

4.2.1 主要气候特点及重大气候事件

2009 年天津市气温显著偏高，年平均气温为 13.0℃，比常年偏高 0.8℃（图 4.2.1），是自

1997 年以来连续第 13 个气温偏高年。冬、春、夏季气温均偏高，春季比常年同期偏高 1.8℃，为 1951 年以来历史同期次高值，5 月 3 日提前入夏；秋季接近常年，但 11 月上、中旬受寒潮袭击，气温骤降，全市平均气温较常年同期偏低 2.7℃，为 1951 年以来同期最低，10 月 31 日提前入冬，11 月 1 日天津市迎来近 22 年以来最早的初雪，比上年提前了近 50 天。全市平均年降水量 586.7 毫米，比常年偏多 20.7 毫米（图 4.2.2），冬季雨量充沛，春、夏季降水量略偏多，秋季略偏少。

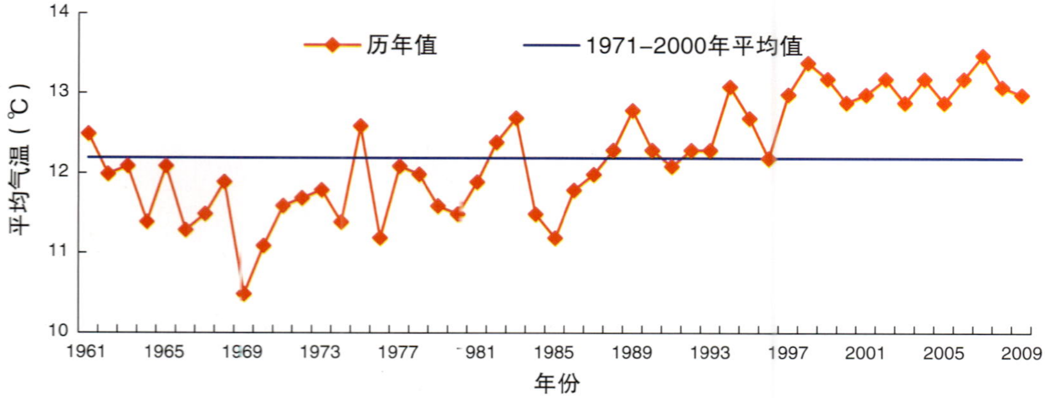

图4.2.1 1961—2009年天津年平均气温变化图

Fig.4.2.1 Annual mean temperature in Tianjin during 1961–2009

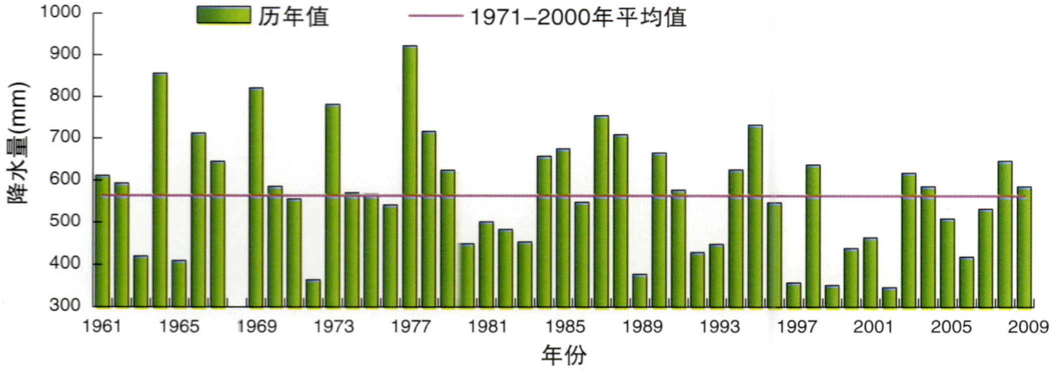

图4.2.2 1961—2009年天津年降水量变化图

Fig.4.2.2 Annual precipitation in Tianjin during 1961–2009

2009 年，天津市出现了暴雨洪涝、冰雹、大风、雷电、寒潮、大雾等多种灾害性天气。全年因气象灾害造成农作物受灾面积 5.9 万公顷，绝收面积 0.5 万公顷，受灾人口 13.8 万人次，死亡 1 人，直接经济损失 1.7 亿元。总体来看，2009 年属于气象灾害偏轻年。

4.2.2 主要气象灾害及影响

1. 暴雨洪涝

受冷暖空气的共同影响，2009 年 7 月 22 日傍晚至 23 日上午天津出现了入夏以来范围最大、强度最强的一次降水过程，全市普降大到暴雨，其中宁河、武清、塘沽达到了大暴雨量级，东丽 48 小时降水量达 158.6 毫米，为 1976 年以来历史极值。津南、静海、大港出现了风力 8 ~ 10 级的大风，个别地区还出现了冰雹。

2. 局地强对流

6 月 26 日，蓟县、武清等地区出现雷雨大风、冰雹等强对流天气，最大冰雹直径达 10 ～ 13 毫米，最大降雹密度为 40 粒 / 平方米，造成直接经济损失 3304.2 万元以上。武清区冰雹直径达 10 ～ 30 毫米，玉米、瓜类、棉花等农作物受灾面积 456.2 公顷，受雹灾减产五成以上的作物面积 265.3 公顷，绝收面积 123.3 公顷。7 月 14 日下午，蓟县出现冰雹，冰雹最大直径为 20 毫米，最大降雹密度 60 ～ 200 粒 / 平方米，导致玉米、大豆等农作物受灾面积达 600 公顷。

3. 低温冷冻害

受强冷空气影响，10 月 30 日至 11 月 2 日，天津市遭遇寒潮袭击（图 4.2.3）。日平均气温下降 13.5℃，11 月 2 日清晨静海最低气温仅 −5.8℃，为 1959 年建站以来历史同期极值，全市各区县最低气温均在 −3℃以下。本次强降温过程对设施农业影响极大，致使作物受冻、萎蔫减产甚至死亡绝收。静海县损失最严重，台头镇共有 183.3 公顷的作物绝收，26 个棚室倒塌、棚膜破损，直接经济损失 1000 万元。

图4.2.3　2009年11月初天津台头镇蔬菜作物大面积受冻
（天津市气候中心提供）

Fig.4.2.3　Large areas of vegetables are frozen in a greenhouse in Taitou Town in the beginning of November 2009
(from Tianjin Climate Center)

4.2.3 气象减灾服务简介

2009 年，天津市针对灾害性天气气候事件，及时发布预警信息，提供专题服务材料。上半年出现 3 次超警戒潮位的风暴潮均预报准确，及时预警，没有出现明显的灾情；汛期 3 次区域性暴雨过程，尤其是 7 月 22—23 日强降水，预报准确，发布 3 次预警信号，同时跟踪服务；在国庆 60 年服务保障工作中，克服困难，完成 GPS 探空加密观测、北京周边区域人工影响天气作业演练和相关任务，获市领导批示。市局全年发布各种决策服务产品 255 期，灾害天气预警 76 期，各种决策和专题服务材料 80 期次，多次召开新闻发布会，提供及时有效的气象服务，受到政府部门和社会各界的认可和好评。

4.3 河北省主要气象灾害概述

4.3.1 主要气候特点及重大气候事件

2009 年，河北省年平均气温较常年偏高 0.6℃（图 4.3.1），冬、春、夏季气温偏高，暖冬、暖春现象明显。全省年降水量较常年偏多 7.3 毫米（图 4.3.2），少于 2008 年，冬、春、秋三季降水偏多，夏季偏少。各地降水分布不均，其中石家庄市区降水量为 715.2 毫米，比常年偏多 2 倍；南皮降水量最多（978.6 毫米），宣化降水量最少（227.8 毫米）；降水量较多的地区主要集中在河北省中南部、冀东平原地区。全省年日照时数较常年偏少，冬、秋两季日照时数比常年偏少，春、夏两季日照接近常年。

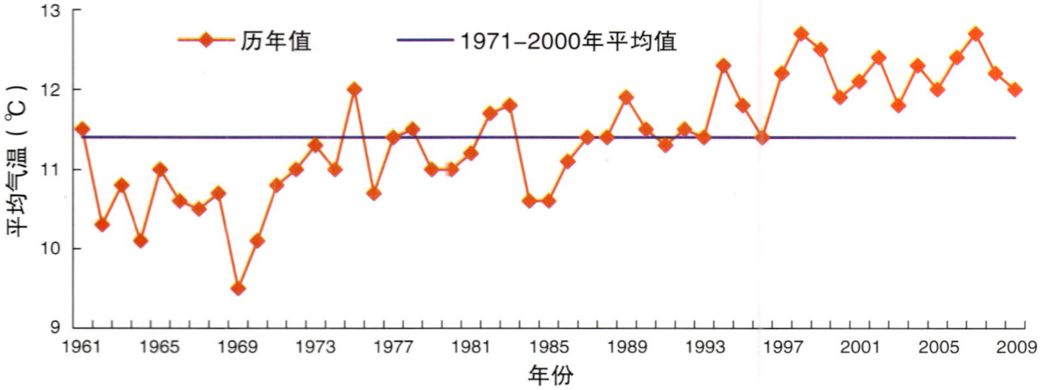

图4.3.1　1961—2009年河北年平均气温变化图

Fig.4.3.1　Annual mean temperature in Hebei during 1961−2009

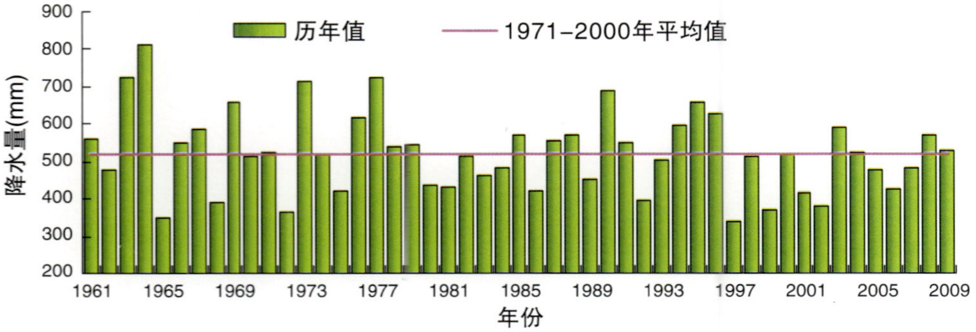

图4.3.2　1961—2009年河北年降水量变化图

Fig.4.3.2　Annual precipitation in Hebei during 1961−2009

2009 年，河北省干旱、大雾、寒潮灾害较常年偏重，高温、连阴雨灾害接近常年，沙尘、暴雨、雷暴、酸雨、风雹等灾害比常年偏轻，但局部受灾较重，年内出现历史罕见暴雪天气过程。总体而言，气象灾害发生的频率和损失程度接近 20 世纪 90 年代以来的平均水平，但高于 2008 年的损失程度，属于“中等偏重”年份。全年因气象灾害造成农作物受灾面积 263 万公顷，受灾人口 3206.1 万人次，直接经济损失达 137.6 亿元，并造成 40 人死亡。

4.3.2 主要气象灾害及影响

1. 干旱

2009 年河北省局部地区干旱严重。自 2008 年 11 月至 2009 年 2 月底，全省平均降水量不足 2 毫米，比常年偏少 90%，大部分地区降水量为 50 多年来历史同期最少，特别是中南部地区无有效降水，多数地方 80 多天基本无降水或仅有微量降水。入汛以后，河北省也没有出现较大范围的降水过程，部分地区出现 50 年一遇的严重春夏连旱。全省受旱面积 154 万公顷，其中绝收 42 万公顷，因旱致使 82.7 万人、27.6 万头大牲畜饮水困难，造成直接经济损失 55.6 亿元。

2. 暴雨洪涝

2009 年河北省因暴雨洪涝导致 1 人死亡，38.1 万人受灾，农作物受灾面积 12 万公顷，绝收 0.4 万公顷，直接经济损失 2.3 亿元。

3. 局地强对流

2009 年，全省因雷雨大风等强对流天气造成 1173.6 万人受灾，31 人死亡，农作物受灾面积 74.8 万公顷，绝收 9.2 万公顷，倒塌毁坏房屋 1.6 万间，直接经济损失 62.7 亿元。

7 月 23—24 日，中南部地区出现大范围大风天气，南和自动站的极大风速达到 24.8m/s。受其影响，当地的农业、畜牧业和基础设施遭受了严重的破坏，特别是河北南部电网线路倒塔 8 座（图 4.3.3）、13 条线路跳闸，变电站共停运 18 座，直接经济损失 17.2 亿元。

2009 年河北省共发生雷灾事故 715 起，造成 23 人死亡，引起的爆炸火灾 6 起，损伤建筑物 14 起，直接经济损失 498.2 万元。

图4.3.3　2009年7月23—24日强对流天气导致邢台市高压输电塔受损（邢台市气象局提供）

Fig.4.3.3　The power transmission tower was damaged by strong convective storm in Xingtai City during July 23–24, 2009 (from Xingtai Meteorological Bureau)

4. 雪灾

11 月 8—12 日河北省大部地区出现雨雪天气，期间保定以南的大部地区过程降水量达 30 毫米以上，石家庄中西部部分地区超过 50 毫米，石家庄市区降水量最大为 93.5 毫米。大暴雪造成交通阻塞、旅客滞留、人员伤亡、树木折断，各类房屋和设施农业受损。全省共 87 个县（市、区）、328.4 万人不同程度受灾，因灾死亡 8 人，农作物受灾面积 16.3 万公顷，因灾倒塌房屋 2044 间，损坏房屋 5046 间，倒塌农业大棚 22517 个，城市集贸市场等大量设施被毁，直接经济损失 15.3 亿元。

5. 雾

12 月 8—10 日，河北省保定、廊坊及以南大部分地区持续出现大雾天气。12 月 10 日，浓雾笼罩衡水，市区能见度不足 50 米，7 时 48 分，在 307 国道深州段西安庄村口附近，大雾中发生的一起车祸造成 7 人死亡，3 人受伤。

4.3.3 气象减灾服务简介

针对 2009 年异常天气气候特点，河北省气象部门共完成了 46 次重大天气过程的决策气象服务工作，向省委省政府主要领导及有关部门提供各种气象服务材料 700 余期，省委省政府主要领导和相关部门在有关服务材料上的批示、表扬达 28 人次。被省委省政府两办采用信息有 30 多条，充分体现了政府领导对气象预报和减灾服务工作的重视和肯定。省气象台 6 月 1 日至 8 月 31 日开展了对政府领导和有关部门的“汛期气象日报”服务，为省委省政府领导和有关部门科学指挥防汛救灾工作起到了重要的决策作用。

4.4 山西省主要气象灾害概述

4.4.1 主要气候特点及重大气候事件

2009 年，山西省年平均降水量为 479.1 毫米，较常年略偏多，在近 10 年来的降水量排位中处于第三位。春季，山西省平均季降水量为 91.8 毫米，较常年同期偏多一成多，接近 2008 年同期；秋季，全省平均降水量为 137.2 毫米，较常年同期偏多 3 成，比 2008 年同期偏多近 3 成；冬、夏季降水量偏少。全省年平均气温为 10.2℃，较常年值偏高 0.8℃，已连续 13 年高于常年值（图 4.4.1）。

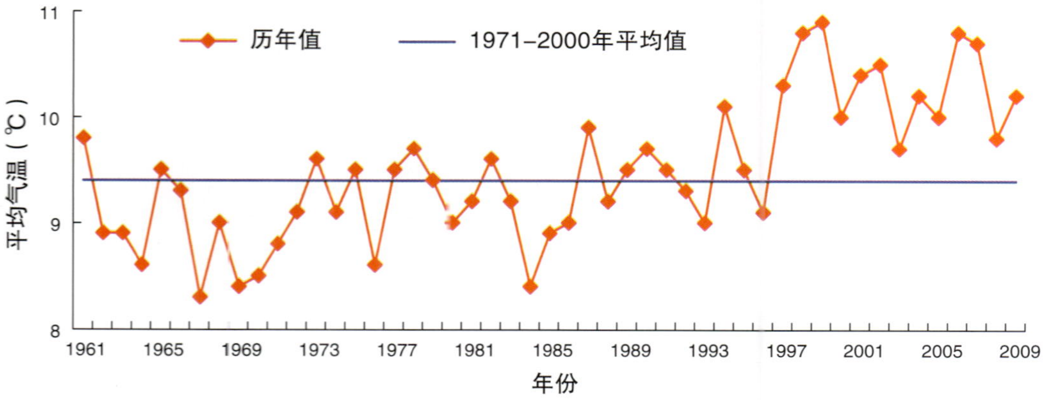

图4.4.1　1961—2009年山西年平均气温变化图
Fig.4.4.1　Annual mean temperature in Shanxi during 1961-2009

2009 年山西省主要气象灾害及气候事件有干旱、暴雪、冰雹、连阴雨、寒潮、高温等，其中干旱、暴雪、冰雹等造成的影响较为严重。全年因气象灾害造成农作物受灾面积 178.7 万公顷，绝收面积 31.1 万公顷，受灾人口 1351.4 万人次，死亡 40 人，倒塌房屋 2.5 万间，损坏房屋 19.2 万间，直接经济损失 80.9 亿元。

4.4.2 主要气象灾害及影响

1. 干旱

2009 年山西省因旱造成 881.5 万人受灾，134 万人饮水困难，农作物受灾面积 138.4 万公顷，绝收面积 26.2 万公顷，直接经济损失 42.9 亿元。

2008 年 10 月中旬至 2009 年 1 月，山西省几乎没有出现大范围的有效降水，加之气温偏高，致使全省大部分地区发生了大面积严重干旱（图 4.4.2）。

图4.4.2　2009年1月14日汾阳旱地（山西省气候中心提供）
Fig.4.4.2　The thirsty field in Fenyang on January 14, 2009
(from Shanxi Climate Center)

2009 年夏季干旱发生范围最大，对农业生产影响也最大，干旱范围和程度均大于2008年同期。其中大同、朔州、晋城和运城出现严重伏旱，对农作物生长发育不利。受干旱影响，红蜘蛛、蝗虫等喜旱性病虫害偏重发生，其中红蜘蛛发生面积达到48.0万公顷。

2. 暴雪

2009年11月9—12日，山西省遭遇了历史罕见的强降雪天气。全省受灾人口220多万人，死亡3人，倒塌房屋1万间，损坏房屋1.9万间，农作物受灾面积11.7万公顷，其中成灾面积2.5万公顷，绝收面积1.3万公顷，倒塌农业生产大棚31698座，大量反季节蔬菜及水果被冻死，死亡家畜家禽110万余头（只）（图4.4.3）。

图4.4.3　2009年11月10日山西省长治市长治县一架大型加油站站棚被暴雪压塌（长治县气象局提供）

Fig.4.4.3　A large gas station in Changzhi County of Shanxi Province was crushed by severe snow on November 10, 2009 (from Changzhi Meteorological Bureau)

此外，暴雪还对交通、电力造成严重影响。全省11个市近90个县区的城市道路和70多条公路均受到严重影响，高速公路一度全部封闭；全省各条公路受困车辆1.3万辆，被困人员3万多人；造成道路交通事故530起，死亡24人。部分列车因暴雪晚点，大量旅客滞留火车站。太原武宿机场也于11月10日7时30分关闭，关闭时间长达25小时。强降雪造成23条220千伏及以上线路出现覆冰现象，最大覆冰厚度70～80毫米，杆塔最大覆冰厚度100毫米，有49座1426处变电站覆冰。

3. 暴雨洪涝

2009年，山西省因暴雨洪涝造成34人死亡，倒塌房屋0.5万间，损坏房屋2.3万间，农作物受灾面积5.3万公顷，绝收面积0.8万公顷，直接经济损失4.5亿元。

4. 局地强对流

2009年，山西省局地强对流天气共造成13.1万公顷农作物受灾，其中成灾面积5.7万公顷，绝收面积2.1万公顷，受灾人口230.5万人，死亡3人，损坏房屋11.7万间，直接经济损失6.2亿元。尤其夏季，频繁出现的局地大风、冰雹等灾害性天气，给工农业生产及人民生活财产等造成较大损失。

4.4.3 气象减灾服务简介

2009年，山西省气象局对各类重大天气气候事件，采取了及时预警、密切跟踪的方式，制作发布各类服务材料，并及时通过传真、函送等方式报省委、省政府领导，还通过报纸、电台、电视、手机短信、传真等及时向社会公众、专业服务单位发布，气象服务在山西省抗旱、防汛工作中起到了重要的作用。另外还针对农事生产活动，提供了专题服务材料。2009年山西省气象局共向社会和政府部门提供决策服务材料523期，其中得到省委省政府领导批示16次，发布各类气象灾害预警信息78期，提供天气快报166篇，专题气象预报108篇，重大突发事件报告11篇，多次召开新闻发布会，为山西省防灾减灾工作作出了重要贡献。

4.5 内蒙古自治区主要气象灾害概述

4.5.1 主要气候特点及重大气候事件

2009 年，内蒙古年平均气温 6.0℃，较常年偏高 0.8℃，比上年同期偏高 0.6℃（图 4.5.1）；年降水量 246.0 毫米，较常年偏少 55.0 毫米，比上年同期偏少 90.0 毫米（图 4.5.2）。春季大部分地区水热条件较好，农作物播种出苗顺利。夏季局地暴雨洪涝、雷雨大风冰雹等灾害频发，乌兰察布市、赤峰市、通辽市干旱较重。全年因气象灾害及其引发的次生灾害造成 1075.1 万人次受灾，死亡 29 人，失踪 1 人；农作物受灾面积 477 万公顷，其中 80 万公顷绝收；直接经济损失 249.7 亿元。2009 年总体上看农牧业属正常年景。

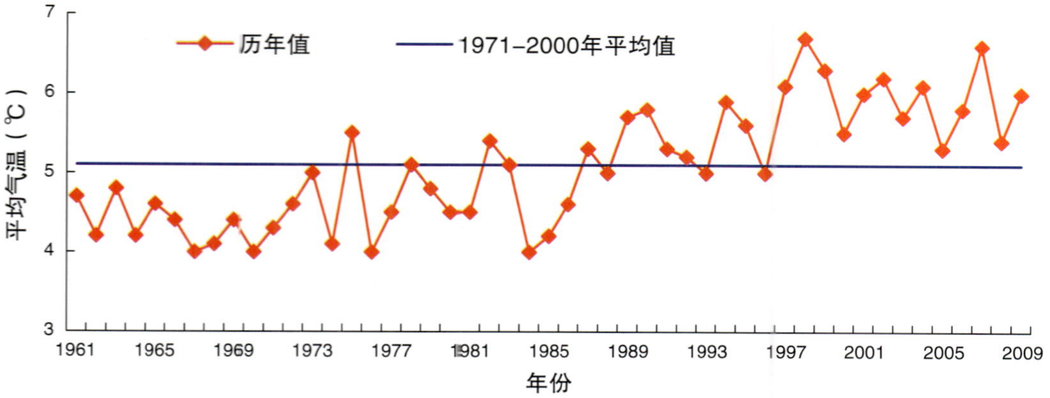

图4.5.1 1961—2009年内蒙古年平均气温变化图

Fig.4.5.1 Annual mean temperature in Inner Mongolia during 1961–2009

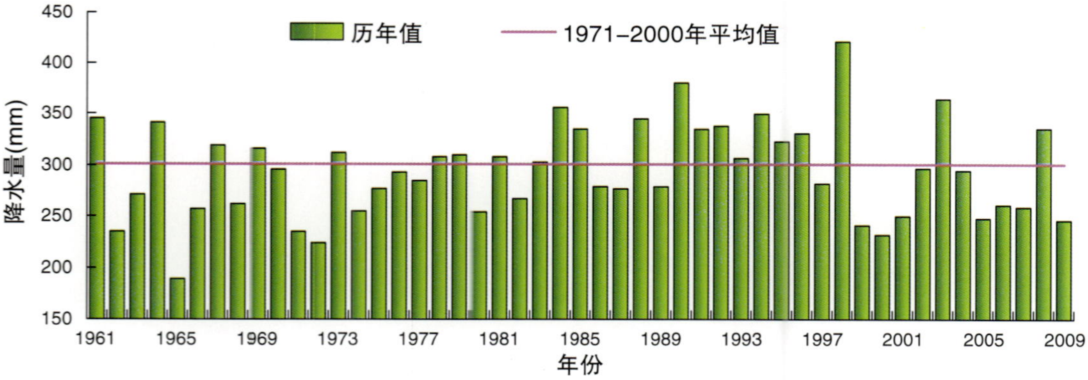

图4.5.2 1961—2009年内蒙古年降水量变化图

Fig.4.5.2 Annual precipitation in Inner Mongolia during 1961–2009

4.5.2 主要气象灾害及影响

1. 干旱

2009 年，内蒙古 12 个盟（市）均有不同程度干旱发生，因旱受灾 877.4 万人，饮水困难 235.0 万人，农作物受灾 389.0 万公顷，绝收 66.0 万公顷，直接经济损失 201.1 亿元。

2009 年乌兰察布市出现春夏连旱，全市 70% 以上的农田、草场成灾，干旱导致大面积蝗虫等次生灾害发生，属五十年一遇，为重到特旱等级。截止 2009 年 6 月底，全市共有 65 个乡镇、

35万农牧户、120万农牧民受灾，全市十个城镇供水不足，96.3万人、134.8万头只牲畜饮水困难。全市农作物应播面积62.3万公顷，严重受旱面积45.9万公顷（图4.5.3）；草场受旱面积163.3万公顷，牲畜饲草料缺口52.5万吨；全市发生虫害136.9万公顷。共造成经济损失19.8亿元。

图4.5.3　内蒙古乌兰察布市商都县七台镇因干旱小麦长势极差
（内蒙古气象局提供）

Fig.4.5.3　The wheat affected by drought in Qitai Town, Shangdu County of Ulanqab City in Inner Mongolia
(from Inner Mongolia Meteorological Bureau)

2. 暴雨洪涝

2009年，内蒙古6个盟（市）发生暴雨洪涝灾害，受灾人口57.7万人，死亡14人，农作物受灾44.9万公顷，绝收3.4万公顷，倒塌房屋0.5万间，直接经济损失19.1亿元。

6月28日，呼伦贝尔市阿荣旗查巴奇乡、亚东镇、那吉屯农场、六合镇、得力其尔乡等地降暴雨，1小时内最大降雨量达51.3毫米。强降雨导致部分地区发生洪涝灾害（图4.5.4)，受灾人口超过15.5万，因灾死亡1人；农田受灾9.1万公顷，绝收5.4万公顷；倒塌房屋809间，冲毁堤坝140延长米，桥涵3处。

图4.5.4　2009年6月28日内蒙古呼伦贝尔市阿荣旗发生暴雨洪涝灾害
（呼伦贝尔市气象局提供）

Fig.4.5.4　Houses inundated by floods in Arun Banner of Hulun Buir City in Inner Mongolia on June 28, 2009 (from Hulun Buir Meteorological Bureau)

3. 局地强对流

2009年，内蒙古12个盟（市）均有风雹、雷电等局地强对流灾害发生，受灾人口122.2万人，农作物受灾14.4万公顷，绝收5.8万公顷，直接经济损失27.7亿元。雷电灾害共发生25起，因灾死亡15人。

7月27日，呼和浩特市大部地区先后出现局地大风冰雹等强对流天气，冰雹最大直径达5厘米，部分地区发生山洪。4人因山洪死亡，冰雹造成农作物成灾面积7.1万公顷。

4. 低温冷冻害和雪灾

内蒙古6个盟（市）发生雪灾和低温冷害，受灾17.8万人，农作物受灾28.7万公顷，绝收4.7万公顷，直接经济损失1.8亿元。

5. 病虫害

内蒙古10个盟（市）发生病虫害，受灾61.2万人，农作物受灾26.1万公顷，绝收8.6万公顷，直接经济损失 5.7 亿元。

4.5.3 气象减灾服务简介

2009 年内蒙古气象部门面向民生、面向生产、面向决策，全力做好气象服务，圆满完成了各项服务任务。为国庆 60 周年庆典、第十一届亚洲艺术节、中俄蒙国际旅游节、“长城 6 号”反恐演习、国家领导人视察等重大活动提供了有力的气象保障服务，受到各界高度赞誉。全年发布预警信号 736 次，启动应急响应 3 次，为内蒙古社会经济发展和防灾减灾提供了主动、及时、有效的气象服务，发挥了不可替代的重要作用，受到自治区党政领导充分肯定和社会各界普遍赞誉。

4.6 辽宁省主要气象灾害概述

4.6.1 主要气候特点及重大气候事件

2009 年，辽宁省年平均降水量为 566 毫米，比常年偏少 15%，为近 7 年来最少（图 4.6.1）；年平均气温为 8.5℃，比常年偏高 0.3℃。冬季降水量比常年偏多 1.6 倍，为历史同期最多值；春季气温偏高，降水偏多，对农业生产有利。夏、秋季降水量偏少，辽宁西部发生了 1951 年以来最严重的夏秋连旱；11、12 月寒潮频繁，11 月中旬气温偏低幅度破历史同期极值。

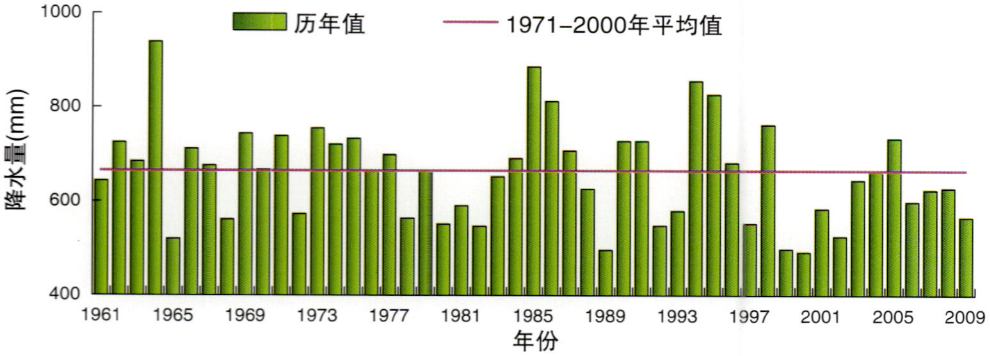

图4.6.1　1961—2009年辽宁年降水量变化图

Fig.4.6.1　Annual precipitation in Liaoning during 1961-2009

2009 年辽宁省遭受的主要气象灾害有：干旱、局地强对流、暴雨、大雾等。全年因气象灾害造成受灾人口 1401.4 万人次，死亡 10 人，农作物受灾面积约 217.2 万公顷，绝收面积 49.8 万公顷，直接经济损失 166.6 亿元。总体来讲，2009 年为气象灾害偏重年份。

4.6.2 主要气象灾害及影响

1. 干旱

2009 年辽宁省气象灾害造成的损失以干旱为主。因干旱灾害造成 1263.5 万人受灾，79.0 万人饮水困难，农作物受灾面积 208.4 万公顷，绝收 48.6 万公顷，直接经济损失约 153.0 亿元。6 月 21 日至 8 月 16 日，全省气温偏高，平均降水量为 151 毫米，为历史同期最少值，较常年偏少 5 成，大部地区出现旱情。辽西北地区旱情持续 15 ～ 47 天，发生了 1951 年以来最严重夏旱（图 4.6.2）。8 月 11 日至 9 月 10 日，朝阳大部、葫芦岛西北部、阜新西部、锦州西北部及沈阳北部地区平均降水量较常年偏少 4 成以上，辽西北部分地区出现严重夏秋连旱。

图4.6.2　2009年8月10日辽宁省朝阳县玉米受旱干枯
（辽宁省气象局提供）

Fig.4.6.2　The dried corn affected by severe drought in Chaoyang County of Liaoning Province on August 10, 2009
(from Liaoning Meteorological Bureau)

2. 局地强对流

2009 年，辽宁省因雷雨、大风、冰雹等强对流天气造成 102.0 万人受灾，农作物受灾面积约 6.7 万公顷，绝收 1.2 万公顷，损坏房屋 0.7 万间，直接经济损失 11.4 亿元。7 月 22 日，昌图县、西丰县、彰武县及喀左县部分乡镇出现雷雨、大风、冰雹天气，平均降雹时间 20 分钟，最大冰雹直径 10 厘米，直接经济损失约 1.0 亿元（图 4.6.3）。

2009 年，辽宁省共发生雷电灾害 210 起，共造成 10 人死亡，4 人受伤。

图4.6.3　2009年7月22日辽宁省昌图县树木被大风折断
（辽宁省气象局提供）

Fig.4.6.3　The trees broken by gale in Changtu County of Liaoning Province on July 22, 2009 (from Liaoning Meteorological Bureau)

3. 暴雨洪涝

2009 年辽宁省暴雨洪涝共造成 12.8 万人受灾，农作物受灾面积 2.0 万公顷，直接经济损失 1.8 亿元。7 月 24 日，大连部分地区降阵雨或雷阵雨，最大降水量为 97.5 毫米，强降雨造成道路、河道、林木、房屋、农业、电力等不同程度损失，直接经济损失 7212 万元。

4. 雪灾

2009 年雪灾和低温冷冻灾害共造成 23.1 万人受灾，农作物受灾面积 0.1 万公顷，经济损失 0.4 亿元。2 月 12 日 14 时至 13 日 08 时，辽宁省 11 个市降暴雪，大连、丹东地区降中到大雨，营口大雪。新宾降雪量最大为 29 毫米，雪深 17 厘米。最大雨雪合量出现在桓仁、宽甸，均为 37 毫米。受其影响，部分地区房屋、大棚损坏、电力设施受损、道路交通受阻，共造成 226.1 公顷农作物受灾，房屋损坏 126 间，直接经济损失 3813.6 万元。

4.6.3 气象减灾服务简介

2009 年辽宁省发布了 167 期《辽宁决策气象信息》，决策气象材料 7 次得到省委和省政府领导的批示或批转。针对辽西北地区 60 年来最严重夏旱，及时启动了辽西北地区抗旱Ⅳ级应急响应，加强了天气监测分析和滚动气候预测，开展了土壤墒情加密观测、干旱影响评估，及时向省委、省政府报送了干旱监测和干旱评估报告。为缓解水资源紧缺的形势，2009 年辽宁省气象局共组织开展了 23 次大规模人工增雨作业，其中超亿增雨量次数达 6 次，累计增加降水 35.26 亿立方米，创历史新高。

4.7 吉林省主要气象灾害概述

4.7.1 主要气候特点及重大气候事件

2009 年，吉林省年平均气温为 5.3℃，比常年偏高 0.2℃（图 4.7.1）；年平均降水量为 529.4 毫米，比常年偏少 13%（图 4.7.2）。年内主要气候特点是：春季气温比常年明显偏高，且冷暖波

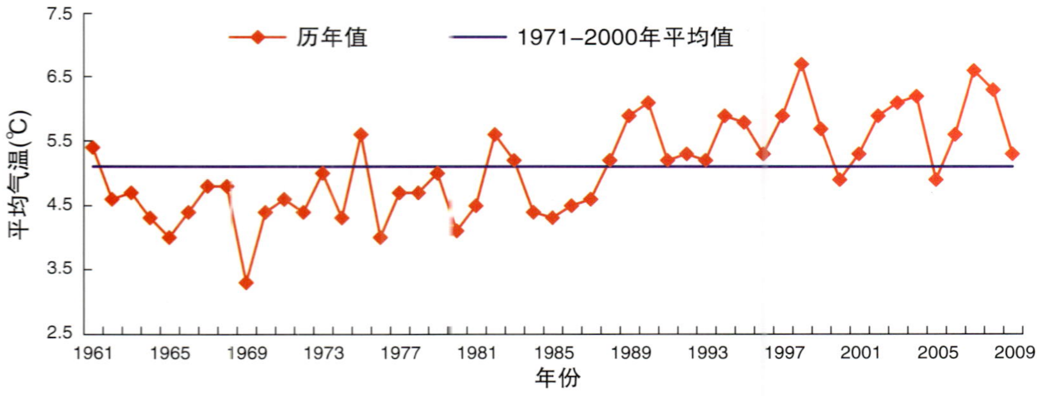

图4.7.1　1961—2009年吉林年平均气温变化图

Fig.4.7.1　Annual mean temperature in Jilin during 1961−2009

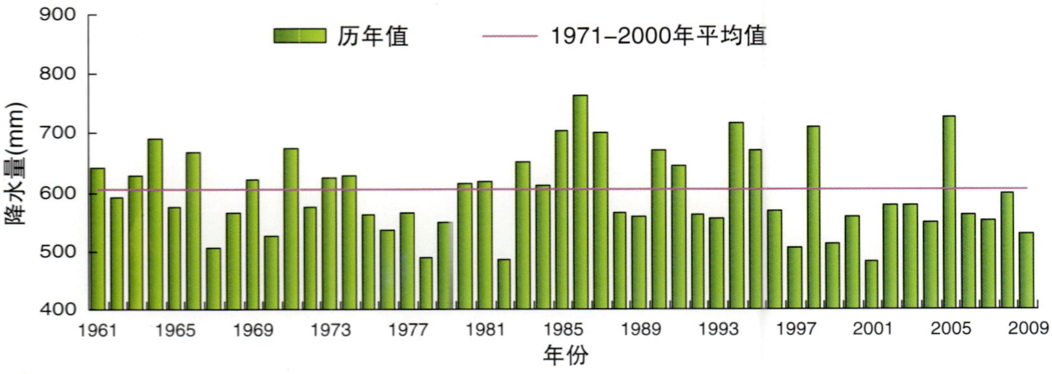

图4.7.2　1961—2009年吉林年降水量变化图

Fig.4.7.2　Annual precipitation in Jilin during 1961−2009

动较大，降水比常年同期稍少，但降水过程频繁，后春出现严重的干旱；同时春季还出现了寒潮、大风、沙尘、大雾和冰雹等灾害性天气。夏季气温偏低，出现持续低温寡照天气，对农业生产不利，降水特少，出现严重的夏旱；另外，还出现了局地暴雨洪涝、风雹、雷击、大雾等灾害性天气。秋季气温比常年同期高，但冷暖波动较大，秋末冬初出现了近 20 年罕见的暴雪天气，降水比常年同期稍少。

2009 年吉林省由于气象灾害受灾人口 1125.6 万人次，死亡 6 人；农作物受灾面积 267.1 万公顷，其中绝收面积 47.5 万公顷；直接经济损失达 167.2 亿元，属平歉年景。

4.7.2 主要气象灾害及影响

1. 干旱

2009 年后春及夏季，吉林省均出现了干旱，其中夏旱极为严重。2009 年全省受灾人口为 932.2 万人，8 万人饮水困难；42 座中小型水库干涸；农作物受灾面积 244.0 万公顷，绝收 44.6 万公顷；直接经济损失 146.7 亿元。5 月全省平均气温 17.1℃，为历史同期最高值；降水量 28.4 毫米，较常年同期偏少 48%。5 月 3—28 日，全省平均降水量仅为 16.4 毫米，为历史同期第 3 少。5 月中西部地区出现了 6 次区域性大风天气。受高温少雨以及大风天气的影响，吉林省西部地区出现了明显春旱。7 月 21 日—8 月 10 日，吉林中西部平均降水量仅为 16.6 毫米，比常年同期偏少 84%，为历史同期最少值。8 月 1—10 日，吉林中西部降水量仅为 4.4 毫米，较常年同期偏少 90%；平均气温为 25.0℃，比常年同期偏高 1.8℃。高温少雨导致吉林省中西部地区大部出现明显的夏旱。

2. 局地强对流

2009 年全省因局地强对流天气，受灾面积为 18.8 万公顷，绝收面积为 2.1 万公顷，受灾人口 118.0 万人，直接经济损失为 13.5 亿元。

5—9 月，吉林省部分地区遭受冰雹、大风以及龙卷风等灾害性天气的袭击（图 4.7.3），全省 372 个站次出现大风，36 个站次出现冰雹。8 月 27 日，镇赉县镇赉镇、建平乡、东屏镇、黑鱼泡镇、莫莫格乡等 5 个乡镇遭受冰雹袭击，造成农作物受灾面积 9439 公顷，成灾面积 5349 公顷，绝收 4090 公顷，直接经济损失 0.6 亿元。

4—10 月，吉林省有 1604 个站次出现雷暴。2009 年，吉林省有 51 起雷电灾害，造成 6 人死亡，直接经济损失 61.3 万元。

图4.7.3　2009年6月20日雷雨大风和冰雹袭击图们县（图们气象局提供）
Fig.4.7.3　The crops damaged by thunderstorm and great hail in Tumen County on June 20, 2009 (from Tumen Meteorological Bureau)

3. 低温冷冻害和雪灾

2009 年，吉林省因低温冷冻害和雪灾造成 61.1 万人受灾，农作物受灾面积 0.5 万公顷，绝收 0.2 万公顷，直接经济损失 4.7 亿元。

2 月 12 日傍晚前后，吉林省出现明显的雨雪天气，平均降水量为 13.6 毫米，东南部地区出现区域性暴雪，辽源等 18 个县市出现暴雪，最大过程降水量 49.6 毫米出现在白山市区。全省

6.8 万人受灾，紧急转移安置 77 人，农业经济损失 1475.4 万元，直接经济损失 7390.3 万元（图 4.7.4）。

图4.7.4　2009年2月12日暴雪袭击吉林省白山市（白山气象局提供）
Fig.4.7.4　Snowstorm attacked Eaishan City of Jilin Province on February 12, 2009 (from Baishan Meteorological Bureau)

4. 暴雨洪涝

2009 年，吉林省暴雨洪涝造成 14.3 万人受灾，倒塌房屋 0.1 万间，损坏房屋 0.2 万间，农作物受灾面积 3.7 万公顷，绝收 0.6 万公顷，直接经济损失 2.3 亿元。

4.7.3 气象减灾服务简介

2009 年吉林省气候异常，气象灾害频发，出现了历史罕见的夏旱、6—7 月持续低温寡照、2 月及初冬罕见的暴雪、初霜异常偏早、寒潮及暴雪天气多发等。全年为省委、省政府及各职能部门提供气象信息 200 余份，有 5 份获省领导重要批示和表扬，省委值班报告引用 12 次，每日要情引用 16 次。针对严重的夏旱，及时发布了干旱橙色及红色预警信号。针对秋末冬初罕见的暴雪及大暴雪天气，先后发布预警信号 11 次，并启动了暴雪气象灾情三级应急响应，服务效果显著。

4.8 黑龙江省主要气象灾害概述

4.8.1 主要气候特点及重大气候事件

2009 年黑龙江省平均年降水量比常年偏多 13%，春、秋季少，冬、夏季多，6 月降水量为 1961 年以来的历史同期最大值；全省年平均气温接近常年（图 4.8.1），除夏季气温偏低外，其他各季气温均偏高；年日照时数偏少，6 月为 1961 年以来历史同期第 2 少。春季灾害较多，主要为初春暴雪、特大森林火灾、后春严重干旱、倒春寒；夏季主要气象灾害为 6 月低温阴雨寡照、盛夏局地暴雨洪涝、风雹雷击；初冬东部地区出现暴雪。全年因气象灾害造成受灾人口 1595.2 万人次，死亡 8 人，农作物受灾面积 739.4 万公顷，绝收面积 54.1 万公顷，直接经济损失 108.1 亿元。

总体来看，2009 年属于较差年景。

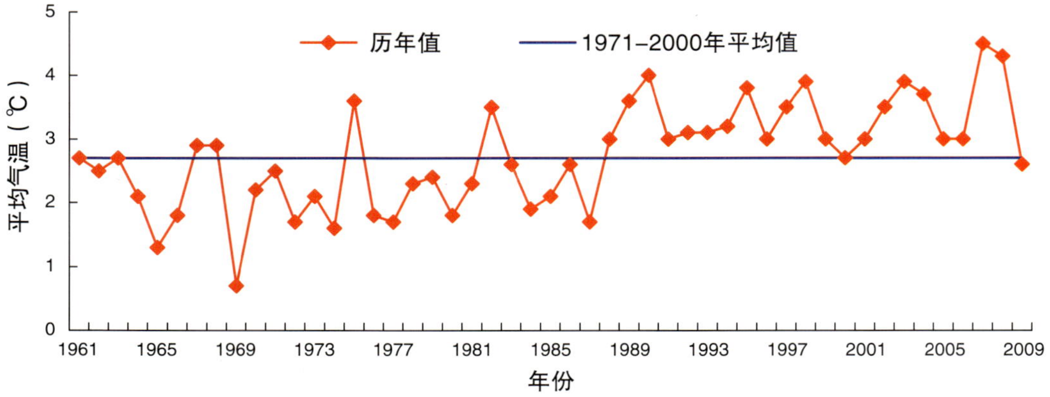

图4.8.1　1961—2009年黑龙江年平均气温变化图

Fig.4.8.1　Annual mean temperature in Heilongjiang during 1961–2009

4.8.2 主要气象灾害及影响

1. 干旱

2009 年黑龙江省出现两次影响农业生产的干旱过程，春季干旱和盛夏干旱。以春旱最为严重。4 月 24 日起，黑龙江省各地气温持续上升，无明显降水过程，致使土壤快速失墒，出现严重干旱，松嫩平原西部和三江平原北部旱情严重。

2. 森林火灾

2009 年 4 月末至 5 月下旬，受高温少雨和大风天气影响，大兴安岭、黑河、伊春林区发生多起森林火灾。4 月 27 日，沾河林业局施业区伊南河林场发生特大森林草甸火灾（图 4.8.2），共转移群众 3100 余人，上甘岭林业局山峰林场 30 户民房被烧毁，4 人受伤，1 人死亡；过火面积约 9 万公顷，林木受害率在 3% ~ 5% 之间。

图4.8.2　2009年4月27日，伊南河林场发生森林火灾（黑龙江省气象局提供）

Fig.4.8.2　The forest fire in Yinanhe tree farm on April 27, 2009 (from Heilongjiang Meteorological Bureau)

3. 雪灾

2009 年 3 月出现多次降雪过程，间隔时间短、降雪范围大，全省多个市县发生雪灾，受灾人口 4.6 万人，倒塌房屋 1035 间，直接经济损失 896 万元。其中 3 月 8—9 日，北部地区普降大到暴雪，受灾人口 3.7 万人，紧急转移安置 350 人，倒塌房屋 99 间，直接经济损失 896 万元。

4. 局地强对流

2009 年黑龙江省大风、冰雹、雷雨灾害频发，造成受灾人口 434.7 万人，农作物受灾面积 53.7 万公顷，其中绝收面积 3.3 万公顷，直接经济损失 16.2 亿元。7 月 16 日 17—18 时，绥化市北林区、庆安县、铁力市遭受龙卷风袭击（图 4.8.3），受灾人口 14.2 万人，农作物受灾面积 4 万公顷，倒塌房屋 953 间，部分大树被连根拔起或折断，供电、通讯线路损毁严重，直接经济损失 1.0 亿元。2009 年黑龙江省雷击事件主要集中在 6、7 月，造成 8 人死亡。

图4.8.3 2009年7月16日黑龙江省庆安县遭受龙卷风袭击
（黑龙江省绥化市气象局提供）

Fig.4.8.3 Tornado attacked Anqing County of Heilongjiang Province on July 16, 2009 (from Suihua Meteorological Bureau)

5. 暴雨洪涝

2009 年黑龙江省暴雨洪涝灾情较重，主要集中在 6、7 月份。全年因暴雨洪涝造成 185.4 万人受灾，农作物受灾面积 157.0 万公顷，绝收 22 万公顷，损坏房屋 0.7 万间，直接经济损失 45.2 亿元。6 月 19—21 日，伊春市境内的部分县市区遭受暴雨洪涝灾害，受灾人口 7500 人，农作物受灾面积 3533 公顷，直接经济损失 2200 万元。

4.8.3 气象减灾服务简介

2009 年多种气象灾害频发，黑龙江省气象部门积极应对，第一时间做好服务保障工作。在沾河林业局“4.27”伊南河林场森林火灾中，气象部门迅速启动气象保障Ⅱ级预案，成立扑火气象服务指挥部，全力开展扑火气象服务工作；年初成功预测出春末至夏初会出现较重旱情，针对干旱严重情况，积极开展人工增雨作业，有效缓解旱情；7 月 24 日，鸡西市鑫永丰煤矿“7.22”事故后，气象部门全面部署救援气象服务工作，启动Ⅳ级气象灾害应急响应，在抢救现场设便携式自动站和车载气象观测设备，准确及时的气象保障服务工作受到了省委书记吉炳轩的高度评价。

4.9 上海市主要气象灾害概述

4.9.1 主要气候特点及重大气候事件

2009 年上海市年平均气温为 17.2℃，比常年偏高 1.4℃，比 2008 年偏高 0.3℃（图 4.9.1）；冬季和夏季气温显著偏高，春季气温异常偏高，秋季气温偏高，其中 2 月上旬各站气温均创历史同期最高，11 月中旬各站气温为 1977 年以来同期最低。全市平均年降水总量为 1303 毫米，较常年偏多 13%；市区和闵行降水量较多，在南汇和松江降水量较少；冬季和夏季降水量偏多，春季降水量偏少，秋季降水量正常，梅雨降水量较常年少 3 成。全市平均年日照时数 1779 小时，比常年偏少 144 小时，冬季和夏季日照时数偏少，秋季日照时数略偏少，春季日照时数异常偏多。

2009 年主要气象灾害有暴雨、雷雨大风、大雾、高温等。全市因气象灾害造成受灾人口 4.6 万人，1 人死亡，农作物受灾面积约 1.6 万公顷，直接经济损失达 3.3 亿元。总体评价，2009 年属

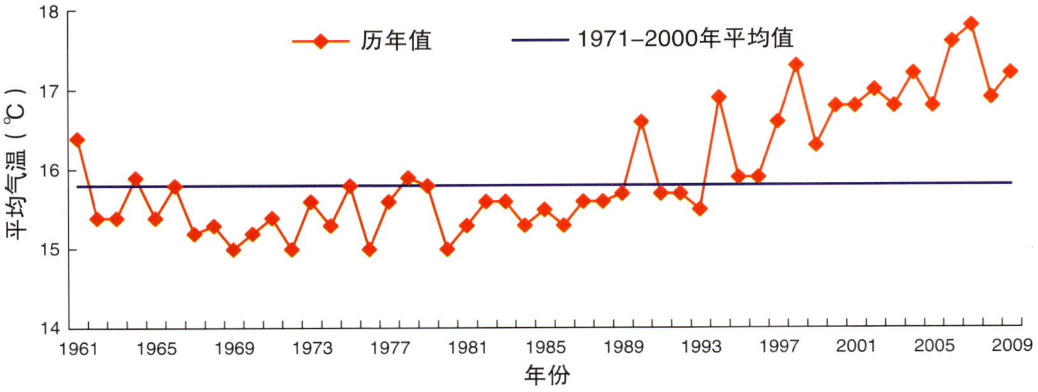

图4.9.1　1961—2009年上海年平均气温变化图

Fig.4.9.1　Annual mean temperature in Shanghai during 1961-2009

气象灾害正常略轻年份。

4.9.2 主要气象灾害及影响

1. 暴雨洪涝

7 月 21 日—8 月 12 日，受强雷雨云团、北方冷空气和台风“莫拉克”的影响，上海地区出现历史上罕见盛夏连续强降水，出现多次大暴雨。市区累积雨量为 375 毫米，为历史同期第二多，郊区累积雨量为 261 ～ 442 毫米；市区雨日为 21 天，郊区为 17 ～ 19 天，创本市有气象记录以来最长连续降水日数。受暴雨和连续降水的影响，上海市共有近 8000 户民居进水 (图 4.9.2)，约 300 个航班延误。

图4.9.2　2009年8月2日上海市奉贤区进水的民居

（上海市奉贤区气象局提供）

Fig.4.9.2　Flood flowed into folk house in Fengxian District of Shanghai on August 2, 2009 (from Fengxian Meteorological Bureau)

2. 局地强对流

受强对流雷暴云团影响，6 月 5—6 日、20 日，7 月 2 日、6 日，8 月 18—23 日、27 日，上海市出现强雷电、大风和强降水天气。雷击死亡 1 人，500 多户民居家中进水，约 80 个街道和小区积水，8000 多户居民一度停电，约 500 个航班延误。

3. 高温热浪

7 月 8 日出梅后持续高温，极端最高气温中心城区和浦东达 40.0℃，为百余年有气象记录以来次高值，其他地区为 38.3 ～ 39.3℃。上海地区出现用电用水高峰，全市电网最高用电负荷不断创历史新高。7 月 20 日，上海用电负荷达到 2380 万千瓦，成为上海用电负荷新的历史最高负荷；上海中心城区的供水量达到 660 万立方米左右，创入夏以来新高；连日高温使一些医院就诊的病人比平时多 20%。

4. 雾

2009 年 1—2 月、4 月、11—12 月上海市出现多次大雾天气，严重影响交通。上海虹桥机场、浦东机场因大雾几度处于停航状态，至少有 600 个航班延误；崇明三岛客轮多次全线停航，上海港至少 1500 艘船舶推迟或取消出航；沪宁、沪杭高速公路几度关闭，至少 300 次长途客运延误。

5. 寒潮

1 月 24 日受强寒潮影响，中心城区的最低气温达－5.9℃，为近 18 年来中心城区出现的最低气温，全市有逾万处水管受冻阻塞，居民生活受影响。此外，1 月 24 日和 11 月 1—3 日两次强冷空气影响上海航运，长江口和沿海海面出现 7 ～ 9 级大风，上海港至少 300 艘船舶推迟或取消了计划。

4.9.3 气象减灾服务简介

2009 年梅雨期间上海市雷雨大风及强降水过程频发，气象部门在第一时间做好相应的预报与服务工作，及时制作并发布《重要气象信息市领导专报》以及《专题天气预报》等材料，向市领导和有关部门报告。对于已然发生的强对流天气，还及时报告最新的雨晴实况及后期短临预报，力争把服务工作做到让领导和群众最满意。7 月 30 日上海地区突发性普降暴雨到大暴雨，气象部门在第一时间向市相关领导和防汛部门、交警总队等通气，提示降水动态和预警信号发布、市区出现积水情况。同时通过电视滚动字幕、广播电台、传真、手机短信等方式，将预报预警信息和实时雨情及时传送给有关部门和公众。以上服务均获得了市领导的表扬。

4.10 江苏省主要气象灾害概述

4.10.1 主要气候特点及重大气候事件

2009 年江苏省年平均气温为 15.7℃，较常年（14.9℃）偏高 0.8℃，为 1951 年来第八高值（图 4.10.1）。年降水量较常年略偏多（图 4.10.2），但时空分布不均，变化起伏大，在干旱过程后出现较大强度降水缓解旱情。年日照时数大部分地区较常年略偏少。

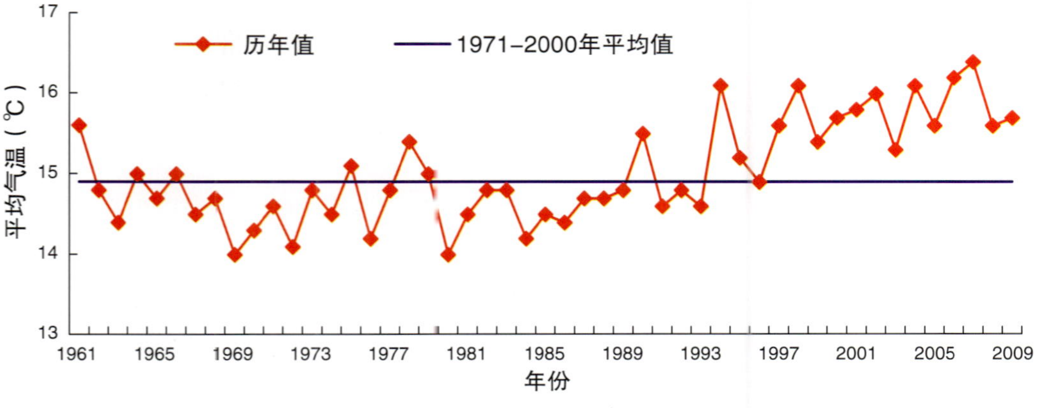

图4.10.1 1961—2009年江苏年平均气温变化图

Fig.4.10.1 Annual mean temperature in Jiangsu during 1961−2009

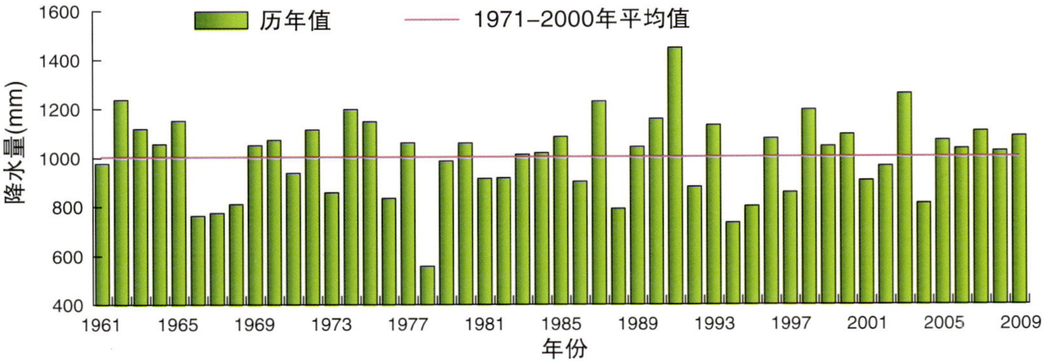

图4.10.2　1961—2009年江苏年降水量变化图

Fig.4.10.2　Annual precipitation in Jiangsu during 1961−2009

2009 年江苏省主要气象灾害有暴雨、雷电、干旱、大雾、暴雪、寒潮、台风、冰雹、大风等，气象灾害较为频繁，但造成的总体损失不大。全年因各类气象灾害造成农业受灾面积 120.3 万公顷，受灾人口 1279.0 万人次，死亡 38 人，直接经济损失 44.1 亿元。2009 年对农业、海盐、旅游、渔业等行业为较好的气候年景，对交通和林业等行业气候年景正常或正常偏差。

4.10.2 主要气象灾害及影响

1. 寒潮

2009 年全省共出现 6 次寒潮，明显多于常年（4.2 次），尤其是 3 月的 3 次寒潮天气过程对江苏影响较严重。13—14 日、22—24 日，全省大部分地区和 19—20 日省东部地区 48 小时最低气温降幅都在 8℃以上，由于多次受冻，在田作物受冻面积和程度均重于 2008 年。

2. 干旱

2009 年江苏省出现两次较严重干旱过程，对农作物产量造成一定影响。2008 年入冬后至 2009 年 2 月上旬，降水持续偏少，淮北地区局部旱情严重；10 月中旬至 11 月上旬淮北地区又出现旱情，山区及高亢田块的作物、露天蔬菜生长受影响。

3. 暴雨洪涝

2009 年全年累计出现区域性暴雨过程 9 次，其中 7 月出现次数最多，强降水造成部分城市内涝（图 4.10.3）。暴雨造成 115.7 万人受灾，直接经济损失 5.1 亿元。

4. 连阴雨

2009 年江苏省出现 2 次连阴雨过程，分别出现在 2 月 13 日—3 月 5 日沿江苏南地区和 12 月 7—16 日全省范围。其中第一次连阴雨所造

图4.10.3　2009年7月7日南京城区积涝（江苏省气象局提供）

Fig.4.10.3　The waterlogging in the downtown of Nanjing on July 7, 2009 (from Jiangsu Meteorological Bureau)

成的影响为重，苏南地区降水量为1961年以来同期极值，沿江苏南雨日数也为历史同期少见。由于雨量大、日照少，沿江苏南低洼地区出现湿渍害，对小麦、油菜的危害较严重。

5. 局地强对流

2009年江苏共发生强对流天气21天，其中6、7月最多（图4.10.4），共12天。因雷击、雷雨大风、冰雹和龙卷风等强对流天气过程造成受灾人口593.9万人，死亡35人，直接经济损失23.5亿元。

图4.10.4　2009年6月28日丰县遭强风袭击（江苏省气象局提供）
Fig.4.10.4　The gale attacted Fengxian County on June 28, 2009 (from Jiangsu Meteorological Bureau)

6. 热带气旋

2009年仅"莫拉克"一个热带气旋影响江苏，给江苏淮河以南地区带来农田渍害和太湖的防汛压力，共造成全省70.7万人受灾，死亡3人，农作物受灾面积16.4万公顷，成灾2.9万公顷，直接经济损失5.3亿元。

7. 高温热浪

2009年夏季高温集中在7月15—21日及8月18—22日，给人民生活和工农业生产带来影响。7月15日出梅至21日，江苏省自南向北出现全省性高温天气，造成供电量猛增，创统调用电最高负荷纪录，突破5000万千瓦。

4.10.3 气象减灾服务简介

江苏省局在党组的正确领导下，努力提升气象预报服务及信息科技支撑能力，围绕中心工作，较为圆满地完成了2009年的各项工作任务。预报服务准确及时，为防灾减灾提供可靠决策信息。特别是在应对8月8日的"莫拉克"台风和11月14日暴雪的服务工作中，及时搜集各类信息，发布的产品既有预报和预测，又有分析和决策建议，也有灾害影响评估和灾害思考，做到了全程环环紧扣，得到了省政府领导的肯定或批示，省厅各单位也来函感谢。

4.11 浙江省主要气象灾害概述

4.11.1 主要气候特点及重大气候事件

2009年浙江省年平均气温为18.0℃，较常年偏高1.1℃，是自1997年以来连续第13年高于气候值（图4.11.1）。全省平均年降水量为1419.4毫米，较常年偏少50毫米，年降水量已连续7年偏少。

全年气候多变，年初持续少雨，温州、台州沿海局部地区和海岛出现饮水困难；2月中旬至3月上旬、7月下旬至8月中旬遭受连阴雨影响，给农业等造成严重损失；8月受0908号热带气旋"莫拉克"影响，损失严重；10月底出现历史最早寒潮，全省72小时降温幅度达10.5～17.5℃；11月上旬末至中旬遭遇异常低温阴雨，出现有气象记录以来最早降雪，秋收冬种受到严重影响。

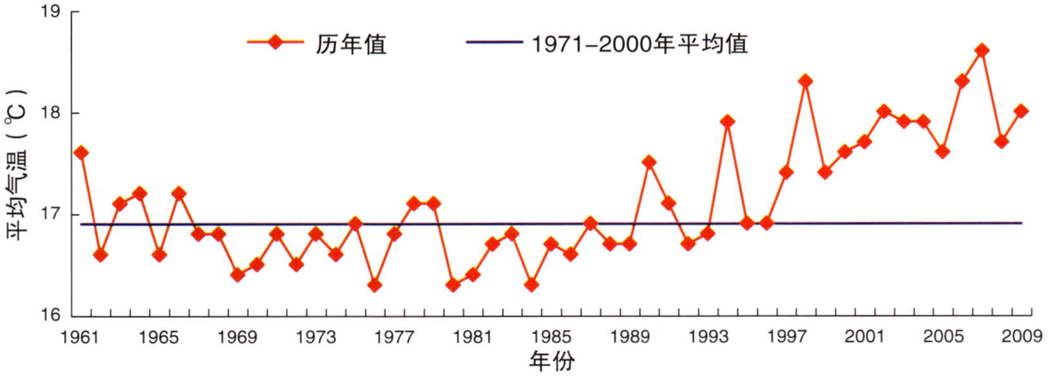

图4.11.1　1961—2009年浙江年平均气温变化图

Fig.4.11.1　Annual mean temperature in Zhejiang during 1961–2009

此外，年内暴雨洪涝、强对流、雷电、大雾，高温等灾害对交通、农林业、电力等都造成一定影响，并造成人员伤亡。全年气象灾害造成农作物受灾面积 46.3 万公顷，绝收 4.7 万公顷；受灾人口 1104.7 万人次，死亡 30 人；直接经济损失 119.3 亿元。总体来讲，气象灾害属一般年景。

4.11.2 主要气象灾害及影响

1. 热带气旋

2009 年共有 2 个热带气旋影响浙江，分别是 0903 号“莲花”、0908 号“莫拉克”，其中“莲花”仅给浙南地区带来降水，影响甚微；“莫拉克”纵穿浙江，造成严重影响。第 8 号台风“莫拉克” 8 月 10 日 06 时进入温州泰顺境内，纵穿浙江省，于 11 日 1 时 50 分离开，降水影响时间达 5 天之久；泰顺九峰累计雨量达 1250 毫米，创浙江省单站累计雨量新的纪录；“莫拉克”给浙江带来降水范围之广、雨量之大，历史罕见。台风“莫拉克”造成浙江省 770.8 万人受灾，5 人死亡，1 人失踪；直接经济损失达 88.9 亿元，其中农业损失 37.0 亿元。

2. 暴雨洪涝

2009 年浙江省因暴雨洪涝造成 198.9 万人受灾，14 人死亡；农作物受灾面积 6.8 万公顷；直接经济损失 27.5 亿元。国庆前夕东部沿海地区出现罕见暴雨，多县（市）降水量破历史纪录，暴雨使台州、温州、舟山地区部分城市积水，农作物受淹，房屋、道路等被摧毁，造成较大经济损失（图 4.11.2）。

图4.11.2　2009年9月29日温岭市遭受特大暴雨，街道受淹
（温岭市气象局提供）

Fig.4.11.2　The streets inundated by extraordinary rainstorm in Wenling City on September 29, 2009 (from Wenling Meteorological Bureau)

3. 局地强对流

2009 年浙江省雷电初日比常年偏早约半个月，终日偏迟近一个月。雷电主要集中在 6、7、8 三个月，占全年的 88.5%。全省共发生雷电灾害

事故793起。全年强对流天气造成93万人受灾，11人死亡，直接经济损失2.7亿元。11月9日，浙江部分地区出现深秋罕见的雷雨大风冰雹天气，覆盖范围广，短时降水强度强，风力大，对交通、农业、建筑等都造成了不利影响，并造成2人死亡。

4. 高温热浪

2009年全省平均高温（日最高气温≥35℃）日数28天，较常年偏多10天，丽水最多，达56天。大范围持续高温天气主要出现在7月8—21日，期间大部分地区极端最高气温在38℃以上，其中有7站极端日最高气温破当地历史最高纪录。持续高温，增加了用电压力；造成东南沿海海岛用水紧张；使土壤失墒加快，大部分地区土壤墒情偏差。

5. 连阴雨

2009年浙江省连阴雨灾害频繁，其中2月中旬至3月上旬连阴雨造成德清、富阳等地出现了严重的泥石流塌方事故；7月下旬至8月中旬持续降雨对农业、交通、商贸、居民生活等方面产生较大影响，并引发多县（市）发生泥石流地质灾害；11月上旬至中旬出现罕见的连阴雨（雪）天气，浙北部分地区出现为有气象记录以来最早初雪，持续低温阴雨雪给北部地区晚稻收割带来严重影响（图4.11.3）。

图4.11.3　2009年11月安吉成熟水稻被大雪覆盖（浙江省气候中心提供）
Fig.4.11.3　Mature rice covered by snow in Anji in November 2009 (from Zhejiang Climate Center)

6. 大雾

2009年浙江省多次出现大雾天气，其中2次全省性的持续大雾天气影响最为严重，分别是1月下旬、11月下旬，大雾造成高速封道、机场瘫痪，对交通产生了较严重影响。11月23—27日全省出现大范围的大雾天气，期间早晨能见度普遍在500米以下，部分地区不足200米。受其影响，省内大部分高速公路封道，杭州各大长途客运站或停运、或减少班次，杭州绕城高速公路车辆排队绵延数公里；萧山机场航班暂停起降，滞留旅客累计上万人次。

4.11.3 气象减灾服务简介

2009年浙江天气气候多变，气象灾害频发，全省气象部门严密监测、精心分析、滚动预报、及时预警，全年35次重大灾害性天气预报基本无失误，启动应急响应命令7次，发布预警1945次。相关职能部门强化决策服务，积极主动向党委政府和有关部门提供预测意见和防御建议。出台了《灾害评估管理办法》，制定台风灾害评估技术规范；"莫拉克"影响期间密集发布台风报告单41期，并开展灾害过程评估。规范灾害性天气短时预警业务。建成40支标准化人工增雨作业小分队，实施人工增雨作业31次，取得明显的增雨抗旱效果。

4.12 安徽省主要气象灾害概述

4.12.1 主要气候特点及重大气候事件

2009 年，安徽省年平均气温 16.3℃，较常年偏高 0.8℃，为 1997 年以来连续第 13 年偏高（图 4.12.1）。冬季气温偏高，但温度波动大；春季气温连续第 13 年偏高；夏季阶段性高温和低温交替；秋季气温为近 9 年来最低。全省平均年降水量 1208 毫米，较常年略偏多。年内冬、夏季降水偏多，春、秋季偏少，年末降水异常偏多。

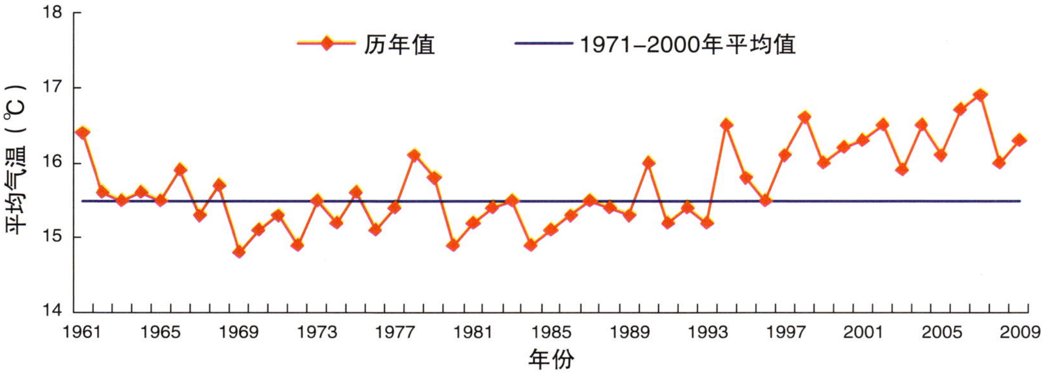

图4.12.1 1961—2009年安徽年平均气温变化图
Fig.4.12.1 Annual mean temperature in Anhui during 1961–2009

2009 年，安徽省相继出现干旱、连阴雨、大风、强降水、冰雹、雷电、暴雪、雾霾等气象灾害。全省因气象灾害造成农作物受灾面积 210.1 万公顷，其中绝收 4.7 万公顷；受灾人口 3398.5 万人次，因灾死亡 70 人；倒塌房屋 3.2 万间，损坏房屋 22.5 万间；直接经济损失 132.5 亿元。总体来看，全年气象灾害点多面广的特征比较明显，但汛期长江、淮河汛情总体平稳，未出现流域性洪涝灾害，属一般气候年景。

4.12.2 主要气象灾害及影响

1. 干旱

2008 年 11 月至 2009 年 2 月 8 日，安徽省沿淮淮北累计降水量仅 23 毫米，比常年同期偏少 50% 以上，其中淮北中西部偏少 80% 以上；平均无降水日数达 88 天，降水之少为 50 年一遇，皖北地区旱情严重。另外，冷空气活动频繁，造成了寒旱并存的不利局面（图 4.12.2）。总体来看，此次干旱呈现秋冬连旱、旱冻叠加、受旱面积大、旱灾程度重四大特征。沿淮淮北 9 个市 43 个县受灾，受灾人口 1270 万人，农作物受灾面积 90.9 万公顷，直接经济

图4.12.2 安徽省利辛县永兴镇干旱导致冬小麦受灾严重（安徽省气象局提供）
Fig.4.12.2 The winter wheat affected by severe drought in Yongxing Town of Lixin County in Anhui Province (from Anhui Meteorological Bureau)

损失 25.3 亿元。

2. **局地强对流**

2009 年安徽省大风、冰雹、雷暴等强对流天气频发，尤其以 6 月份的三次风灾影响大，造成了重大人员伤亡和财产损失。全省受灾人口 863.4 万人，因灾死亡 62 人；农作物受灾面积 40.0 万公顷，其中绝收 1.2 万公顷；直接经济损失 41.5 亿元。其中 6 月 3—5 日，全省大部地区出现大风、冰雹和雷暴天气，有 43 个市县出现 8 级以上的大风，淮南潘集最大，为 35.9 米 / 秒。大风影响范围之广、风力之大为有气象观测记录以来历史所罕见。

3. **暴雨洪涝**

2009 年汛期，全省未发生流域性洪涝灾害，但局部地区降水极端性强，造成了城市内涝和农田渍涝。全省受灾人口 642.3 万人，因灾死亡 7 人；农作物受灾面积 49.4 万公顷，其中绝收 2.9 万公顷；倒塌房屋 8000 间，损坏房屋 3.4 万间；直接经济损失 32.6 亿元。

4. **寒潮和雪灾**

年初和年末出现了低温冷冻害和雪灾，对农业、交通运输及人民生活不利。全省受灾人口 518.3 万人；农作物受灾面积 27.0 万公顷，其中绝收 0.6 万公顷；直接经济损失 23.3 亿元。

10 月 31 日—11 月 2 日，安徽省 48 小时平均降温幅度达 10℃，其中江淮之间东部和沿江江南达 11 ～ 13℃，降温幅度为 1961 年以来同期第四位，也是近 10 年来同期最强；11 月 15—16 日出现雨雪天气过程，暴雪区主要位于江淮之间和沿江中部地区，其中 14 个市（县）积雪深度超过 20 厘米，最大为九华山(46 厘米)。此次暴雪天气过程具有出现时间早、降雪范围广、过程来势猛、积雪深度大等特点。

5. **热带气旋**

受第 8 号台风“莫拉克”外围云系影响，8 月 9—11 日淮河以南大部分地区出现降水，其中江南中东部过程降水量普遍超过 100 毫米，九华山日降水量（242.7 毫米）逼近历史极值。此外，淮河以南 76 个站点出现 7 级以上大风。强降水导致沿江江南局部发生洪涝、内涝（图 4.12.3），导致 104.5 万人受灾，1 人死亡；农作物受灾面积 2.9 万公顷；直接经济损失 9.8 亿元。

图4.12.3　2009年8月9—11日，“莫拉克”强降水导致安徽省宁国市积水严重（安徽省气象局提供）

Fig.4.12.3　The severe rainstorm caused by typhoon Morakot in Ningguo City of Anhui Province during August 9−11, 2009 (from Anhui Meteorological Bureau)

4.12.3 气象减灾服务简介

2009 年安徽气象局对于 2 月上中旬的三次降雨时段、入梅偏晚、入梅后首场暴雨出现时间、盛夏低温阴雨时段、“莫拉克”台风影响时间、11 月初的寒潮和中旬的强降雪等重大转折性天气过程的准确预报，为决策、公众气象服务赢得了主动。年初沿淮淮北冬麦区出现严重干旱，全省各级气象部门积极做好抗旱保苗期间气象服务。针对入冬后首场暴雪，及时启动应急响应。年内，率先开展了省级公共气象服务中心试点建设，进一步加强乡镇综合信息服务站建设，为粮食增产提供全方位的气象保障工程，防灾减灾体系日臻完善。

4.13 福建省主要气象灾害概述

4.13.1 主要气候特点及重大气候事件

2009 年，福建省年平均气温 20.0℃，较常年偏高 0.8℃ ；年降水量 1350.6 毫米，比常年偏少 261.1 毫米（图 4.13.1）。1 月上中旬，全省各地出现持续性低温过程；春季局部地区出现强对流天气，灾情较轻，雨季降水偏少，致使沿海地区出现秋冬春连旱；7—8 月先后出现三次最高气温超过 38℃的较大范围持续性高温天气；10 月 31 日至 11 月 4 日省西部和北部地区出现寒潮天气过程，为历史少见。全年有 9 个热带气旋登陆或影响福建省，个数略多，影响路径偏南，风雨造成灾害较轻。全省因气象灾害 242.6 万人次受灾，死亡 37 人，失踪 3 人；农作物受灾面积 26.6 万公顷，绝收 1.5 万公顷；直接经济损失 39.4 亿元。2009 年福建省气候正常，气象灾害偏轻。

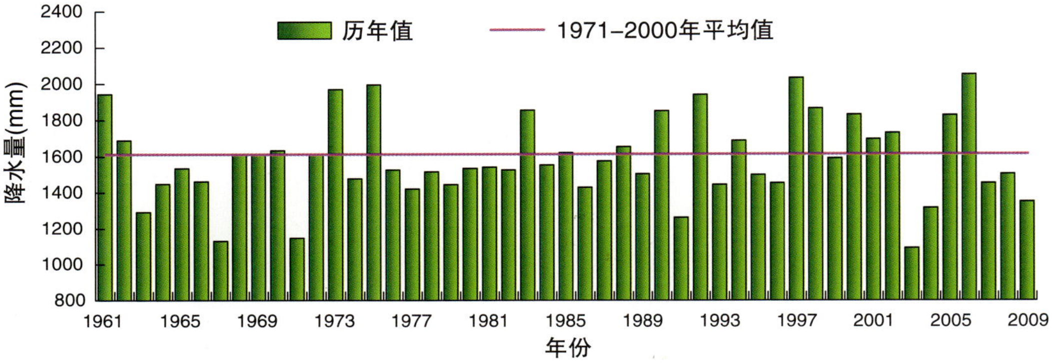

图4.13.1　1961—2009年福建年降水量变化图
Fig.4.13.1　Annual precipitation in Fujian during 1961−2009

4.13.2 主要气象灾害及影响

1. 热带气旋

2009 年，有 9 个热带气旋登陆或影响福建省，个数略多，影响台风路径偏南，风雨造成灾害较轻。登陆福建省的热带气旋有 3 个，分别是 3 号热带风暴“莲花”（6 月 21 日在晋江登陆）、8 号台风“莫拉克”（8 月 9 日在霞浦登陆）和关岛编号 6 号热带低压（7 月 14 日在莆田登陆）。受热带气旋影响，全省 212.5 万人受灾，死亡 4 人，直接经济损失 26.3 亿元（图 4.13.2）。

2. 干旱

2009 年，福建省出现大范围的秋冬春连旱，夏秋季福建沿海再次出现连旱。全省农作物因旱受灾面积 4.2 万公顷，绝收 2000 公顷，直接经济损失 7.7 亿元。从 2008 年 10 月中旬至 2009 年 3 月上旬，中南部沿海地区出现秋冬春连旱，这次干旱过程重至特旱范围广、持续时间长；4 月下旬至 6 月中旬，福建省沿海先后出现不同程度的春旱，南部沿海部分县（市）达中至重旱；8 月中旬开始持续少雨，厦门及泉州、福州的局部县（市）持续 2 个多月无有效降水，省内大部分地方出现不同程度的干旱，特别是中南部沿海地区出现夏秋连旱。

图4.13.2 2009年8月12日，“莫拉克”台风造成福州市区大树倒伏（福州市气象局提供）
Fig.4.13.2 Trees beated down by typhoon Morakot in Fuzhou City (from Fuzhou Meteorological Bureau)

3. 暴雨洪涝

2009 年，福建省因暴雨洪涝共造成 5.5 万人受灾，死亡 14 人，直接经济损失 4.5 亿元。年内全省共出现 17 次暴雨过程，雨季从 5 月 18 日开始，7 月 4 日结束，开始、结束时间均较常年偏迟，雨季历时 47 天，比常年偏短，强度偏弱，降水量偏少约 20%，其中 7 月 1—3 日的暴雨过程，既是福建省汛期强度最强的一次降水过程，也是雨季期间的最后一场暴雨，影响范围偏大，强度中等偏强，三明、泉州、南平、龙岩等市遭受一定的经济损失。

4. 低温冷冻害和雪灾

2009 年，福建省有 7.3 万人遭受低温冷冻害和雪灾，直接经济损失 0.7 亿元。1 月 8—17 日，受强冷空气影响，全省自北向南出现明显降温过程，局部县（市）降温幅度超过 10℃，南平、三明、龙岩等地出现霜、霜冻和结冰过程，对冬种作物、交通运输造成不利影响。

5. 局地强对流

2009 年，福建省因大风、冰雹等局地强对流天气共造成 0.3 万人受灾，死亡 19 人，直接经济损失 0.2 亿元。4 月 13 日，中南部地区部分县（市）出现强雷暴、冰雹和雷雨大风等强对流天气；4 月 16 日，闽西北部分县（市）遭受大风袭击。

4.13.3 气象减灾服务简介

2009 年，福建省气象部门在台风预报服务中，均提前对登陆和影响福建省的台风做出了较准确预报，并及时连续滚动向省委、省政府领导报告台风移动路径、风雨影响的预报预警信息，同时随着台风的不断逼近，积极做好台风灾害的预评估和评估工作，发布福建省灾害性天气气候评估报告，提出相应的防御部署建议。加强与国土资源厅合作，继续开展台风暴雨带来的强降水所引起的地质灾害预报。加强与福建传播媒介合作，派专家参与抗击台风“莲花”、“莫拉克”等大型电视直播节目。及时提供海上渔业防台抗灾的信息，以使海峡两岸渔民及时采取防范措施，取得了显著的社会和经济效益。

4.14 江西省主要气象灾害概述

4.14.1 主要气候特点及重大气候事件

2009 年江西省年平均气温为 18.7℃，较常年偏高 0.9℃（图 4.14.1），气温之高，为有气象记录以来历史第 3 位，仅次于 2007 年和 1998 年；平均年降水量 1408 毫米，较常年偏少 16%（图 4.14.2）；日照时数接近常年。春播期天气属一般偏好年份，仅部分地区出现了轻度春寒；汛期降水略偏少，但局部地区出现了严重山洪地质灾害和内涝；伏秋期台风影响次数偏少，全省秋旱严重；入冬后极端天气气候事件发生较频繁。

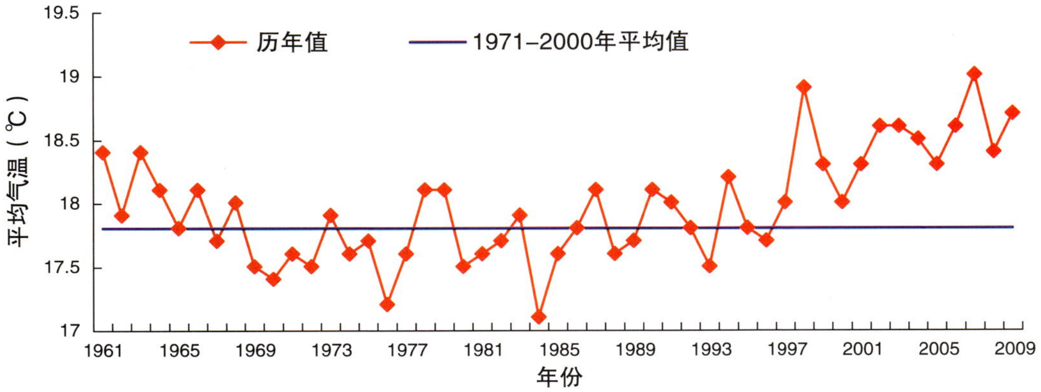

图4.14.1　1961—2009年江西年平均气温变化图

Fig.4.14.1　Annual mean temperature in Jiangxi during 1961−2009

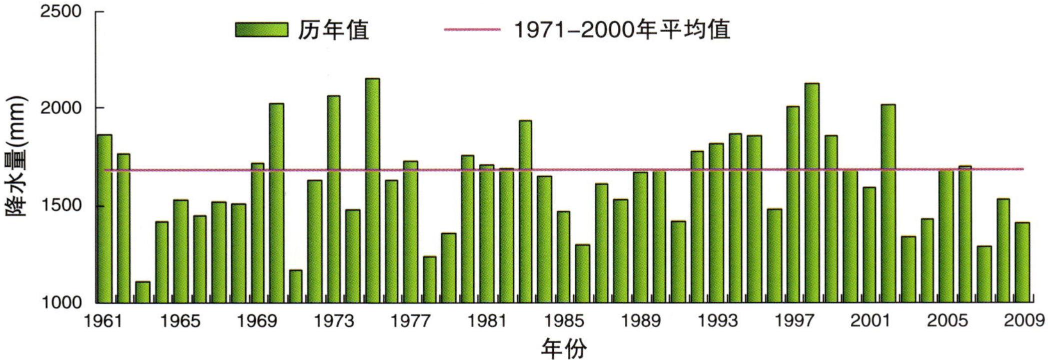

图4.14.2　1961—2009年江西年降水量变化图

Fig.4.14.2　Annual precipitation in Jiangxi during 1961−2009

2009 年江西省主要气象灾害有：暴雨洪涝、干旱、强对流、连阴雨、高温、雨雪冰冻、雷电及由暴雨引发的地质灾害、大雾等。全年因各种气象灾害及其引发的次生灾害导致 2124.1 万人次受灾，47 人死亡（未包括大雾引发的交通事故死亡 13 人），1 人失踪；农作物受灾面积达 135.2 万公顷，绝收面积 7.9 万公顷；直接经济损失达 85.7 亿元。2009 年气象条件对江西省粮、油、棉、柑橘等作物生长发育的影响总体上是利大于弊，综合农业气候年景为偏好年。

4.14.2 主要气象灾害及影响

1. 暴雨洪涝

2009 年江西省先后出现了 10 次区域性暴雨过程，区域性暴雨日达 12 天，其中汛期（4 月 1 日至 7 月 3 日）共有 9 天出现区域性暴雨，与历史同期相比略偏少。强降水导致局部地区出现山体滑坡和短时内涝（见图 4.14.3）。全省因暴雨洪涝受灾人口 879.2 万人，死亡 9 人；倒塌损坏房屋 18 万间；农作物受灾面积 47.2 万公顷，绝收面积 3.5 万公顷；直接经济损失 51.1 亿元，其中农业经济损失 25.0 亿元。

图4.14.3　2009年7月2日萍乡市内涝严重（萍乡市气象局提供）
Fig.4.14.3　The severe waterlogging in Pingxiang City (from Pingxiang Meteorological Bureau)

2. 干旱

2009 年江西省出现了比较严重的秋旱，赣南出现了冬旱，吉安市局部地区出现了春旱。全年因旱导致 923.2 万人受灾，91 万人出现饮水困难；农作物受灾面积 62.1 万公顷，绝收面积 2.9 万公顷；直接经济损失 23.6 亿元。

9 月 1 日至 11 月 8 日江西省平均降水量仅 51 毫米，较历年同期偏少 72%，为有完整气象记录以来历史同期最少值，致使全省大部分地区出现严重秋旱。干旱导致鄱阳湖比常年提前两个月进入枯水期，赣江部分河段最低水位创历史新低；部分水库、山塘干涸；居民生活用水和农业生产也受到严重影响。

3. 局地强对流

2009 年江西省出现了二次明显的强对流天气过程，其中 11 月 9 日到 10 日出现了历史上秋冬季节较为罕见的强对流灾害过程。全年局地强对流天气共造成 270 万人受灾，死亡 38 人，其中因雷击死亡 34 人；倒塌损坏房屋 13.9 万间；农作物受灾面积 12.2 万公顷，其中成灾面积 6.5 万公顷，绝收面积 0.9 万公顷；直接经济损失 9.1 亿元，其中农业经济损失 4.8 亿元。

4. 大雾

2009 年江西省共出现 20 次区域性大雾天气，其中 11 月 22—27 日，江西省连续 6 天出现大范围大雾天气，持续天数之长平历史纪录。12 月 28—31 日江西省再次出现连续大雾天气，28 日早晨 6 点多，受大雾天气及雾凇所致路面结冰的影响，杭瑞高速公路九景段发生 11 起追尾交通事故，造成了重大人员伤亡；多个进出港航班也受到不同程度的延误。

4.14.3 气象减灾服务简介

2009 年，江西省针对持续连阴雨天气、汛期连续暴雨天气、0904 号台风“浪卡”、0908 号台风“莫拉克”和秋冬季气象服务工作，多次召开全省会商。共向省委、省政府领导及有关部门报送决策服务材料 257 期，其中《气象呈阅件》77 期、《气象—地质灾害呈阅件》1 期、《气象—病虫害预测》1 期、《重大突发事件信息》20 期。年内省级共召开了新闻发布会 5 次，发布新闻通稿 47 期，对外发布省级预警信号 181 次、地市级预警信号 5267 次，预警短信 1.5 亿人次。

4.15 山东省主要气象灾害概述

4.15.1 主要气候特点及重大气候事件

2009年山东省年平均气温为13.6℃，比常年偏高0.5℃，是1997年以来连续第13年偏高。冬、春、夏三季气温偏高。平均年降水量为674.5毫米，较常年偏多4.0%（图4.15.1）。冬、秋季干旱少雨，其中冬季降水量较常年同期偏少23.3%；春、夏季降水偏多，其中春季偏多55.8%。年初持续少雨雪，大部地区农田发生干旱；春季出现霜冻、初夏持续高温；春夏风雹多，强降雨导致局部灾情严重；秋末中西部出现罕见暴雪。2009年因各种气象灾害共造成234.2万公顷农作物受灾，绝收20.7万公顷；受灾人口3938.4万人次，死亡5人；直接经济损失162.7亿元。从灾害程度来看，山东省2009年属于重灾年。

4.15.2 主要气象灾害及影响

1. 暴雨洪涝

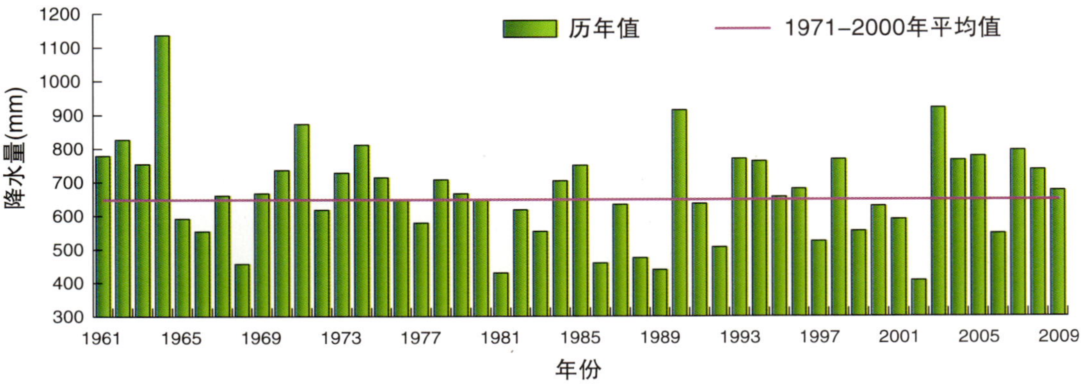

图4.15.1　1961—2009年山东年降水量变化图

Fig.4.15.1　Annual precipitation in Shandong during 1961−2009

2009年山东省暴雨洪涝灾害频繁，主要发生在5—8月。其中，5月9—11日，全省出现大范围强降雨，平均降雨量53.4毫米，高青雨量最大，为225.5毫米，强降雨造成济南、东营、滨州、德州、淄博、聊城6市的32县（市、区）不同程度受灾，全省受灾人口279.4万人，农作物受灾面积34.5万公顷，绝收面积4.0万公顷；直接经济损失13.1亿元。全年因暴雨洪涝灾害造成684.0万人受灾；农作物受灾面积76.1万公顷，绝收面积6.7万公顷；直接经济损失61.0亿元，其中农业经济损失42.7亿元。

2. 干旱

2009年，干旱造成山东省2348.3万人受灾，24.0万人饮水困难；农作物受灾面积117.5万公顷，绝收面积7.9万公顷；直接经济损失59.0亿元。其中，2008年10月24日至2009年2月7日，鲁西北、鲁中大部地区连续无有效降水日数超过100天，为历史同期之最。2008年11月至2009年1月，全省平均降水量只有9.5毫米，较常年同期偏少73.2%，是1951年以来历史同期第4低值；同期全省平均气温2.3℃，较常年偏高0.6℃，为1951年以来历史同期 第9高值。温高雨少，致使全省出现严重秋冬连旱。

3. 局地强对流

2009 年，山东省冰雹、大风灾害主要集中在 4—10 月，雷电灾害则以 6—8 月为高发期。7 月 23 日，德州、滨州、东营、济南、淄博 5 市出现强对流天气，其中德州市乐陵县局部出现冰雹，冰雹持续 6 分钟，风力达到 10 级，此次强对流天气造成全省受灾人口 6.51 万人，农作物受灾面积 11.1 万公顷，绝收面积 1.3 万公顷，直接经济损失 4.0 亿元。全年因大风、冰雹、雷电灾害共造成 625.8 万人受灾，5 人死亡；农作物受灾面积 17.5 万公顷，绝收面积 4.0 万公顷；直接经济损失 23.4 亿元。

4. 低温冻害和雪灾

2009 年，低温冷冻害和雪灾造成全省受灾人口 280.3 万人，农作物受灾面积 23.1 万公顷，绝收 2.1 万公顷，直接经济损失 19.3 亿元。 11 月 10—12 日山东出现历史罕见的大范围暴雪天气，聊城冠县日降雪量最大，为 32.6 毫米，济南等 10 站日降雪量突破当地有气象记录以来历史最大记录。菏泽市各站日降雪量均突破当地 1971 年以来历史最大记录，11 站积雪深度突破有气象记录以来历史同期最大记录。此次暴雪造成全省受灾人口 181.43 万人；农作物受灾面积 2.4 万公顷，绝收面积 0.2 万公顷；直接经济损失 6.4 亿元。

4.15.3 气象减灾服务简介

2009 年山东省气象局进一步加强气象服务工作，圆满完成第十一届全国运动会、航空体育节等重大气象保障服务任务，特别是在十一届全运会期间，山东省气象局共制作发布各类气象服务专报 441 份，专项短信 190 次。全年共向省委、省人大、省政府领导报送呈阅件 21 期，重要天气预报 49 期，预警信号 58 期，雨情简报 42 期；通过决策气象服务短信平台向省领导及有关部门发送手机预警短信 14 万余人次，为山东省各级政府、部门和社会开展防灾、减灾、抗灾提供了科学决策依据，得到省委、省政府、中国气象局和公众的认可和肯定。

4.16 河南省主要气象灾害概述

4.16.1 主要气候特点及重大气候事件

2009 年，河南省年平均气温较常年偏高 0.4℃（图 4.16.1），其中冬、春季偏高，夏季接近常年，秋季偏低；全省平均年降水量较常年略偏少（图 4.16.2），除春季偏多外，其余各季均偏少。

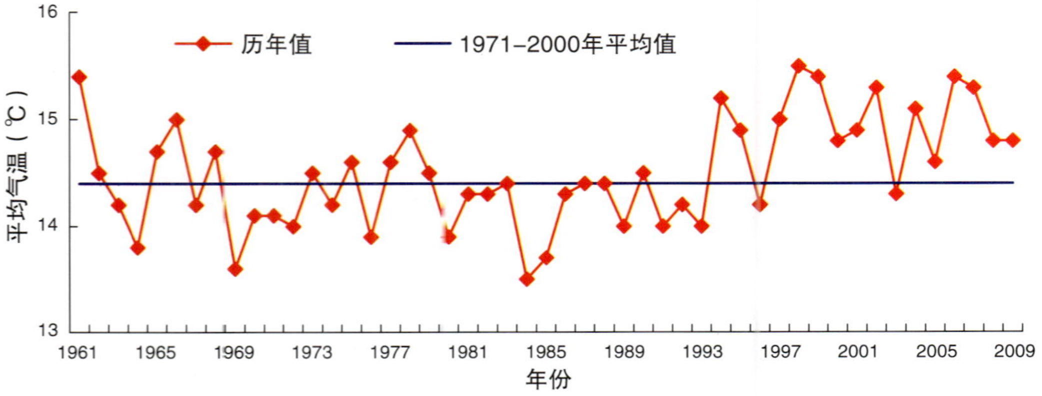

图4.16.1　1961—2009年河南年平均气温变化曲线图

Fig.4.16.1　Annual mean temperature in Henan during 1961–2009

年内的主要气象灾害有：冬季出现了近50年来同期罕见的严重干旱；夏季雷雨、大风、冰雹等强对流天气频繁，特别是6月3日商丘遭受强飑线袭击，造成了严重的经济损失和人员伤亡；汛期中南部地区遭受暴雨洪涝灾害；深秋出现了寒潮和强降雪天气。

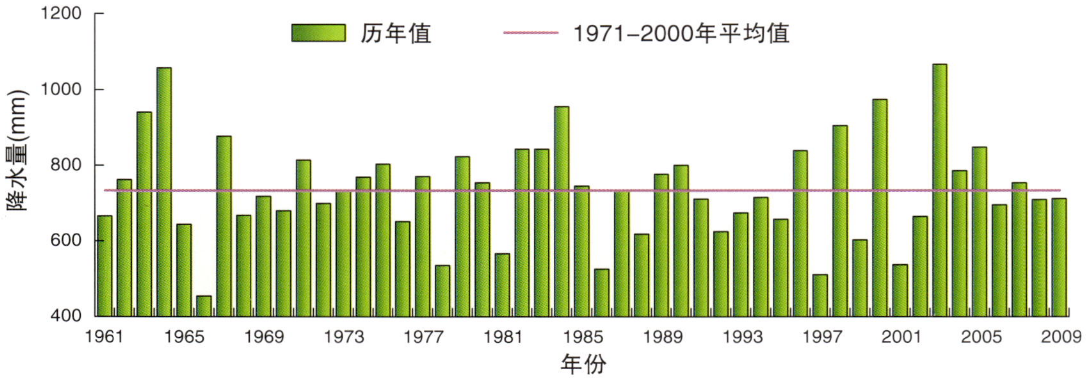

图4.16.2 1961—2009年河南年降水量变化图

Fig.4.16.2 Annual precipitation in Henan during 1961−2009

2009年全省因气象灾害造成农作物受灾面积298.7万公顷，绝收面积7.4万公顷，死亡71人，直接经济损失99.3亿元。总体来看，2009年河南省气象灾害较轻，气候条件为偏好年份。

4.16.2 主要气象灾害及影响

1. 干旱

2008年11月至2009年1月，全省平均降水量较常年同期偏少8成，仅次于1996年和1999年，为1961年以来历史同期第三位最少值，全省平均无降水日数多达100天，为1961年以来同期次多值。加之气温持续偏高，致使全省出现了1951年以来同期仅次于1998/1999年的第二严重的秋冬连旱，农业生产、人畜饮水受到严重影响。2009年干旱造成全省农作物受灾面积157.9万公顷，其中绝收面积2.7万公顷（图4.16.3)，直接经济损失为34.8亿元。与常年相比，干旱灾害为偏轻年份。

图4.16.3 2009年1月中旬洛阳偃师岗坡地缺苗、死苗严重

（河南省气象局提供）

Fig.4.16.3 The severe drought occurring at Yanshi, Luoyang in January, 2009

(from Henan Meteorological Bureau)

2. 局地强对流

2009年，河南省局地强对流天气造成农作物受灾面积112.9万公顷，其中绝收面积3.1万公顷；倒塌房屋2.3万间，损坏房屋5.8万间，死亡58人，直接经济损失30.6亿元，风雹灾害为偏重年份。其中6月3日，河南出现了年内影响范围最广、强度最强、损失最严重的强对流天气，北部和东部有42个县市出现雷电，19个县市出现了17米/秒以上的

短时大风，特别是商丘出现了历史罕见的强飑线天气，睢县阵风达 10 级，宁陵、永城 2 县最大风速分别达 28.6 米 / 秒和 29.1 米 / 秒，最大风力达 11 级，均为有气象记录以来的历史极值。

3. 暴雨洪涝

2009 年河南省共出现了 3 次范围较大的暴雨洪涝过程，7 月 21—22 日，中南部地区普降大到暴雨，暴雨中心位于驻马店、南阳、信阳交界一带，有 22 个站出现暴雨，2 个站出现大暴雨；8 月 16—18 日，许昌以北地区和南阳东部到平顶山一带出现强降水过程，有 38 个站出现暴雨，9 个站出现大暴雨；8 月 28—29 日，中东部和南部的部分地区遭受暴雨袭击，其中驻马店过程降水量高达 241 毫米，全市平均降水量为 123 毫米。全年暴雨洪涝共造成农作物受灾面积 10.0 万公顷，其中绝收面积 0.6 万公顷；倒塌房屋 0.6 万间，损坏房屋 1.7 万间，死亡 1 人，直接经济损失 6.1 亿元。洪涝灾害为偏轻年份。

4. 低温冷冻害和雪灾

2009 年低温冷冻害和雪灾造成全省农作物受灾面积 17.9 万公顷，其中绝收面积 0.9 万公顷；倒塌房屋 0.6 万间，损坏房屋 1.0 万间；死亡 12 人，直接经济损失 27.8 亿元。11 月 11—12 日，北中部地区普降暴雪，降雪量一般为 20 ~ 45 毫米，积雪深度在 15 厘米以上，过程最大积雪深度出现在长垣达 34 厘米，郑州积雪深度达 32 厘米，全省有 29 个站积雪深度突破历史极值。此次暴雪天气对农业生产、电力、交通运输及人民生活造成了严重影响（图 4.16.4）。

图4.16.4　2009年11月11日武陟县城一商场被积雪压塌（武陟县气象局提供）

Fig.4.16.4　A commercial center was crushed by snowcover in Wuzhi County on November 11, 2009 (from Wuzhi Meteorological Bureau)

4.16.3 气象减灾服务简介

针对冬季发生的严重干旱，河南省气象部门主动及时为省委省政府抗旱决策提供科学依据，首次发布了干旱红色预警信号，开启了历年作业时间最早、作业规模最大的飞机增雨作业，为大灾之年夏粮夺取丰收发挥了重要作用。针对生成突然、发展迅速的 6 月 3 日商丘等地强飑线天气，及时发布了预警信息，避免了永城神火、永煤集团井下可能发生的重大矿工伤亡事故。针对 11 月中旬出现的罕见特大暴雪，多次发布预警，及时启动应急响应，积极推动多部门联动，取得了明显的防灾减灾效果。

4.17 湖北省主要气象灾害概述

4.17.1 主要气候特点及重大气候事件

2009 年，湖北省平均年降水量为 1163.6 毫米，比常年偏少 25 毫米（图 4.17.1）。降水量地域分布不均，除鄂西北北部（十堰、竹溪、郧县、谷城）及鄂西南北部（远安、秭归、宜昌）降水偏多 10% ~ 40% 外，省内其他大部地区偏少 10% ~ 30%。年内气温变幅大，年平均气温为 16.9℃，比常年偏高 0.4℃，是自 1997 年以来连续 13 年偏高。

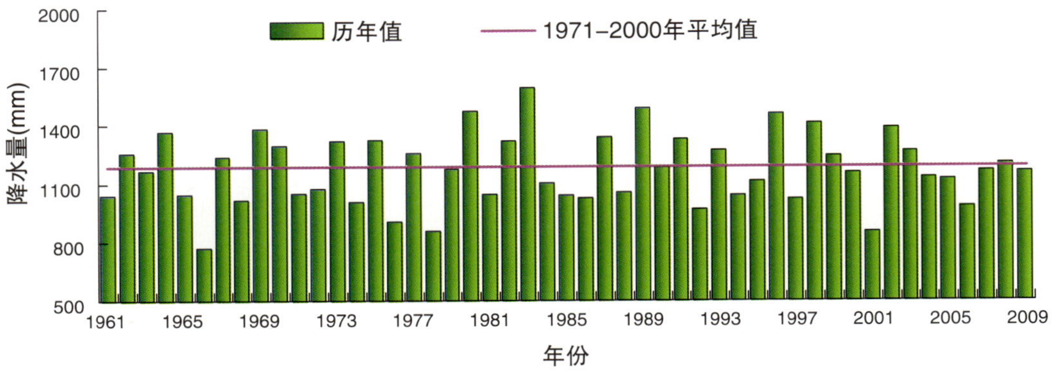

图4.17.1　1961—2009年湖北年降水量变化图

Fig.4.17.1　Annual precipitation in Hubei during 1961-2009

2009 年，湖北省气象灾害及其次生灾害共造成 2640.7 万人受灾，因灾死亡 68 人，紧急转移安置灾民 26.4 万人次；农作物受灾 182.7 万公顷，其中绝收 15.2 万公顷；因灾倒房 5.9 万间，损坏房屋 20.3 万间；直接经济损失 68.3 亿元。总体评价，气象灾害属中等年份。

4.17.2 主要气象灾害及影响

1. 暴雨洪涝

2009 年，湖北省共出现 8 次影响大的暴雨天气过程。暴雨洪涝灾害及滑坡、泥石流等地质灾害共造成全省 945.2 万人受灾，因灾死亡 31 人；农作物受灾面积 83.2 万公顷；直接经济损失 35.7 亿元。其中，5 月 24—28 日，持续暴雨过程造成小麦品质和产量受到较大影响；6 月 27—30 日暴雨过程为 2009 年强度最强、影响范围最大、损失最重的一次，29 日鹤峰 24 小时降水量高达 313 毫米，创该站日降水量新纪录。

2. 干旱

2009 年，旱灾造成全省 638.6 万人受灾；农作物受灾面积 59.2 万公顷，其中绝收面积 1.9 万公顷；直接经济损失 17.8 亿元。湖北省共出现两次阶段性干旱：一是冬春连旱，2008 年 11 月上旬至 2009 年 2 月中旬，全省大部分地区降雨偏少 30% ~ 80%，江汉平原、鄂西北、鄂东北西部偏少 50% 以上，且无雨日数多，襄樊、随州连续无降水日数达 48 天，排历史同期第一位。二是伏秋连旱，7 月 6—23 日，全省出现持续高温，武汉 7 月 18 日、19 日平均气温分别达到 35.2℃ 和 35.3℃，仅次于 2003 年 7 月 31 日至 8 月 1 日的高温过程；7 月 18 日，孝感日最高气温 39.4℃、汉川 38.5℃突破历史年极值，荆州 38.7℃、监利 38.9℃平历史年纪录。监利夏季日最高气温 ≥ 35℃ 高温日数（33 天）平历史年纪录。8 月 1—28 日，全省大部降雨较常年同期偏少 40% ~ 90%，其中 8 月 13 日开始的“秋老虎”高温天气达 11 天，持续旱情对农作物生长和成熟造成了严重危害。

3. 局地强对流

2009 年，湖北省共发生强对流天气（大风、冰雹、雷电等）过程 13 次。强对流天气共造成全省 748.9 万人受灾，因灾死亡 37 人；直接经济损失 8.7 亿元。其中雷电灾害造成 24 人死亡，直接经济损失 6 万元。11 月 8—9 日鄂州沼山镇风雹灾害为该站有记录以来最晚发生的局地强对流天气（图 4.17.2），9 日凌晨瞬时极大风速达 33.5 米 / 秒（12 级）。

图 4.17.2　2009 年 11 月 9 日湖北省鄂州市梁子湖区沼山镇被大风掀翻的屋顶（左）、冰雹大风袭击果树（中）及清扫成堆冰雹（右）（武汉区域气候中心提供）

Fig.4.17.2　Roofs were damaged by gale (left),hailstorm attacked the fruit tree (middle) and the accumulated hailstones(right) in Ezhou, Hubei Province on November 9, 2009（from Wuhan Regional Climate Center）

4. 低温冷冻害

2009 年，湖北省因低温冷冻害造成 308.0 万人受灾；农作物受灾面积 23.8 万公顷；直接经济损失 6.1 亿元。2 月 14 日至 3 月 5 日、3 月 31 日至 4 月 4 日，湖北省出现了持续低温阴雨雪天气。11 月 15—17 日，全省出现大范围降雪，有 44 个县市雨雪量超过 10 毫米，黄梅最大雨雪量达 34 毫米；54 县市出现积雪，9 县市积雪大于 5 厘米，其中大悟 11 厘米、十堰 10 厘米。17 日，武汉、十堰、荆州、咸宁、大悟、黄石等地积雪深度居历史同期第一位。

4.17.3 气象减灾服务简介

2009 年湖北省重大气象灾害减灾服务成效显著，为省委、省政府、省防汛抗旱指挥部等相关单位提供《重大气象信息专报》20 期、《专题气象服务材料》51 期、《春运专项气象服务》46 期、《天气公报》215 期，针对干旱、低温雨雪冰冻、连阴雨、风雹强对流、高温热浪等重大灾害性天气过程进行灾情调查及影响分析评估 11 次，提供应急响应服务材料 18 份，发布灾害性天气预警信号 638 次。决策气象服务材料得到省政府领导批示 14 次，省政府明传电报转发 23 次。3 月 12 日，汤涛副省长批示“气象局的工作卓有成效，为抗旱、春耕、春管、森林防火、抗灾救灾，方便群众生活等发挥了重要作用，感谢气象局的同志们”。

4.18 湖南省主要气象灾害概述

4.18.1 主要气候特点及重大气候事件

2009 年，湖南年平均气温较常年偏高 0.9℃，为 1951 年以来第四高值，是第 13 个气温持续偏高年，四季气温均偏高。全省平均年降水量较常年偏少 15%（图 4.18.1），为 1951 年以来第五低值，四季降水量均偏少，其中冬、秋两季降水量均较常年偏少近五成。春季多次出现低温连阴雨天气，夏季短时暴雨洪涝、高温热浪程度重，夏秋连旱时间长、强对流天气旺盛，冬季寒潮天气来势猛、雨雪冰冻天气早。

全年气象灾害共造成 3306.1 万人次受灾，因灾死亡 66 人，农作物受灾面积 182.5 万公顷，因灾直接经济损失 142.9 亿元。综合评估 2009 年湖南气象灾害轻于常年。

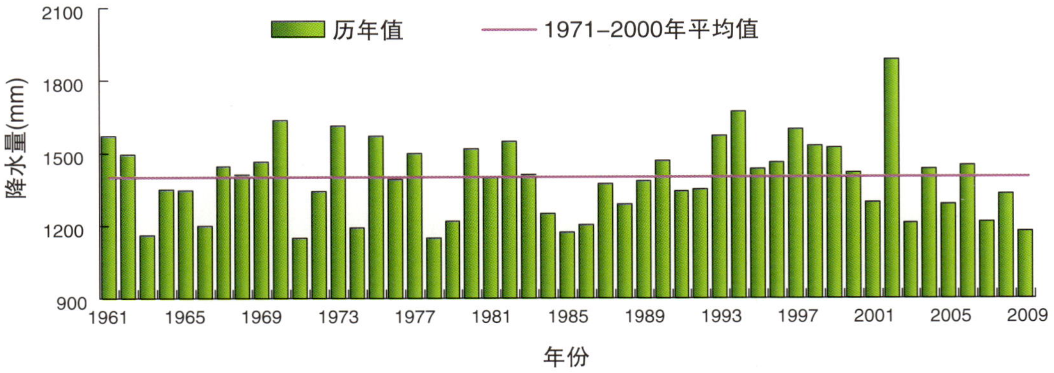

图4.18.1 1961—2009年湖南年降水量变化图

Fig.4.18.1 Annual precipitation in Hunan during 1961-2009

4.18.2 主要气象灾害及影响

1. 干旱

2009 年，湖南省各季都有气象干旱发生，以夏秋干旱最为严重，部分地区出现 3 季连旱。冬季，洞庭湖区和娄底、邵阳盆地出现干旱；春季，受降雨偏少影响，湘西北有 15 个县（市、区）出现旱情；夏初，从湘西北和湘东南部分地区开始出现气象干旱，继而向湘中发展，至 8 月初遍及全省，后期降水持续偏少，形成长时间夏秋连旱。干旱具有时间长、范围大、发展迅速、旱情重、影响大的特点，共致 1123.1 万人受灾，75.3 万公顷农作物受旱，直接经济损失 65.2 亿元。

2. 低温冷害和连阴雨

2009 年春季，多次出现低温冷害和连阴雨天气，常德、益阳、娄底、湘潭大部及岳阳、长沙局部地区多灾并发。2 月 14 日至 3 月 9 日，郴州、永州等 34 县（市）出现连阴雨天气；3 月 26 日至 4 月 5 日，泸溪、桃源等 45 个县（市）出现倒春寒；5 月中下旬，有 63 个县（市）出现连阴雨天气，湘中、湘北有 23 个县（市）出现低温。灾害造成全省 161.9 万人受灾，38.5 万公顷农作物受灾，直接经济损失 4.7 亿元。

3. 暴雨洪涝

2009 年，湖南暴雨过程主要有 15 次，其中有 5 次洪涝灾害较为严重，以 6 月 28 日至 7 月 4 日暴雨过程强度最强，14 个市州 104 个县（市）出现暴雨洪涝灾害。全年暴雨洪涝致 963.3 万人受灾，死亡 43 人，农作物受灾面积 55.8 万公顷，直接经济损失 67.9 亿元。

4. 局地强对流

年内多次出现强对流天气，有 6 次过程影响较大，造成多县市农作物受损。全年 1057.8 万人因风雹受灾，农作物受灾面积 12.9 万公顷，直接经济损失 5.2 亿元。年内除 1 月、5 月、10 月、12 月外，其他月份全省共收集到雷击事件记录 1184 起，其中引起火灾爆炸 14 起。全年雷电共造成 12 人死亡，直接经济损失近 2500 万元。

5. 高温热浪

全省平均高温日数 38 天，位居历史第 3 高位。全省大部分县（市）都出现了 13 天以上的高温天气，有 18 个县（市）高温日数创历史新高。年内共出现了五段高温热浪天气过程，其中 7 月 6—24 日过程强度最强；8 月 10—29 日这次过程时间最长、范围最大。长时间高温天气导致夏秋干旱的迅速发展。

6. 大雾

2009年，全省多次出现大范围的大雾天气，严重影响了交通运输安全。长沙黄花机场因大雾全年影响航班4262架次，其中11月、12月影响航班数均占当月计划航班数的15%。12月24日，因大雾致三百多趟进出港航班延误或取消，为该机场近年来受大雾影响最严重的一次。

4.18.3 气象减灾服务简介

2009年湖南共发布决策气象服务材料183期，决策气象服务材料被其他部门引用达102次。共开展人工增雨作业330次，防雹作业90次，作业区影响面积累计达1.3万平方千米，共制作发布雷电短时预警产品110期，发布雷电预警信号310县次、近50万人次。

4.19 广东省主要气象灾害概述

4.19.1 主要气候特点及重大气候事件

2009年广东全省年平均气温22.2℃，较常年偏高0.7℃，是1961年以来第七暖年（图4.19.1）；全省平均年降水量1530毫米，较常年偏少15%，是1951年以来第13个少雨年。年内气温变化起伏大，季节转换急剧，2、9月全省平均气温创有记录以来历史同期新高；夏季和秋季高温突出，全省平均年高温日数27.6天，为历史同期第2位，仅次于2003年；1月出现霜（冰）冻灾害，11月遭遇重度霜降风。“龙舟水”期间暴雨和强对流天气频发；2008年11月中旬至3月初的大范围秋冬连旱以及8月至11月上旬的夏秋连旱影响严重。年内共5个热带气旋登陆，较常年偏多；“莫拉菲”是1951年以来7月登陆珠三角最强的台风，“天鹅”创下有记录以来热带气旋停留广东省陆地最长时间记录，“巨爵”带来强降水、重创粤西和珠三角。

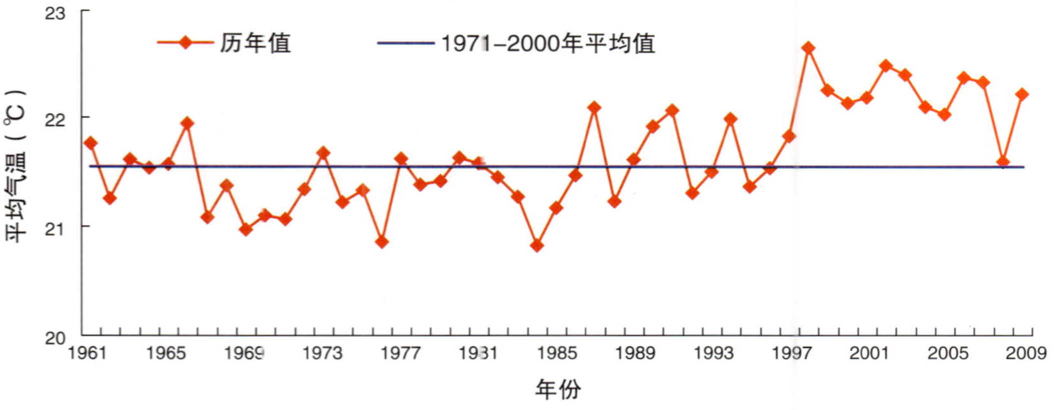

图4.19.1　1961—2009年广东年平均气温变化图

Fig.4.19.1　Annual mean temperature in Guangdong during 1961−2009

2009年气象灾害造成全省农作物受灾面积64.3万公顷，绝收面积2.2万公顷，受灾人口790.4万人，58人死亡，直接经济损失62.8亿元。

4.19.2 主要气象灾害及影响

1. 热带气旋

2009年共5个热带气旋登陆广东，较常年平均偏多。此外，登陆福建的“莲花”和登陆海南的“彩虹”、“芭玛”对广东也造成较大影响（图 4.19.2）。台风“莫拉菲”是 2009 年登陆我省最强的台风，也是 1951 年以来 7 月登陆珠三角最强的台风。热带风暴“天鹅”在广东境内停留超过 48 小时，是有记录以来停留广东陆地时间最长的热带气旋。台风“巨爵”是本年对广东影响最重的热带气旋。

热带气旋灾害共造成 379.9 万人受灾，死亡 20 人，农作物受灾面积 28.9 万公顷，绝收面积 1.3 万公顷，倒塌房屋 1.2 万间，直接经济损失 47.5 亿元。

图4.19.2 2009年6月22日，受“莲花”影响平远遭受暴雨洪涝（平远县气象局提供）

Fig.4.19.2 Flood attacked Pingyuan of Guangdong which was caused by “Linfa” on June 22, 2009 (from Pingyuan Meteorological Bureau)

2. 暴雨洪涝

2009 年 3 月 5 日广东开汛，较常年异常偏早 40 天。“龙舟水”期间（5 月下旬到 6 月中旬），全省出现暴雨以上降水 140 站日，引发局地洪涝、山体滑坡等灾害。5 月 22—25 日，广东出现暴雨—大暴雨过程、局部特大暴雨，过程中出现暴雨以上降水 54 站次，上川岛和台山 23 日出现 255.5 毫米和 255.4 毫米的特大暴雨；6 月 7—17 日，广东出现持续性强降水过程，期间出现暴雨以上降水 51 站次，过程雨量阳江 522 毫米最多。全年暴雨洪涝共造成 89.9 万人受灾，死亡 10 人，农作物受灾面积 3.6 万公顷，倒塌房屋 1.4 万间，直接经济损失 8.8 亿元。

3. 干旱

2009 年，广东出现严重秋冬连旱和夏秋连旱。2008 年 11 月 11 日至 2009 年 2 月 28 日，全省有 57 个县（市）为历史同期降水量最少，出现大范围秋冬连旱。8 月 1 日至 11 月 10 日，广东北部大部分地区和东南部偏东地区降水量比常年同期偏少 50% ~ 70%，出现严重旱情。全年干旱造成 31.8 万公顷农作物受旱，0.9 万公顷绝收，285.4 万人受灾，24 万人饮水困难，直接经济损失 6.3 亿元（图 4.19.3）。干旱还造成严重咸潮、水资源短缺和林火等级偏高等严重影响。

图4.19.3 2009年9月7日东源县水稻受旱（河源市气象局提供）

Fig.4.19.3 Rices were attacked by drought in Dongyuan of Guangdong on September 7, 2009 (from Heyuan Meteorological Bureau)

4. 高温热浪

2009 年广东省平均年高温日数 27.6 天，为 1951 年以来同期第 2 位，仅次于 2003 年，有 21 个县（市）年高温日数创历史新高。7 月以来广东电网统调负荷连创历史新高，广州、深圳、东莞、佛山等城市最高用电负荷均创历史新高。广州市自来水供水量与上年同期相比上升了3.7%。另外，高温还造成汽车自燃、爆胎等事故大增以及人群“高温病”频发，对日常生活以及社会经济造成严重影响。

4.19.3 气象减灾服务简介

2009年，广东省气象部门为省委、省政府等和相关部门制作了《重大天气气象信息快报》117份、《重大天气气象信息专报》16份，为领导决策提供了有效的科学依据。省委、省政府领导在多种场合对广东省气象服务工作表示了肯定，汪洋书记、黄华华省长、李容根副省长等省委、省政府领导在决策服务产品上做出19次重要批示。针对2009年广东省严重的秋冬连旱和夏秋连旱，气象部门在各级政府支持下开展了大面积人工增雨作业，共实施飞机增雨作业40架次，飞行作业80小时；开展地面火箭增雨作业259次，发射增雨火箭922枚，增加降雨量20亿立方米，取得明显的增雨抗旱效果。

4.20 广西壮族自治区主要气象灾害概述

4.20.1 主要气候特点及重大气候事件

2009年，广西年平均气温21.5℃，比常年偏高1.0℃，为1961年以来最高值(图4.20.1)。广西平均年降水量为1277.1毫米，比常年偏少18%。年内降水时空分布不均，1—5月出现冬春连旱；汛期暴雨洪涝频繁，其中7月1—6日的持续性大范围强降水导致严重洪涝灾害；8—12月降水量持续偏少，出现夏秋冬连旱。2009年高温天气比常年明显偏多；影响广西的热带气旋有6个，影响程度属轻到中度。此外，霜（冰）冻、冰雹、雷电也给广西造成了不同程度的影响。

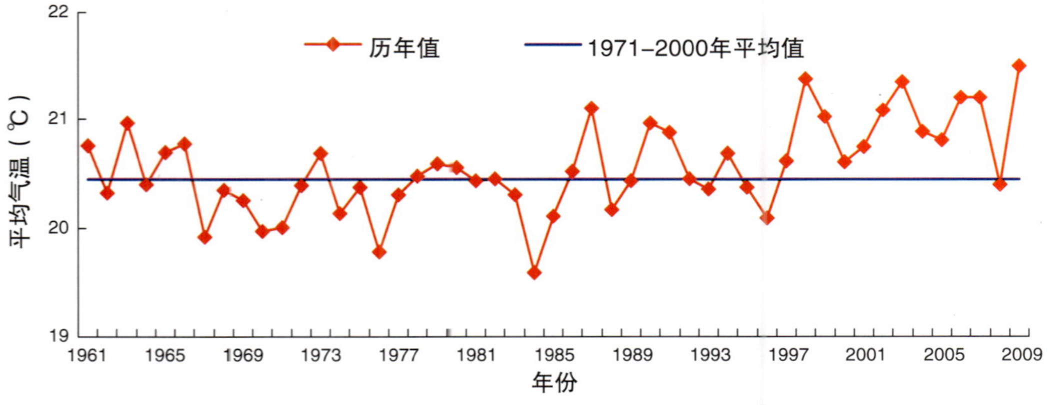

图4.20.1 1961—2009年广西年平均气温变化图

Fig.4.20.1 Annual mean temperature in Guangxi during 1961-2009

全年因气象灾害共造成农作物受灾面积111.0万公顷，绝收面积7.6万公顷，受灾人口2337.1万人，死亡34人，失踪3人，直接经济损失66.2亿元。总的来看，2009年广西气象灾害属中等年份。

4.20.2 主要气象灾害及影响

1. 干旱

2009年1—5月和8—12月，广西分别出现冬春连旱和夏秋冬连旱。干旱造成全区1352.4万人受灾，发生饮水困难 106.0 万人；农作物受旱面积 77.4 万公顷，绝收面积 3.3 万公顷；旱灾造成直接经济损失 20.6 亿元，其中农业经济损失 16.8 亿元。其中 8—12 月，全区平均降水量比常年同期偏少 40%，偏少程度居 1951 年以来同期的第二位。降水持续偏少导致夏秋冬连旱，其中秋季旱情最重，重旱区分布在河池、崇左、百色、桂林、柳州、贺州等市，旱灾造成直接经济损失 14.7 亿元，其中农业经济损失 12.0 亿元。

2. 暴雨洪涝

2009 年，广西除热带气旋引起的暴雨洪涝外，全年受其他天气系统影响引起的暴雨洪涝共造成 690.5 万人受灾，紧急转移安置 37.5 万人，饮水困难人口 11.9 万人，死亡 12 人、受伤 5 人；农作物受灾面积 30.4 万公顷，绝收面积 4.0 万公顷；倒塌房屋 4.8 万间，损坏房屋 7.5 万间；因灾造成直接经济损失 41.5 亿元，其中农业直接经济损失 13.5 亿元（图 4.20.2）。

图4.20.2　2009年7月6日暴雨洪涝导致忻城县庄稼被淹（来宾市气象局提供）

Fig.4.20.2　Crops were submerged by flood caused by rainstorm in Guangxi on July 6, 2009 (from Laibin Meteorological Bureau)

3. 热带气旋

2009 年，影响广西的热带气旋有 6 个，比常年偏多 1 个，灾害影响程度属轻到中度。全年共造成全区 72.6 万人受灾，累计紧急转移安置 1.3 万人；农作物受灾面积 1.9 万公顷；倒塌房屋 0.1 万间；直接经济损失 1.2 亿元。

4. 局地强对流

2009 年 3—4 月和 7—8 月，广西部分地区出现大风、冰雹及雷电等强对流天气。灾害共造成 209.8 万人受灾，死亡 22 人；农作物受灾面积 1.0 万公顷，其中绝收 0.3 万公顷；损坏房屋 3.7 万间，倒塌房屋 0.1 万间；直接经济损失 2.8 亿元。其中，2009 年广西共发生雷击事件 113 起，死亡 11 人，伤 6 人，建（构）筑物受损 13 起，办公电子电器设备受损 35 起 261 件，家用电子电器设备受损 16 起 274 件；由雷电引发火灾或爆炸 2 起。

4.20.3 气象减灾服务简介

2009 年广西气象部门严密监测各类灾害性天气，及时预警，主动服务，气象服务效益明显。全年共启动应急预案 13 次，其中Ⅱ级响应 3 次，Ⅲ级响应 8 次，Ⅳ级响应 2 次。自治区气象局共发布了《重大气象信息专报》15 期、《气象服务信息》171 期、《气象服务参考》57 期、《专项气象服务》156 期、《为社会主义新农村建设气象服务》87 期。全区各级台站共发布台风、暴雨、高温、大雾、大风、冰雹、雷电、干旱预警信号 2260 次，有 9000 万人（次）以上通过手机短信接收到预警信息。自治区党委书记郭声琨、自治区主席马飚等领导多次在我局报送的气象服务材料上做出批示。各级党委、政府领导对气象服务工作给予了充分肯定。

4.21 海南省主要气象灾害概述

4.21.1 主要气候特点及重大气候事件

2009 年海南省年平均气温 24.7℃，较常年偏高 0.6℃，为 1961 年以来第六高值。年内：冬季平均气温偏高，春、夏和秋季正常；年平均降水量 2284.9 毫米，较常年偏多 27%，为 1961 年以来的最多值（图 4.21.1）。降水时空分布不均，西部部分地区出现春旱；热带气旋影响个数接近常年，登陆个数较常年偏多。热带气旋造成的灾害重于常年。年内还发生了 100 多起雷击、大风、冰雹、大雾等气象灾害事件。全年因气象灾害造成 319.2 万人次受灾，死亡人口 19 人；农作物受灾面积 12.0 万公顷，其中绝收面积 2.5 万公顷；直接经济损失 10.8 亿元。气候年景属于一般年景。

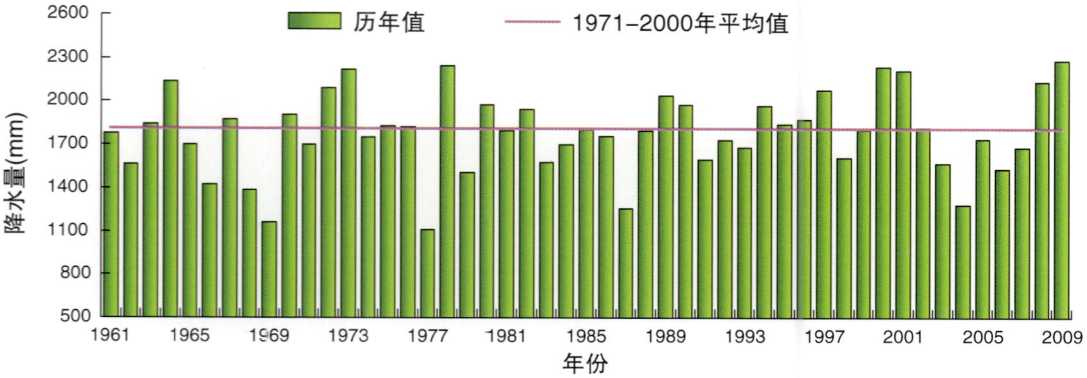

图4.21.1 1961—2009年海南年降水量变化图

Fig.4.21.1 Annual precipitation in Hainan during 1961−2009

4.21.2 主要气象灾害及影响

1. 热带气旋

2009 年海南省先后受 7 个热带气旋影响，其中有 4 个登陆，登陆个数较常年偏多。0907 号热带风暴“天鹅”、0916 号台风“凯萨娜”、0917 号强热带风暴“芭玛”和 10 月中旬的热带低压影响相对较大（图 4.21.2）。10 月 11—14 日，受“芭玛”影响，海南省北半部地区普遍出现暴雨到大暴雨，其中 230 个乡镇自动站出现 100 毫米以上降水，最大为临高县博厚镇 459.0 毫米；陆地普遍出现 8 级以上阵风，最大为昌江县十月田镇 11 级。全年因热带气旋影响使 278.9 万人受灾，死亡人口 10 人，紧急转移安置人口 20.3 万人；农作物受灾面积 10.5 万公顷，绝收

图4.21.2 2009年10月13日强热带风暴“芭玛”造成定安县大片成熟水稻被淹（定安县气象局提供）

Fig.4.21.2 Rice crops were submerged by flood caused by strong subtropical storm “Parma” on October 13, 2009 (from Ding'an Meteorological

面积 2.5 万公顷；直接经济损失 6.8 亿元。热带气旋灾害属于偏重年份。

2. 暴雨洪涝

2009 年，海南省出现的暴雨洪涝灾害相对较少，全年全省有 3 个市（县）33.2 万人次受灾；农作物受灾面积 0.2 万公顷；全年暴雨洪涝导致的直接经济损失 3.2 亿元。属一般气象灾害年景。9 月 22—25 日，受南海热带云团扰动及北方弱冷空气的共同影响，海南省出现了大范围的强降水，全省共有 115 个乡镇自动站雨量超过 200 毫米，43 个乡镇自动站超过 300 毫米，6 个乡镇自动站超过 400 毫米，最大为琼海牛路岭水库 443.8 毫米。

3. 干旱

2009 年，海南省西部部分地区出现春旱，全省 6.6 万人次受灾，2 万人饮水困难；农作物受旱面积 1.3 万公顷，造成直接经济损失 0.7 亿元。影响程度为一般灾害年景。

4. 局地强对流

2009 年海南省发生雷电、大风、冰雹和龙卷风等局地强对流天气灾害事件 96 起；0.5 万人受灾，死亡 9 人，直接经济损失 0.1 亿元，属于中等偏轻年份（图 4.21.3）。2009 年 3—9 月海南省均有雷电灾害发生，其中 6 月份雷灾 19 起，造成 4 人死亡，直接经济损失 79.3 万元。全年共发生雷电灾害 88 起，造成 9 人死亡，9 人受伤，部分建筑物和电子电器设备损坏，直接经济损失 353.4 万元。

图4.21.3　2009年6月23日海口市云龙镇香蕉树遭龙卷风袭击（海口市气象局提供）
Fig.4.21.3　Bananas were attacked by tornado on June 23, 2009（from Haikou Meteorological Bureau）

4.21.3 气象减灾服务简介

2009 年海南省经历多个重大灾害性天气，面对强降水出现早、汛期提前到来、热带气旋接连不断的复杂天气，省气象局及时准确地向社会发布天气警报和预警信号，多次召开重大天气过程新闻发布会；先后为“博鳌亚洲论坛”、“十一运会火炬接力”、“环海南岛自行车赛”、“海南岛欢乐节”等重大社会活动制作提供专题气象服务报告；主动及时上报暴雨、热带气旋、强冷空气等重大灾害性天气快报和专报。全年累计报送《重要气象信息专报》80 期,《重要气象信息快报》72 期。尤其是在针对“天鹅”和“巨爵”两次服务过程中，省气象局报送的快报服务材料分别得到了罗保铭省长和陈成副省长的重要批示。

4.22 重庆市主要气象灾害概述

4.22.1 主要气候特点及重大气候事件

2009年重庆市年平均气温18.1℃，较常年偏高0.7℃（图4.22.1）；年降水量1027.2毫米，较常年偏少10%，为近10年第3低值。冬季气温偏高，2月前期升温迅速，气温异常偏高；春季入春偏早，气温波动较大，大雨开始期偏早；夏季暴雨、强降水过程频繁，盛夏旱涝交错；初秋高温热浪较强，秋季降温幅度大、范围广，大雾天气较多。

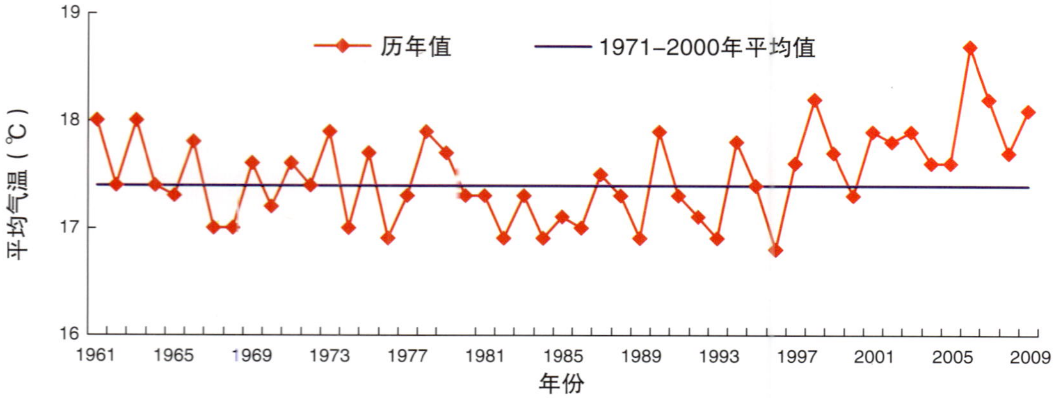

图4.22.1 1961—2009年重庆年平均气温变化图

Fig.4.22.1 Annual mean temperature in Chongqing during 1961−2009

2009年重庆市发生的气象灾害主要有大风冰雹、暴雨洪涝、盛夏伏旱，此外局部地区还出现了滑坡、病虫害、连阴雨、雪灾等。全年因灾造成1186.7万人受灾，其中死亡87人、失踪72人，农作物受灾49.5万公顷，直接经济损失48.2亿元。总体而言，2009年重庆市气象灾害表现为“暴雨洪涝偏重，风雹灾害不强，盛夏伏旱较轻”的形势，与2000年以来相比属中等程度，比2008年略偏重。

4.22.2 主要气象灾害及影响

1. 暴雨洪涝

2009年重庆市暴雨、强降水天气发生频繁，暴雨洪涝灾害偏重，主要出现了6月6—8日、6月19—21日、6月28—30日、8月2—5日、8月28—29日、9月19—20日六次区域暴雨天气过程，及5月12日局部暴雨、7月9—13日渝东北大到暴雨、7月26日局部暴雨等强降水天气过程（图4.22.2，图4.22.3）。此外局地的强降水天气还引发了山洪、山体滑坡等次生灾害。

图4.22.2 2009年6月29日重庆市长寿区暴雨（长寿区气象局提供）

Fig.4.22.2 Rainstorm in Changshou of Chongqing on June 29, 2009 (from Changshou Meteorological Bureau)

暴雨洪涝灾害共造成930.9万

人受灾，其中死亡82人，农作物受灾32.7万公顷，房屋倒塌6.3万间，直接经济损失41.4亿元。

2. 局地强对流

2009年重庆市的大风冰雹灾害较2008年偏轻，主要出现了3月20日渝东北局部风雹、4月15日强对流天气、8月22日强对流天气、8月26日局地风雹等几次较大的风雹天气。局地的强对流天气还引发了雷电灾害

全年风雹、雷电灾害造成78.7万人受灾，其中死亡5人，农作物受灾2.1万公顷，房屋损坏1.9万间，直接经济损失3.2亿元。

图4.22.3　2009年7月10日重庆市城口县暴雨（城口县气象局提供）
Fig.4.22.3　Rainstorm in Chengkou County of Chongqing on July 10, 2009
（from Chengkou Meteorological Bureau）

3. 干旱

2009年夏季，重庆市出现了3段连晴高温天气，部分地区发生了伏旱。主要是7月上旬至9月中旬期间，丰都、酉阳、彭水、黔江、渝北、潼南、秀山发生了伏旱，其中彭水出现了两段伏旱天气。

伏旱共造成174.8万人受灾，33.0万人饮水困难，农作物受灾13.7万公顷，直接经济损失3.5亿元。

4. 雪灾

3月11日万州区发生雪灾，造成2.3万人受灾，农作物受灾1.1万公顷，直接经济损失1000万元。

4.22.3 气象减灾服务简介

2009年重庆市天气形势复杂，服务任务繁重，市气象部门严密监视天气气候变化，全力提高预测预报时效性和准确率，成功预报了“6.28区域暴雨”、“7.10局地强降水”、“8.3渝西大暴雨”、“11月中旬强降温”等重大灾害性天气过程，并及时开展了服务，有效减轻了灾害损失，同时开展了“6.5武隆山体垮塌”应急气象服务、“7.11万州潭獐峡山洪”应急保障服务等工作，为地方领导和相关部门科学决策工作、指导抗灾救灾等提供了大量优质高效的决策服务材料和对策建议，受到了各级领导及有关部门的一致好评。

4.23 四川省主要气象灾害概述

4.23.1 主要气候特点及重大气候事件

2009年四川省气温显著偏高，降水量接近常年。年内盆地中南部地区干旱严重，汛期暴雨过程频繁、局部洪涝严重，大风冰雹少、秋绵雨较轻。经综合分析评估，2009年全省气候年景为一般年景。全省年平均气温16.7℃，较常年偏高0.7℃（图4.23.1）；2月和9月较常年同期异常偏高

3.5℃和2.1℃，分别居历史同期第一和第二。全省年平均降水量915毫米，较常年偏少43毫米（图4.23.2）。

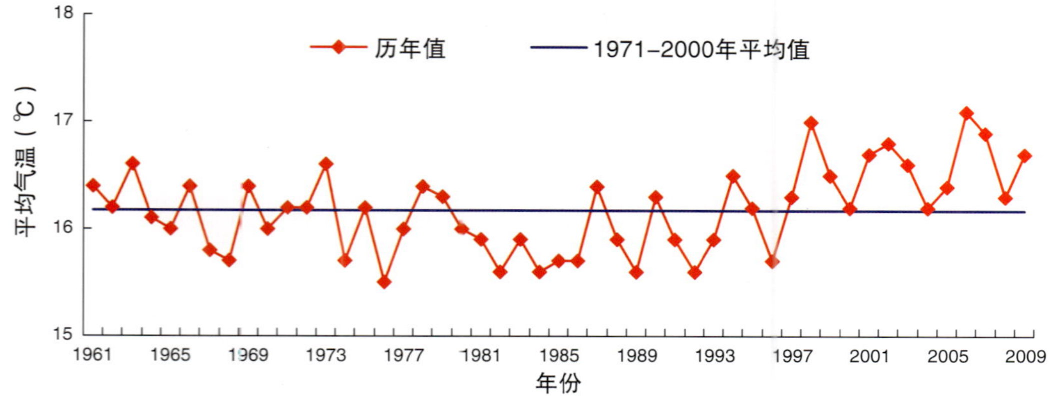

图4.23.1　1961—2009年四川年平均气温变化图

Fig 4.23.1　Annual mean temperature in Sichuan during 1961−2009

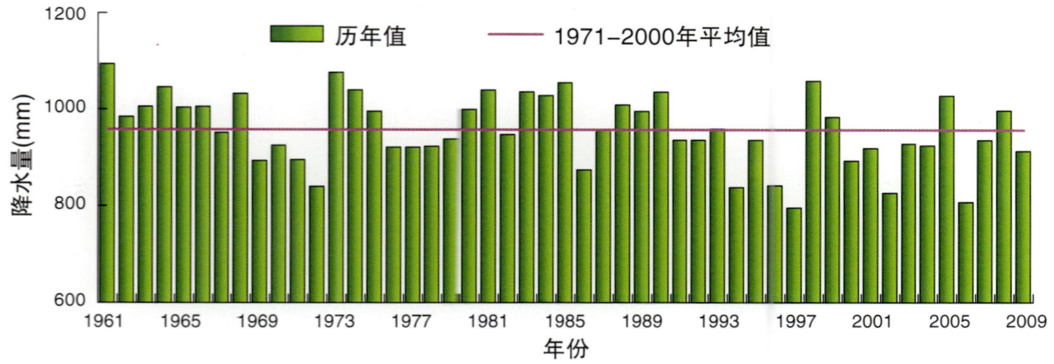

图4.23.2　1961—2009年四川年降水量变化图

Fig.4.23.2　Annual precipitation in Sichuan during 1961−2009

全省因气象及其衍生灾害共造成3394.2万人（次）受灾，239人死亡，94人失踪，紧急转移安置86.4万人次；损坏房屋43.3万间，倒塌房屋17万间；农作物受灾159.9万公顷，绝收11.9万公顷，直接经济损失139.9亿元。

4.23.2 主要气象灾害及影响

1. 干旱

2009年四川省干旱总体偏轻，盆地中南部局部严重。年内有87个县（市、区）发生了偏轻春旱，118县（市、区）发生了中等强度夏旱，48县（市、区）发生了偏轻伏旱。全省共计13个市州111个县（市、区）382.8万人不同程度受灾，53.4万人出现饮水困难，74.3万公顷农作物受灾，绝收面积2.6万公顷。直接经济损失10.7亿元。

2. 暴雨洪涝

2009年暴雨过程较为频繁，其中6—8月出现5次区域性暴雨天气过程。影响最为突出的是7月14—17日、7月9—13日、8月28—29日出现的暴雨天气过程。年内，全省最大日降水量出现在6月28日的乐山市，达210.4毫米。全省共计21个市州156个县（市、区）1688.6万人不同程度受灾，损坏房屋36.4万间，倒塌房屋10.2万间，农作物受灾面积67.2万公顷，绝收面积7.7万公顷，死亡210人，死亡牲畜4.7万头，直接经济损失111.3亿元。

7月14—17日，四川盆地西部7个市州23个县（市）先后出现暴雨天气过程，其中8个县（市）降了大暴雨，地震灾区青川连续3天降了大暴雨，江油市连续3天出现暴雨（图4.23.3）。暴雨共造成全省直接经济损失约32亿元。

图4.23.3 2009年7月16日青川县城被水围困（肖青摄）

Fig.4.23.3 Flood attacked Qingchuan on July 16, 2009

3. 局地强对流

全省共计72个县（市、区）度受灾，损坏房屋1.7万间，倒塌房屋0.2万间，农作物受灾14.0万公顷，绝收面积1.5万公顷，死亡26人，直接经济损失17.3亿元。

5月19日，巴中市梓潼庙乡等22个乡镇出现了不同程度的大风冰雹，最大冰雹直径达20毫米。造成3万多人受灾，2000多公顷农作物受损，巴中市范围内的三县一区全部停电，直接经济损失达5000万元。

图4.23.4 2009年1月19日成都双流机场出现大雾（吕俊明摄）

Fig.4.23.4 Heavy fog attacked Chengdu of Sichuan Province on January 19, 2009

4. 大雾

1月18—19日，大雾连续两天袭击四川盆地。18日，10条高速公路通行受阻，成都双流国际机场被迫关闭5个多小时，大批航班延误，1万余名旅客滞留。19日，全省4条主要高速公路间断放行，双流机场被迫关闭6个多小时，近200个进出港航班延误，1.5万旅客滞留（图4.23.4）。

4.23.3 气象减灾服务简介

2009年7月7日，蒋巨峰省长主持召开四川省人民政府第36次常务会议，审议通过了《四川省气象灾害预警信号发布与传播规定（修订案送审稿）》。修订后的该规定实现了与全国统一的气象灾害预警信号，对加强预警信号发布与传播的监督管理，畅通发布与传播渠道，扩大预警信息覆盖面，建立预警应急响应机制等将发挥更大的作用。

4.24 贵州省主要气象灾害概述

4.24.1 主要气候特点及重大气候事件

2009年，贵州省年平均气温16.1℃，较常年偏高0.7℃（图4.24.1）。2009年，贵州省年降水量时空分布不均，在652.4～1349.8毫米之间，降水总量较常年偏少17.6%（图4.24.2）。2009年，贵州省先后遭受了大风冰雹、雷击、霜冻、暴雨洪涝、干旱、低温雨雪等气象灾害。特别是8月初至9月14日，遭受了严重的夏秋连旱灾害，79县（市、区）出现气象干旱，在此期间全省气温之高、降水量之少仅次于1990年，给全省工农业生产带来巨大损失。2009年气象灾害共造成全省1604.4万人受灾，其中死亡及失踪68人，直接经济损失高达33.1亿元。2009年光温水条件能满足秋收作物的需要，全年农业气象条件属于较好年景。

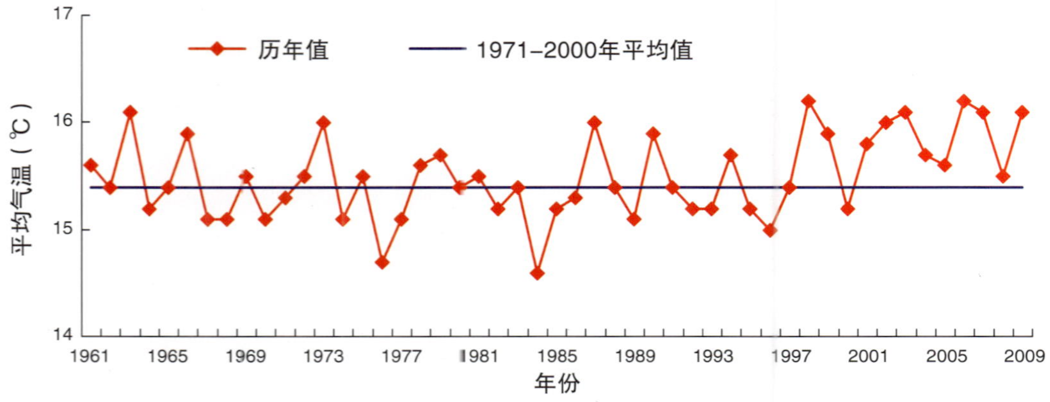

图4.24.1　1961—2009年贵州年平均气温变化图

Fig.4.24.1　Annual mean temperature in Guizhou during 1961–2009

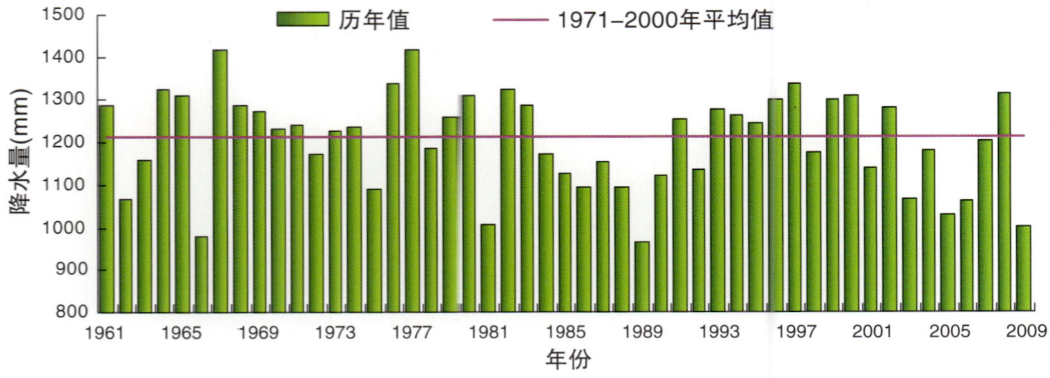

图4.24.2　1961—2009年贵州年降水量变化图

Fig.4.24.2　Annual precipitation in Guizhou during 1961–2009

4.24.2 主要气象灾害及影响

1. 干旱

2009年，贵州省出现了较为严重的夏秋连旱。7月出现了严重的夏旱。黔东南自治州和铜仁地区的10个县（市）在7月中旬开始出现旱情。8月以后，旱情逐步扩大；8月中旬后，旱情进一步加剧。从9月1日开始气温异常偏高，干旱灾情损失急剧增加（图4.24.3，图4.24.4）。9月14

日后，全省大部干旱得到缓解，9 月 22 日，干旱基本解除。本次严重的夏秋连旱过程中，贵州省部分地区旱情持续近 50 天，干旱持续日数虽不是最长，但由于期间气温异常偏高，降水异常偏少，因而影响范围广。

整个夏秋连旱过程，全省受旱面积 47.8 万公顷，经济损失 14.5 亿元。根据 1950—2009 年夏秋连旱灾情不完全统计资料分析，本年全省夏秋连旱造成的直接经济损失历史排位第二名；71 县市受灾在历史排位第二名。

图4.24.3　2009年9月沿河县官舟镇水稻无法抽穗
（贵州省民政厅提供）
Fig.4.24.3　Rices were affected by drought in Yanhe, Guizhou Province in September 2009 (from Guizhou Civil Affairs)

2. 暴雨洪涝

2009 年，贵州省共出现暴雨 186 县（次），大暴雨 14 县（次）。全年因暴雨洪涝造成 393.0 万人受灾，46 人死亡，直接经济损失约近 12.3 亿元。全年降水总量较常年偏少 17.6%，暴雨洪涝造成损失总体上少于 2008 年。其中 7 月 23—27 日出现的持续强降水天气过程，造成的危害较大，有 17 个县（市、区）21.5 万人遭受洪涝灾害，直接经济损失近 3200 万元。

图4.24.4　2009年9月松桃县牛郎镇黄蜡村饮水困难
（贵州省民政厅提供）
Fig.4.24.4　Drink water deficiency caused by drought in Niulang, Guizhou Province in September 2009 (from Guizhou Civil Affairs)

3. 局地强对流

2009 年，贵州省雷电冰雹灾害重，共出现 19 次降雹过程，其中 4 月 11 日安顺市西秀区雹灾损失严重，发生雷灾事故 32 起，造成 7 人死亡，5 人受伤，2 起火灾事故。全年 232.6 万人受灾，死亡 22 人，直接经济损失 5.5 亿元。

4.24.3 气象减灾服务简介

围绕我省经济建设、新农村建设以及各级政府安排部署工农业生产、抢灾救灾等，全年为省委省政府及相关部门制作《重大天气预报》10 期、《专题气象服务》27 期、《气象服务信息》26 期、《雨情公报》50 期，共计 113 期，分别在 3、6、9 月为政府及相关部门提供《春、夏、秋季决策气象服务》。

2009 年共组织飞机人工增雨作业 19 架次、飞行时间 55 小时，地面火箭、高炮配合开展人工增雨作业增加的降水量达 17.6 亿吨。2009 年贵州省防雷减灾中心对 282 个单位进行了防雷安全检测，发现 74 个单位存在防雷安全隐患，存在防雷安全隐患的各单位按照要求整改完毕，有效减少了雷击安全事故的发生。

2009年先后为第九届全国少数民族运动会、第十一届全国运动会贵阳市火炬传递、2009年“国密董酒杯”多彩贵州旅游商品两赛一会、2009中国·贵阳避暑季暨第四届国际阳明文化节、2009中国贵州国际绿茶博览会等提供全程气象保障服务。

4.25 云南省主要气象灾害概述

4.25.1 主要气候特点及重大气候事件

2009年云南大部气候异常，全省平均年降水量和年平均气温分别创下近50年来的最少和最高纪录（图4.25.1，图4.25.2）。四季降水量均比历史同期明显偏少，秋季气温是1961年来同期偏高最明显的年份；年平均日照时数较常年偏多，除秋季偏多外，其他季节日照时数均偏少。

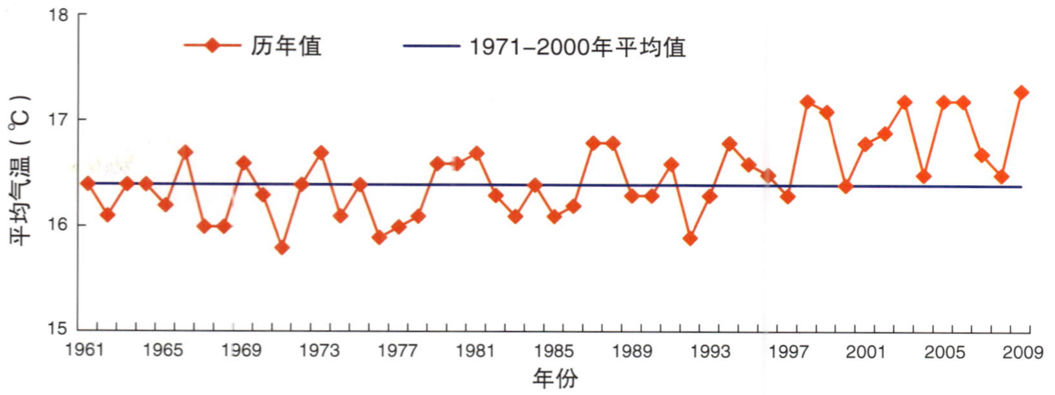

图4.25.1 1961—2009年云南年平均气温变化图

Fig.4.1.1 Annual mean temperature in Yunnan during 1961−2009

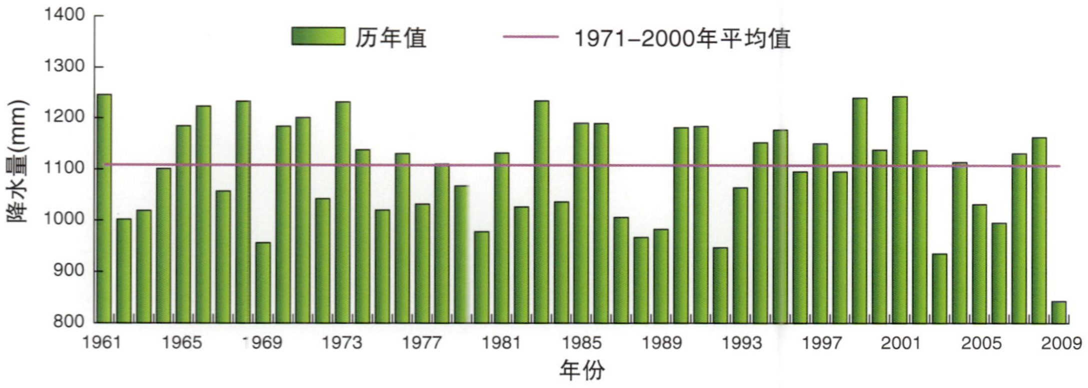

图4.25.2 1961—2009年云南年降水量变化图

Fig.4.1.2 Annual precipitation in Yunnan during 1961−2009

年内多种气象灾害交替发生，其中干旱灾害在除夏季之外的季节偏重发生，持续时间长、分布广、农作物受灾程度大，并诱发滇中及以西以北发生森林火灾，是造成云南省受灾最严重的气象灾害；春初滇中及以北以东、滇西局部发生强低温霜冻灾害；夏季强对流天气突出，雷电灾害频繁；汛期无大范围洪涝灾害，但局地暴雨和衍生灾害较重。

气象灾害共造成全省2156.5万人受灾，139人死亡，23人失踪；农作物受灾面积166.8万公顷，绝收面积17.4万公顷，直接经济损失83.9亿元。总的来说，云南省2009年气象灾害经济损失高于2000—2008年的平均值，但造成的死亡失踪人数为近30年来最少的一年，气象灾害属一般年份，农业气候属中等偏好年景。

4.25.2 主要气象灾害及影响

1. 干旱

2009年云南省发生了冬春旱和局部初夏旱、秋冬旱，干旱灾害的影响范围和经济损失均明显偏重。灾害造成1187.8万人受灾，275.0万人饮水困难，农作物受灾面积103.7万公顷，绝收面积7.3万公顷，直接经济损失38.5亿元。

2008年11月中旬至2009年3月，全省大部发生冬春干旱灾害，昭通、曲靖、昆明、玉溪、红河、文山、普洱、临沧、保山、丽江等州市受灾严重。2009年入秋以后，云南省大部地区发生了有气象记录以来最严重的秋冬连旱，丽江、大理、楚雄、昭通、曲靖、玉溪、红河、文山、保山、临沧等地旱情严重。

2. 低温冷冻害

2009年云南省发生的低温冷害和冻害中，霜冻灾害占主导，灾害造成的农业经济损失较常年偏大，但远低于2008年。灾害造成431.5万人受灾；房屋受损0.4万间，倒塌0.1万间；农作物受灾面积38.2万公顷，绝收面积6.2万公顷。直接经济损失15.0亿元。

3月14日，滇中及以北以东、滇西局部地区出现了强低温霜冻天气，对农经作物造成很大影响。11月16—23日，滇东4州市发生低温冷害、雪灾、冰冻灾害，造成滇东北道路结冰。12月下旬，曲靖、玉溪、保山等地发生霜冻灾害。

3. 局地强对流

1—9月，云南发生局部大风、冰雹、雷电灾害，其中6月局地强对流天气突出，引发的灾害较2008年同期偏重，8月是雷电灾害的高发期。灾害造成264.8万人受灾，64人死亡，其中雷电灾害致使46人死亡；房屋受损12.4万间，倒塌0.3万间；农作物受灾面积9.0万公顷，绝收面积1.1万公顷。直接经济损失14.2万元。

4. 暴雨洪涝

2009年云南省洪涝、地质灾害造成的经济损失、受灾面积、死亡失踪人数均低于1991年以来的平均状况，属灾害偏轻年份。强降水主要出现在5月下旬、6月中下旬和7—8月。灾害造成267.3万人受灾，75人死亡，23人失踪；房屋受损8.8万间，倒塌4.4万间；农作物受灾面积15.5万公顷，绝收面积2.8万公顷。直接经济损失15.9亿元。

5. 热带气旋

7月20—21日，0906号台风“莫拉菲”登陆后减弱的低压造成云南西部、南部地区出现大雨暴雨天气，引发洪涝、冰雹、大风、滑坡、泥石流等灾害。灾害造成5.1万人受灾；农作物受灾面积0.4万公顷；直接经济损失0.2亿元。

4.25.3 气象减灾服务简介

2009年，云南省气象局圆满完成了胡锦涛、贾庆林、习近平等党和国家领导人视察云南的气象保障任务、“7.9”姚安地震抢险救灾、全运会云南火炬传递、“中国昆明进出口商品交易会”、“中国国际旅游交易会”等重大气象预报服务工作，并及时派出应急服务小组，得到了有关领导和活动组织部门的好评和表彰。

针对干旱、高森林火险等级、低温霜冻、暴雨洪涝和地质灾害等的决策气象服务工作受到省委、省政府及省级有关部门的重视，在部署全省防灾减灾的讲话和文件中，省委、省政府多次引用了云南省气象局提供的气象信息和决策建议，为指挥抗灾提供了重要依据。

4.26 西藏自治区主要气象灾害概述

4.26.1 主要气候特点及重大气候事件

2009 年全区年平均气温 5.0℃，较常年偏高 1.6℃（图 4.26.1），为 1961 来的最高值，部分站点月平均气温超历史极值，四季平均气温均偏高 1℃以上，其中冬季偏高最明显达 2.3℃，为历史次高值，也是自 2001 年以来持续第 9 个暖冬年，夏、秋季平均气温均为 1971 年以来的历史极值，年内多个站点月平均气温创历史新高。全区平均降水量 347 毫米，较常年偏少 17%（图 4.26.2），降水时空分布极不均匀，部分站点月降水量超历史极值。年平均气温有 29 个站超历史极值，年降水量共有 5 个站少于历史同期最低值。

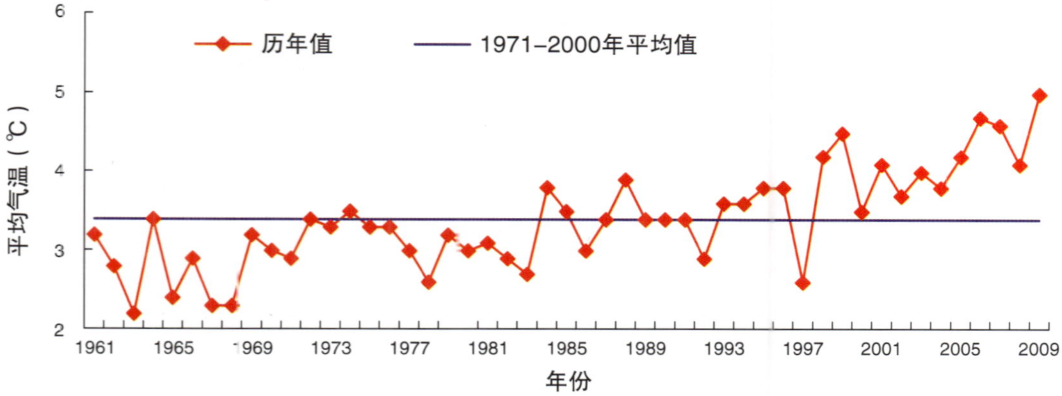

图4.26.1　1961—2009年西藏年平均气温变化图

Fig.4.26.1　Annual mean temperature in Tibet during 1961−2009

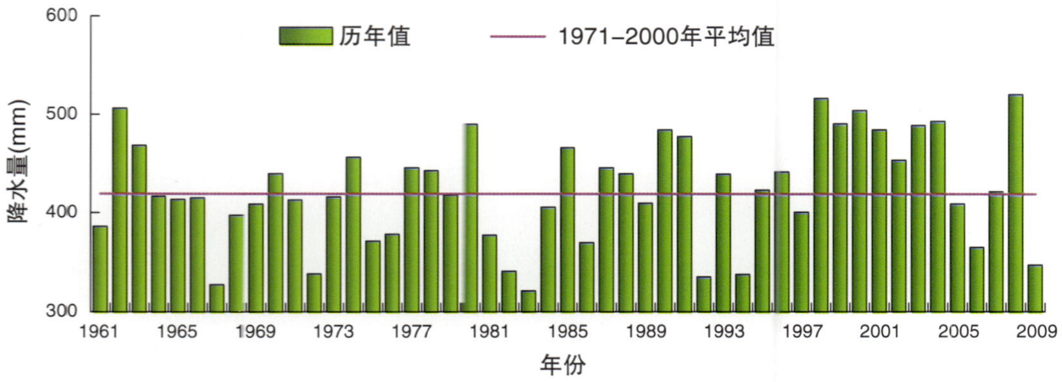

图4.26.2　1961—2009年西藏年降水量变化图

Fig.4.26.2　Annual precipitation in Tibet during 1961−2009

年内出现了干旱、雪灾、风雹等气象灾害。2009 年全区因气象灾害共造成受灾人口 50.8 万人，

24 人死亡，农作物受灾面积 5.3 万公顷，绝收 0.9 万公顷；损坏房屋 1.6 万间，倒塌 2.5 万间；死亡牲畜 21.3 万头（只、匹）；直接经济损失约 5.8 亿元。

4.26.2 主要气象灾害及影响

1. 干旱

2009 年 6 月，西藏大部地区降水偏少，气温偏高，其中拉萨在 18 日最高气温达到 29.5℃、泽当在 22 日达到 30.0℃ 、昌都在 21 日达到 32.7℃，超过历史极值，持续的高温晴热天气使农田耕作层土壤墒情下降，全区发生干旱的范围不断扩大。全区共 41 个县受旱，总受灾面积达 2.7 万公顷，因干旱造成 26.7 万人受灾，20 万人饮水困难，直接经济损失 3.2 亿元。

2. 雪灾

2009 年 5 月受孟加拉湾热带风暴“艾拉”影响，西藏日喀则地区南部及那曲中西部地区遭受不同程度雪灾。年内全区因雪灾造成 15.2 万人受灾，6 人死亡，农作物受灾面积 1 万公顷，绝收 0.3 万公顷，死亡大小牲畜 18.6 万头（匹、只），直接经济损失 0.9 亿元。

3. 暴雨洪涝

2009 年 5—7 月，林芝地区、日喀则地区及拉萨市的部分县发生洪涝灾害，2009 年全区因暴雨洪涝造成受害人口 4 万人，5 人死亡，农作物受灾面积 1.0 万公顷，损坏房屋 0.6 万间，直接经济损失 1.3 亿元。

4. 局地强对流

2009 年 6—7 月阿里地区革吉县、改则县分别出现大风灾害天气，雷电灾害以 4—8 月为高发期，6—9 月昌都地区、日喀则地区、山南地区及拉萨市的部分县发生冰雹灾害，年内全区因大风、冰雹、雷电灾害受灾人口 4.9 万人，共造成 13 人死亡，其中雷击死亡 11 人，农作物受灾 0.6 万公顷，其中绝收面积 0.2 万公顷，倒塌房屋 1.3 万间，直接经济损失 0.4 亿元。

4.26.3 气象减灾服务简介

2009 年，西藏气象局向中国气象局以及区党委办公厅、政府办公厅、自治区抗灾办公室等有关部门共发布《气象灾情》62 期。向西藏自治区党委、政府及相关部门分析撰写专题气象报告 7 次之多。5 月 1 日 − 6 月 23 日，西藏主要农区出现了历史上 10 ～ 20 年甚至 30 年一遇的干旱，气象部门积极参加西藏自治区抗灾办召开的抗灾救灾会议，在汛期干旱天气过程中，气象台共发布《重要气象报告》及《天气情况专题汇报》6 期、《干旱灾情报告》6 期、防汛抗旱会议汇报材料 5 期、《人工增雨潜势预报》20 期，根据气象局的预报和当前干旱情况，西藏历史上第一次启动了防抗干旱Ⅲ级应急响应，全面开展抗灾救灾工作。5 月下旬及 10 月上旬，西藏地区遭遇了两次历史上少见的强雨雪天气，西藏自治区气象台积极组织会商，并提早对强暴雨雪天气做出了较准确的趋势预报，发布了 4 次预警信号，并通过手机短信和新闻媒体对外公布。8 月 29 日第十一届全国运动会火炬传递于在西藏举行，西藏自治区气象局为做好全运会火炬传递提供了及时准确的气象预报服务。

4.27 陕西省主要气象灾害概述

4.27.1 主要气候特点及重大气候事件

2009 年陕西省天气气候的主要特点是：全省平均年降水量偏多（图 4.27.1），年平均气温偏高

（图4.27.2），年日照时数全省大部偏少。2008/2009冬季气温持续偏高，为1961年以来第6暖冬年份。2008年11月至2009年2月遭遇30年一遇的严重干旱，冬春连旱长达97天。11月9—16日出现了历史罕见暴雪和强降温天气过程，其中9—12日降雪强度大，降雪时段集中，全省平均过程降水量超过历年同期极值，陕北为60年一遇，部分地区为百年一遇。汛期风雹、暴雨灾害多发，局部地区重复受灾，损失严重，但主要河流汛情平稳，未发生大的洪水过程。

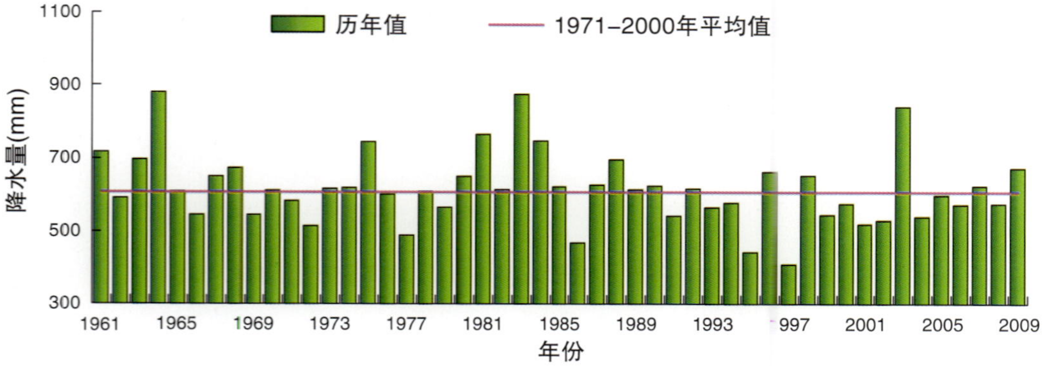

图4.27.1　1961—2009年陕西年降水量变化图

Fig.4.27.1　Annual precipitation in Shaanxi during 1961-2009

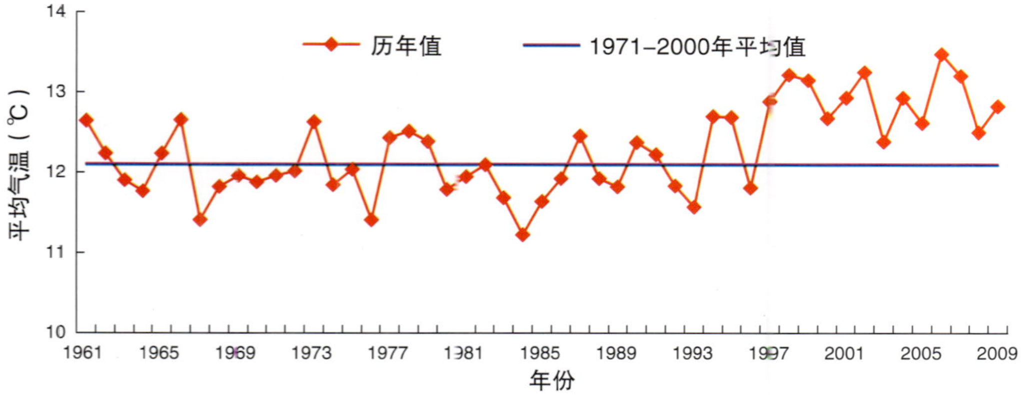

图4.27.2　1961—2009年陕西年平均气温变化图

Fig.4.27.2　Annual mean temperature in Shaanxi during 1961-2009

2009年，陕西省因干旱、暴雨洪涝、冰雹大风、低温冻害、滑坡、泥石流等灾害，造成40人死亡，直接经济损失64.6亿元。2009年总体属气象灾害发生偏轻年份。

4.27.2 主要气象灾害及影响

1. 干旱

2008年11月至2009年2月，陕西省遭遇30年一遇的严重干旱，冬春连旱长达97天，全省多数地区干旱程度接近Ⅱ级严重干旱级别，对城乡人民生活和农业生产造成了严重影响。旱灾致使全省累计114.8万人、37.3万头大牲畜发生临时饮水困难或受到影响，造成粮食作物减收100.9万吨，林木受旱面积6.9万公顷，水产养殖因旱减产714.5吨，因旱减少水力发电量589万千瓦时，直接经济损失达36.4亿元，其中农业经济损失31亿元。

2. 暴雨洪涝

2009 年全省共出现 36 个暴雨日，118 站次暴雨，其中大暴雨 1 站次。暴雨日数和站次数均较常年同期偏多。暴雨呈现历时短、强度大、局地性强，个别站日最大降水量突破建站以来历史极值的特点。

受暴雨洪涝影响，全省死亡 25 人，农作物受灾面积 6.1 万公顷，绝收面积 1.0 万公顷，损坏房屋 6.3 万间，倒塌房屋 1.8 万间，造成直接经济损失 6.6 亿元。

3. 局地强对流

年内受大风、冰雹及雷电影响，全省死亡 9 人，农作物受灾面积 18.7 万公顷，绝收面积 7000 公顷，损坏房屋 5000 间，倒塌房屋 1000 间，造成直接经济损失 9.0 亿元。

4. 雪灾

11 月 9—12 日、15—17 日、26—29 日出现 3 次全省性降雪天气过程，其中 9—12 日降雪过程，全省 68 站出现暴雪，全省平均过程降水量超过历年同期极值，陕北为 60 年一遇，部分地区为百年一遇。低温雨雪灾害造成西安、咸阳、渭南、商洛、延安、榆林、汉中、铜川 8 市 62 个县（区）、39.6 万人受灾，因灾死亡 6 人；倒塌房屋 3170 间，损坏房屋 1.9 万间；农作物受灾面积 17.3 万公顷，绝收 7000 公顷；塌损蔬菜大棚 22300 多座；死亡大牲畜 5000 多头，家禽（畜）11.2 万多只（头）；农村电力线路受损 100 余条，120 个台区供电中断；直接经济损失达 12.6 亿元（图 4.27.3、图 4.27.4）。

图4.27.3　2009年11月13日，陕西省凤翔县塌损蔬菜大棚
（陕西省经济作物台提供）
Fig.4.27.3　Vegetable greenhouses were attacked by snowstorm in Fengxiang, Shaanxi on November 13, 2009

图4.27.4 2009年11月13日，陕西省泾阳县塌损蔬菜大棚
（陕西省经济作物台提供）
Fig.4.27.4　Vegetable greenhouses were attacked by snowstorm in Jinyang, Shaanxi on November 13, 2009

4.27.3 气象减灾服务简介

2 月 3 日和 4 日，陕西省省长袁纯清和副省长姚引良在陕西省气候中心 1 月中旬发布的《陕西省 2009 年春季沙尘暴趋势展望》上批示，要求有关部门早作准备，防止春季沙尘暴天气对苹果等果树产生不利影响。

针对 11 月 9—12 日全省性的降雪过程，11 月 7 日陕西省气象台发布了“连阴雨雪、降温消息”，11 月 9 日发布“暴雪消息”，建议相关部门做好预防工作，建议政府提前供暖，袁纯清省长做了重要批示。同时全省各级气象部门通过报纸、短信、网站、电子显示屏、12121 电话、电视等向公众及时滚动发布和通报各类天气信息。陕西省副省长姚引良对气象局的快速反应给予高度评价，并要求气象部门要高度重视，做好预报预警服务。

4.28 甘肃省主要气象灾害概述

4.28.1 主要气候特点及重大气候事件

2009 年甘肃年平均气温 8.8℃，比常年偏高 1.1℃，是 1997 年以来连续第 13 个偏高年。冬季气温偏高 1.7℃，为近 10 年同期次高值；春季偏高 1.5℃，是 1997 年以来第 13 个连续偏高年；夏季偏高 1.0℃，是 1994 年以来连续第 16 个偏高年；秋季接近常年同期。平均年降水量 364.1 毫米，比常年偏少 10%，为近 5 年最少（图 4.28.1）。冬季、春季接近常年同期；夏季偏少 14%；秋季偏少 11%。河东部分地方发生了冬春旱连初夏旱和仲秋旱，其中春旱连初夏旱旱情严重；暴雨、冰雹日数少，范围小，局部地方受灾严重；沙尘（暴）日数偏少，集中出现在春季，属偏少年份；晚霜冻次数偏少；气象地质灾害较重。2009 年因气象灾害共造成受灾人口 2253.3 万人，死亡 47 人，失踪 2 人，农作物受灾面积 188.1 万公顷，成灾面积 127.6 万公顷，绝收面积 21.2 万公顷，直接经济损失 91.9 亿元。综合分析，2009 年的气候条件属一般年景。

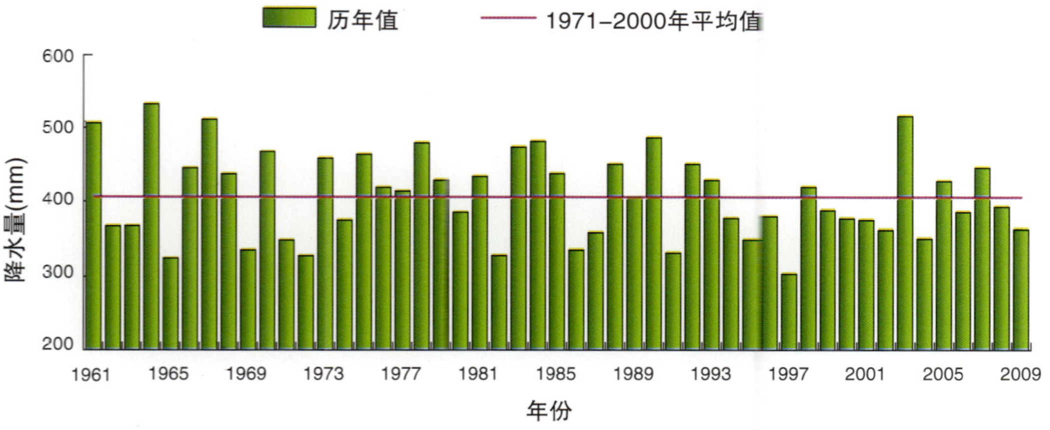

图4.28.1 1961—2009年甘肃年降水量变化图

Fig.4.28.1 Annual precipitation in Gansu during 1961−2009

4.28.2 主要气象灾害及影响

1. 干旱

2009 年 3 月上旬至 6 月下旬，甘肃河西西部、陇中中北部和陇东部分地方降水持续偏少，特别是 5 月下旬至 6 月下旬陇东和陇中降水量不及常年一半，陇东部分地方出现春末夏初干旱（图 4.28.2），河西西部和陇中中北部发生了春旱连春末夏初干旱。给粮食生产和人畜饮水造成较大影响。干旱共造成 1571.3 万人受灾，73.0 万人饮水困难，农作物受灾面积 154.2 万公顷，绝收面积 17.4 万公顷，直接经济损失 43.2 亿元。

2. 暴雨洪涝

2009 年甘肃暴雨日数比常年偏少，为近 7 年次少年份，但局地强度大、危害严重，全年暴雨洪涝共造成 146.0 万人受灾，43 人死亡；农作物受灾面积 11.2 万公顷，绝收面积 1.0 万公顷，倒塌房屋 1.3 万间，损毁房屋 6.3 万间，直接经济损失 36.7 亿元。全年仅 7 月 17 日出现 1 次区域性暴雨，陇南市局部地方出现大暴雨，康县日最大降水量达 162.0 毫米，为当地有气象记录以来的极值，康县燕子河 17 日 06 时流量为 1080 立方米 / 秒，达 50 年一遇洪峰流量，造成 8 人死亡，53 万人受灾，直接经济损失 26 亿元。7 月 20 日夜间到 7 月 21 日凌晨，甘南州玛曲县 5 小时降水量达 92.8 毫米，超历史极值，暴雨引发洪水，造成 5 人死亡，250 余人受伤，受灾人口 1.8 万人，牲畜死亡 2.1 万头（只、匹），直接经济损失 6.7 亿。

图4.28.2　2009年7月3日甘肃省平凉市受旱玉米
（兰州中心气象台提供）
Fig.4.28.2　Corns were affected by drought in Pingliang, Gansu Province on July 3, 2009（from Lanzhou Central Meteorological Observatory）

3. 局地强对流

2009 年甘肃冰雹日数比常年偏少，为近 50 年最少。全年只在 5 月 19 日出现 1 次区域性冰雹。冰雹及雷电造成全省 402 万人受灾，死亡 4 人，农作物受灾面积 15.6 万公顷，绝收面积 2.4 万公顷，损毁房屋 7000 间，直接经济损失 10.9 亿元。

4. 沙尘暴

2009 年甘肃春季沙尘暴主要出现在河西走廊部分地方和陇中西北部个别地方，出现 3 次区域性（≥ 3 站）沙尘暴过程，集中出现在 4 月，与常年同期相比，属偏少年份，为近 4 年中最少年份。4 月 29—30 日是全年最强的一次沙尘暴天气过程。全省有 8.9 万人受灾，农作物受灾面积 10.5 万公顷，绝收面积 1000 公顷，直接经济损失 2.6 亿元。

5. 低温冷冻害及雪灾

2009 年甘肃低温冻害和雪灾较轻，全年有 134.0 万人受灾，农作物受灾面积 7.1 万公顷，绝收面积 4000 公顷，直接经济损失 1.1 亿元。

4.28.3 气象减灾服务简介

2009 年 7 月中下旬，甘肃省由干旱转入多强降水天气，甘肃省气象局及时向中共甘肃省委、省人大、省政府、省政协和省抗旱防汛指挥部、省民政厅、省农牧厅报送服务材料，7 月 29 日甘肃省人民政府泽巴足副省长批示“今年 7 月以来，省气象局《重大气象信息专报》及时、准确，为省政府指导各地防灾减灾工作发挥了重要作用，向日夜值守在预测预报第一线工作的全体干部职工表示感谢。近来我省局部重大气象灾害增多，北旱南涝，望继续努力，加强灾害性气象的预测预报，为各级政府和社会公众提供准确及时的气象信息服务”。

4.29 青海省主要气象灾害概述

4.29.1 主要气候特点及重大气候事件

2009 年全省年平均气温为 3.6℃，较常年偏高 1.4℃，比 2008 年高 0.8℃，与 2006 年并列为 1961 年以来最高（图 4.29.1）。冬、春、夏、秋四季气温均偏高。2009 年全省平均年降水量为 416.2 毫米，较常年偏多 2 成，比 2008 年多 15.5 毫米，列 1961 年以来历史偏多第 3 位（图 4.29.2）。2008/2009 年冬季，全省降水量偏少；2009 年春、夏、秋三季降水均偏多。

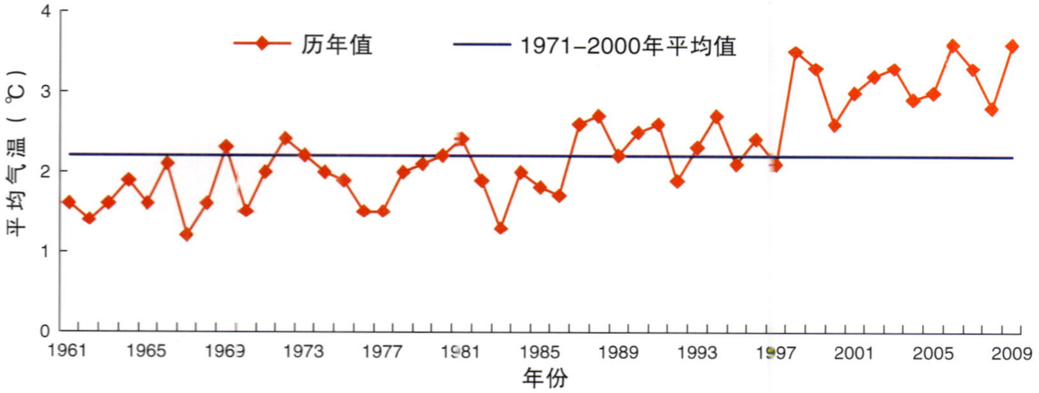

图4.29.1　1961—2009年青海年平均气温变化图
Fig.4.29.1　Annual mean temperature in Qinghai during 1961−2009

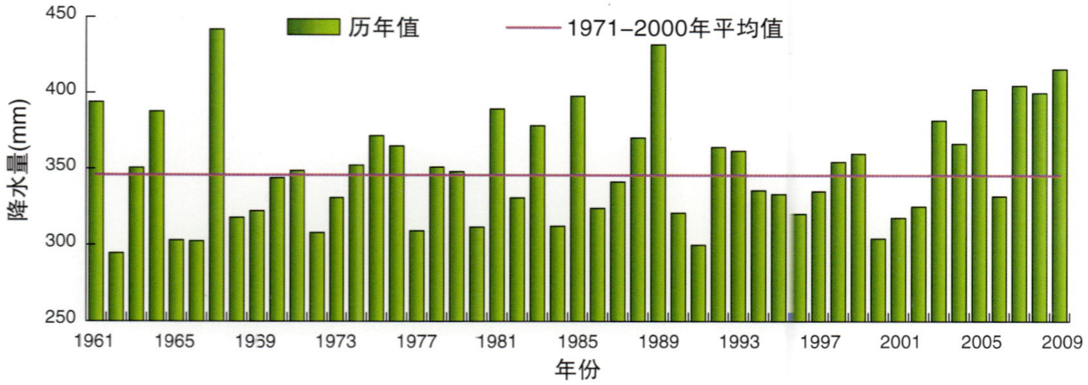

图4.29.2　1961—2009年青海年降水量变化图
Fig.4.29.2　Annual precipitation in Qinghai during 1961−2009

2009 年主要天气气候事件：青海省年平均气温与 2006 年并列为 1961 年以来历史最高，春季透雨提前出现，春、夏、秋三季均出现连阴雨，夏、秋季强对流天气频发，出现洪涝、冰雹、雷电、山体滑坡等灾害，前冬都兰、玛多、久治等地发生中度雪灾等。2009 年青海省发生的气象灾害及气象因素诱发的灾害主要有雪灾、暴雨洪涝、冰雹、干旱、连阴雨（雪）、雷电、低温冻害、大风、沙尘暴、地质灾害（山体滑坡、泥石流）、病虫害等 11 种类型。

2009 年青海省因暴雨洪涝（滑坡、泥石流）、干旱、局地强对流、雪灾等气象灾害共造成 237.6 万人受灾，死亡 13 人，农作物受灾 16.0 万公顷，绝收 1.3 万公顷，直接经济损失 17.4 亿元。

4.29.2 主要气象灾害及影响

1. 暴雨洪涝

2009年青海省春、夏、秋三季降水较常年均偏多，全省发生暴雨、洪涝灾害60起（图4.29.3），与近5年相比，发生频次高于2008年（37起）、2005年（53起），低于2006年（69起）、2007年（72起）；山体滑坡、泥石流灾害共4起，是近5年发生频次最少的一年。因灾共造成9.7万人受灾，死亡4人，农作物受灾面积1.3万公顷，倒塌房屋1.2万间，损坏房屋1.8万间，直接经济损失5.9亿元。

图4.29.3　2009年7月4日青海省治多县发生暴雨洪涝
（治多县气象局提供）
Fig.4.29.3　Rainstorm and flood attacked Zhiduo, Qinghai Province on July 4, 2009（from Zhiduo Meteorological Burean）

2. 局地强对流

2009年青海省因大风、冰雹、雷电等局地强对流天气，造成122.0万人受灾，死亡9人，农作物受灾面积7.3万公顷，绝收面积1.2万公顷，倒塌房屋3000间，损坏房屋3000间，直接经济损失5.6亿元。

6月18日，湟中县8个乡（镇）88个村遭受冰雹灾害（图4.29.4），受灾9.3万人，农作物受灾面积7802公顷，倒塌房屋23间，损坏房屋176间，直接经济损失5804万元。

图4.29.4　2009年6月18日青海省湟中县农作物因冰雹受损
（湟中县气象局提供）
Fig.4.29.3　Hailstorm attacked Huangzhong, Qinghai Province on June 18, 2009（from Huangzhong Meteorological Burean）

3. 干旱

2009年青海省干旱造成全省58.0万人受灾，28万人饮水困难，农作物受灾3.4万公顷，直接经济损失2.4亿元。1—4月，青海省大部地区降水量持续偏少，气温异常偏高，空气干燥，土壤失墒加快，乐都、平安、互助、化隆出现轻度干旱，6月份共和县发展为中度旱情，对当地农牧业生产带来不利影响。

4. 低温冷冻害及雪灾

2009年青海省因雪灾及低温冷冻灾害，造成全省47.9万人受灾，农作物受灾4.0万公顷，绝收1000公顷，损坏房屋1000间，直接经济损失3.5亿元。其中5月23日—6月11日，称多县出现持续性连阴雨（雪）天气，降水量比历年同期偏多50%，气温下降明显，造成牲畜死亡2.7万头（只），虫草质量下降，公路交通受到影响。

4.29.3 气象减灾服务简介

9 月 6—9 日，青海省黄南、海南地区出现了强降水，部分地区同时伴有短时大风、冰雹、雷电等强对流天气，泽库县还伴有龙卷风。这次强对流天气造成黄南、海南部分地区出现灾情，其中对泽库县造成了严重的损失，历史罕见。灾情发生后，青海省气象局高度重视，立即组织省局灾情调查工作组赶赴重灾乡镇调查了解灾情，并及时上报灾情。针对这次天气过程，省局决策气象服务中心及时向省委、省政府及相关部门报送“气象信息快报”2 期（2009 年第 41、42 期）、《气象信息专报》2 期（2009 年第 27、28 期），提供相关天气监测、预报、预警、灾情现场调查情况及防灾减灾建议等决策气象服务信息，积极做好气象灾害防御工作，为各级政府防御减轻气象灾害做出了努力。

4.30 宁夏回族自治区主要气象灾害概述

4.30.1 主要气候特点及重大气候事件

2009 年宁夏年平均气温较常年偏高 1.3℃（图 4.30.1），是自 1951 年以来第三偏高年；降水时空分布不均，上半年全区降水异常偏少，干旱严重，盛夏以后降水较多，中北部地区降水偏多 1 成，其他地区偏少 1 ～ 4 成。年内极端天气气候事件频繁发生，各地不同程度地出现了干旱、大风、扬沙、沙尘暴、大雾、暴雨洪涝、霜冻、冰雹、寒潮、雪灾等灾害。全区因气象灾害造成 16 人死亡，直接经济损失约 17.7 亿元。

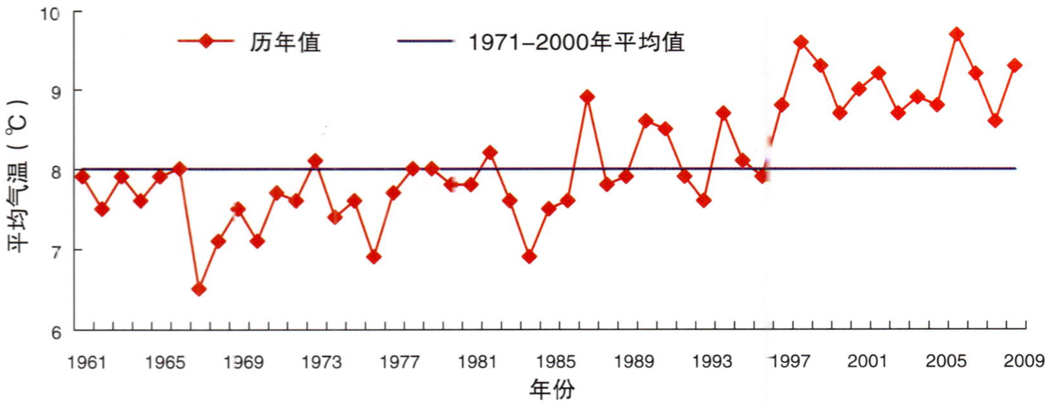

图4.30.1　1961—2009年宁夏年平均气温变化图

Fig.4.30.1　Annual mean temperature in Ningxia during 1961-2009

4.30.2 主要气象灾害及影响

1. 干旱

2008 年 11 月至 2009 年 7 月上旬后期，宁夏降水量持续异常偏少，中部干旱带的韦州、海原、同心、兴仁等地的无有效降水日数长达 215 ～ 265 天。尤其初夏 6 月降水量之少和气温之高均创历史同期极值，更加重了旱情的发展和蔓延，至 6 月底宁夏中部干旱带及南部山区旱情非常严重（图 4.30.2），大部分地区达到了重旱和特旱等级。全区共有 12 个县（区）、71 个乡镇、739 个行政村受灾，受灾人口 188.0 万人，农作物受灾面积 30.8 万公顷，绝收面积 3.2 万公顷；饮水困难人口 30.0 万人、牲畜 105.9 万头。直接经济损失 15.1 亿元，其中农业经济损失约 14 亿元（图 4.30.2）。

图4.30.2 2009年6月15日宁夏同心县田老庄受旱的豌豆（杨淑萍提供）

Fig.4.30.2 Peas were affected by drought in Ningxia on June 15, 2009

2. 暴雨洪涝

2009 年宁夏出现 5 次局地暴雨洪涝（图 4.30.3），全区因暴雨洪涝共造成 16 人死亡，受灾人口 29.4 万人，农作物受灾面积 3.0 万公顷，直接经济损失 1.0 亿元。

图4.30.3 2009年7月8日宁夏平罗县暴雨山洪冲毁车辆（杨淑萍提供）

Fig.4.30.3 Vehicles were attacked by flood in Ningxia on July 8, 2009

3. 局地强对流

2009 年宁夏全区共出现局地冰雹天气 3 次，影响的范围主要集中在宁夏南部地区，共计受灾人口 7.4 万人，农作物受灾面积 4000 公顷，绝收面积 2000 公顷，直接经济损失 0.4 亿元。

4. 沙尘暴

2009 年宁夏全区共出现沙尘天气 7 次，均出现在春季（其中 3 月 2 次，4 月 4 次，5 月 1 次），直接经济损失 1000 万元。

3 月 20 日 18 时，中卫市沙坡头区、海原县出现大风、局地沙尘暴，造成温室蔬菜大棚棚面钢架下塌 40 个，温棚棚面薄膜被风撕裂 191 个，温棚棚面薄膜轻度受损 216 个，3 个卷帘机受损。

5. 低温冷冻害及雪灾

2009 年宁夏出现霜冻灾害 2 次，农作物受灾面积 1.8 万公顷，受灾人口 5000 人，直接经济损失 2000 万元。4 月 24—25 日，固原市大部分地区出现了重霜冻。隆德县 140 公顷胡麻受冻；彭阳县作物受灾面积约 1000 公顷。9 月 21 日、22 日清晨，盐池县出现霜冻和轻霜冻，造成农作物受冻，受灾总面积 1.5 万公顷。

2009 年 11 月 9 日夜间到 11 日白天，宁夏银川市普降暴雪，石嘴山和吴忠两市的大部地区和中卫市的部分地区降了大到暴雪，其中永宁降了大暴雪，降雪量达 33.7 毫米。降雪降温造成全区受灾人口 4.2 万人，农作物受灾面积 6000 公顷，968 座温棚垮塌，12 公顷智能温棚主体坍塌，39 架次航班取消，1200 多班次客运班车取消，直接经济损失约 1.0 亿元。

6. 大雾

2009 年宁夏出现大雾天气 2 次，造成 2 人死亡，4 人受伤。

11 月 29 日夜间到 12 月 1 日上午，宁夏大部地区出现最小能见度小于 200 米，部分地区不足 50 米的强浓雾，并伴有雾凇出现。全区共有 14 架次航班延误，39 架次航班被取消；京藏高速公路平罗入口处持续封闭达 25 个小时；银川市境内高速公路全部关闭，银川长途班车停运，影响班次 150 班；银川市永宁县闽宁镇因大雾发生一起 3 车相撞事故，造成 2 人死亡，4 人受伤。

4.30.3 气象减灾服务简介

2008 年 11 月至 2009 年 7 月中旬，宁夏降水量持续异常偏少，中部干旱带及南部山区旱情非常严重，大部分地区达到了重旱等级。宁夏气象局针对冬春夏连旱，启动干旱气象应急Ⅲ级响应命令，各级气象部门严密监视天气变化和旱情的发展，全力以赴做好干旱气象服务和旱灾评估工作，积极主动向自治区党政各级领导部门报送《重要天气情况报告》18 期，受到了自治区领导的高度重视。4 月 22 日和 5 月 8 日，宁夏气象局领导先后在自治区政府召开的中部干旱带抗旱救灾专题会议和自治区党委召开的做好抗旱救灾会议上做重点发言。自治区领导表扬了气象局所做的干旱气象服务工作，感谢气象局为自治区党委政府抗旱救灾工作提供了及时有效的服务和科学决策依据，为抗旱减灾气象服务，做出了积极的贡献。

4.31 新疆维吾尔自治区主要气象灾害概述

4.31.1 主要气候特点及重大气候事件

2009 年新疆主要气候特点是气温高、降水北多南少，南疆干旱严重，局地冰雹等强对流天气频繁且强度强。年平均气温，全疆比常年偏高 1℃（图 4.31.1），北疆地区比常年偏高 0.7℃，天山山区比常年偏高 1.1℃，南疆地区比常年偏高 1.2℃，偏高幅度居历史同期第二位。冬、春季气温全疆大部明显偏高，尤其冬季新疆西部的 21 站偏高幅度突破历史极值，但北疆大部 5—9 月气温略偏低。年降水量，全疆降水量比常年偏多 21.6 毫米（图 4.31.2），北疆和天山山区略偏多，南疆大部偏少；冬、春季降水北疆和天山山区多、南疆少，夏季全疆大部少、秋季多。2009 年新疆主要气象灾害有：干旱、大风及沙尘暴、冰雹、低温冻害、雪灾、局地暴雨洪水及其衍生的地质灾害、雷击等，全区（包含兵团）共造成 373.7 万人受灾，死亡 14 人，农作物受灾面积 124.5 万公顷，绝收面积 12.0 万公顷，直接经济损失 34.5 亿元。

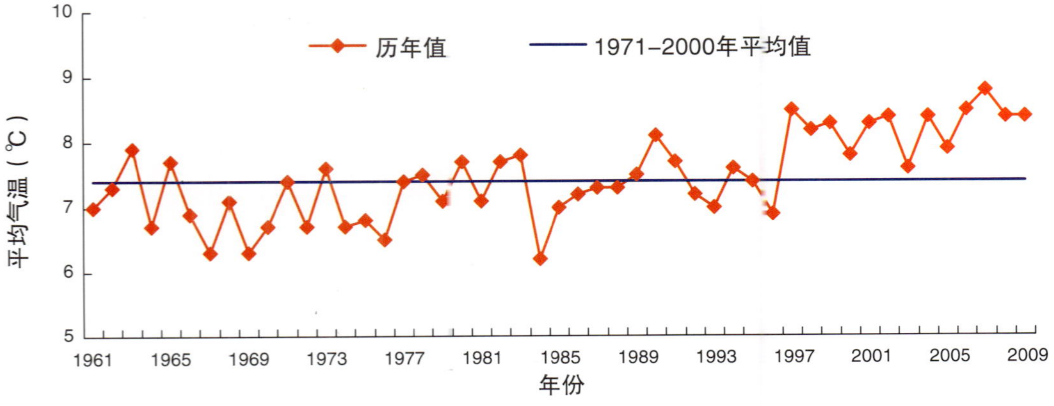

图4.31.1　1961—2009年新疆年平均气温变化图
Fig.4.31.1　Annual mean temperature in Xinjiang during 1961–2009

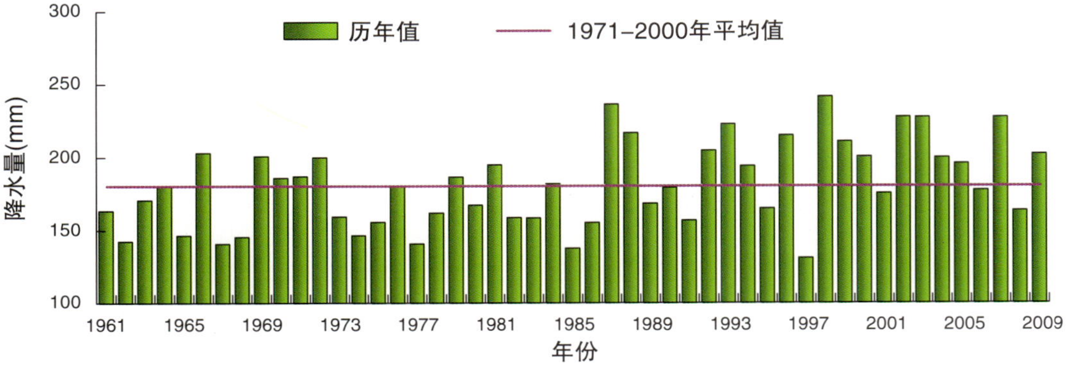

图4.31.2　1961—2009年新疆年降水量变化图

Fig.4.31.2　Annual precipitation in Xinjiang during 1961–2009

4.31.2 主要气象灾害及影响

1. 干旱

2009年1—8月，南疆降水量持续偏少，平均降水量仅17.4毫米，偏少59%，为1961年以来同期最少值，使得南疆在经历了2008年春夏秋连旱后，再次出现严重干旱，造成初夏时节塔里木河干流断流达1100公里。此外，北疆北部的阿勒泰、塔城和北疆西部的博州大部地区夏季降水明显偏少，也出现不同程度的干旱。全疆（包含兵团）受灾人口204.3万人，29.0万人饮水困难，农作物受灾面积54.0万公顷，绝收面积3.1万公顷，直接经济损失14.1亿元。

2. 沙尘暴

2009年新疆大风及沙尘天气出现次数较常年偏少，但多于上年，13个地（州、市）的48个县（市）先后受灾，造成36.9万人受灾，死亡2人，农作物受灾面积18.6万公顷，绝收面积1.3万公顷，损坏大棚2.1万座，直接经济损失7.3亿元。4月16—17日，南疆出现强大风、沙尘天气，并有25站出现沙尘暴（图4.31.3），6个地（州、市）的31个县（市）的农业、林果业、设施农业、

图4.31.3　2009年4月16日新疆阿克苏遭受强沙尘暴
（阿克苏地区气象局提供）

Fig.4.31.3　Strong sandstorm attacked Akesu，Xinjiang on April 16, 2009
（from Akesu Meteorological Burean）

图4.31.4　2009年9月5日新疆阿克苏强冰雹使枣树受灾严重
（阿克苏地区气象局提供）

Fig.4.31.4　Strong hailstorm attacked Akesu，Xinjiang on September 5, 2009
（from Akesu Meteorological Burean）

交通、城建设施等遭受重大损失，共造成 5.1 万人受灾，2 人死亡；农作物受灾面积 11.1 万公顷，绝收面积 7560 公顷，直接经济损失 3.8 亿元。

3. 局地强对流

2009 年，新疆因冰雹、雷电等局地强对流天气造成 150.9 万人受灾，农作物受灾面积 61.5 万公顷，绝收面积 8.6 万公顷，直接经济损失 17.4 亿元。9 月 5 日，阿克苏市出现强冰雹天气，降雹时间 20 ～ 30 分钟，冰雹最大直径达 20 毫米，积雹厚度 10 厘米。农作物受灾面积 4000 多公顷（图 4.31.4），直接经济损失 1.4 亿元，是 2000 年以来阿克苏市雹灾损失最严重的一次。

2009 年，哈密地区巴里坤县、石河子市、阿克苏地区新和县和乌什县、塔城地区托里县、克拉玛依市、阿勒泰地区富蕴县各发生 1 次雷击灾害，造成 1 人死亡。

4. 暴雨洪涝

2009 年，新疆部分地（州）出现了局地暴雨洪水灾害，受灾人口 13.6 万人，死亡 8 人，农作物受灾面积约 9000 公顷，直接经济损失 2.4 亿元。8 月 19 日阿克苏地区柯坪县出现建站以来最强的暴雨天气，半小时降水量达 68.7 毫米，造成 6200 户农民受灾，倒损房屋 2441 间，3472 平方米校舍受损，农作物受灾面积 1887 公顷，畜禽死亡 470 头，冲毁渠道、自来水管沟、临时防洪堤 10 千米，直接经济损失 5540 余万元。

5. 低温冷冻害和雪灾

2009 年，新疆低温冻害和雪灾共造成 4.9 万人受灾，5000 余人被困，2 人死亡，农作物受灾面积 8.1 万公顷，直接经济损失 6000 万元。

4.31.3 气象减灾服务简介

新疆气象局针对南疆持续严重干旱、北疆夏季（5—9 月）持续低温、12 月 22—24 日寒潮等重大天气气候事件开展了系列化气象服务。积极主动向自治区党政各级领导部门提供决策气象服务材料达 300 多期，其中报送《重要气象情报》等 20 多份，自治区领导批示 12 次，自治区人民政府办公厅采纳 73 次，为各级领导部门决策提供参考依据。特别是针对南疆持续严重干旱，为自治区政府领导、相关部门撰写各类干旱决策气象服务材料 9 份，在自治区抗旱减灾工作中发挥了重要作用。另外提前半个多月准确预报出棉花播种期间无强冷空气活动、终霜明显提早，棉花播期预报准确，为 2009 年新疆棉花生产提供了有利的气象保障。

第五章　全球重大气象灾害概述

5.1 基本概况

2009 年，全球年平均地表气温较常年（1961—1990 年 30 年平均）约偏高 0.45℃，是自 1850 年有器测气象记录以来的第五暖年份。年初，暴风雪、低温和寒潮天气席卷欧洲大部，北美频繁遭受暴风雪的袭击；中国部分地区出现严重干旱；澳大利亚东南部持续罕见高温；夏季中国东部、南亚、欧洲多国、美国西海岸遭受高温热浪袭击；年内，澳大利亚、墨西哥、非洲东部持续干旱。2009 年，西北太平洋和大西洋的热带气旋活动均较常年偏少。

5.2 全球重大气象灾害分述

5.2.1 雪灾和寒潮

2008 年末至 2009 年初，寒流和浓雾侵袭印度北部，造成至少 50 人死亡。

1 月末至 3 月，冰冻雨雪天气频袭美国中东部和中北部，造成至少 29 人死亡，东部出现近 16 年来历史同期最强降雪；季节性融雪导致红河水位超过 112 年以来的最高纪录。

2008/2009 年冬季，欧洲多国多次出现大雪和寒流，造成至少 40 人死亡。其中，英格兰遭遇 1991 年以来的最大降雪，俄罗斯莫斯科及周边地区出现强降雪，大雪袭击巴尔干半岛。

7 月下旬，寒流袭击阿根廷和巴西，造成至少 39 人死亡。阿根廷中部地区出现 1965 年以来最大的降雪，局地最低气温降至－16℃。

10 月至 11 月初，北半球中高纬多个国家和地区遭受暴风雪袭击，德国、奥地利、瑞士和波兰等欧洲多国创下降雪偏早新纪录；亚洲中高纬部分地区、欧洲东部和北部、北美北部和西部连降暴风雪，中国东北、华北出现近 20 年来最早降雪。

12 月上旬，美国中西部和加拿大东部遭暴风雪袭击，造成美国至少 17 人死亡，加拿大西部遭寒流袭击，温度低至－30℃以下；下旬，美国大部地区再遭暴风雪袭击，造成至少 20 人死亡。

12 月中下旬，寒流暴风雪两次袭击欧洲，波兰气温降到－20℃以下，巴伐利亚的气温降到了有记载以来最低的－33.6℃，造成至少 142 人冻死。

5.2.2 高温热浪

1 月底 2 月初，澳大利亚东南部遭遇高温热浪袭击，造成至少 22 人死亡；异常高温干旱和人为原因，引发东南部历史上最为严重的森林大火，造成至少 222 人死亡。

4 月中下旬，印度大部持续高温，造成至少 72 人死亡。

6 月下旬，高温席卷中国 17 省（区、市），多地最高气温打破夏季极端最高气温纪录；7 月，长江中下游及其以南地区持续高温天气，9 月上中旬，南方大部出现持续高温天气。

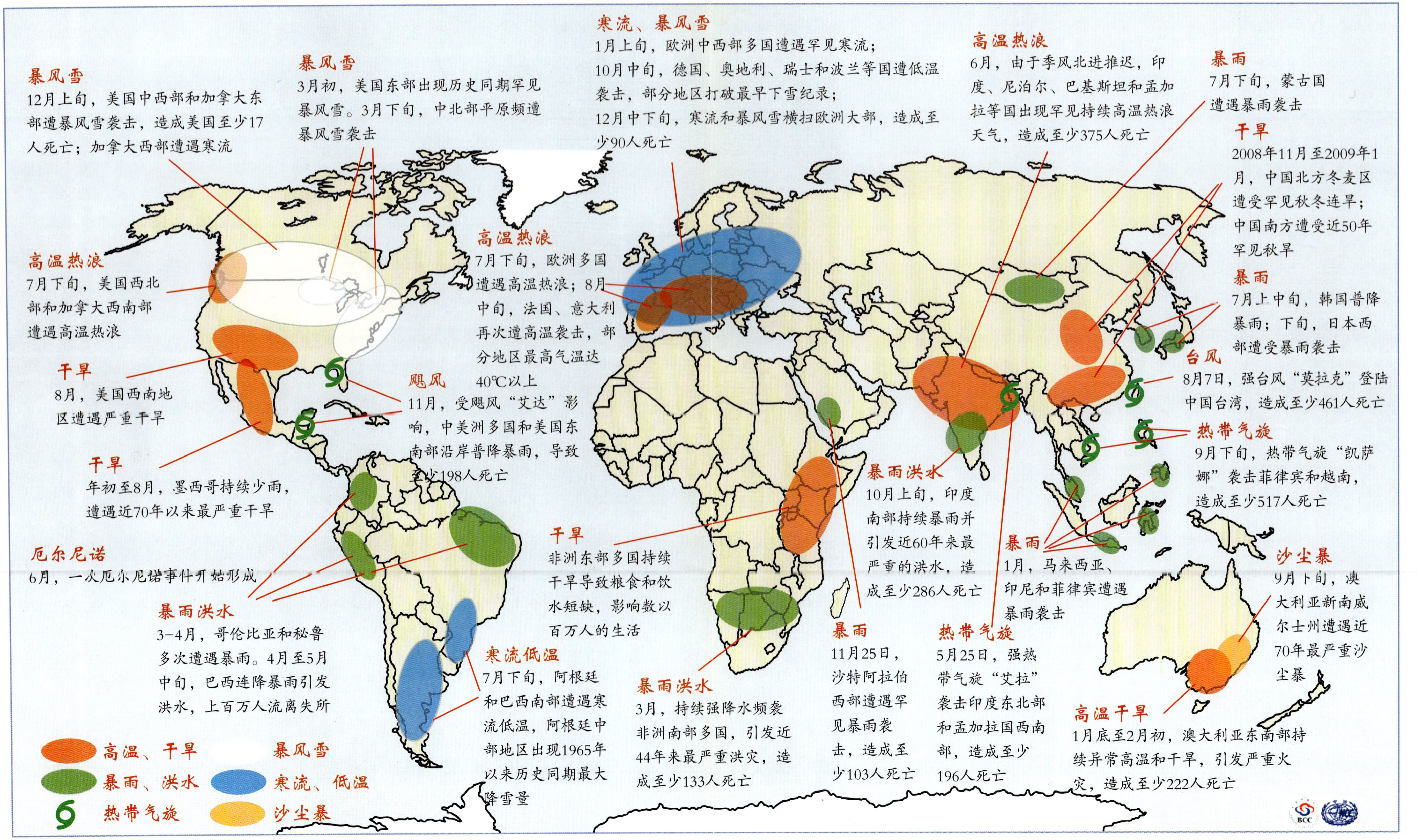

图5.1.1 2009年全球重大天气气候事件示意图

Fig.5.1.1 Global major weather and climate events in 2009

6 月，由于季风北进推迟，南亚多国出现罕见持续高温热浪天气，造成至少 375 人死亡。

7 月下旬，欧洲中西部和南部遭遇高温热浪，意大利、西班牙等林火频发；8 月中旬，法国、意大利再次遭高温袭击，部分地区最高气温达 40℃以上。

7 月下旬，美国西北部和加拿大西南部遭遇高温热浪，部分地区气温超过 40℃。

5.2.3 干旱

2008/2009 年冬季，中国北方出现严重的气象干旱；2 月，华南大部和云南干旱严重。6 月下旬至 8 月中旬，内蒙古中东部和东北西南部遭遇严重气象干旱，9 月东北南部和华北北部干旱持续，9—12 月西南南部干旱持续并发展。

年初至 8 月，墨西哥大部分地区遭遇 70 年以来最严重的旱灾。

6 至 8 月，印度南部遭遇严重干旱，部分地区降水量为近 40 年来最少。

6 至 8 月，澳大利亚经历了有史以来最暖的冬天，干旱严重影响了澳大利亚东北部地区冬季农作物的产量。

8 月，美国西南部部分地区遭遇干旱，得克萨斯州多个地区经历有史以来最为严重的旱情。

年内，非洲东部多国的持续干旱导致粮食和饮水短缺，影响了数以百万人的生活。

5.2.4 暴雨和洪涝

1. 亚洲

1 月，东南亚多国遭遇暴雨袭击。马来西亚中部和北部受洪水袭击；暴雨持续袭击菲律宾北部和东部，造成至少 11 人死亡，9 人失踪，近 20 万人无家可归；大雨袭击印度尼西亚多个地区，导致 11 人死亡。

2 月中旬至 3 月上旬，中国长江中下游地区出现持续阴雨天气。5 月中下旬，中国南方地区多次遭遇暴雨袭击。

5 至 8 月，印度多地次遭遇暴风雨袭击并引发洪灾，累计造成百余人死亡；10 月上旬，南部持续暴雨并引发 60 年来最严重的洪水，造成至少 286 人死亡。

7 月上旬，越南北部和缅甸北部暴雨引发洪水和泥石流造成至少 58 人死亡。

7 月下旬，日本西部暴雨引发洪水和泥石流，造成至少 16 人死亡。

7 月下旬，蒙古国遭遇暴雨袭击，并引发洪水，造成至少 23 人死亡。

6 至 8 月，尼泊尔暴雨成灾，山体滑坡和洪水造成至少 68 人死亡；10 月上旬，西部持续降雨造成至少 36 人死亡。

11 月 25 日，沙特阿拉伯西部遭遇罕见暴雨袭击，造成至少 103 人死亡。

2. 欧洲

6 月下旬，捷克东部暴雨引发洪水，造成 9 人死亡和数人失踪。

7 月下旬，波兰和捷克部分地区遭暴风雨袭击，造成至少 10 人死亡。

10 月初，暴雨袭击意大利西西里岛，造成至少 23 人死亡，40 人失踪。

3. 美洲

2 月初，阿根廷北部遭遇暴风雨袭击，造成至少 4 人死亡。

2 月中旬，巴西北部和东部、哥伦比亚西南部、秘鲁中部连降暴雨并引发洪灾。

3 至 4 月，哥伦比亚大部和秘鲁东南部多次遭遇暴雨。

4 月至 5 月中旬，巴西东北部区连降暴雨引发洪水，造成至少 44 人死亡，上百万人流离失所。

5 月 11 日，美国中东部地区遭暴雨和大风袭击，至少造成 6 人死亡。

6 月上旬，持续暴雨袭击美国得克萨斯州北部地区，造成 24.5 万人电力供应中断。

9 月下旬，持续暴雨引发美国东南部洪灾，造成至少 11 人死亡。

11 月下旬，阿根廷北部、巴西南部和乌拉圭遭暴雨袭击，造成至少 14 人死亡。

12 月上旬，巴西东南部连降暴雨，造成至少 26 人死亡。

4. 澳洲

2 月，澳大利亚东北部和西北部持续强降水引发洪水，造成至少 7 人死亡。

5. 非洲

3 月，持续强降水频袭非洲南部多国，引发 44 年来最严重洪灾，在安哥拉和纳米比亚共造成至少 133 人死亡。

6 月 8—12 日，科特迪瓦沿海及东部地区遭遇罕见暴雨，造成 21 人死亡和 6 人失踪。

5.2.5 沙尘暴

9 月 23 早晨，超强沙尘暴突袭澳大利亚海滨城市悉尼，将城市天空染成橘红色，沙尘暴横扫昆士兰州和新南威尔士州，并推至澳大利亚东海岸，为近 70 年来罕见。

5.2.6 热带气旋

2009 年，西北太平洋共有 23 个热带风暴生成，其中 11 个达到台风级别，均较多年平均值（27 个热带风暴和 14 个台风）偏少。东太平洋形成 17 个冠名的风暴，其中 7 个达到飓风级别，均接近多年平均值。大西洋飓风季节共生成 10 个热带风暴，其中 3 个飓风，均较多年平均值（12 个热带风暴和 6 个飓风）偏少。北印度洋气旋季生成 8 个热带气旋，其中 4 个气旋性风暴。

1. 西北太平洋

8 月 7—9 日台风“莫拉克”分别登陆台湾和福建，造成台湾至少 470 人死亡和 195 人失踪。

9 月下旬，台风“凯萨娜”袭击菲律宾和越南，造成至少 517 人死亡。

10 月上半月，台风“芭玛”相继袭击菲律宾东北部、中国海南和越南北部，共造成至少 380 人死亡。

11 月 2 日，台风“银河”登陆越南，造成至少 159 人死亡。

2. 大西洋

10 月 18—21 日，飓风“里克”袭击墨西哥，为近 10 年来东太平洋海域最强的飓风。

11 月上半月，受飓风“艾达”影响，尼加拉瓜、洪都拉斯、萨尔瓦多、墨西哥湾沿岸和美国大西洋沿岸普降暴雨，导致 198 人死亡，80 人失踪。

3. 北印度洋

5 月 25 日，热带风暴“艾拉”袭击了印度东北部和孟加拉国西南部，造成至少 167 人死亡。

11 月 11 日，气旋风暴“菲安”袭击印度西海岸，造成至少 75 人死亡。

5.3 重大气候事件成因分析

5.3.1 中国南方大地 50 年罕见夏秋连旱

2009 年 8—11 月，湖南、江西、贵州、云南、广西、广东 6 省（区）区域平均降水量比常年同期偏少 3 ~ 4 成，居民生活用水和农业生产受到严重影响。引起南方干旱的主要原因是：一、受 El Niño 事件影响，西太平洋副高盛夏加强、西伸明显，南方大部受副热带高压系统持续控制，导致来自北方的冷空气和来自南海和孟加拉湾的暖湿气流难以在江南和华南北部地区相遇。FY-2C 卫星资料的分析显示我国南方旱区对流活动明显偏弱，南方地区出现持续高温少雨天气；二、虽然登陆我国的热带气旋多在华南，但位置偏南、西行且强度偏弱，对我国南方大部地区影响小，致使江南和华南北部等南方地区降水持续偏少。水汽输送的分析表明我国南方对流层整层为大范围水汽辐散，缺乏降水的物质条件。

5.3.2 南亚地区受到高温热浪袭击

2009 年 4 月中下旬开始，南亚地区出现罕见持续高温热浪天气，出现近 50℃的高温天气。南亚是全球高温热浪最频发的地区之一，其中尤以巴基斯坦和印度为重；高温热浪多发生在每年 4 月底至 6 月初，这段时期正好是印度季风爆发前，由于受干热的伊朗高压系统控制，加上南亚特殊的地理位置，其北部有伊朗高原和青藏高原阻挡，冷空气难以到达，气流越过高原后，在背风坡一侧顺坡下滑，气温大幅度增温，变得干燥，因此南亚地区在季风爆发前会出现持续高温天气。尽管 2009 年印度夏季风季风于 5 月第 5 候爆发，但很快出现季风中断现象，印度季风北进推迟，南亚地区雨季开始晚，同时，伊朗高压系统强大，导致高温热浪天气长时间维持。

5.3.3 澳大利亚东南部持续罕见高温

南半球澳大利亚东南部夏季遭遇高温热浪袭击，出现了极度酷暑天气，东南部维多利亚州和新威尔士州森林大火。主要原因是受 2008/2009 年太平洋弱 La Niña 状态的作用与影响，使得大气和海洋异常指示信号再次加强，在南半球中纬度地区阻塞指数偏强。

5.3.4 澳大利亚悉尼遭超强红色沙尘暴突袭

9 月 23 早晨，超强沙尘暴突袭澳大利亚海滨城市悉尼，将城市天空染成橘红色，沙尘暴横扫昆士兰州和新南威尔士州，并推至澳大利亚东海岸，为近 70 年来罕见的极端天气。直接原因是北部强低压地区产生风力，形成强西风，来自干燥的内陆地区的劲风会卷起沙尘，从澳洲大陆干燥的中部地区携带起大量的沙尘。另外，澳大利亚东部地区的干旱已经持续了 13 年，地表植被变差，为强沙尘暴的发生提供了非常有利的沙源条件。

5.3.5 印度南部持续暴雨并引发 60 年来最严重的洪水

10 月上旬，印度南部突降强暴雨，引发 60 年来最严重的洪水，局部区域为百年来的最大洪灾。印度夏季风撤出拉贾斯坦邦偏晚，但造成洪灾的直接原因是东部孟加拉国的低气压持续时间长，移动缓慢所致。

5.3.6 北半球中高纬降雪偏早入冬提前

导致北半球中高纬降雪偏早入冬提前的主要原因是 AO 在 10 月中旬开始转为负位相，并长时间维持。欧亚地区大气环流形势于 10 月第 6 候出现显著调整，冬季风环流形势建立，进入冬季的时间较常年偏早约 4 候。伴随着东亚冬季风环流形势的建立，影响北半球的冷空气活动出现阶段性的活跃，多个地区初雪明显偏早，中国北方部分地区初雪日期比常年偏早 25 ～ 35 天，为近 10 年来最早的一年。

5.3.7 寒流横扫欧洲导致暴雪低温灾害频繁发生

2009 年 12 月中旬以来，欧洲大部受到强冷空气侵袭，气温较常年同期异常偏低。主要原因是：北大西洋东北部有阻塞高压持续发展，格陵兰岛及临近地区高压脊异常强大，而欧洲地区处于深槽控制。此外，海温监测表明近期北大西洋东北部海温较常年同期偏高，海洋上空水汽条件较好。大气环流的持续异常，造成北极冷空气向南扩散。美国的暴风雪还与目前正在发展的厄尔尼诺相关联，厄尔尼诺期间引起太平洋北美（PNA）型大气环流的异常，即当赤道东太平洋海平面温度异常偏暖时，西太平洋副热带高压加强，位于阿留申地区的低压加深，北美西北部的脊加强，美国东部处于低槽控制，从而造成美国严寒天气。而欧洲暴风雪事件可能与气候变暖存在关联；结合近几年欧洲暴雨和暴风雪的频繁发生来看，可能原因是由于欧洲风暴轴已由地中海北部向北移至欧洲北部。

5.3.8 西北太平洋热带气旋较常年偏少

西北太平洋热带气旋生成季节 150° E 以东的赤道西太平洋地区海温异常偏暖，而西北太平洋热带气旋生成源地范围内海温呈正常略偏冷状态，抑制了该地区对流活动，不利于热带气旋生成偏多；西太平洋热带气旋生成源地菲律宾群岛附近海域对流活动整体偏弱，而 145° E 以东的马里亚纳群岛附近海域则维持正常略偏强的特征，不利于热带气旋生成；在热带气旋生成源区高低层纬向风垂直切变较常年异常偏强，造成该地区对流潜热加热较常年更容易离开扰动去向四周平流出去，对流加热不易滞留在对流层中上层形成暖心，因而也导致今年热带气旋生成异常偏少。

第六章　防灾减灾重大气象服务事例

2009 年，中国气象局积极推进气象防灾减灾法规和预案的体系建设，组织编制并细化完善气象灾害各项防御条例、防御规范和应急预案，各省（区、市）气象部门也先后出台了 20 余部气象灾害防御相关的地方性法规和规章，提高了突发气象灾害和相关突发公共事件的应急气象服务保障能力。

本着“一年四季不放松、每个过程不放过”的气象预报服务理念，广大气象工作者顾全大局、牢记宗旨、不畏艰难、顽强拼搏，紧把老天爷的脉搏，兢兢业业地战斗在抗击阶段性干旱保丰收、抵御频繁登陆台风保民安、奋战暴雨暴雪和强风飑线保稳定的第一线，各级气象部门在气象灾害面前迅速反应、科学应对、严密监视、准确预报、主动服务，始终坚持“以人为本、无微不至、无所不在”的服务理念，做到有力有效有序，成功地把住了气象防灾减灾的第一道防线。气象人以准确的预报技术水平、高效的气象服务质量和显著的决策气象服务能力向党中央、国务院和全国人民交上了合格的答卷！

2009 年，党中央和国务院领导在中国气象局上报的重大防灾减灾和决策气象服务材料上批阅 63 次。回良玉副总理高度评价气象部门 2009 年的工作成效，对今年的气象预报准确率以及气象服务工作包括抗击台风工作给予了充分肯定，认为预报准确、防御及时、工作有力。

6.1 北方冬麦区抗旱气象服务

2009 年年初，我国北方冬麦区发生了 30 年一遇的严重干旱，各级气象部门全力做好抗旱服务工作。

6.1.1 保持高度敏感性，及时进行旱情监测预警

我国冬麦主产区旱象露头后，中国气象局一直密切关注北方旱情对冬小麦主产区的影响，从 2008 年 12 月起，连续向国务院报告多份旱情监测分析材料。2008 年 12 月 11 日，中国气象局下发《关于做好今冬明春气象服务工作的通知》，要求加强对旱情发展的滚动监测，做好农业生产气象服务。2009 年 2 月 2 日，中国气象局再次下发《关于贯彻落实国务院领导批示精神进一步做好当前抗旱气象服务工作的通知》，要求各有关部门和单位超常规做好抗旱气象服务。2 月 5 日国务院召开抗旱专题会议后，中国气象局及时召开电视电话会议，并宣布进入抗旱气象服务特别工作状态，把抗旱气象服务作为当前工作的中心任务。

6.1.2 气象部门充分发挥技术优势，多管齐下提供高效服务

在抗旱气象服务中，气象部门充分发挥自身技术优势，多种措施并举，准确预报重大天气过程，及时开展旱情、墒情、苗情评估，全力做好决策气象服务。

一是全面做好干旱的监测、干旱调查和影响评估工作。每天多次干旱监测，并连续组织了10次北方冬麦区干旱专题滚动会商，及时了解和掌握干旱的发展情况；根据服务需要，在干旱服务过程中新增了专门制作的图形模板；扩展实时及历史数据库资料，加密监测北方冬麦区旱情变化；增加了基于GIS技术的各省耕地受旱面积评估等。中国气象局组织多个专家组赶赴旱区实地调查旱情、苗情，开展旱情调查收集、降水后旱情缓解程度评估等工作。各级气象部门打破常规，启动雨量加密观测，开展土壤墒情普查和加密观测。

二是努力做好旱区降水和寒潮天气预报预测工作。各级气象部门加强对旱区的天气预报和未来气候趋势预测工作，采取多种方式加密天气气候会商和气象干旱专题会商，拓展会商内容，提高会商针对性；同时增加了适宜灌溉区气象条件预报、冬小麦冻害区预报等具有针对性的预报服务产品，增强了气象预报的可用性。

三是全力做好决策气象服务，加强部门联动，形成防灾合力。中国气象局加强为党中央、国务院的决策气象服务，及时上报旱区旱情未来发展趋势、土壤水分与农业干旱综合监测、旱区降水实况信息及气象干旱对农业生产的动态影响评估等决策服务信息，进一步加强与农业部、水利部等相关部委的沟通与协作，多次进行联合会商，及时通报情况。抗旱期间共上报了有关北方冬麦区旱情的《重大气象信息专报》13期、《抗旱气象服务专报》14期、《抗旱气象服务专题信息》7期、《干旱监测与展望》3期、《旱涝监测公报》4期、《重要气候信息》6期；多次向国务院应急办、国家防总、农业部及旱区各省提供《未来两周干旱区气候趋势预测》等决策服务信息，为国务院及有关部门抗旱决策提供重要参考。

6.1.3 各级气象部门加强协作联动，有效开展集中增雨

中国气象局密切关注天气变化，提早做好了人工增雨作业的各项准备，加密对人工影响天气作业条件的会商和分析，及早为各省人工影响天气作业提供准确的增雨（雪）条件预报。

各级气象部门打破常规，提前调用并增加增雨飞机数量，加强人工影响天气作业的统筹指挥，集中作业力量，根据需要加强跨区作业。据统计，2月1日至16日，北京、天津、河北、山西、江苏、安徽、山东、河南、湖北、甘肃、宁夏、陕西等省（区、市）气象部门共组织人工影响天气飞机作业47架次，作业时间近98小时，作业影响面积达70余万平方千米，地面作业1800余次，发射火箭6000余枚，炮弹1.8万余发，催化焰条1700余枚，释放气球焰弹150发。作业影响区域普降小到中雨（雪），局部大雨（雪），人工增雨（雪）作业效果明显。

6.1.4 宣传广泛有力，社会经济效益显著

中国气象局积极组织相关专家，分析干旱的发生发展、成因等，及时在各类媒体上发布，提高社会服务效益。气象部门在《人民日报》、新华网、中国政府网等中央媒体上发布了《旱区10省份进行大规模增雨作业1502万公顷土地气象干旱得以缓和》等消息100余篇；中央电视台《新闻联播》、《焦点访谈》、《干旱总动员》、《聚焦三农栏目》等节目对气象部门抗旱情况进行了集中报道；《中国气象报》、中国气象局网和中国天气网均开设专题栏目对抗旱气象服务进行深入报道；中国气象频道及时派记者赴河南等地进行实地采访，推出《旱情特别关注》等专题报道，制作播出相关节目14档。全方位、多角度、深层次的广泛宣传抗旱知识，营造了强大的宣传声势，形成全国上下积极应对、科学抗旱的局面，赢得了社会各界的普遍赞誉，取得了良好的社会服务效益。

6.1.5 干旱监测预警预报评估和人工增雨（雪）有成效，抗旱效果显著

2009年2月，在自然降水与人工增雨（雪）作业的共同作用下，我国冬麦主产区出现了

不同程度的有效降水，加之各地积极实施抗旱灌溉等措施，冬麦主产区大部的土壤墒情明显改善，旱情得到缓和或缓解。回良玉副总理在《中国气象局关于抗旱气象服务工作情况的报告》上作了重要批示：今年全国抗旱气象服务工作抓得很好，干旱监测预警预报评估、防灾抗灾、人工增雨（雪）等工作都做得很有成效。希望气象部门再接再厉，全面做好全国春耕、备耕气象服务工作，进一步提高监测预报水平，为夺取今年农业丰收、促进经济社会发展作出新的贡献。

6.2 台风预报与服务

2009 年，热带气旋共造成 43 人死亡，为 1999 年以来热带气旋造成死亡人数最少的一年。回良玉副总理对今年第 7 、第 8 号台风预报服务给予充分肯定。与台湾地区“莫拉克”台风的预报与防御相比，我们大陆气象部门一开始就准确预报其强度和路径，掌握了防御的主动权。

6.2.1 强化监测预警，准确预报台风动态

热带风暴“天鹅”在南海生成后，中央气象台和海南、广东、广西等气象部门充分利用卫星、雷达、自动气象站等监测设备严密监视其发展动态，及时预报。期间，中央气象台针对“天鹅”共发布台风预报 8 期、台风橙色警报 7 期。福建、浙江、广东等省气象局发布台风预警信号 20 余次。

针对第 8 号台风“莫拉克”，中央气象台共发布台风预报（消息）6 期、台风橙色警报 2 期、台风红色警报 4 期、台风红色紧急警报 6 期。中央气象台提前 54 小时准确预报了“莫拉克”的登陆地点。经检验，中央气象台 24、48 和 72 小时台风路径预报平均误差分别为 97、149 和 251 千米，均好于日本和美国的平均水平。

6.2.2 强化信息报送，主动及时提供服务

8 月 2 日起，中国气象局通过《中国气象局值班快报》、《灾害天气与灾情快报》、《重大气象信息专报》向党中央、国务院报告“天鹅”、“莫拉克”未来发展情况及可能产生的影响；中国气象局还进一步强化了部门联动，组织专家三次赴国家防总进行台风会商，同时向民政、国土资源、交通运输、农业等部门及时通报台风预警预报信息。据统计，从台风生成到影响减弱，中国气象局共向党中央、国务院上报决策服务材料 40 余期。海南、广东、福建、浙江等地气象部门也在第一时间向当地政府和有关部门报送服务材料 200 余期。

同时，气象部门通过各级电台、电视台以及手机短信、网站、手机 WAP 网、96121 电话、电子显示屏、报纸等多种方式和途径向社会公众及时报告台风动态，并提出有效的防御措施和建议。防台抗台期间，浙江、福建、广东、海南四省共发布台风预警信息短信 2.8 亿条，为取得防台工作的主动赢得先机。

6.2.3 强化应急响应，及时派工作组奔赴一线

8 月 4 日 8 时 30 分，当“天鹅”的中心距离香港约 195 千米、“莫拉克”距离台湾基隆约 1450 千米时，中国气象局按照《重大气象灾害预警应急预案》发布了《气象灾害Ⅲ级应急响应命令》，广东、海南也分别启动了气象灾害Ⅲ级应急响应；6 日 14 时，“莫拉克”在距离台湾省基隆市约 540 千米时，中国气象局将应急响应等级从Ⅲ级提升至Ⅱ级，同时福建和浙江两省、上海市气象局也从Ⅲ级进入Ⅱ级应急响应状态。7 日，中国气象局副局长宇如聪率工作组赴福建指导防抗台风“莫拉克”工作。

6.2.4 强化上下联动，发挥部门整体气象防灾减灾效益

在应急响应期间，中央气象台会同上海、浙江、福建、海南等气象部门专家每天举行 3 次针对台风的专题视频会商，共同商讨台风登陆前后的强度、路径以及带来的风雨影响情况；福建、浙江、上海、江苏等省（市）气象局每日 3 次向中国气象局报告工作情况。

根据气象部门的预报，福建、浙江、海南、广东等省积极组织出海渔船进港避风和人员转移工作，最大限度减少了人员伤亡和财产损失。“莫拉克”是 2009 年登陆我国最强的台风，与近年来登陆闽浙强度相当的台风相比，“莫拉克”造成的人员死亡人数低于 2006 年台风“格美”（64 人）、2007 年台风“圣帕”（63 人）和 2008 年台风“凤凰”（15 人）造成的人员死亡人数，防灾减灾效益显著。

6.2.5 强化台风防御科普宣传，提高公众自救互救能力

中国气象局依托现有宣传渠道，第一时间滚动报道台风最新动向和政府应急措施，提供针对性的防御指引，为公众提供防台减灾知识。中国气象局组派 7 路追风记者赶赴抗台前线，随时编发相关台风影响及防御行动报道。中国气象局门户网、中国天气网、《中国气象报》累计发布有关报道近 100 篇。中国气象频道、中国兴农网还专门增设台风报道专题，实时播发最新预报预警信息及防范知识等。

另外，中国气象局不断扩大灾害防御科普宣传面。新华网、中国政府网、人民网、人民日报、央视网、中新网、中国广播网等多家媒体均对气象部门台风应急响应情况进行了连续、滚动报道。中央电视台、中央人民广播电台还与中国气象局有关专家多次进行视频和电话连线直播，就如何防范和应对台风向公众提出科学建议。

6.3 国庆 60 周年气象保障服务

6.3.1 提前演练，不断细化服务方案

气象部门贯彻落实中共中央政治局委员、北京市刘淇书记关于做好新中国成立 60 周年庆祝活动气象服务的要求，紧紧围绕北京市筹委会的需求，做好各项演练和实战的气象保障服务。一是要继承奥运气象服务经验，通过演练、彩排不断改进完善业务服务平台，让奥运成果在国庆气象服务中更好地发挥作用；二是要千方百计提高天气预报准确率和精细化水平，密切监视天气变化，调动一切可用的手段和资料，尽最大努力把天气预报做准做细，并提供跟进式的服务；三是要加强人工影响天气的演练，为新中国成立 60 周年庆祝活动时有可能进行的实战积累经验。

6.3.2 国庆六十周年气象预报精细准确、服务全面贴心

中国气象局决策气象服务中心针对 8 月 29 日至 30 日、9 月 6 日至 7 日、12 日至 13 日和 18 日至 19 日国庆庆典活动在天安门地区的 4 次演练活动，滚动制作《国庆 60 周年庆典活动演练天气预报》专题服务材料 9 期。9 月 16 日起，决策气象服务中心每天制作 1 期《新中国成立六十周年庆祝活动气象服务专报》，9 月 23 日开始正式上报中共中央办公厅、全国人大常委会办公厅、国务院办公厅、全国政协办公厅、中央军委办公厅，首都国庆安保领导小组焰火安全监督组焰火燃放安全监督小组、建国 60 周年国庆首都阅兵联合指挥部办公室，29 日以后，报送材料中增加了全国国庆和中秋节期间的天气趋势预报及各主要省会城市和直辖市的天气预报；9 月 30 日起，服务密度增加，由日报送材料增加到小时报送，并在服务材料中，针对庆典期间各个阶段的天气预报给出翔实的应对措施。

6.3.3 气象人以高质量气象保障向祖国六十华诞献礼

国庆假日期间，全国各地庆祝活动精彩纷呈，同样也需要高质量的气象保障服务。面对活跃的南部海上台风、西部多阴雨天气和北方冷空气天气，节日期间，气象工作者坚守岗位，加班加点，恪尽职守，按照"一年四季不放松，每个过程不放过"的要求，以优质的气象服务保障了各地庆祝活动的顺利进行，保障了全国各族人民的节日出行、旅游和度假安全，以实际行动向伟大祖国的六十华诞献礼。

附　录

附录 1　气象灾情统计年表 *

附表 1.1　2009 年气象灾害总受灾情况统计表

Table A 1.1　Summary of total meteorological disasters over China in 2009

地　区	农作物受灾情况（万公顷）		人口受灾情况			直接经济损失（亿元）
	受灾面积	绝收面积	受灾人口（万人）	死亡人口（人）	失踪人口（人）	
北　京	1.5	0.1	36.9	2	0	4.5
天　津	5.9	0.5	13.8	1	0	1.7
河　北	262.8	51.7	3206.1	40	0	137.6
山　西	178.7	31.1	1351.4	40	1	80.9
内蒙古	477.0	80.0	1075.1	29	1	249.7
辽　宁	217.2	49.8	1401.4	10	0	166.6
吉　林	267.1	47.5	1125.6	6	0	167.2
黑龙江	739.4	54.1	1595.2	8	0	108.1
上　海	1.6	0.2	4.6	1	0	3.3
江　苏	120.3	3.2	1279.0	38	0	44.1
浙　江	46.3	4.7	1104.7	30	1	119.3
安　徽	210.1	4.7	3398.5	70	1	132.5
福　建	26.6	1.5	242.6	37	3	39.4
江　西	135.2	7.9	2124.1	47	1	85.7
山　东	234.2	20.7	3938.4	5	0	162.7
河　南	298.7	7.4	3311.8	71	3	99.3
湖　北	182.7	15.2	2640.7	68	1	68.3
湖　南	182.5	12.1	3306.1	66	5	142.9
广　东	64.3	2.2	790.4	58	6	62.3
广　西	111.0	7.6	2337.1	34	3	66.2
海　南	12.0	2.5	319.2	19	12	10.8
重　庆	49.5	4.1	1186.7	87	72	48.2
四　川	159.9	11.9	3394.2	239	94	139.9
贵　州	78.0	7.4	1604.4	68	0	33.1
云　南	166.8	17.4	2156.5	139	23	83.9
西　藏	5.3	0.9	50.8	24	0	5.3
陕　西	122.1	7.4	1671.5	40	0	64.6
甘　肃	188.1	21.2	2253.3	47	2	91.9
青　海	16.0	1.3	237.6	13	0	17.4
宁　夏	36.6	3.6	229.5	16	0	17.7
新疆(包含兵团)	124.5	12.0	373.7	14	0	34.5
合　计	4721.4	491.8	47760.8	1367	229	2490.5

* 灾情统计数据来源于民政部、中国气象局等。

附表 1.2　2009 年暴雨洪涝（滑坡、泥石流）灾害情况统计表

Table A 1.2　Summary of rainstorm induced flood (landside and mud-rock flow) disasters over China in 2009

地　区	农作物受灾情况（万公顷）		人口受灾情况		倒塌房屋（万间）	损坏房屋（万间）	直接经济损失（亿元）
	受灾面积	绝收面积	受灾人口（万人）	死亡人口（人）			
北　京	0.0	0.0	0.0	0	0.0	0.0	0.0
天　津	0.0	0.0	0.0	0	0.0	0.0	0.0
河　北	12.0	0.4	38.1	1	0.0	0.2	2.3
山　西	5.3	0.8	18.9	34	0.5	2.3	4.5
内蒙古	44.9	3.4	57.7	14	0.5	3.5	19.1
辽　宁	2.0	0.1	12.8	0	0.0	0.2	1.8
吉　林	3.7	0.6	14.3	0	0.1	0.2	2.3
黑龙江	157.0	22.0	185.4	0	0.7	5.7	45.2
上　海	0.0	0.0	0.0	0	0.0	0.0	0.0
江　苏	16.6	1.9	115.7	0	0.1	0.3	5.1
浙　江	6.8	1.2	198.9	14	0.5	0.7	27.5
安　徽	49.4	2.9	642.3	7	0.8	3.4	32.6
福　建	1.3	0.0	5.5	14	0.5	0.6	4.5
江　西	47.2	3.5	879.2	9	6.8	11.2	51.1
山　东	76.1	6.7	684.0	0	1.0	6.1	61.0
河　南	10.0	0.6	120.5	1	0.6	1.7	6.1
湖　北	83.2	10.1	945.2	31	5.3	11.3	35.7
湖　南	55.8	3.6	963.3	43	6.3	22.2	67.9
广　东	3.6	0.0	89.9	10	1.4	0.9	8.8
广　西	30.4	4.0	690.5	12	4.8	7.5	41.5
海　南	0.2	0.0	33.2	0	0.0	0.0	3.2
重　庆	32.7	2.0	930.9	82	6.3	15.1	41.4
四　川	67.2	7.7	1688.6	210	10.2	36.4	111.3
贵　州	20.1	1.4	393.0	46	1.3	3.9	12.3
云　南	15.5	2.8	267.3	75	4.4	8.8	15.9
西　藏	1.0	0.2	4.0	5	0.0	0.6	1.3
陕　西	6.1	1.0	67.8	25	1.8	6.3	6.6
甘　肃	11.2	1.0	146.0	43	1.3	6.3	36.7
青　海	1.3	0.0	9.7	4	1.2	1.8	5.9
宁　夏	3.0	0.1	29.4	16	0.0	0.7	1.0
新疆（包含兵团）	0.9	0.2	13.6	8	0.2	0.9	2.4
合　计	764.4	78.1	9245.7	704	56.5	158.8	655.0

附表 1.3　2009 年干旱灾害情况统计表

Table A 1.3　Summary of drought disasters over China in 2009

地　区	农作物受灾情况（万公顷）		人口受灾情况人口		直接经济损失（亿元）
	受灾面积	绝收面积	受灾人口（万人）	饮水困难人口（万人）	
北　京	0.3	0.0	13.5	1.0	1.6
天　津	0.0	0.0	0.0	0.0	0.0
河　北	154.4	41.8	1613.5	82.7	55.6
山　西	138.4	26.2	881.5	134.0	42.9
内蒙古	389.0	66.0	877.4	235.0	201.1
辽　宁	208.4	48.6	1263.5	79.0	153.0
吉　林	244.0	44.6	932.2	8.0	146.7
黑龙江	487.2	27.2	955.2	0.0	45.4
上　海	0.0	0.0	0.0	0.0	0.0
江　苏	59.9	1.3	498.5	1.0	10.1
浙　江	2.2	0.1	42.0	42.0	0.2
安　徽	90.9	0.0	1270.0	1.0	25.3
福　建	4.2	0.2	17.0	17.0	7.7
江　西	62.1	2.9	923.2	91.0	23.6
山　东	117.5	7.9	2348.3	24.0	59.0
河　南	157.9	2.7	1957.0	45.0	34.8
湖　北	59.2	1.9	638.6	28.0	17.8
湖　南	75.3	6.2	1123.1	125.0	65.2
广　东	31.8	0.9	285.4	24.0	6.3
广　西	77.4	3.3	1352.4	106.0	20.6
海　南	1.3	0.0	6.6	2.0	0.7
重　庆	13.7	1.7	174.8	33.0	3.5
四　川	74.3	2.6	382.8	53.4	10.7
贵　州	47.8	4.5	931.4	92.0	14.5
云　南	103.7	7.3	1187.8	275.0	38.5
西　藏	2.7	0.1	26.7	20.0	3.2
陕　西	80.0	5.1	1314.6	71.5	36.4
甘　肃	154.2	17.4	1571.3	73.0	43.2
青　海	3.4	0.0	58.0	28.0	2.4
宁　夏	30.8	3.2	188.0	30.0	15.1
新疆（包含兵团）	54.0	3.1	204.3	29.0	14.1
合　计	2925.9	326.9	23038.6	1750.6	1099.2

附表 1.4 2009 年大风、冰雹及雷电灾害情况统计表

Table A 1.4 Summary of gale and hail disasters over China in 2009

地区	农作物受灾情况（万公顷）		人口受灾情况		倒塌房屋（万间）	损坏房屋（万间）	直接经济损失（亿元）
	受灾面积	绝收面积	受灾人口（万人）	死亡人口（人）			
北京	1.0	0.1	21.5	2	0.0	0.0	2.0
天津	5.9	0.5	13.8	1	0.0	0.1	1.7
河北	74.8	9.2	1173.6	31	0.2	1.4	62.7
山西	13.1	2.1	230.5	3	0.0	11.7	6.2
内蒙古	14.4	5.8	122.2	15	0.0	1.2	27.7
辽宁	6.7	1.2	102.0	10	0.0	0.7	11.4
吉林	18.8	2.1	118.0	6	0.0	0.7	13.5
黑龙江	53.7	3.3	434.7	8	0.1	2.7	16.2
上海	0.0	0.0	0.0	1	0.0	0.0	0.0
江苏	10.8	0.0	593.9	35	0.6	7.1	23.5
浙江	0.9	0.1	93.0	11	0.0	2.9	2.7
安徽	40.0	1.2	863.4	62	1.6	11.7	41.5
福建	0.0	0.0	0.3	19	0.0	0.2	0.2
江西	12.2	0.9	270.0	38	0.5	13.4	9.1
山东	17.5	4.0	625.8	5	0.2	3.0	23.4
河南	112.9	3.1	1030.0	58	2.3	5.8	30.6
湖北	16.5	1.4	748.9	37	0.4	7.7	8.7
湖南	12.9	0.6	1057.8	23	4.9	7.6	5.2
广东	0.0	0.0	35.3	28	0.0	0.3	0.2
广西	1.0	0.3	209.8	22	0.1	3.7	2.8
海南	0.0	0.0	0.5	9	0.0	0.0	0.1
重庆	2.1	0.2	78.7	5	0.4	1.9	3.2
四川	14.0	1.5	1273.9	26	0.2	1.7	17.3
贵州	7.1	1.5	232.6	22	0.1	6.9	5.5
云南	9.0	1.1	264.8	64	0.3	12.4	14.2
西藏	0.6	0.2	4.9	13	1.3	1.0	0.4
陕西	18.7	0.7	249.5	9	0.1	0.5	9.0
甘肃	15.6	2.4	402.0	4	0.0	0.7	10.9
青海	7.3	1.2	122.0	9	0.3	0.3	5.6
宁夏	0.4	0.2	7.4	0	0.0	0.0	0.4
新疆（包含兵团）	61.5	8.6	150.9	4	0.0	0.9	17.4
合计	549.3	53.5	10531.7	580	13.5	108.1	373.3

附表 1.5　2009 年热带气旋灾害情况统计表

Table A 1.5　Summary of tropical cyclone disasters over China in 2009

地　区	农作物受灾情况（万公顷）		人口受灾情况			倒塌房屋（万间）	直接经济损失（亿元）
	受灾面积	绝收面积	受灾人口（万人）	死亡人口（人）	紧急转移安置人口（万人）		
北　京							
天　津							
河　北							
山　西							
内蒙古							
辽　宁							
吉　林							
黑龙江							
上　海	1.6	0.2	4.6	0	0.0	0.0	3.3
江　苏	16.4	0.0	70.7	3	1.8	0.1	5.3
浙　江	35.1	3.3	770.8	5	86.0	0.8	88.9
安　徽	2.9	0.0	104.5	1	9.7	0.1	9.8
福　建	14.6	0.7	212.5	4	66.7	0.2	26.3
江　西	1.1	0.1	44.1	0	0.1	0.0	1.6
山　东							
河　南							
湖　北							
湖　南							
广　东	27.0	1.3	379.9	20	92.2	1.2	47.5
广　西	1.9	0.0	72.6	0	1.3	0.1	1.2
海　南	10.5	2.5	278.9	10	20.3	0.1	6.8
重　庆							
四　川							
贵　州							
云　南	0.4	0.0	5.1	0	0.0	0.0	0.2
西　藏							
陕　西							
甘　肃							
青　海							
宁　夏							
新　疆							
合　计	111.4	8.1	1943.6	43	278.1	2.5	190.9

附表 1.6　2009 年低温冷冻害和雪灾情况统计表

Table A 1.6　Summary of low-temperature and frost disasters and snow over China in 2009

地　区	农作物受灾情况（万公顷）		人口受灾情况		倒塌房屋（万间）	损坏房屋（万间）	直接经济损失（亿元）
	受灾面积	绝收面积	受灾人口（万人）	死亡人口（人）			
北　京	0.1	0.0	1.9	0	0.0	0.0	0.9
天　津	0.0	0.0	0.0	0	0.0	0.0	0.0
河　北	21.6	0.3	380.9	8	0.2	0.5	17.0
山　西	21.8	1.9	220.5	3	1.2	1.9	27.3
内蒙古	28.7	4.7	17.8	0	0.0	0.0	1.8
辽　宁	0.1	0.0	23.1	0	0.0	0.1	0.4
吉　林	0.5	0.2	61.1	0	0.1	0.0	4.7
黑龙江	41.5	1.6	19.9	0	0.0	0.1	1.3
上　海	0.0	0.0	0.0	0	0.0	0.0	0.0
江　苏	16.7	0.0	0.1	0	0.0	0.0	0.0
浙　江	0.0	0.0	0.0	0	0.0	0.0	0.0
安　徽	27.0	0.6	518.3	0	0.4	1.6	23.3
福　建	6.5	0.7	7.3	0	0.0	0.0	0.7
江　西	12.5	0.5	7.6	0	0.0	0.1	0.3
山　东	23.1	2.1	280.3	0	0.0	0.0	19.3
河　南	17.9	0.9	204.3	12	0.6	1.0	27.8
湖　北	23.8	1.8	308.0	0	0.2	1.3	6.1
湖　南	38.5	1.8	161.9	0	0.1	0.5	4.7
广　东	0.0	0.0	0.0	0	0.0	0.0	0.0
广　西	0.3	0.0	11.9	0	0.0	0.0	0.1
海　南	0.0	0.0	0.0	0	0.0	0.0	0.0
重　庆	1.1	0.1	2.3	0	0.0	0.0	0.1
四　川	4.4	0.1	48.9	3	0.0	0.2	0.6
贵　州	3.0	0.0	47.4	0	0.0	0.1	0.8
云　南	38.2	6.2	431.5	0	0.1	0.4	15.0
西　藏	1.0	0.3	15.2	6	0.3	0.9	0.9
陕　西	17.3	0.7	39.6	6	0.3	1.9	12.6
甘　肃	7.1	0.4	134.0	0	0.0	0.0	1.1
青　海	4.0	0.1	47.9	0	0.0	0.1	3.5
宁　夏	2.4	0.1	4.7	0	0.0	0.0	1.2
新疆（包含兵团）	8.1	0.1	4.9	2	0.0	0.3	0.6
合　计	367.3	25.3	3001.2	40	3.5	11.0	172.1

附录 2　主要气象灾害分布示意图

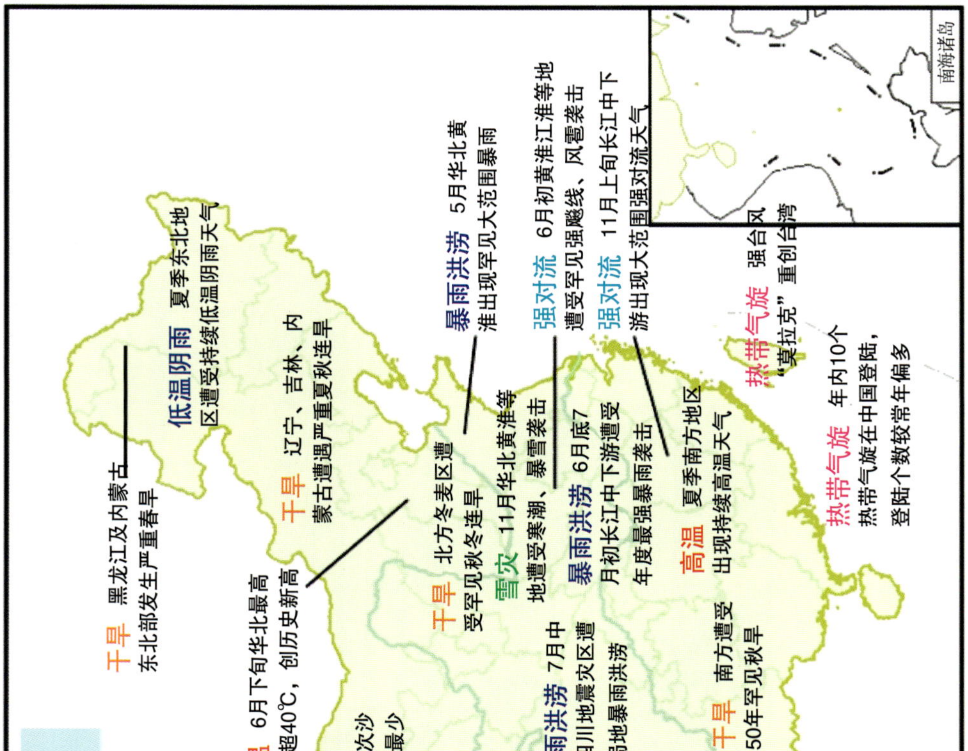

附图2.1　2009年全国主要气象灾害分布示意图

Fig.A 2.1　Sketch of the major meteorological disasters over China in 2009

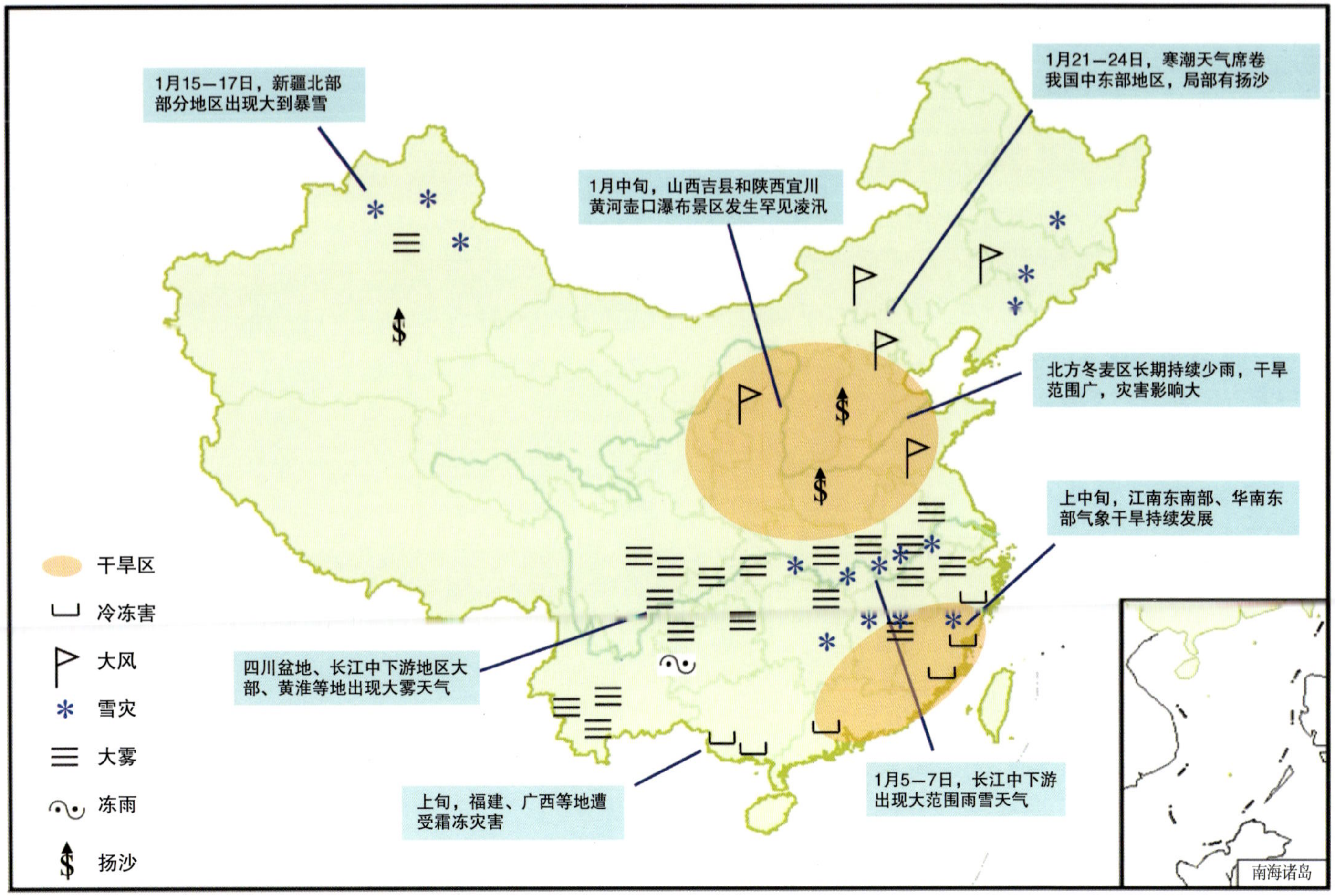

附图2.2　2009年1月全国主要气象灾害分布示意图

Fig.A 2.2　Sketch of the major meteorological disasters over China in January 2009

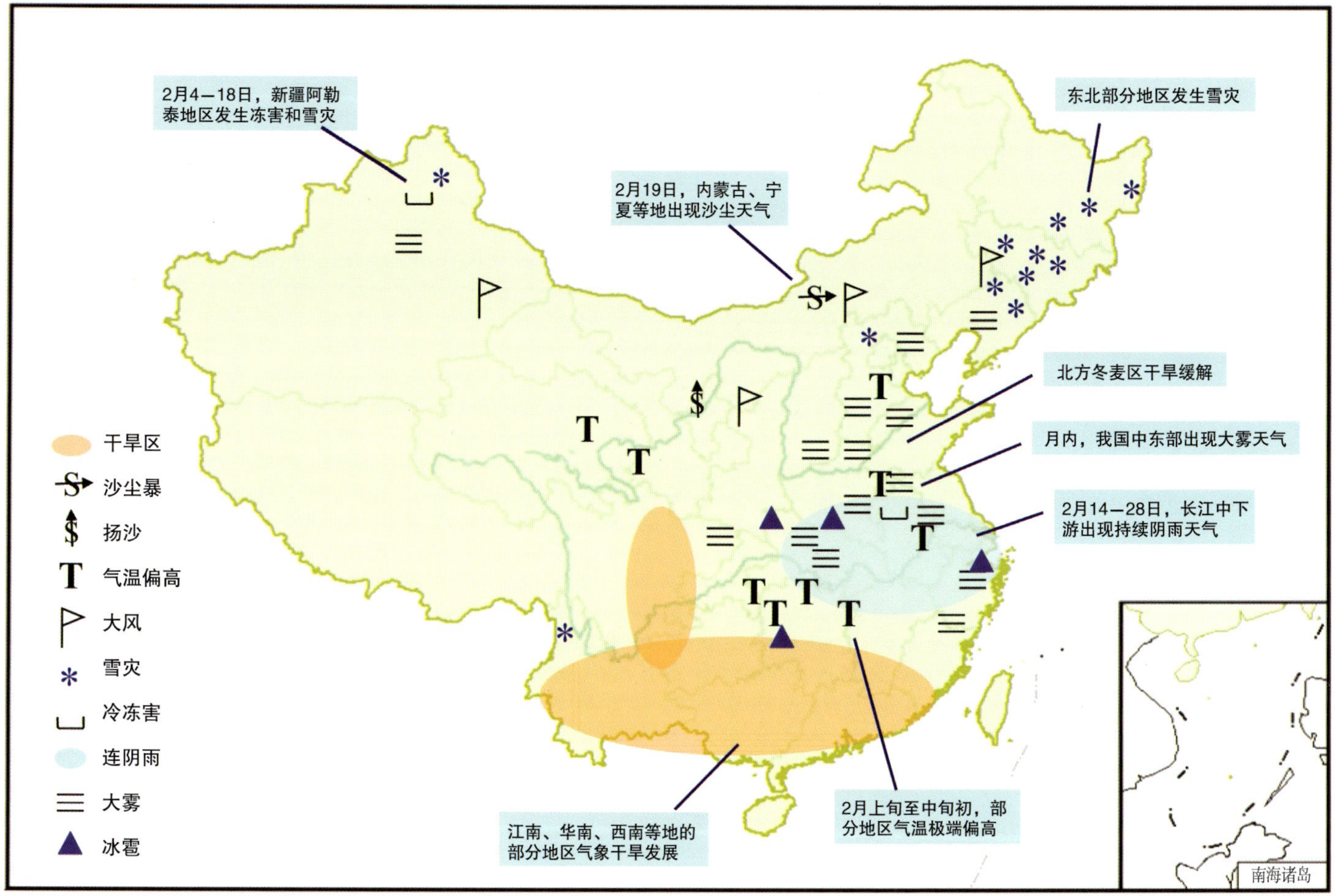

附图2.3　2009年2月全国主要气象灾害分布示意图

Fig.A 2.3　Sketch of the major meteorological disasters over China in February 2009

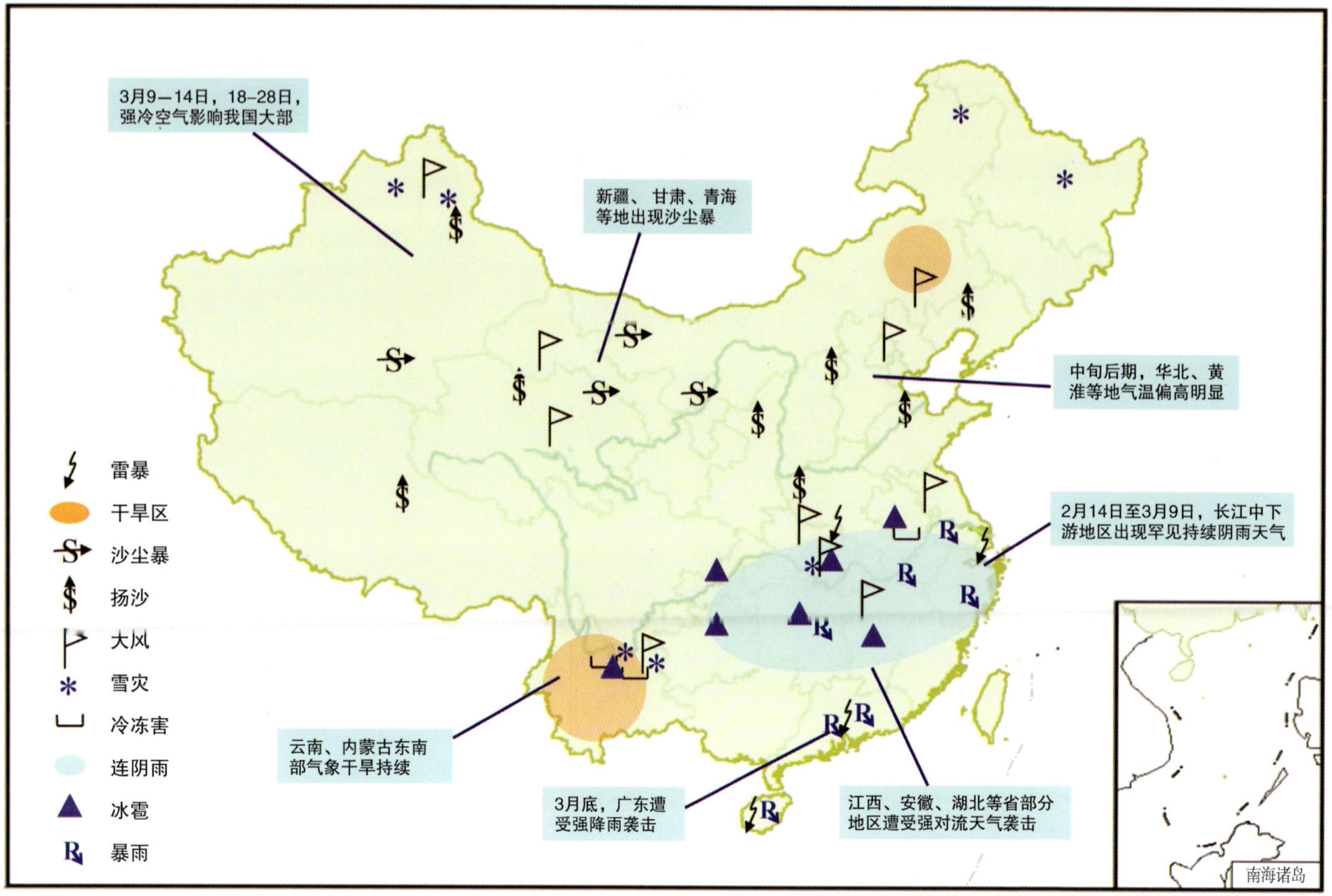

附图2.4　2009年3月全国主要气象灾害分布示意图

Fig.A 2.4　Sketch of the major meteorological disasters over China in March 2009

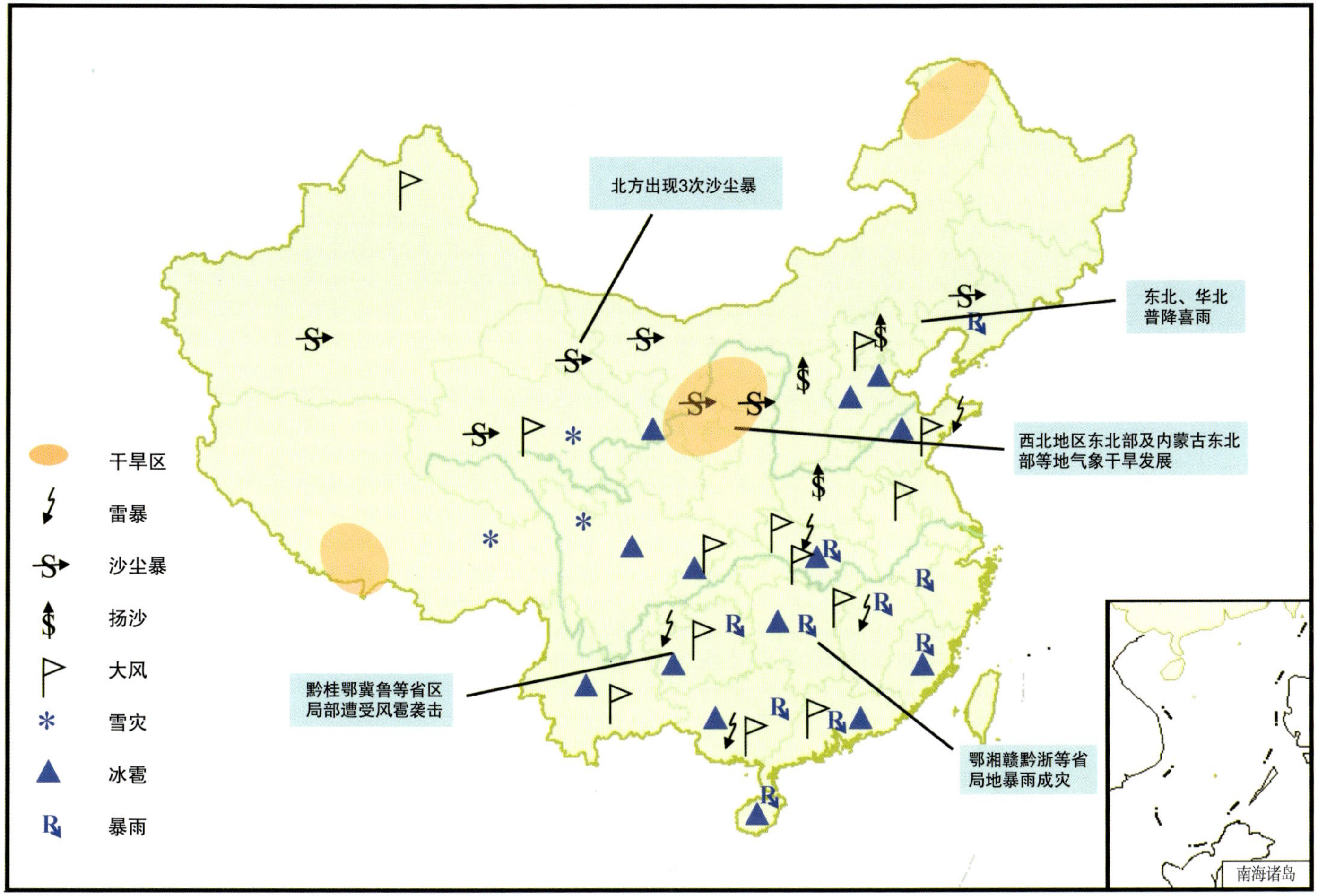

附图2.5　2009年4月全国主要气象灾害分布示意图

Fig.A 2.5　Sketch of the major meteorological disasters over China in April 2009

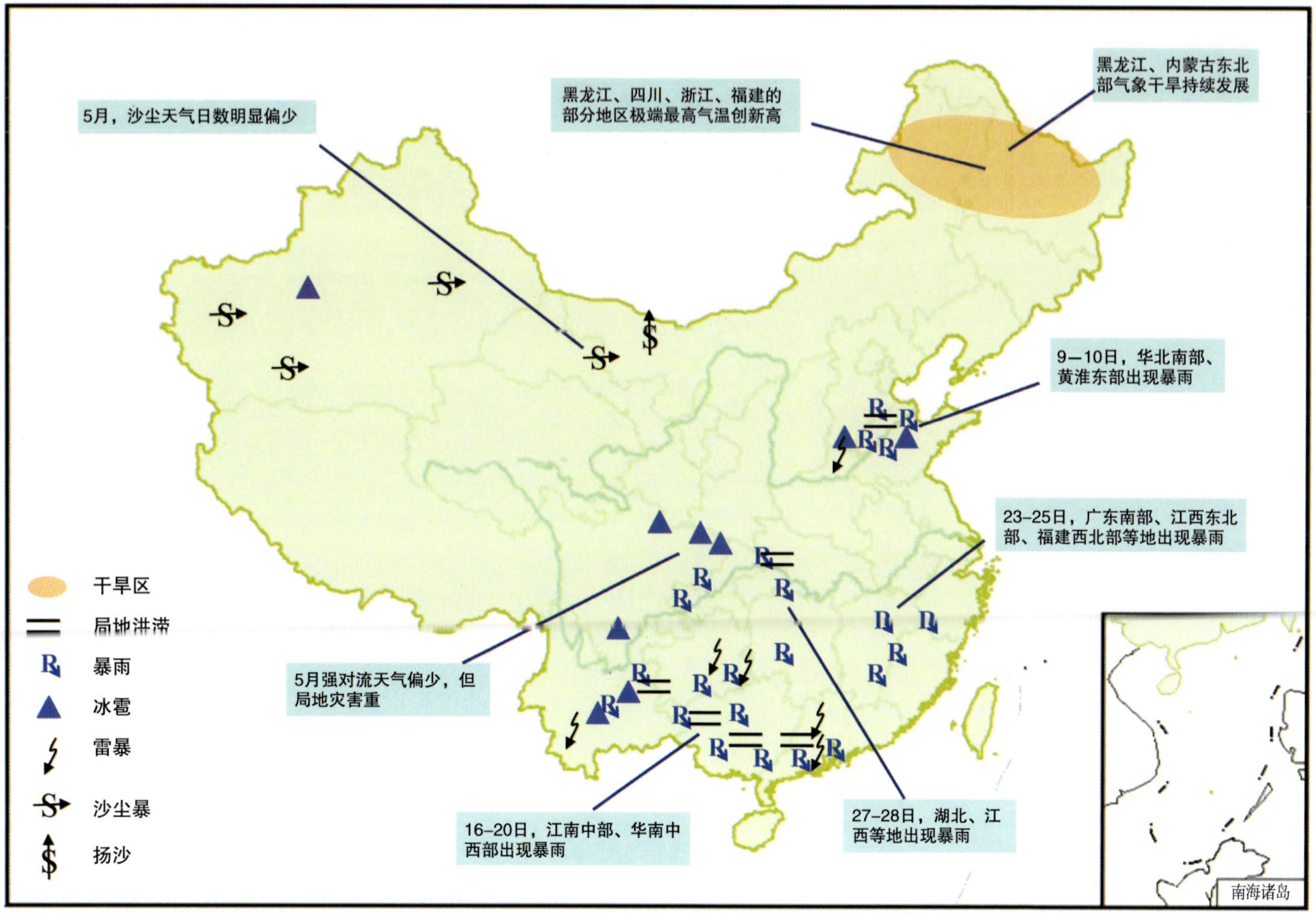

附图2.6　2009年5月全国主要气象灾害分布示意图

Fig.A 2.6　Sketch of the major meteorological disasters over China in May 2009

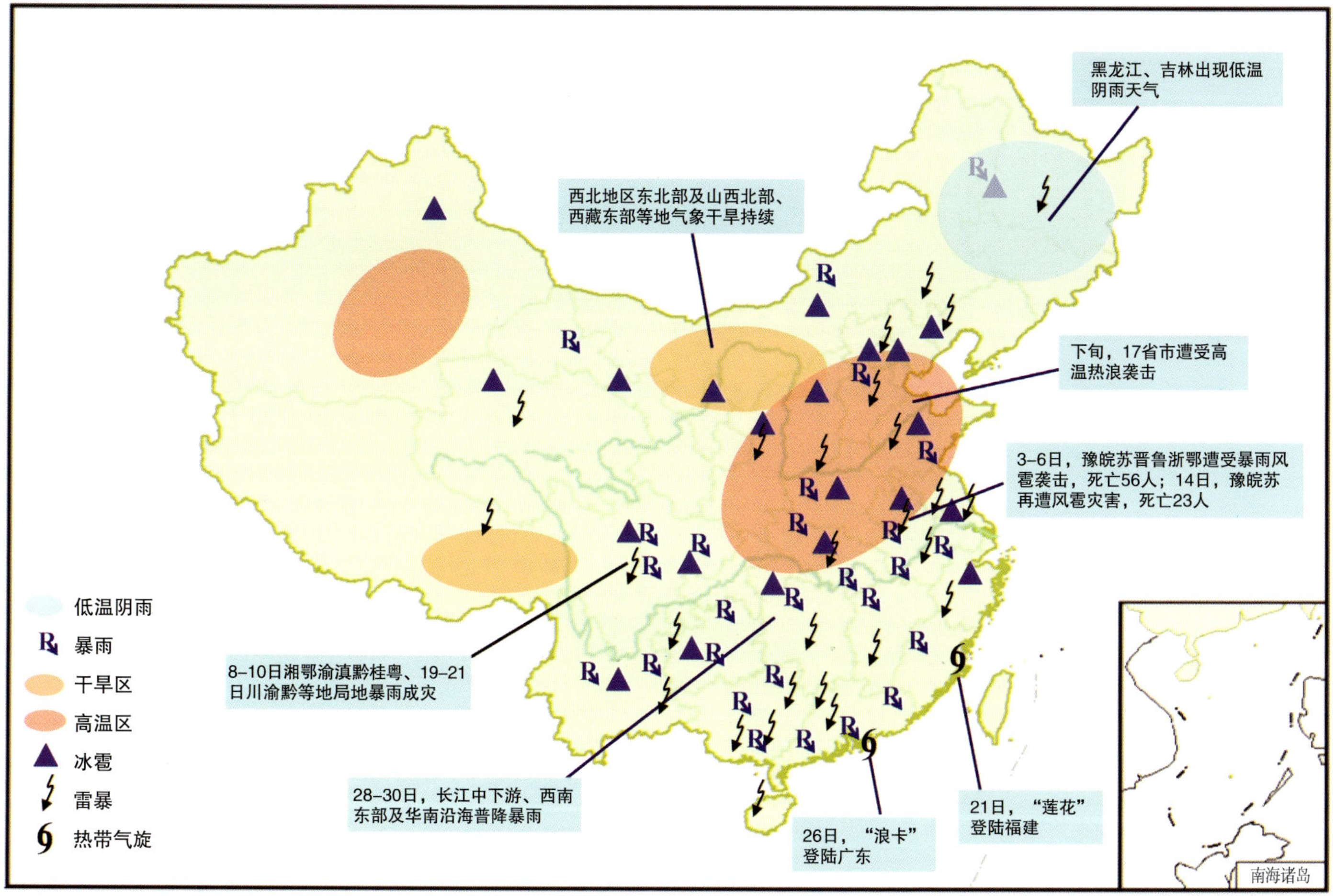

附图2.7　2009年6月全国主要气象灾害分布示意图

Fig.A 2.7　Sketch of the major meteorological disasters over China in June 2009

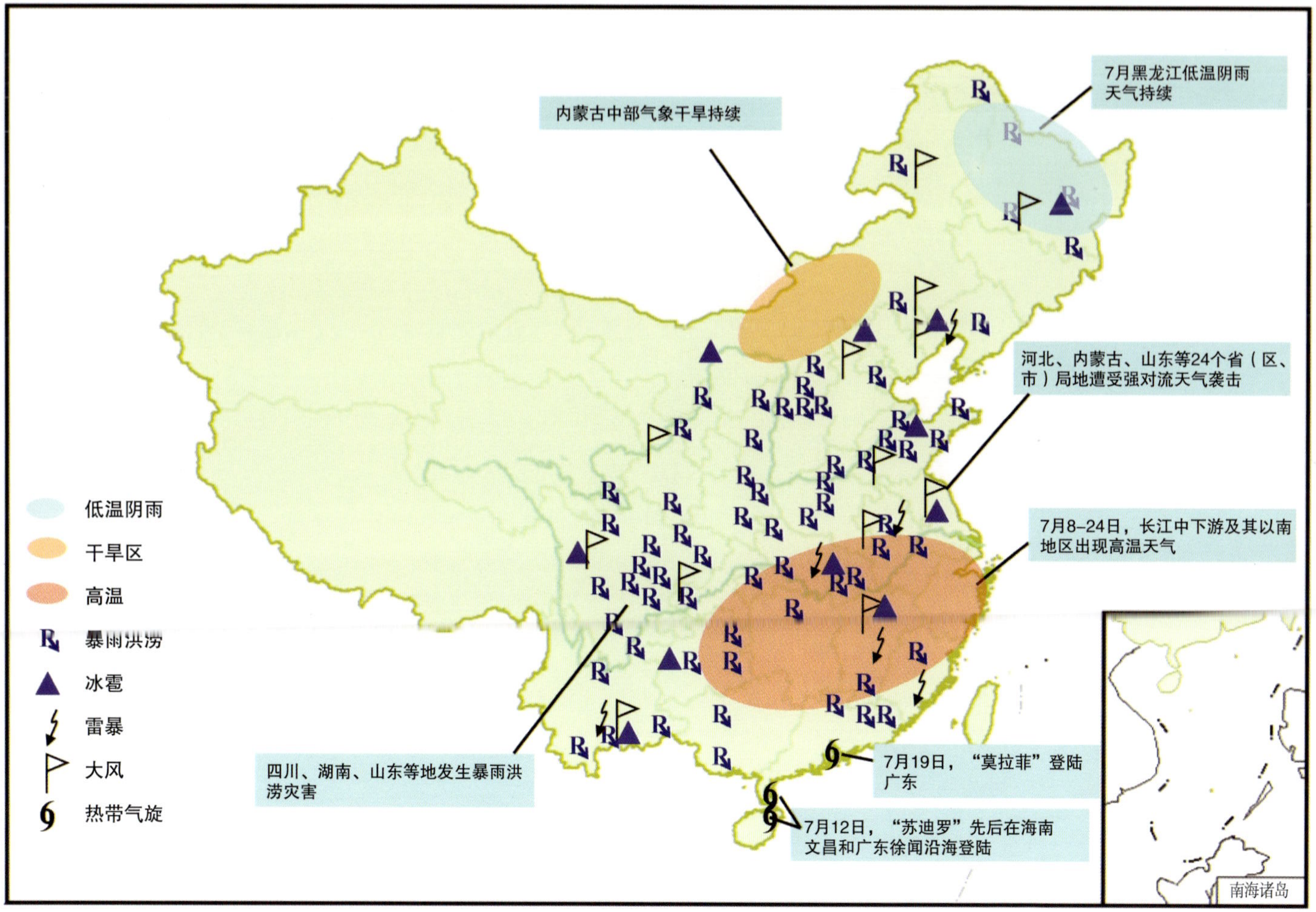

附图2.8　2009年7月全国主要气象灾害分布示意图

Fig.A 2.8　Sketch of the major meteorological disasters over China in July 2009

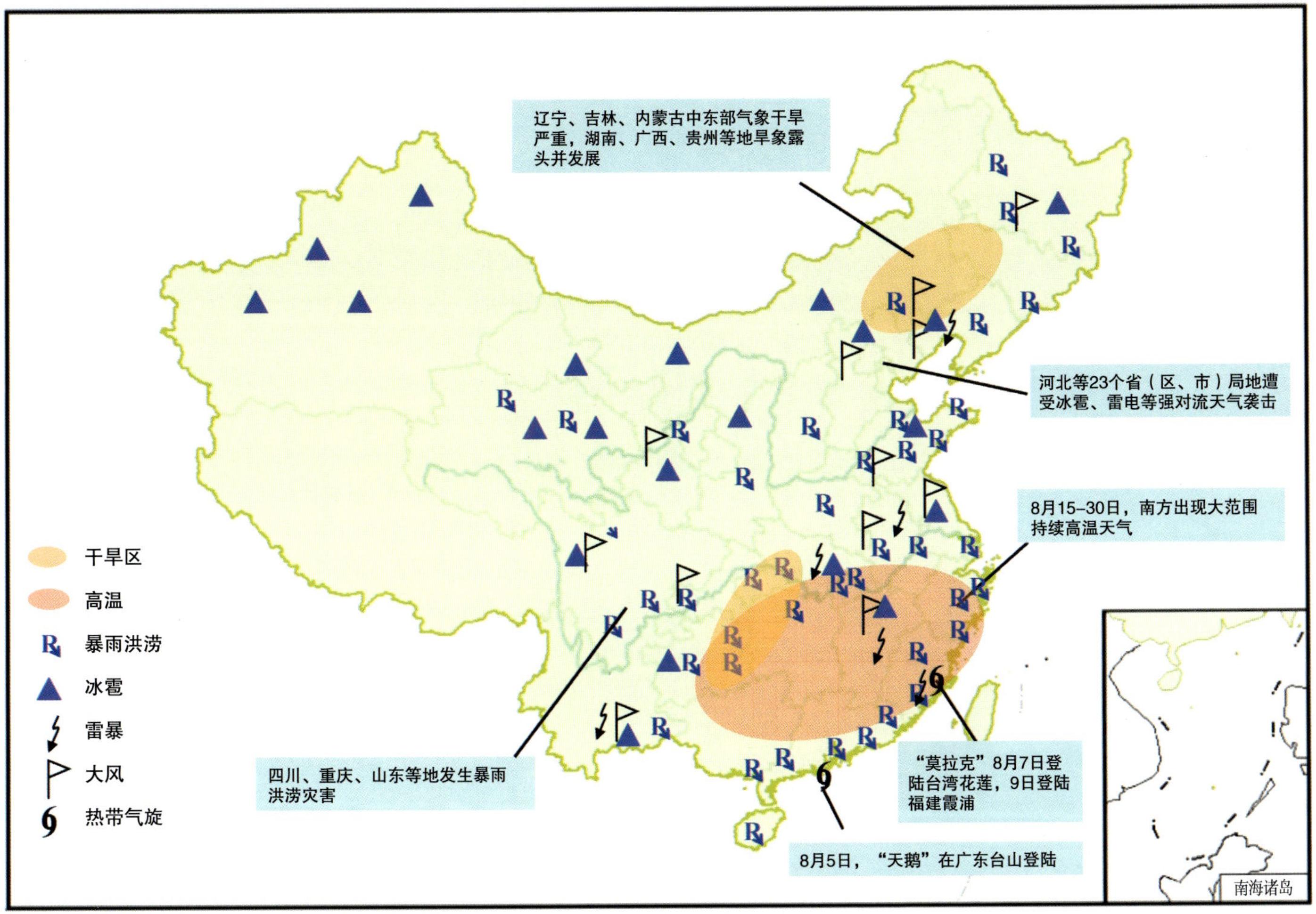

附图2.9　2009年8月全国主要气象灾害分布示意图

Fig.A 2.9　Sketch of the major meteorological disasters over China in August 2009

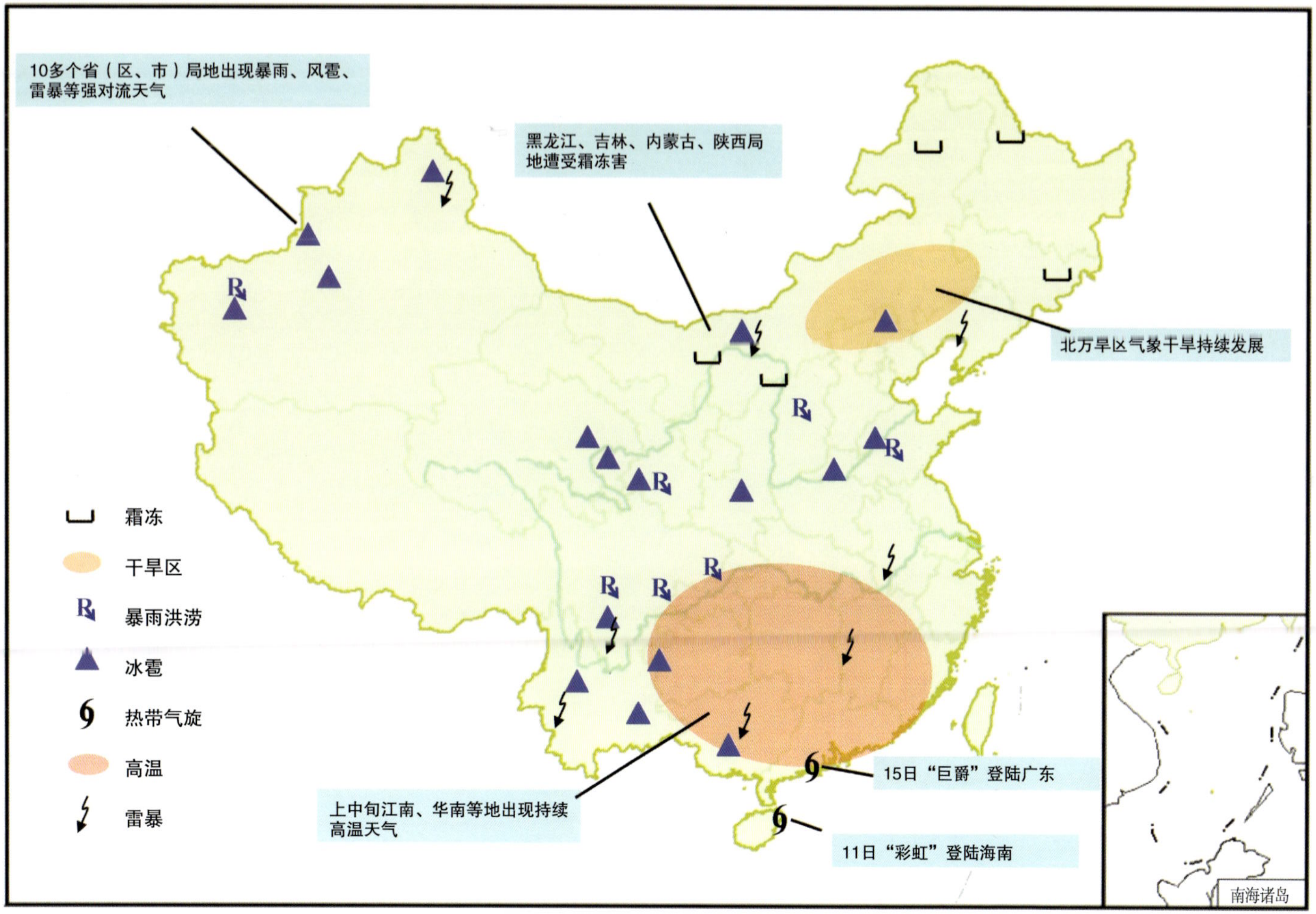

附图2.10　2009年9月全国主要气象灾害分布示意图

Fig.A 2.10　Sketch of the major meteorological disasters over China in September 2009

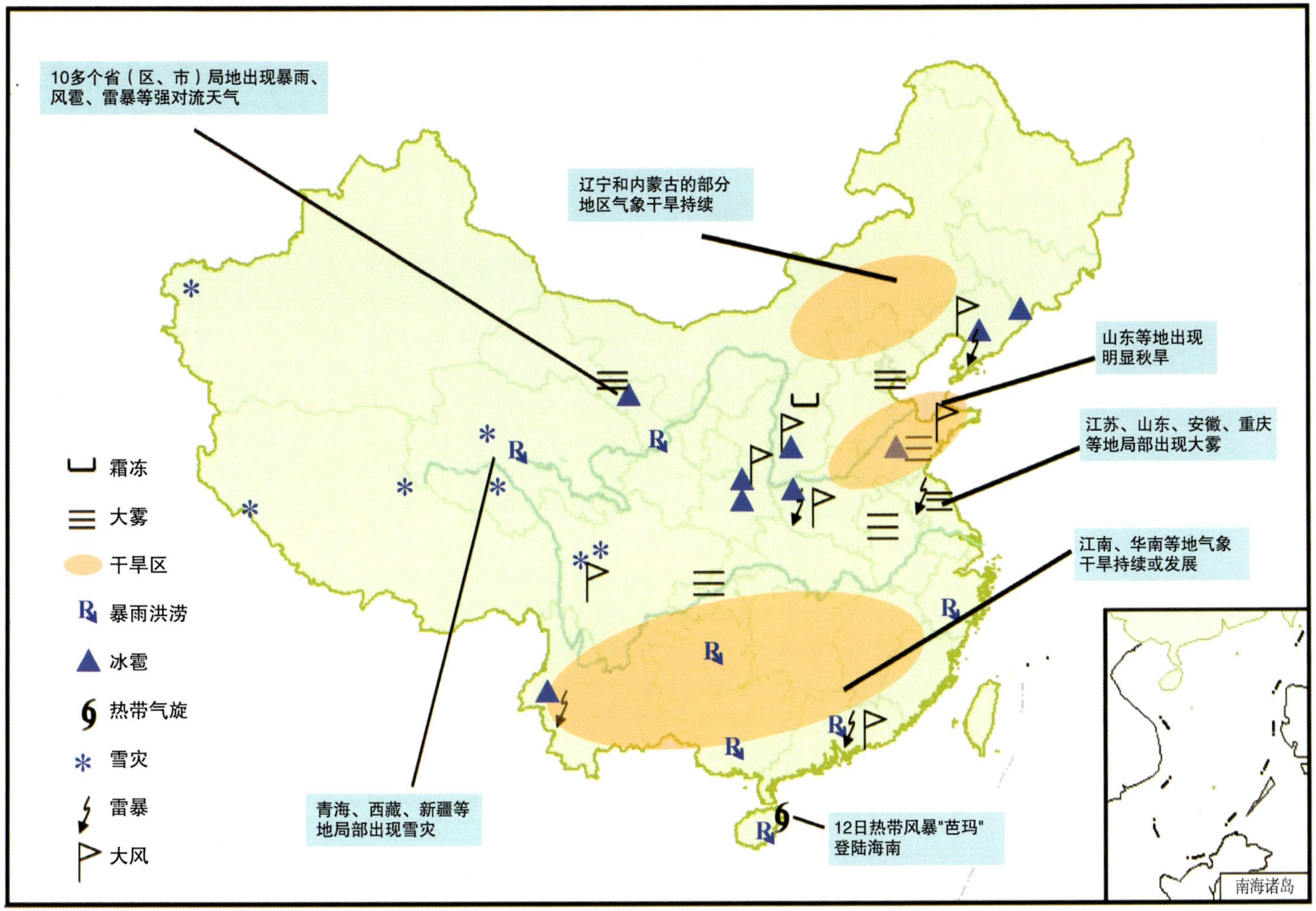

附图2.11　2009年10月全国主要气象灾害分布示意图

Fig.A 2.11　Sketch of the major meteorological disasters over China in October 2009

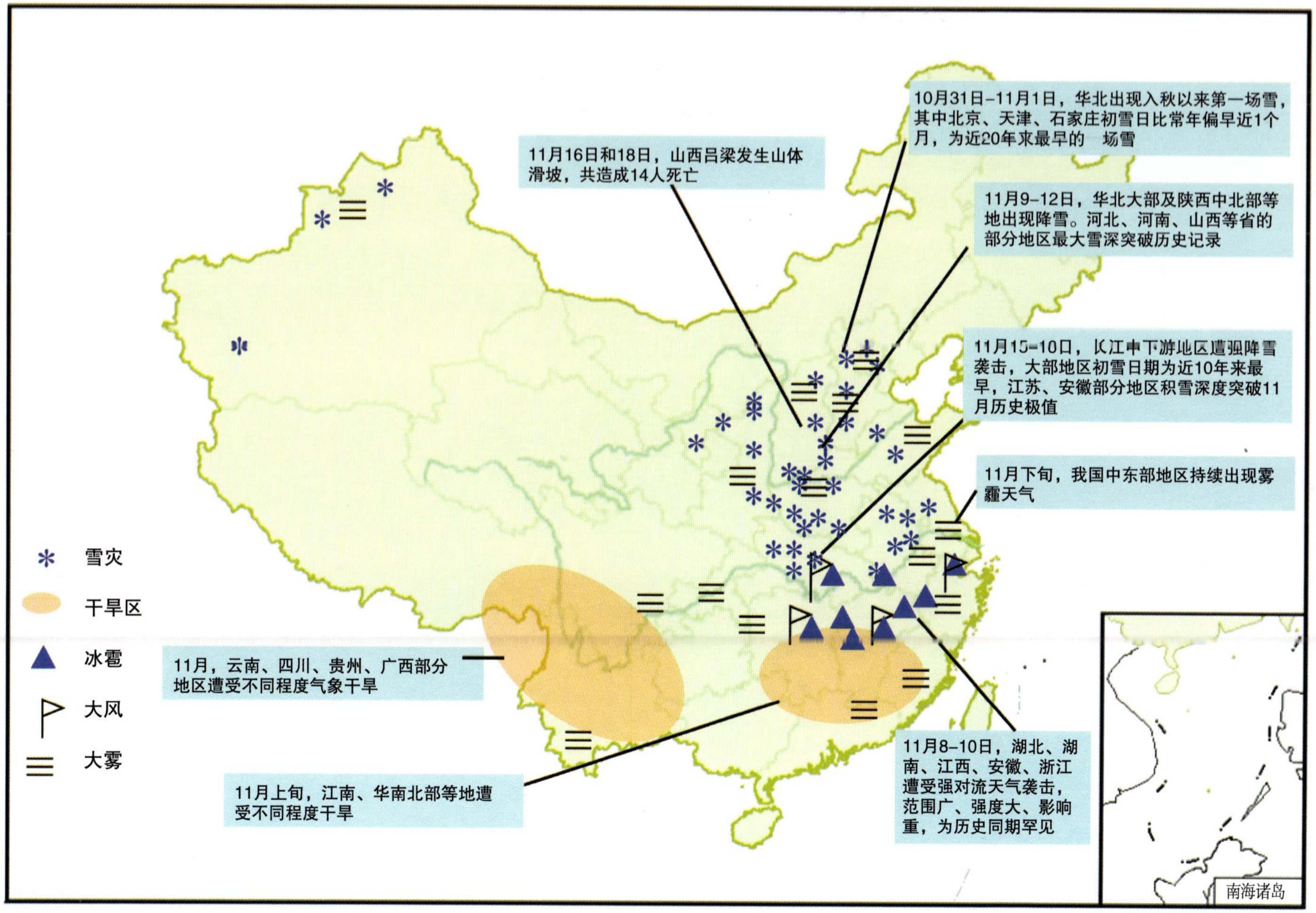

附图2.12　2009年11月全国主要气象灾害分布示意图

Fig.A 2.12　Sketch of the major meteorological disasters over China in November 2009

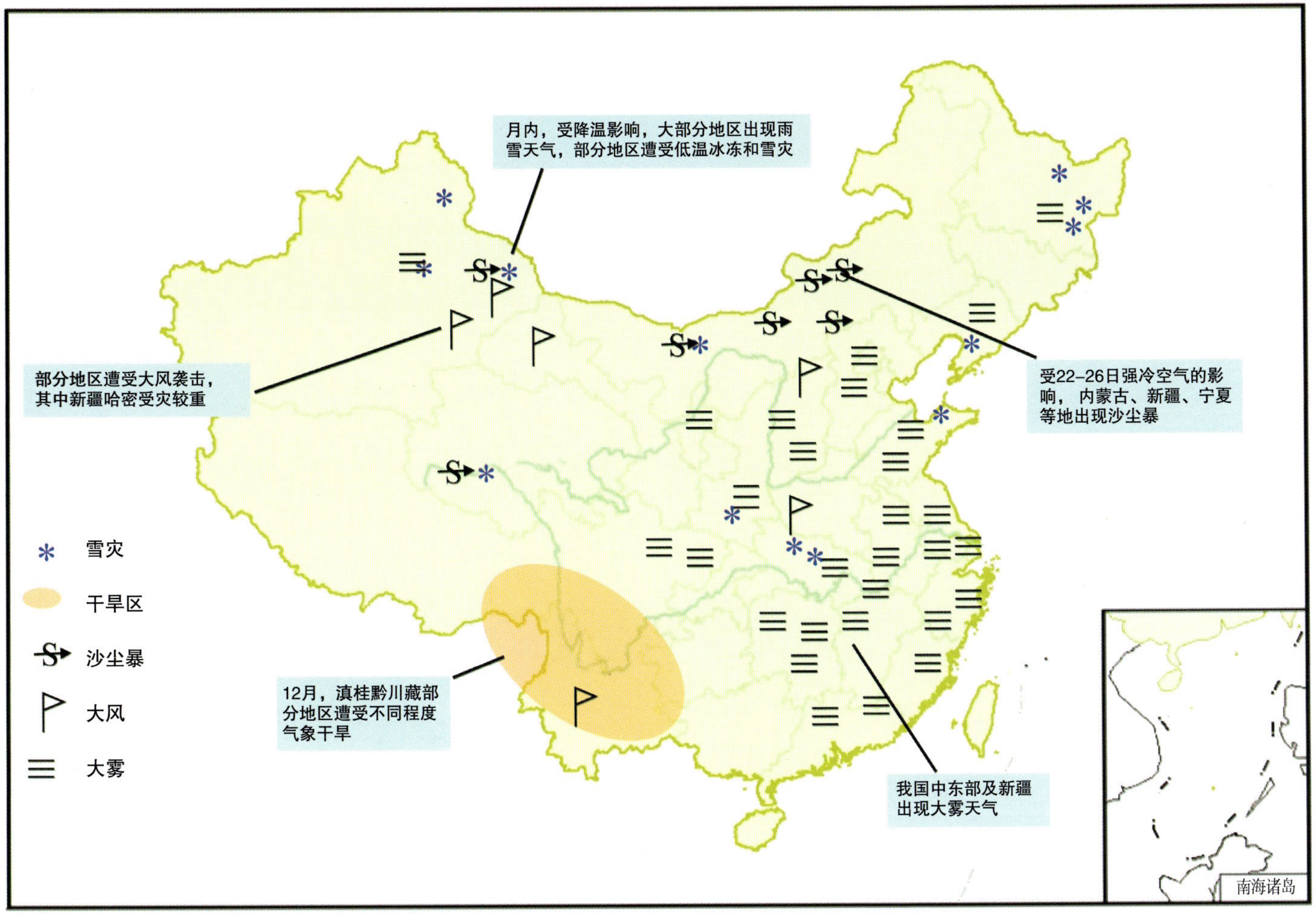

附图2.13　2009年12月全国主要气象灾害分布示意图

Fig.A 2.13　Sketch of the major meteorological disasters over China in December 2009

附录 3 气温特征分布图

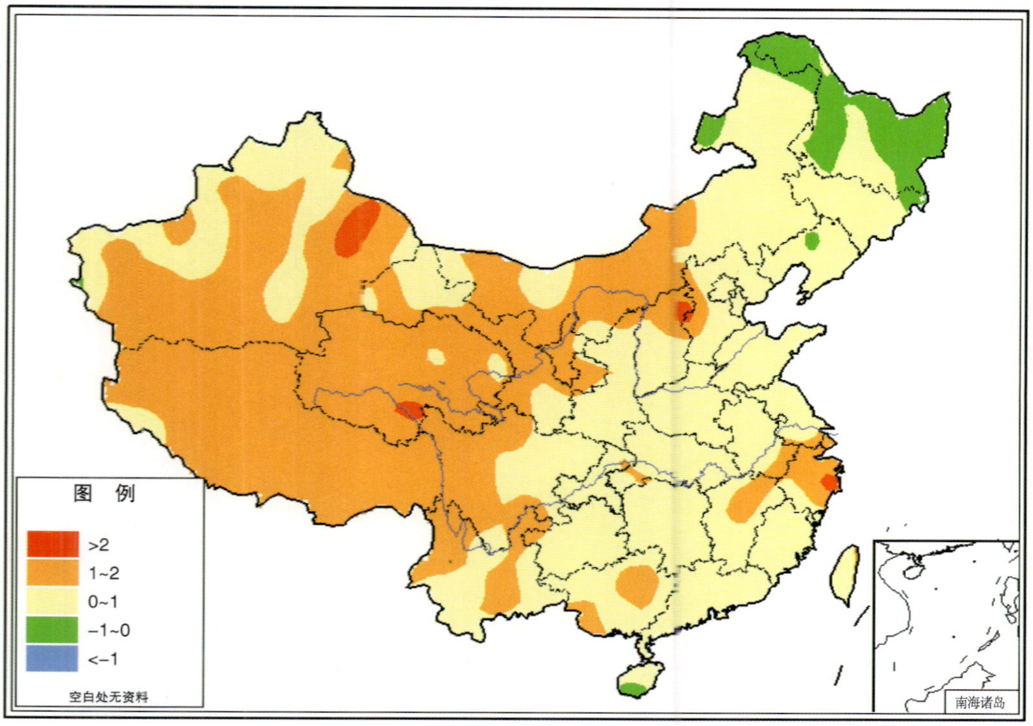

附图3.1 2009年全国年平均气温距平分布图（℃）

Fig.A 3.1 Distribution of annual mean temperature anomalies over China in 2009 (℃)

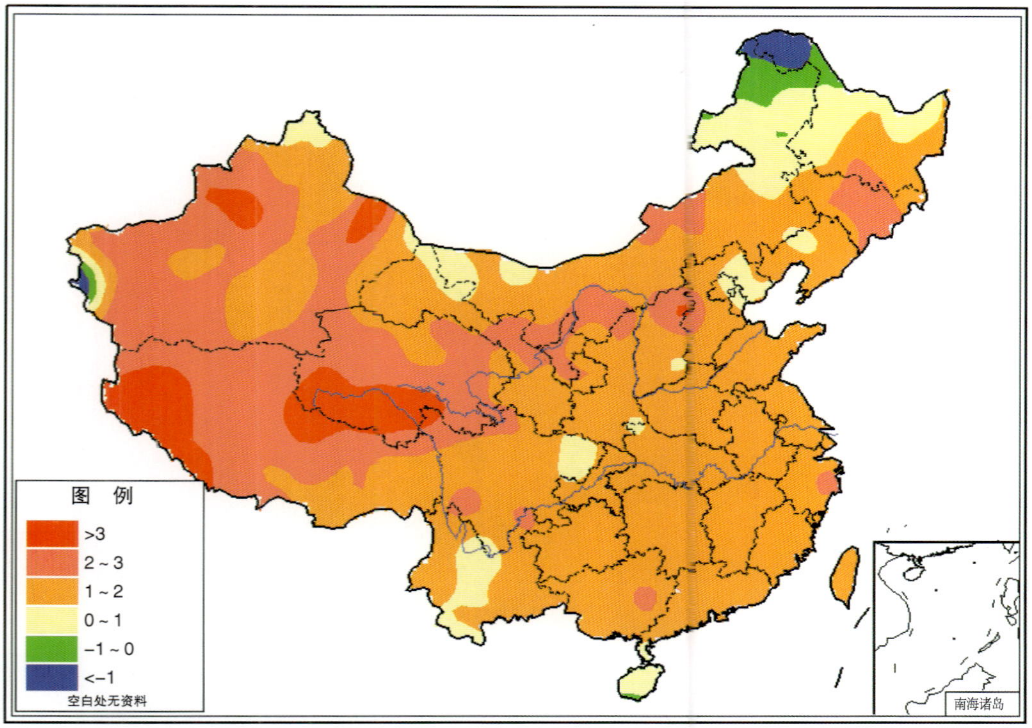

附图3.2 2009年全国冬季平均气温距平分布图（℃）

Fig.A 3.2 Distribution of winter mean temperature anomalies over China in 2009 (℃)

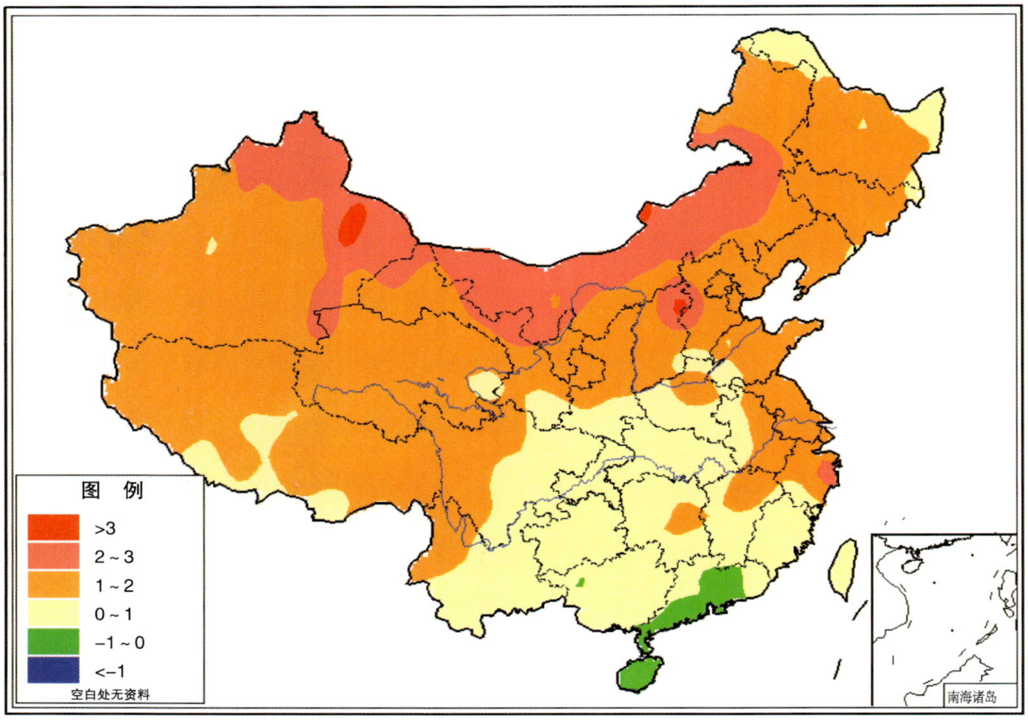

附图3.3　2009年全国春季平均气温距平分布图（℃）
Fig.A 3.3　Distribution of spring mean temperature anomalies over China in 2009 (℃)

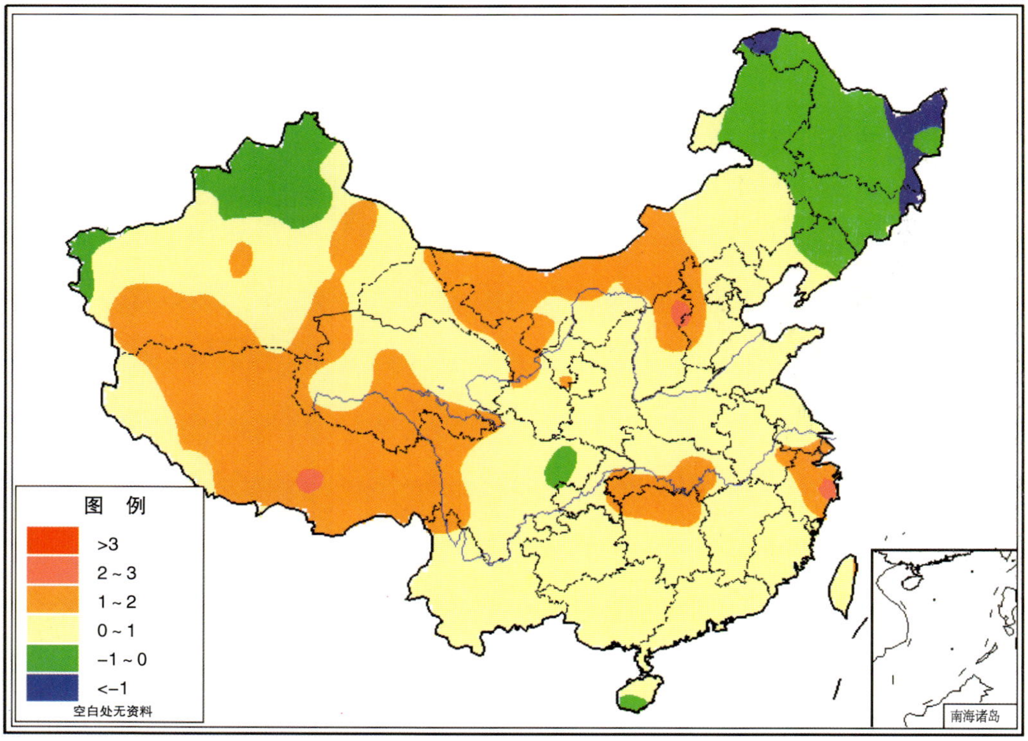

附图3.4　2009年全国夏季平均气温距平分布图（℃）
Fig.A 3.4　Distribution of summer mean temperature anomalies over China in 2009 (℃)

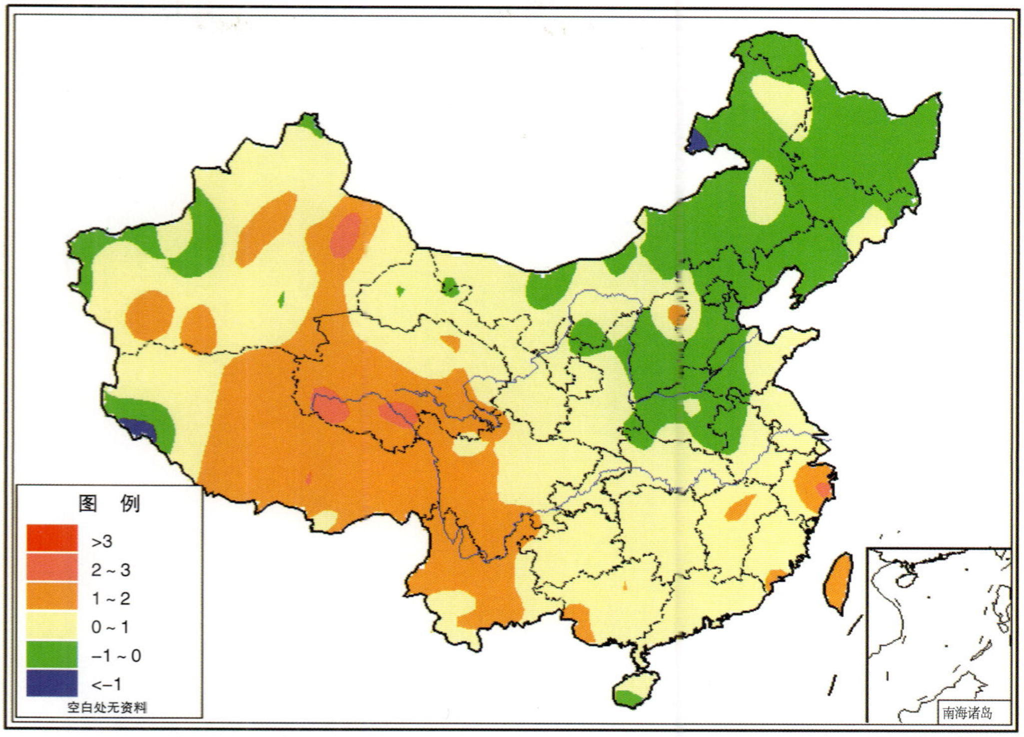

附图3.5　2009年全国秋季平均气温距平分布图（℃）

Fig.A 3.5　Distribution of autumn mean temperature anomalies over China in 2009 (℃)

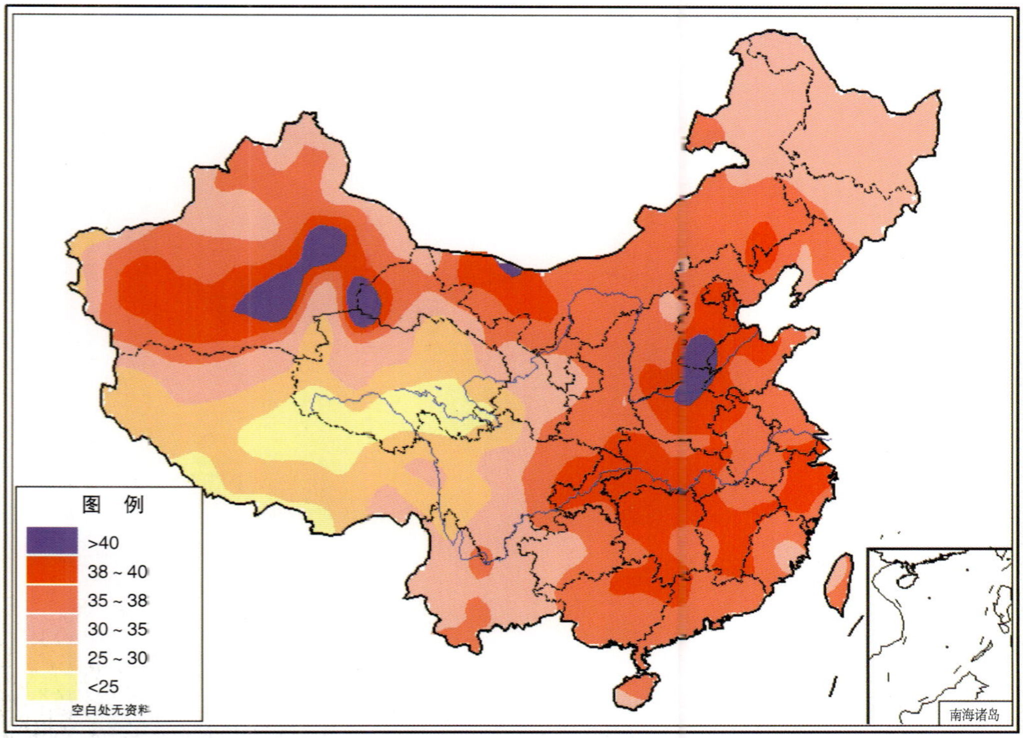

附图3.6　2009年全国年极端最高气温分布图（℃）

Fig.A 3.6　Distribution of annual extreme maximum temperature over China in 2009 (℃)

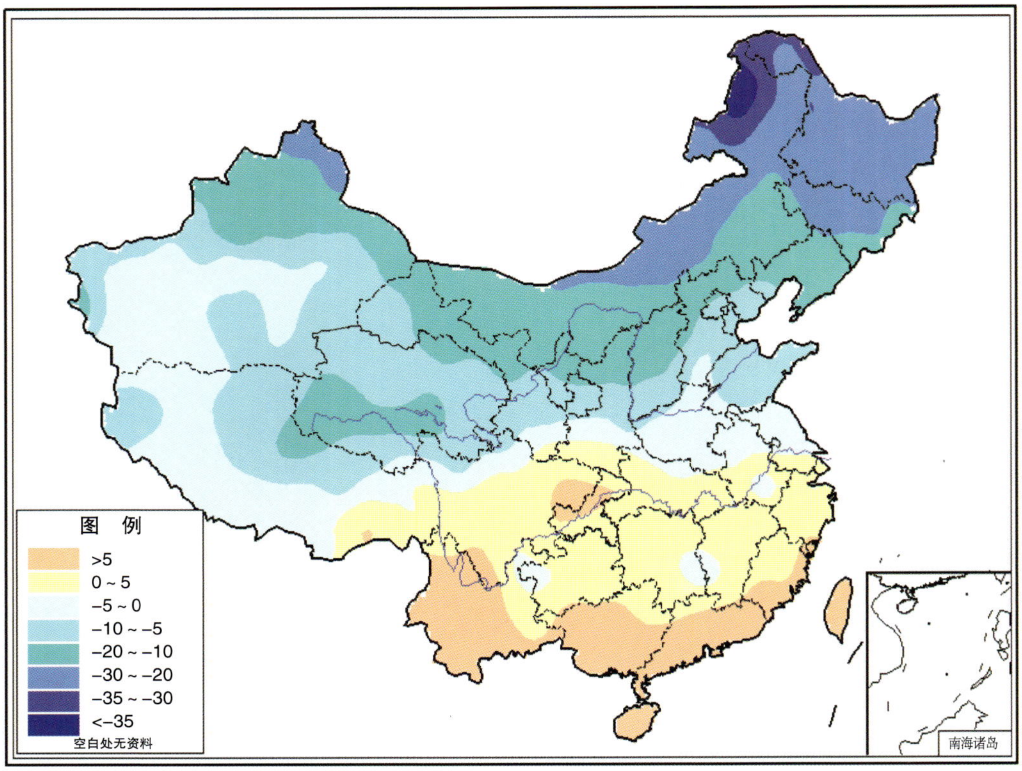

附图3.7 2009年全国年极端最低气温分布图（℃）

Fig.A 3.7 Distribution of annual extreme minimum temperature over China in 2009 (℃)

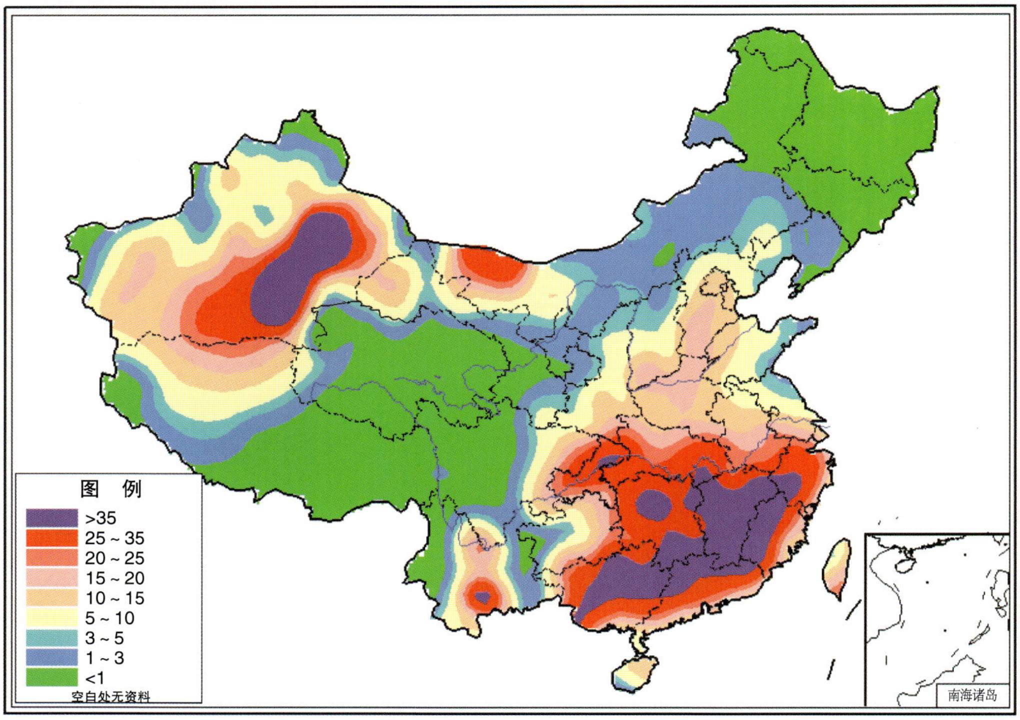

附图3.8 2009年全国高温（日最高气温≥35℃）日数分布图（天）

Fig.A 3.8 Distribution of the number of days with daily maximum temperature ≥35℃ over China in 2009 (d)

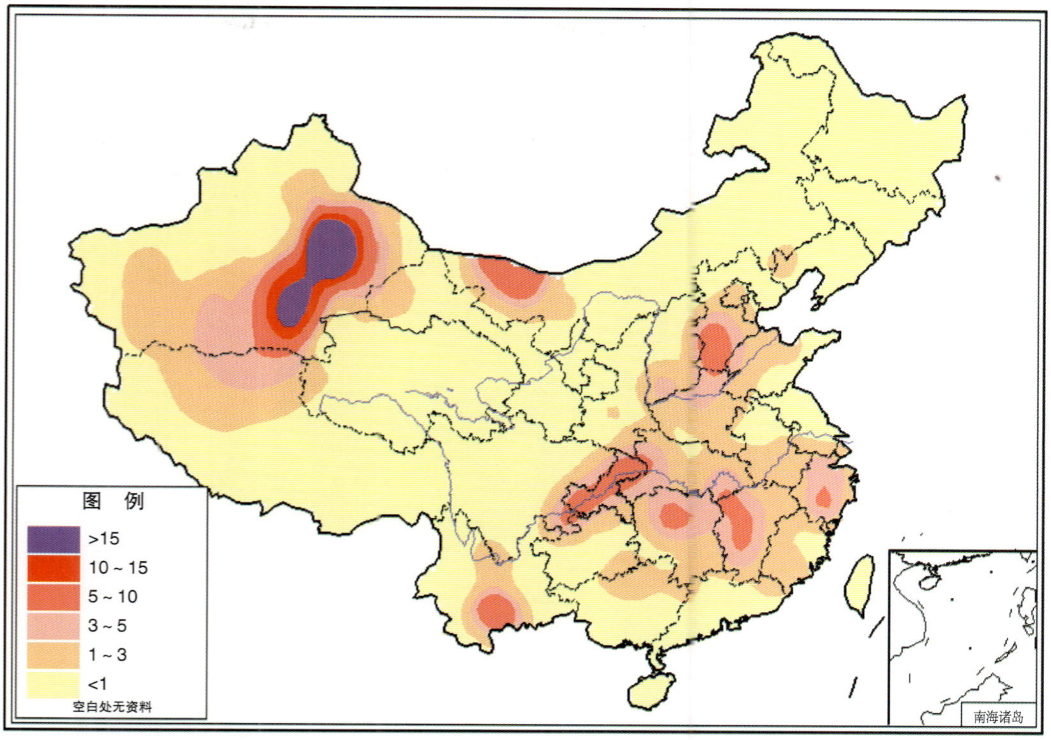

附图3.9　2009年全国高温（日最高气温≥38℃）日数分布图（天）

Fig.A 3.9　Distribution of the number of days with daily maximum temperature ≥38℃ over China in 2009 (d)

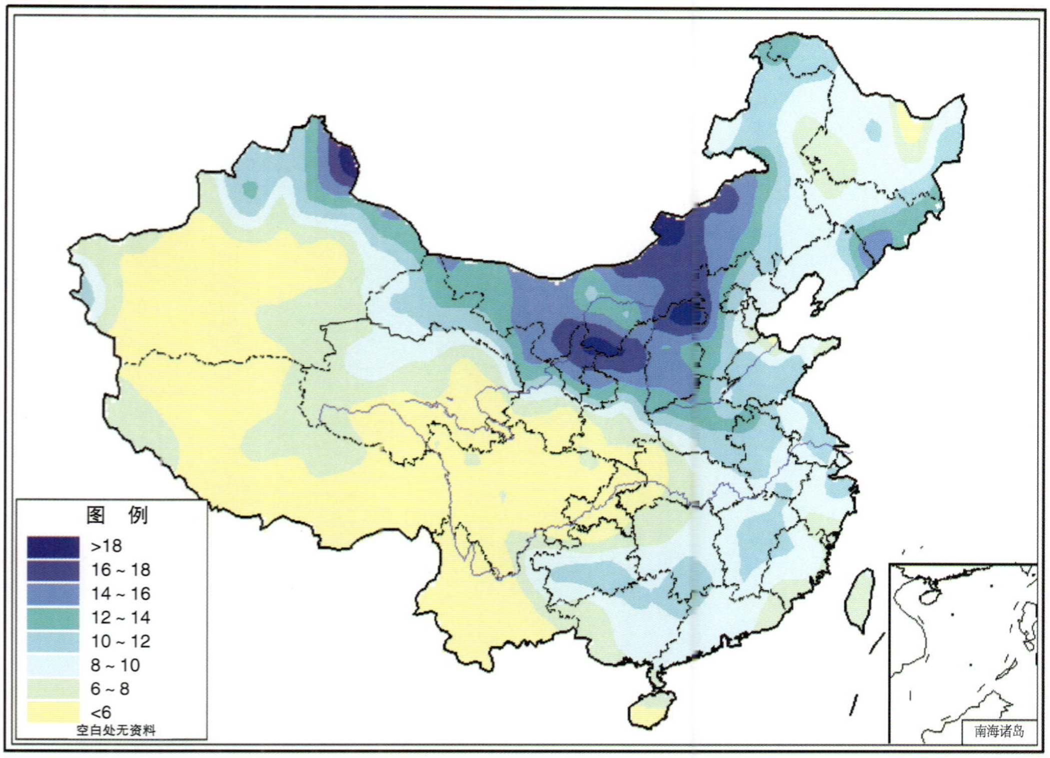

附图3.10　2009年全国最大过程降温幅度分布图（℃）

Fig.A 3.10　Distribution of the maximum amplitude of temperature dropping over China in 2009 (℃)

附录 4　降水特征分布图

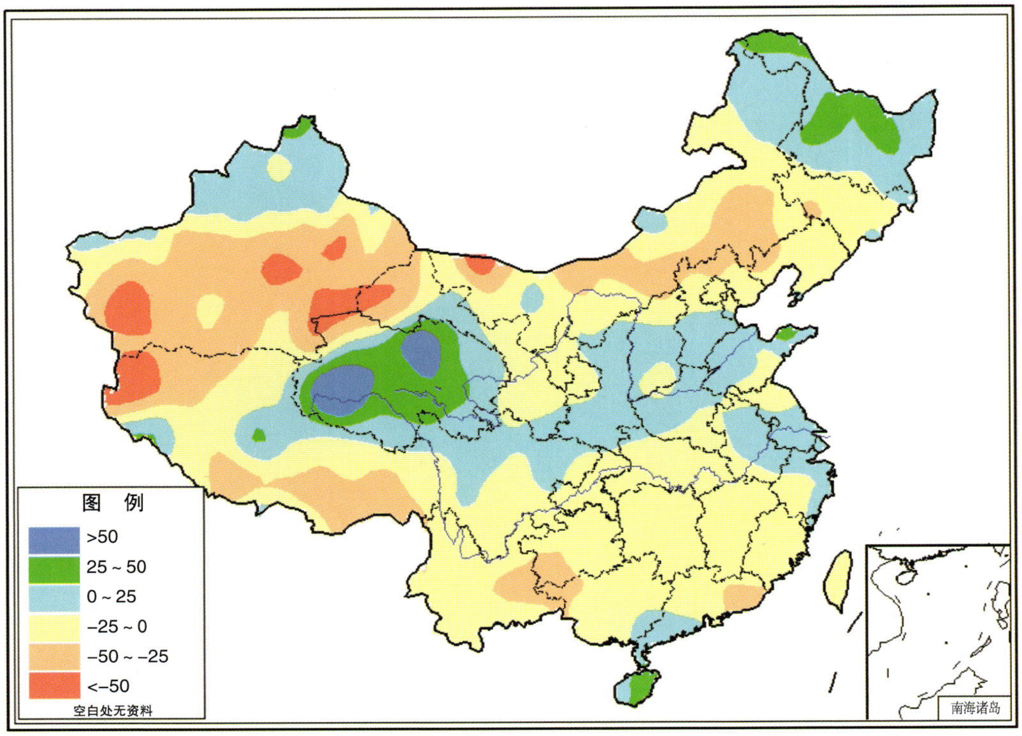

附图4.1　2009年全国年降水量距平百分率分布图（%）

Fig.A 4.1　Distribution of annual precipitation anomalies over China in 2009 (%)

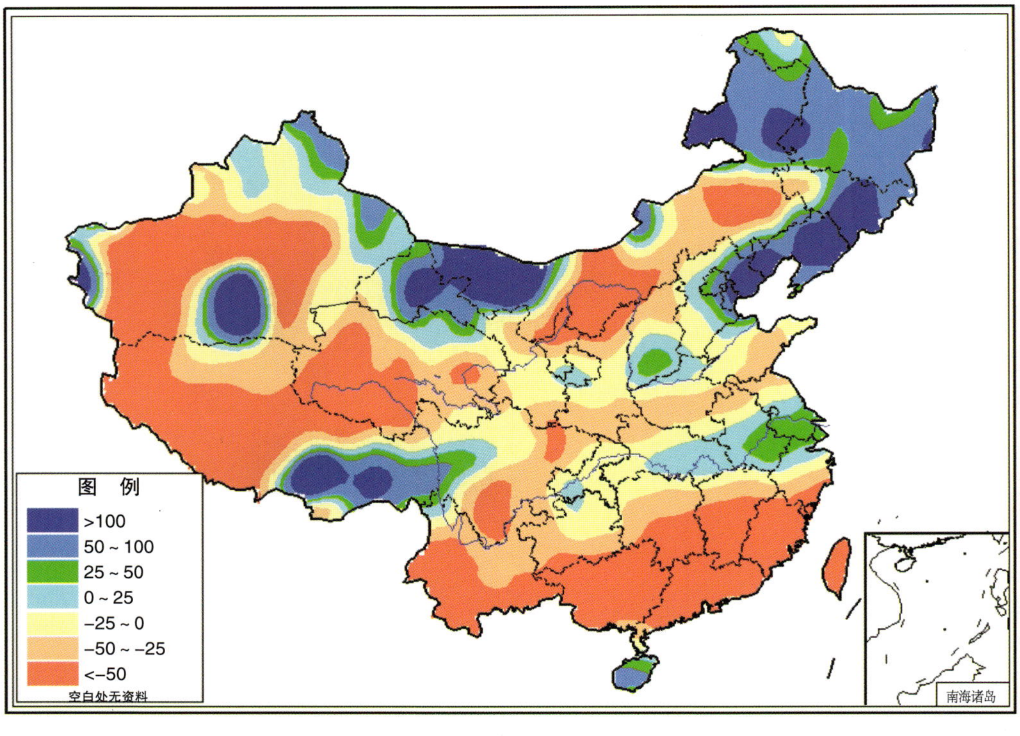

附图4.2　2009年全国冬季降水量距平百分率分布图（%）

Fig.A 4.2　Distribution of winter precipitation anomalies over China in 2009 (%)

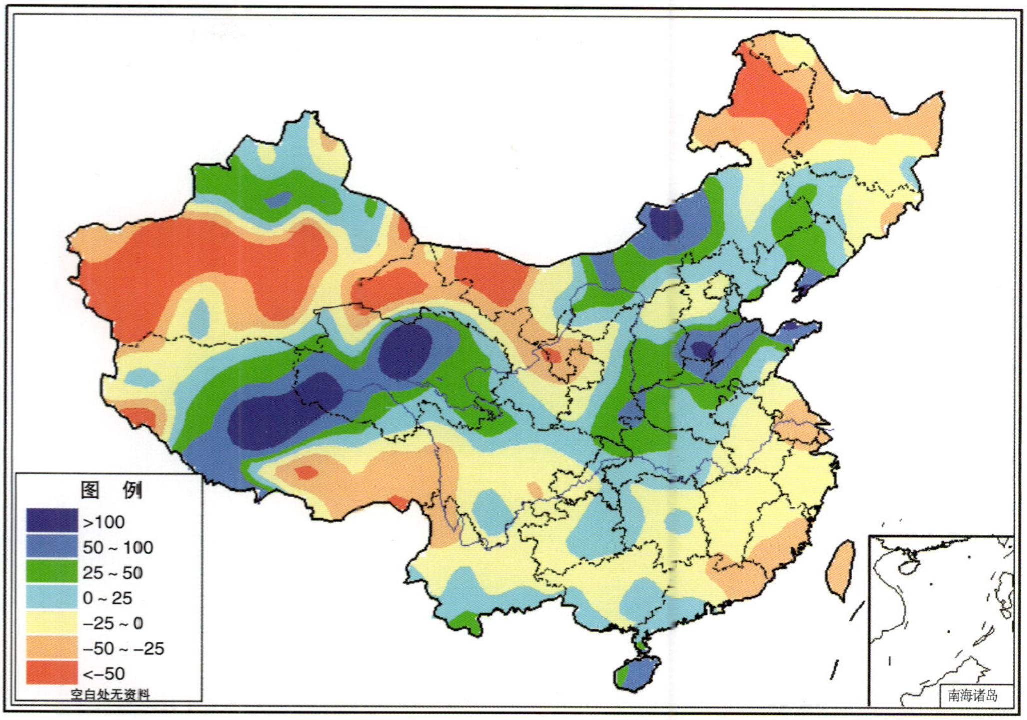

附图4.3　2009年全国春季降水量距平百分率分布图（%）

Fig.A 4.3　Distribution of spring precipitation anomalies over China in 2009(%)

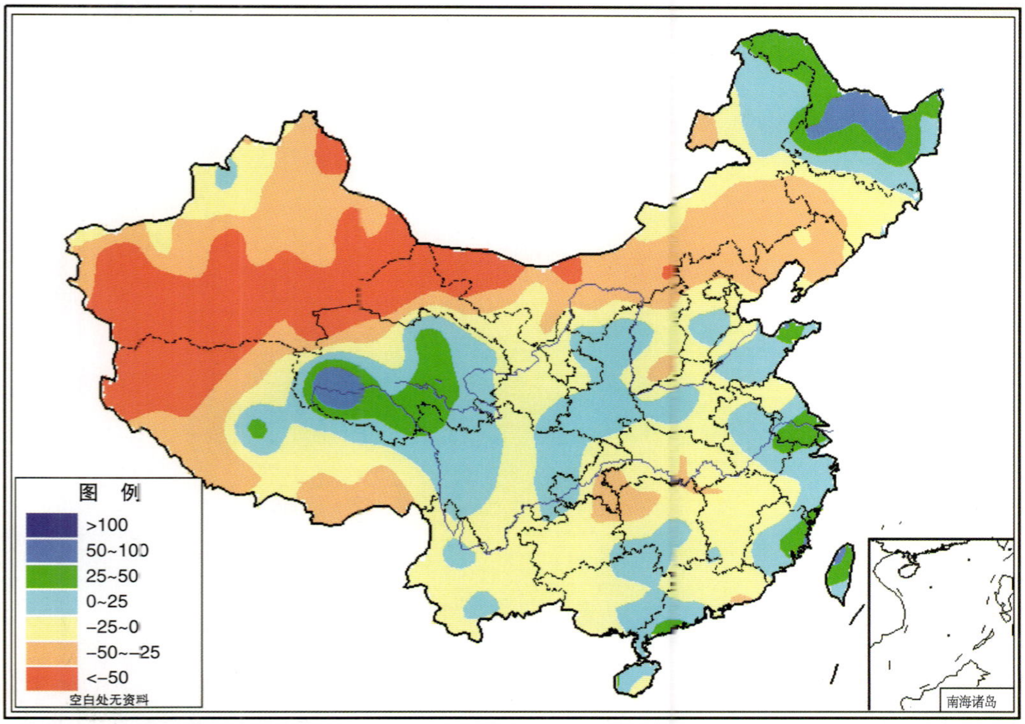

附图4.4　2009年全国夏季降水量距平百分率分布图（%）

Fig.A 4.4　Distribution of summer precipitation anomalies over China in 2009 (%)

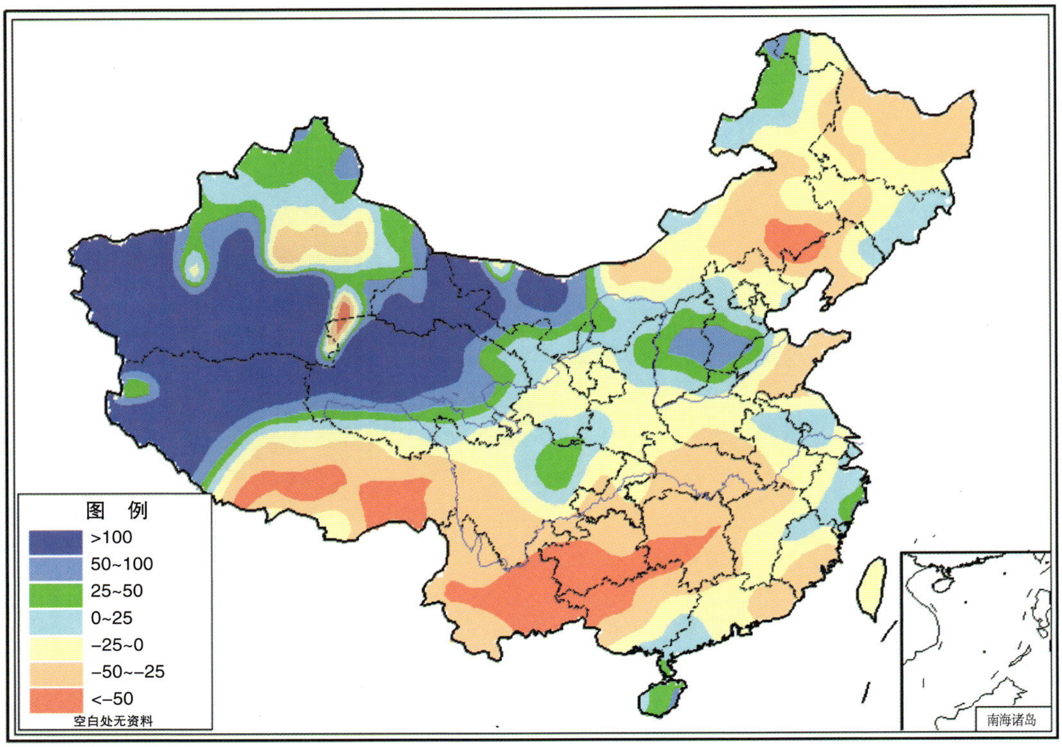

附图4.5　2009年全国秋季降水量距平百分率分布图（%）

Fig.A 4.5　Distribution of autumn precipitation anomalies over China in 2009 (%)

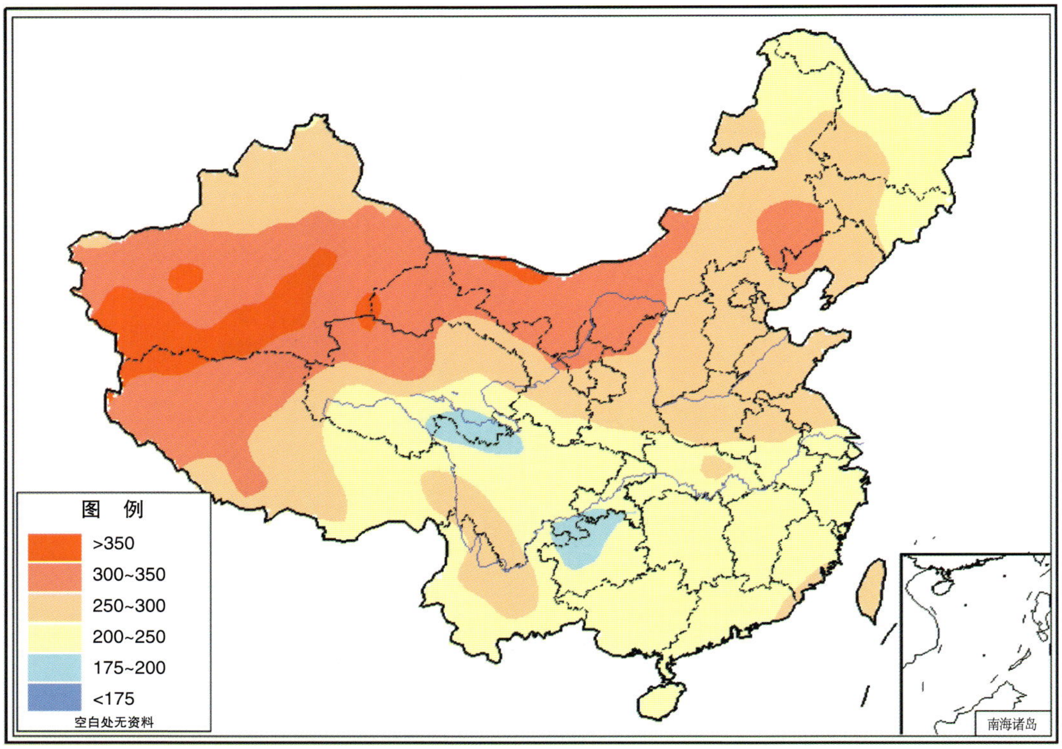

附图4.6　2009年全国无降水日数分布图（天）

Fig.A 4.6　Distribution of the number of days non-precipitation over China in 2009 (d)

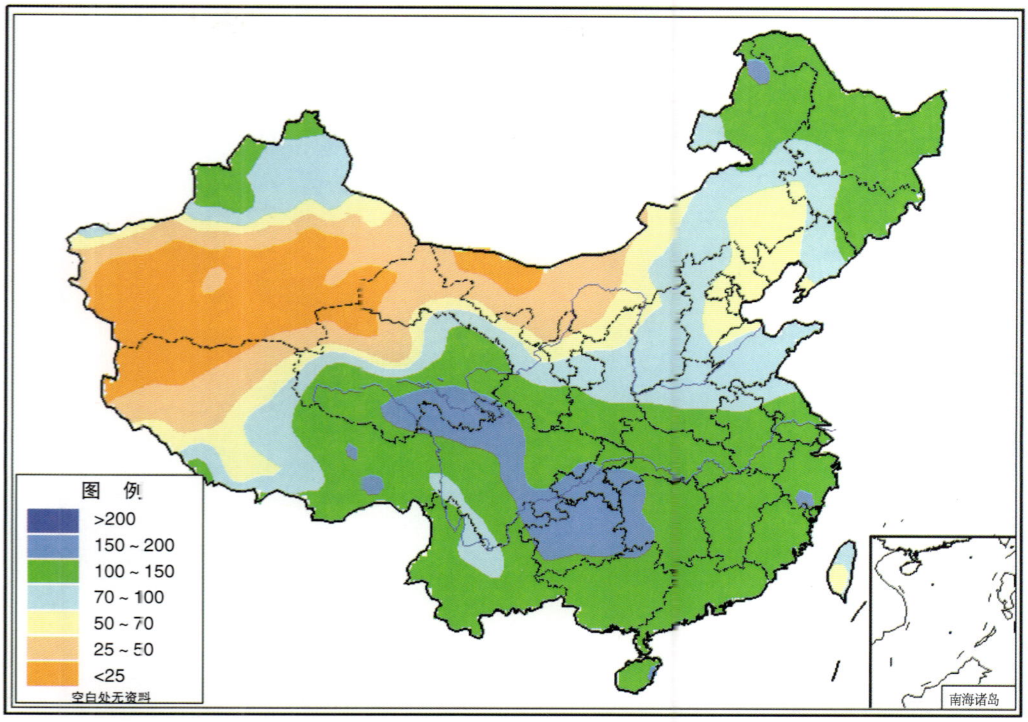

附图4.7　2009年全国降水（日降水量≥0.1毫米）日数分布图（天）

Fig.A 4.7　Distribution of the number of days with daily precipitation≥0.1mm over China in 2009 (d)

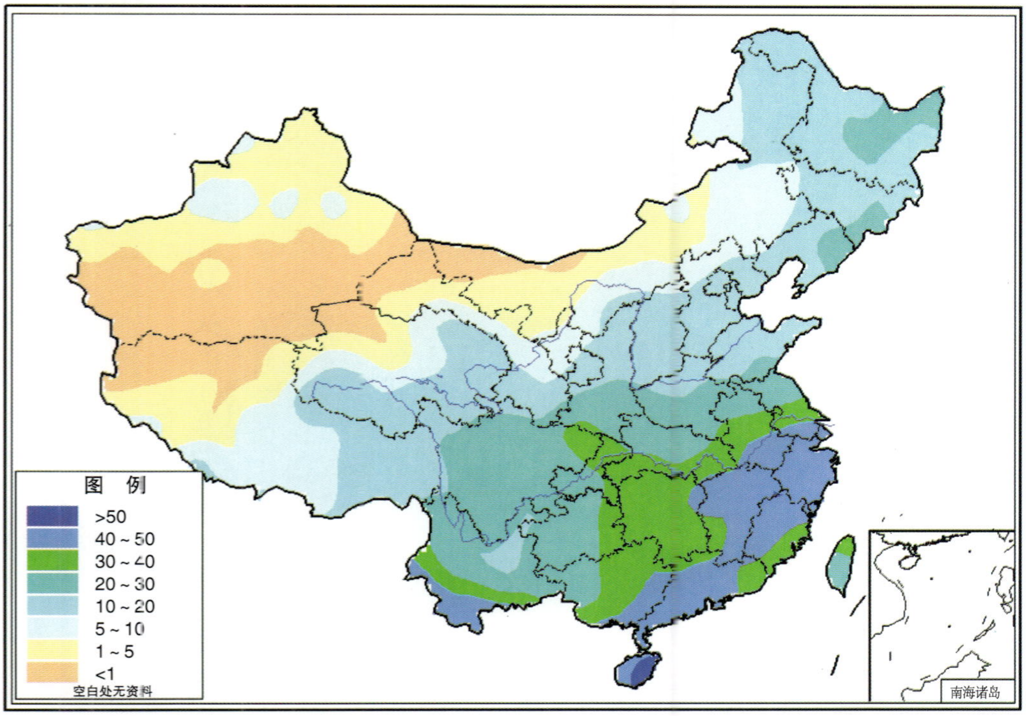

附图4.8　2009年全国中雨以上（日降水量≥10.0毫米）日数分布图（天）

Fig.A 4.8　Distribution of the number of days with daily precipitation≥10.0mm over China in 2009(d)

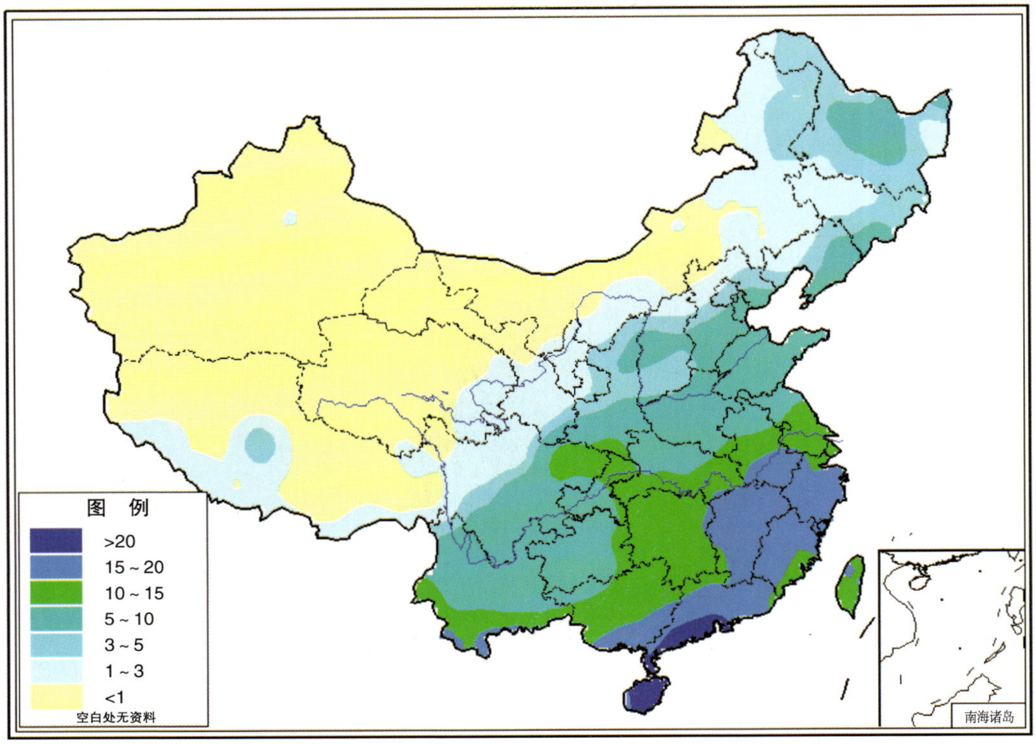

附图4.9 2009年全国大雨以上（日降水量≥25.0毫米）日数分布图（天）

Fig.A 4.9 Distribution of the number of days with daily precipitation≥25.0mm over China in 2009(d)

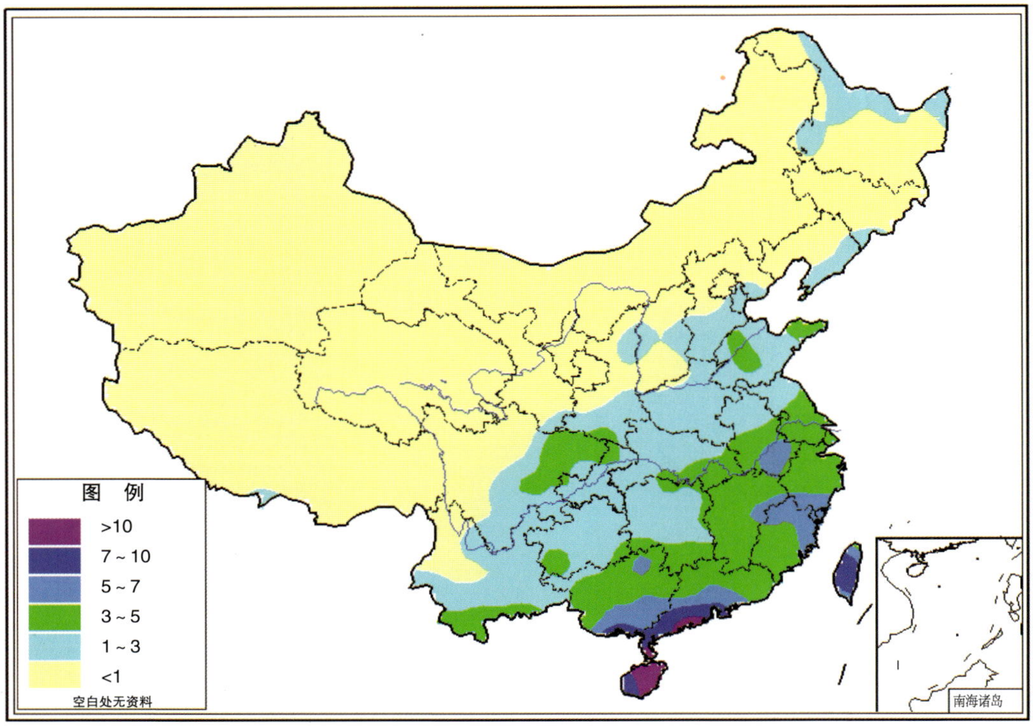

附图4.10 2009年全国暴雨以上（日降水量≥50.0毫米）日数分布图（天）

Fig.A 4.10 Distribution of the number of days with daily precipitation≥50.0mm over China in 2009(d)

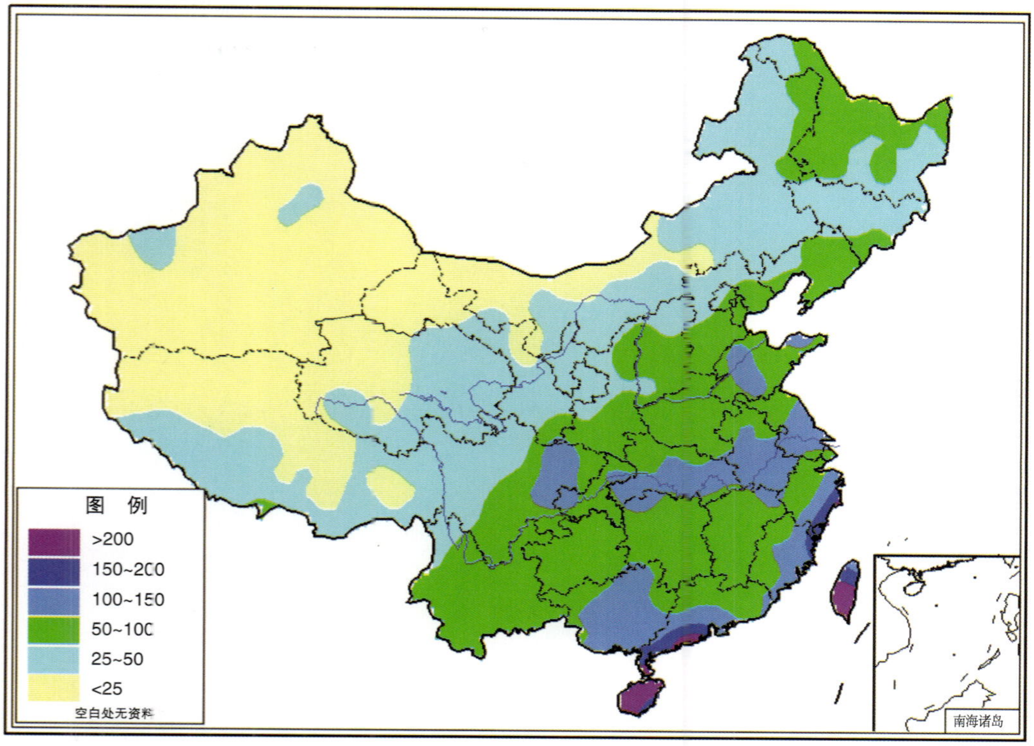

附图4.11　2009年全国日最大降水量分布图（毫米）

Fig.A 4.11　Distribution of maximum daily precipitation amount over China in 2009(mm)

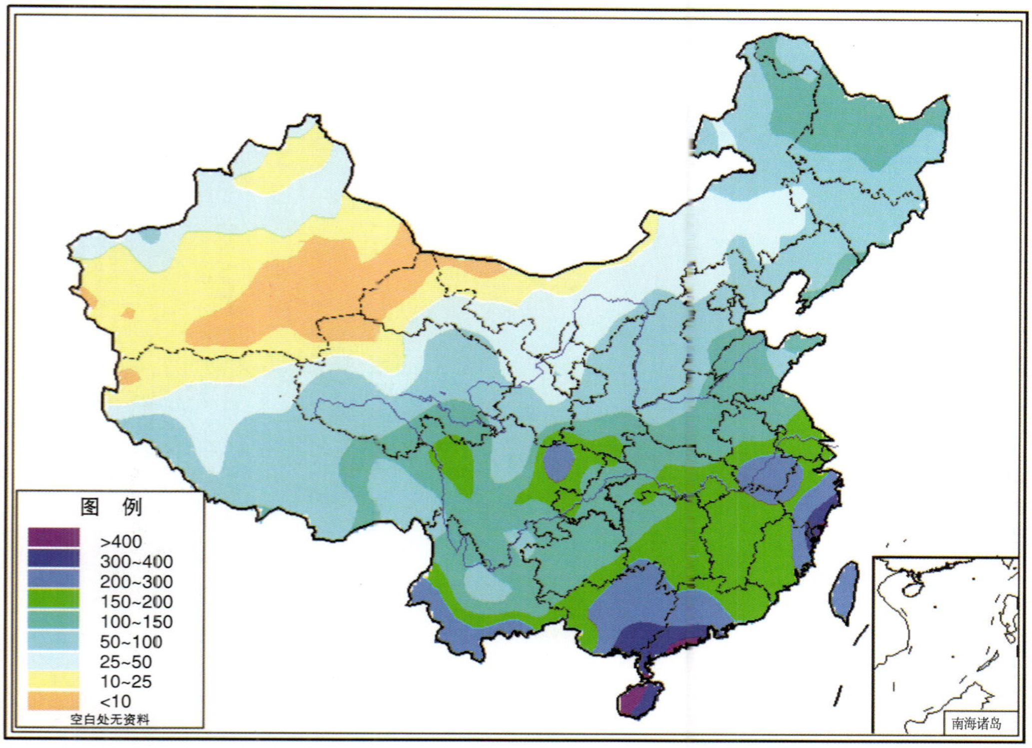

附图4.12　2009年全国最大连续降水量分布图（毫米）

Fig.A 4.12　Distribution of maximum consecutive precipitation amount over China in 2009(mm)

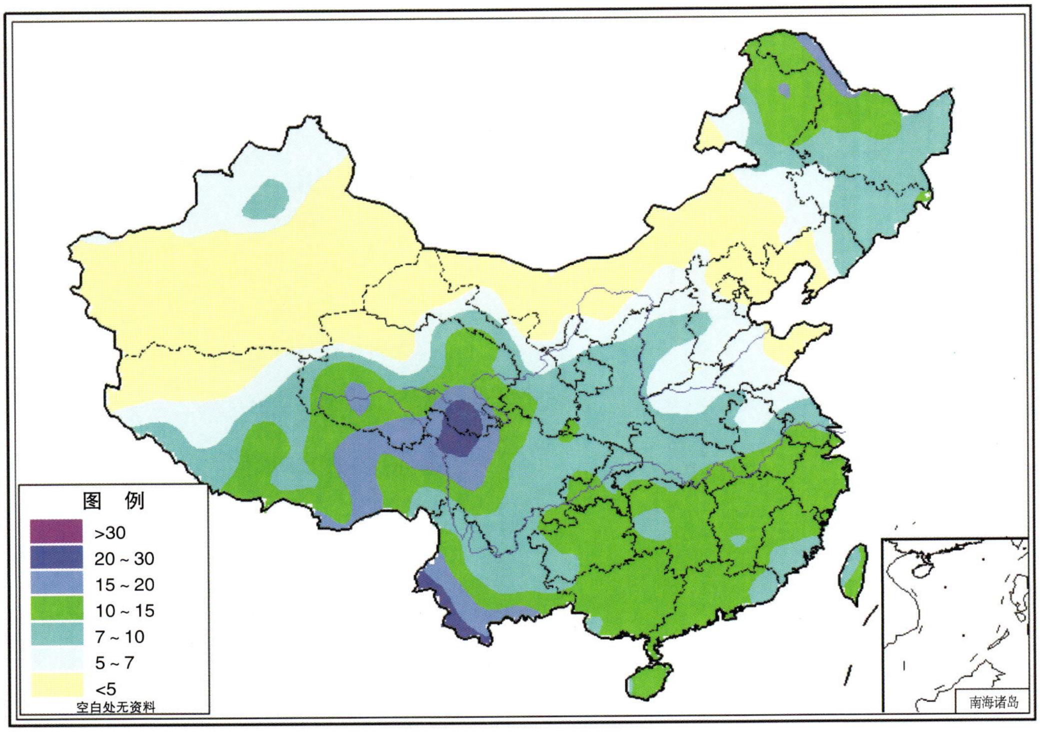

附图4.13　2009年全国最长连续降水日数分布图（天）

Fig.A 4.13　Distribution of the maximum number of days for consecutive precipitation over China in 2009(d)

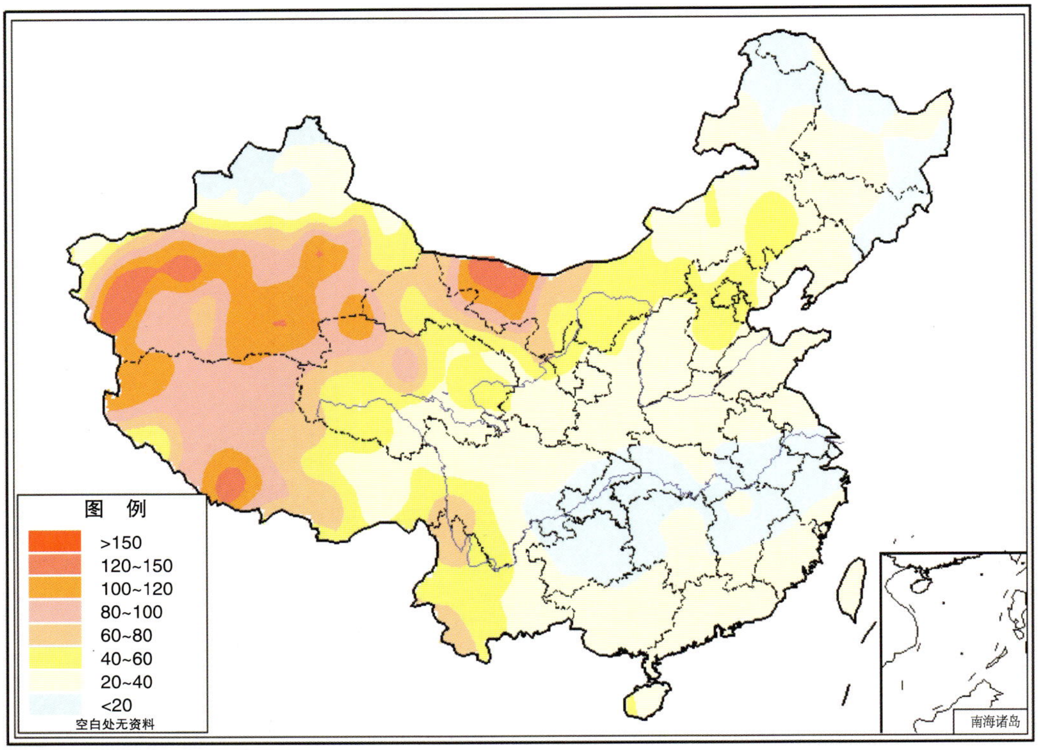

附图4.14　2009年全国最长连续无降水日数分布图（天）

Fig.A 4.14　Distribution of the maximum number of days for consecutive non−precipitation over China in 2009(d)

附录 5　天气现象特征分布图

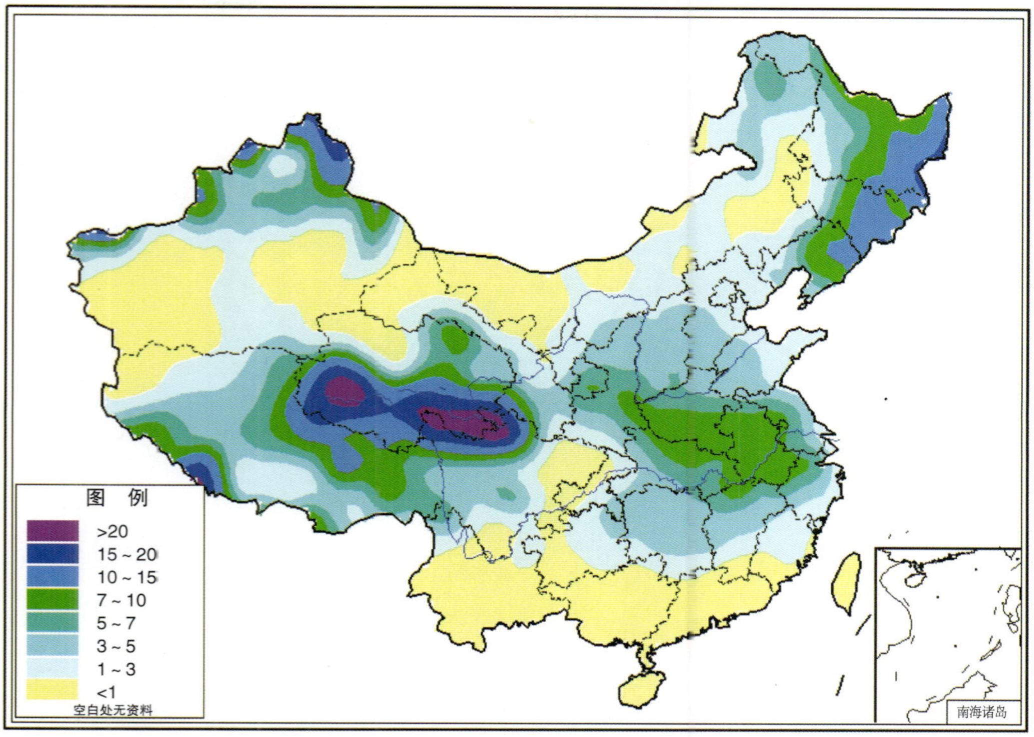

附图5.1　2009年全国降雪日数分布图（天）

Fig.A 5.1　Distribution of the number of snow days over China in 2009(d)

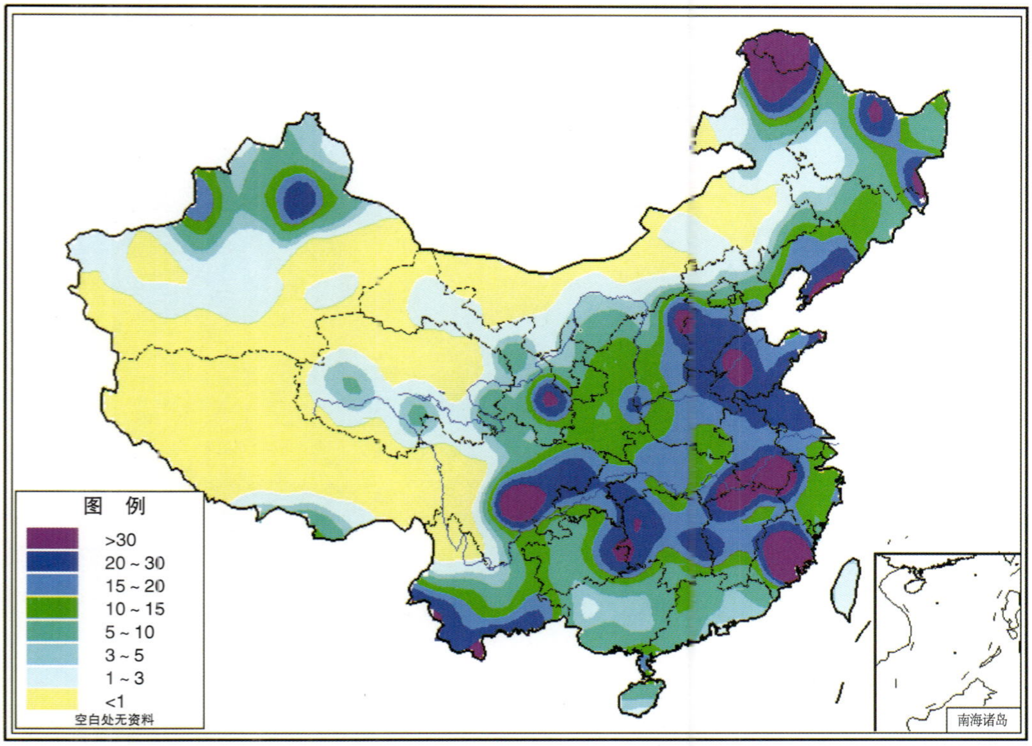

附图5.2　2009年全国雾日数分布图（天）

Fig.A 5.2　Distribution of the number of fog days over China in 2009 (d)

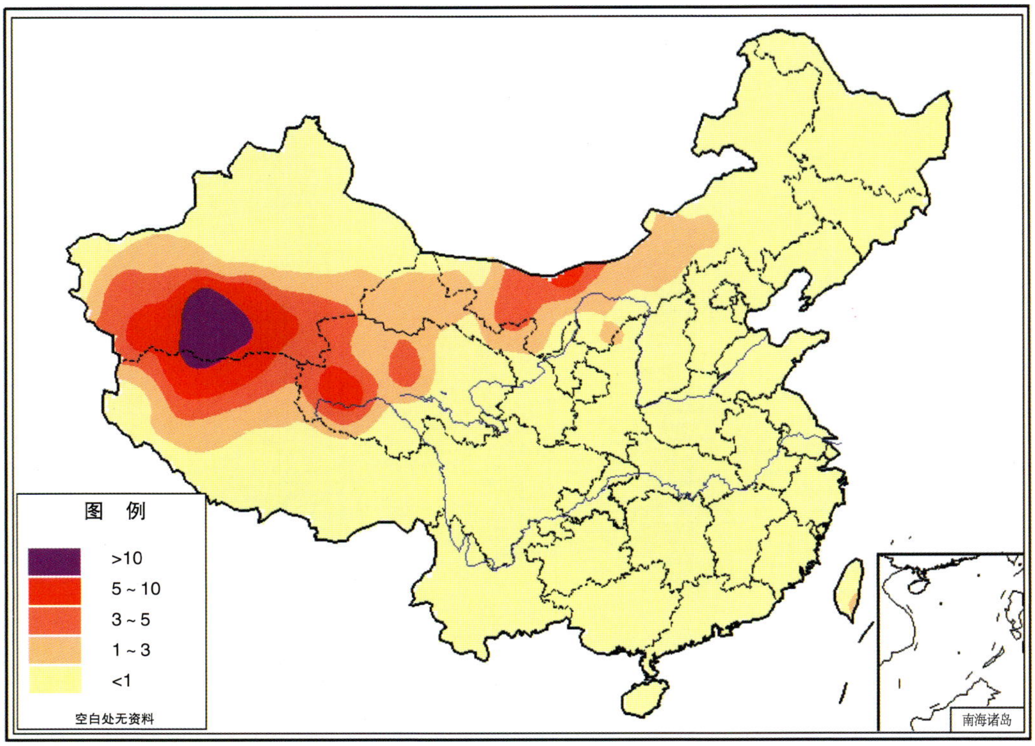

附图5.3　2009年全国沙尘暴日数分布图（天）

Fig.A 5.3　Distribution of the number of sand and dust storm days over China in 2009 (d)

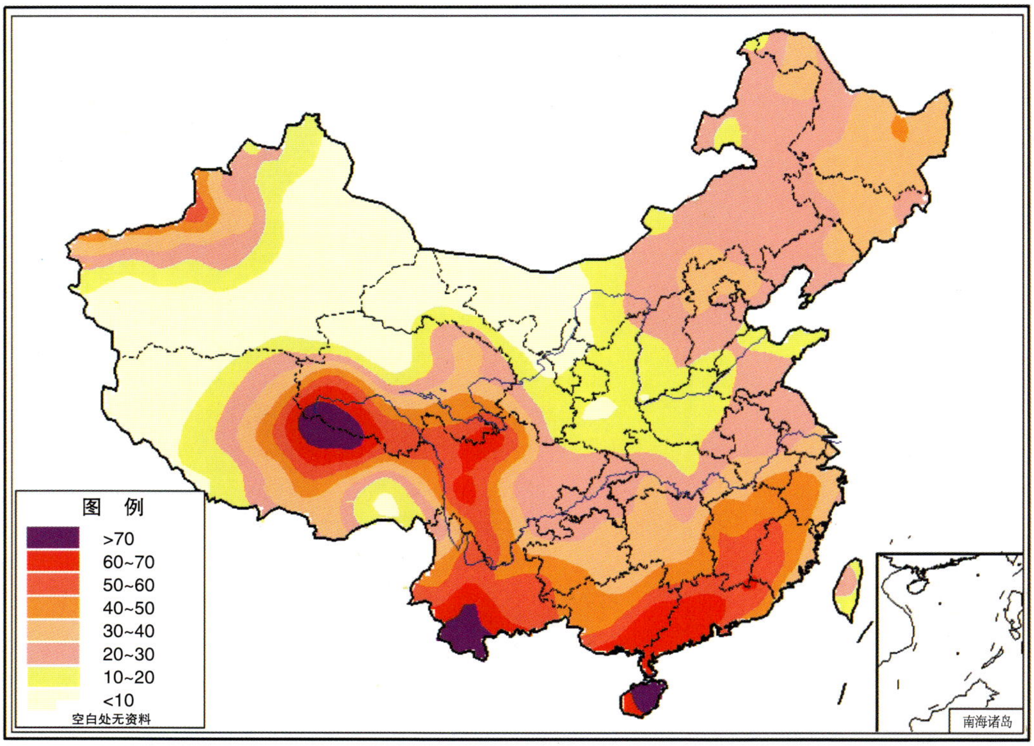

附图5.4　2009年全国雷暴日数分布图（天）

Fig.A 5.4　Distribution of the number of thunderstorm days over China in 2009 (d)

附录6 香港、澳门、台湾部分气象灾情选编

香港

● 受台风“莫拉菲”影响，香港出现大雨狂风。7月18日下午至19日上午，深圳往返香港、澳门的客轮航班基本取消；19日东莞—香港之间的高速客轮和航班也全部取消。“莫拉菲”影响期间，香港发生425宗树木倒伏和2宗棚架倒塌事故，造成5人受伤。

● 受热带风暴“天鹅”影响，8月4日午后香港风势明显加强。“天鹅”使香港海、陆、空交通受到影响，新渡轮公司、天星小轮及信德船务等多家渡轮公司宣布停航，新巴及城巴部分路线停驶；截至5日凌晨12时，共有3班抵港及1班离港航机取消，12班抵港及5班离港航机延误。1艘趸船被强劲风浪吹袭打翻，造成2人死亡，1人受伤。此外，“天鹅”影响期间，有9人受伤。

● 8月19日，香港东南面的蒲台岛附近海域出现罕见的水龙卷，维持约数分钟。这是自1959年有纪录以来，在香港460千米范围内出现的第38个水龙卷。

● 受台风“巨爵”影响，9月15日，香港遭受狂风骤雨袭击，多处地区降雨量超过100毫米。受“巨爵”带来的大雨和风暴潮的共同影响，大埔滘最高潮位达3.43米，仅次于2001年7月台风“尤特”影响香港时的最高潮位（3.47米）。大澳发生严重水浸，水深达1.5米，约100户居民及商铺受影响，部分货物及设备受损。香港国际机场和西区海底隧道往屯门及大榄隧道交通一度瘫痪；港交所、金银业贸易场和各银行上午停市，所有学校停课，医管局辖下所有普通科诊所、指定流感诊所、专科诊所上午暂停开放。“巨爵”影响期间，全港共发生340宗塌树、8宗水浸及6宗棚架松脱事故，74人受伤，其中4人伤势严重。

澳门

● 受台风“莫拉菲”影响，澳门天气恶劣，海面能见度低。7月19日晚，一艘舢板与一艘拖轮因能见度低发生相撞，导致1人死亡。

● 受热带风暴“天鹅”影响，澳门出现狂风暴雨。8月4日晚，海上交通全面停驶，澳门国际机场的大部分航班取消，连接澳门半岛和氹仔岛的三座跨海大桥封闭。“天鹅”袭澳期间，塌树及围板、广告招牌坍塌等各类事故报告共33宗。一些工地的棚架被大风吹倒，部分路段的电线杆被吹歪。

● 受台风“巨爵”影响，9月15日凌晨，澳门出现狂风骤雨。重灾区内港出现严重水浸，最高水深逾1.15米，不少大厦的电箱受浸冒烟着火，造成大楼停电。“巨爵”使澳门海、陆、空交通接近瘫痪；中学、小学、幼儿及特殊教育班级一度停课。“巨爵”袭澳期间，共发生各类事故145宗，包括塌树、棚架倒塌、广告招牌下坠等，并造成5人受伤。

台湾

● 受台风“莫拉克”影响，岛内各地出现10～14级大风，并普降暴雨到特大暴雨，其中台湾中南部雨势更是超强。8月6日00时至11日08时，累积降雨量较大的站点有：中部的嘉义县阿里山3016毫米、南部的屏东县尾寮山2959毫米、南部的高雄县御油山2901毫米。由于“莫拉克”影响范围大（7级风圈半径约500千米，最大时其南侧风圈半径达800千米），在台湾及其东部近海和台湾海峡滞留时间长，仅在台湾海峡就滞留31个小时，为历史少见，从而造成台湾中南部强降雨维持时间长，雨量大。

此次台风引发“八八水灾”重创台湾南部地区，使这一地区发生了50年来最严重水灾。屏东县沿海多个乡遭水淹，最严重的地方积水深达1层楼高；台东县太麻里溪水暴涨引起溃堤，部分

铁道被冲毁，农地田舍被淹没。特别是高雄县甲仙乡小林村全村被强降雨引发的严重泥石流掩埋。据台湾灾害应变中心8月25日18时统计，全台农林渔牧损失超过145亿元新台币；超过36万户停水、102万户停电，约100座桥梁断裂。全台共有461人死亡、192人失踪、46人受伤，其中重灾区高雄县死亡人数最多，达392人（仅甲仙乡小林村遇难人数就达318人）。

● 受“芭玛”外围环流影响，台湾沿海出现了5～7级大风，台湾东部和北部的部分地区出现暴雨或大暴雨，局部特大暴雨。10月3日00时至7日07时，宜兰大同乡古鲁、宜兰冬山乡寒溪和宜兰大同乡牛斗降雨量分别达1655.0毫米、1336.0毫米和1333.5毫米。强降雨主要集中在4—5日，其中4日00时至5日00时宜兰三星乡三星、宜兰冬山乡寒溪、宜兰东山乡新寮24小时降雨量分别达578.5毫米、472.0毫米和415.0毫米。

强降水给台湾东部、北部和南部造成严重影响。东部的几条主要溪流兰阳溪、花莲溪及卑南溪全部水位上涨，达到警戒水位。数千民众被迫撤离家园。台东县1人被淹死。宜兰冬山乡多处桥梁因水位暴涨被迫封闭。多处公路、铁路因塌方、泥石流而交通中断。台东往返绿岛、兰屿的海上、空中交通暂停，台东至台北的多个航班延误或取消，台北市区交通一度严重堵塞，马祖与台湾本岛之间海上航班暂停运营。据台湾“农委会”截至10月19日17时统计，全台农业损失逾1.3亿元新台币。其中，青葱、茶及二期水稻等农作物受灾面积1082公顷，损失6944万元新台币；畜禽损失514万元新台币；渔产损失521万元新台币；畜禽设施损失约1800万元新台币；农田损失2463万元新台币，主要是灾情最严重的宜兰县农田流失及埋没26.3公顷。

Summary

In 2009, the annual precipitation in China was 574.0 mm, being 38.8 mm less than the climate normal, which was the fourth least since 1951 and the minimum since 1987 (Fig. 1). The seasonal precipitation was characterized by being close to the normal in spring and less than the normal in the other three seasons. Precipitation in autumn was the least in the past ten years. The annual mean temperature over China was 9.8℃, being 1.0℃ warmer than the normal. The year 2009 has ranked the fourth warmest year since 1951 as well as the thirteenth consecutive year with higher temperature than the normal (Fig. 2). Seasonal temperature was above the normal for all four seasons, in which the winter has been the third warmest winter since 1951 and the spring has been the second warmest spring.

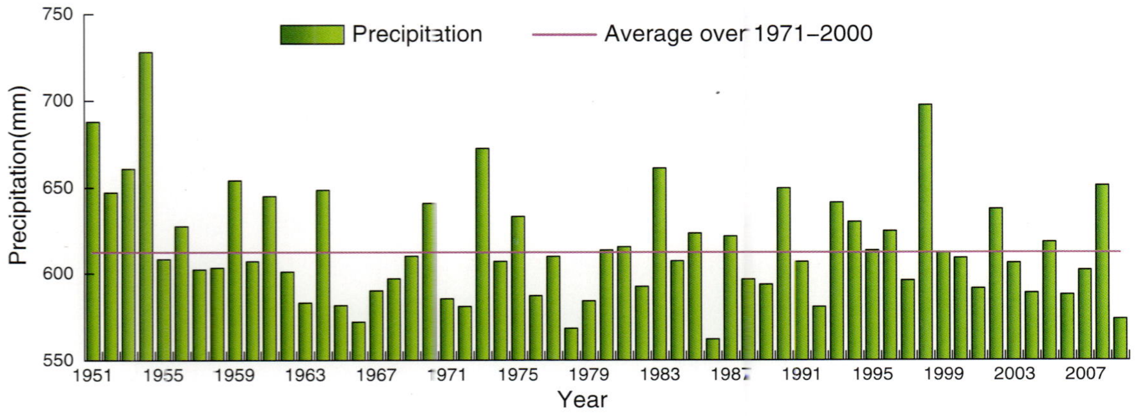

Fig. 1 Annual precipitation over China during 1951–2009 (mm)

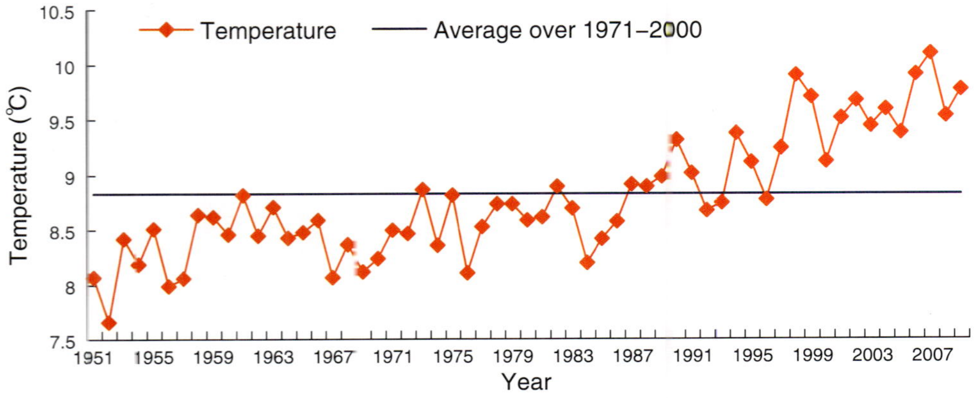

Fig. 2 Annual mean temperature over China during 1951–2009 (℃)

In 2009, regional and staggered drought disasters emerged frequently and the affected area by drought was relatively larger than the average during 1990-2008. In the beginning of the year, Northern winter wheat area experienced uncommon continuous drought lasting from autumn to winter. Heilongjiang and the northeastern part of Inner Mongolia suffered from severe drought in spring. Liaoning, Jilin and the southeastern part of Inner Mongolia experienced severe continuous drought lasting from summer to autumn. Six provinces in the southern part of China suffered from severe autumn drought which was infrequent during recent 50 years. There was no basin-scale flood occurring, whereas the local rainstorm and flood occurred frequently, and the secondary disasters caused by flooding brought severe losses. In May, an uncommon wide range of rainstorm process appeared in North China and Huang-Huai Area. In the end of June, the heaviest strong rainstorm occurred in the middle and lower reaches of Yangtze River in 2009. From the last dekad of July to the second dekad of August, reoccurrence of Meiyu emerged in the middle and lower reaches of Yangtze River. Local rainstorm disasters appeared in the earthquake-stricken area of Sichuan in summer. There were ten tropical cyclones landing on the coast area of South China, with the features of high landing frequency, complex tracks, concentrated affected area and relatively low losses. The affected areas by the low temperature, frost injury and snow disaster in 2009 were less than the averaged amount during 1990-2008, whereas the economic losses in some areas were relatively serious. Uncommon low temperature and continuous rain in Northeast China among June and July led to growth-delaying cold damage. Steep temperature drop and snowstorm attacked most parts of middle and eastern China in November. Local strong convection weather occurred frequently, with significant influences and great losses by the gale disaster. High temperature days averaged over the nation were much more than the normal. The affected area by high temperature was widespread and the extent was severe. In spring, seven dust weather processes occurred in the northern part of China, which was the minimum during the recent 10 years.

According to statistics, meteorological disasters and the related disasters in 2009 affected over 480 million person-times, caused 1300 deaths and struck 4.7×10^7 hm^2 crop lands, with 4.9×10^6 hm^2 lands without harvest. The direct economic losses (DEL) reached 249.05 billion RMB (Fig. 3). In general, the DEL caused by meteorological disasters in 2009 exceeded the average level during 1990-2008, however, the year 2009 still belonged to a normal year in terms of meteorological disaster.

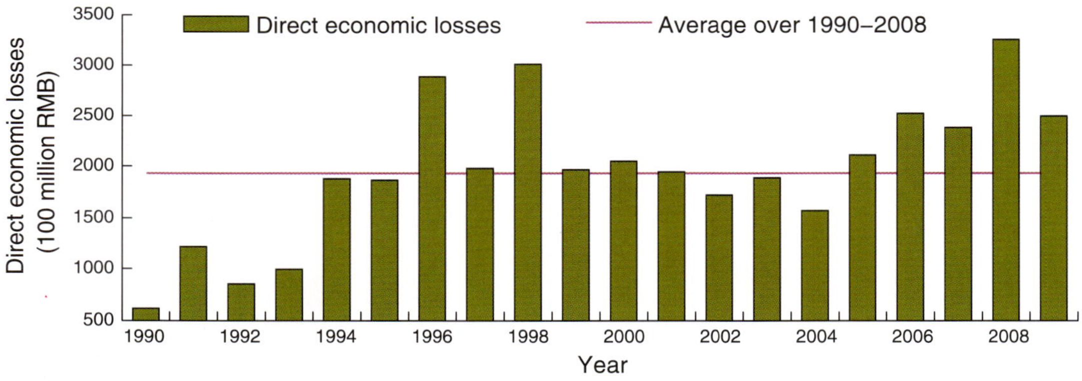

Fig. 3 Direct economic losses (DEL) caused by meteorological disasters over China during 1990−2009

Fig. 4 exhibits the relative proportions of loss indices for five major meteorological disasters over China in 2009. Six categories of loss indices include "affected population", "death toll", "affected area", "crop area without harvest", "collapsed houses", "direct economic losses". Except the death toll and collapsed houses, the drought disaster had the highest percentage in all the other kinds of loss indices, being 62% in "affected area", 66.5% in "crop areas without harvest", 48.2% in "affected population", 44.1% in "direct economic losses". Rainstorm and flood was the major contributor to the death toll and collapsed houses, with the percentage of 54.3% and 74.3% respectively.

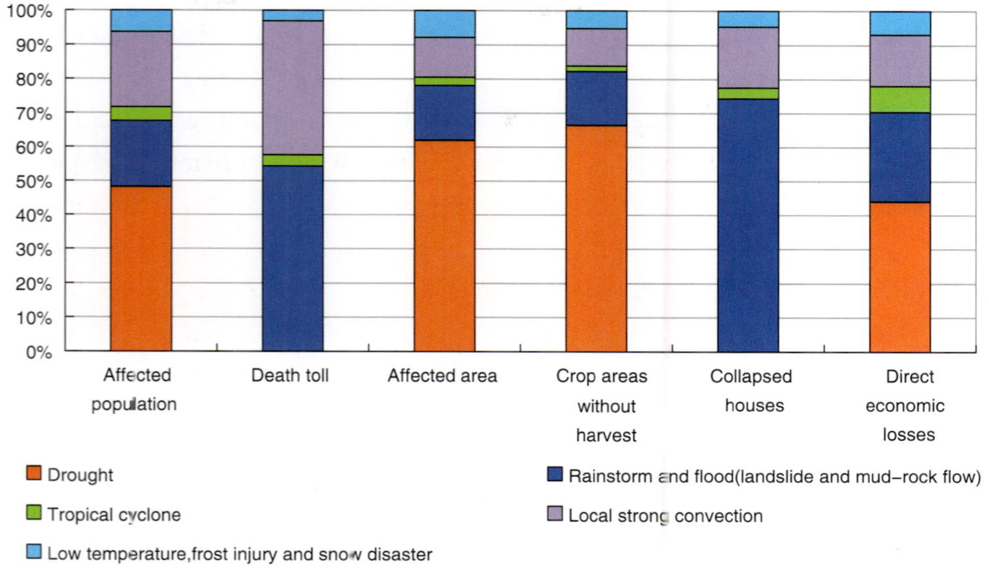

Fig. 4 Relative proportions of loss indices for five major meteorological disasters over China in 2009

Overall, the meteorological disasters induced more affected population, affected areas and crop areas without harvest, but less death toll and direct economic losses in 2009 than those in 2008. In 2009, low temperature, frost injury and snow disaster as well as tropical cyclone caused smaller direct economic losses than those in 2008, whereas drought and local strong convection did more than those in 2008. The DEL by rainstorm and flood were very close to those in 2008 (Fig. 5 left). All kinds of meteorological disasters caused less death toll in 2009 than those in 2008, in which low temperature, frost injury and snow disaster as well as tropical cyclone caused much less deaths (Fig. 5 right).

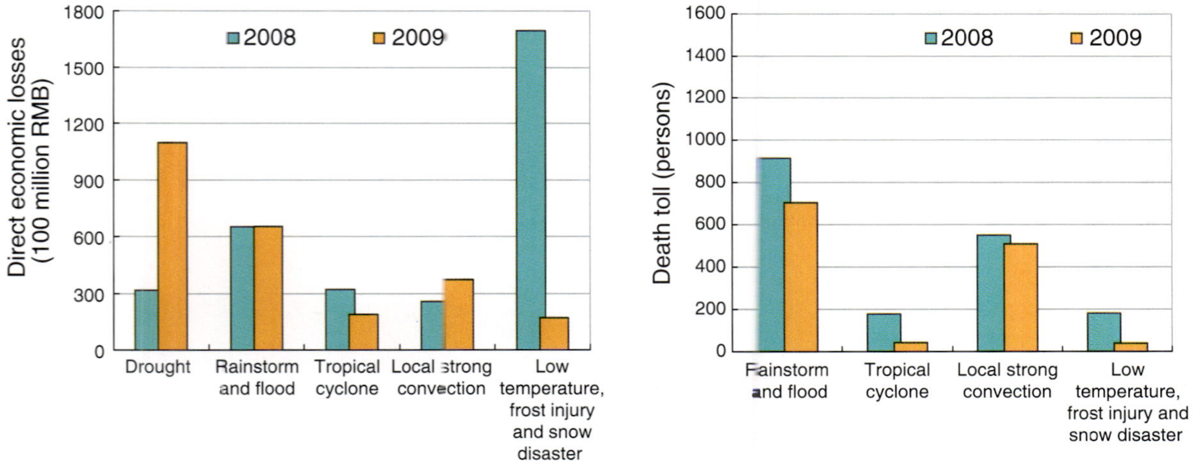

Fig. 5 Direct economic losses (left) and death toll (right) caused by main meteorological hazards over China in 2008 and 2009

General Review of Main Meteorological Disasters in 2009

Drought In 2009, regional and staggered drought disasters emerged frequently, including uncommon continuous drought lasting from autumn to winter in the beginning of year in Northern winter wheat area, periodical drought in winter in South China and the eastern part of Southwest China, severe drought in spring in Heilongjiang and the northeastern part of Inner Mongolia, severe drought in early summer in the eastern part of Tibet, severe continuous drought lasting from summer to autumn in Liaoning, Jilin and the eastern part of Inner Mongolia, rare autumn drought in past 50 years in six provinces including Hunan, Jiangxi, Guizhou, Yunnan, Guangxi and Guangdong. In 2009, the drought-affected crop areas over China covered 29.259 million hectares, which was more than that averaged over 1990-2008 and exceeded that in 2008 by 17.122 million hectares. The year 2009 was a relatively severe year in terms of meteorological drought disaster (Fig. 6).

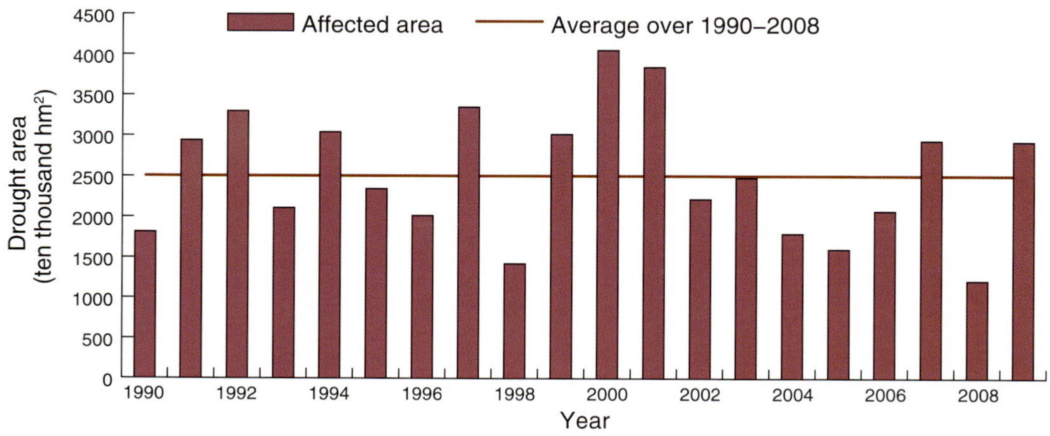

Fig. 6 Histogram of drought-affected areas over China during 1990–2009

Rainstorm and Associated Flood, Mud-rock Flow and Landslide In 2009 there was no basin-scale flood, whereas regional and local rainstorm and flood occurred frequently, with the secondary disasters of flood resulting in great losses. During 9 – 10 of May, a regional rainstorm process appeared in the southern part of North China and the northern part of Huang-Huai Area. In the end of June, the heaviest strong rainstorm in 2009 occurred in the middle and lower reaches of Yangtze River. From the last dekad of July to the first half of August, reoccurrence of Meiyu emerged in the middle and lower reaches of Yangtze River, which induced successive floods in the main tributaries of the upper and middle reaches of Yangtze River. The flood in the mainstream of the upper reaches of Yangtze River exceeded the warning water level. Sichuan, Chongqing, Hunan and Zhejiang suffered from the rainstorm and associated flood, mud-rock flow and landslide.

For the whole country, the affected crop areas by rainstorm and flood reached 7.644 million hectares, which was less than that averaged during 1990 – 2008, but exceeded that in 2008 by 0.962 million hectares (Fig.7). The death toll was 704, which was 211 less than that in 2008. The direct economic losses were 65.5 billion RMB, which was slightly more than that in 2008.

Tropical Cyclone (Typhoon) In 2009, there were ten tropical cyclones landing on the mainland, with three more than the normal. The tropical cyclones in 2009 were characterized of high landing frequency, complex tracks, concentrated affected area and relatively low losses. These tropical cyclones caused 43 deaths and direct economic losses of 19.09 billion RMB. Both of the direct economic losses and the death toll from tropical cyclones in 2009 were less than the averaged amount during 1990-2008.

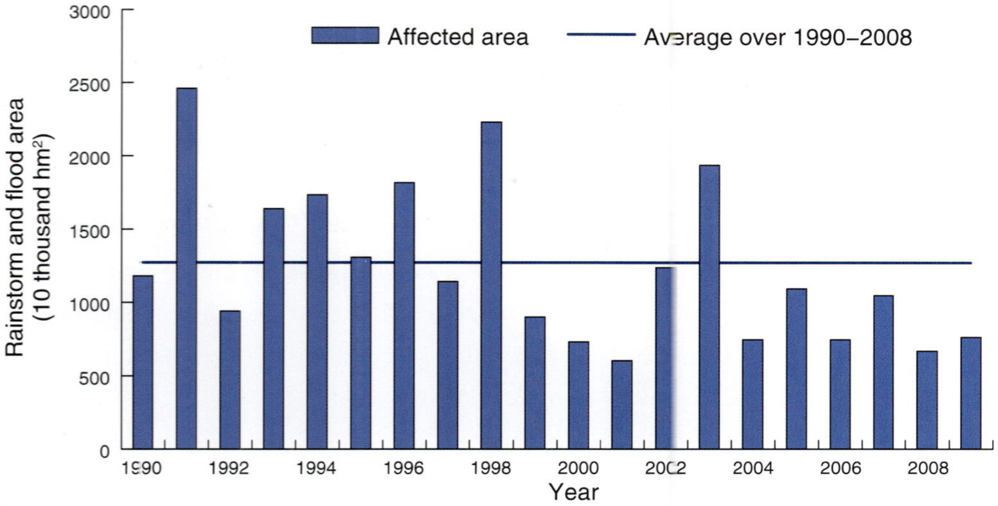

Fig. 7 Histogram of rainstorm and flood affected areas over China during 1990–2009

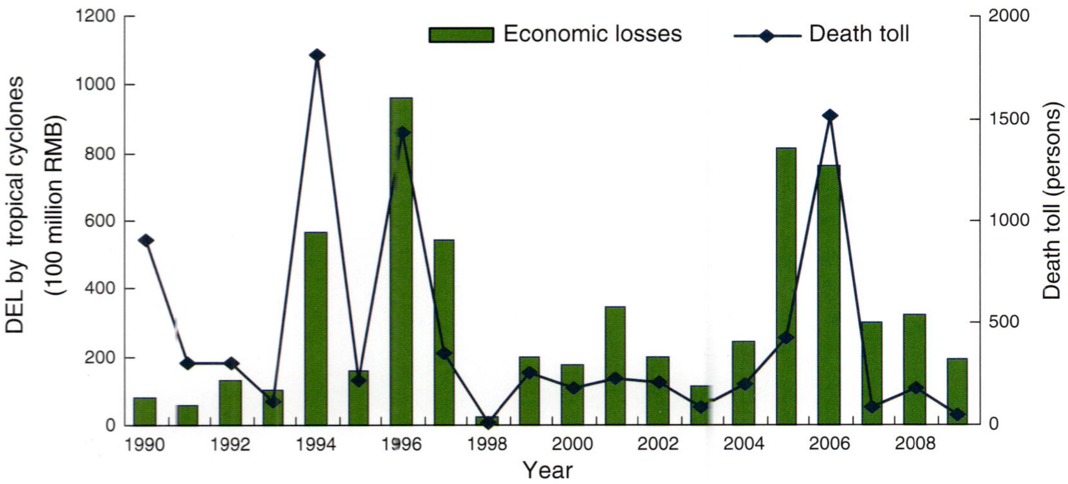

Fig. 8 Histogram of direct economic losses and death toll caused by tropical cyclones over China during 1990–2009

As a whole, the year 2009 had been the relatively slight year in terms of tropical cyclone disaster since 1990 (Fig.8).

Local Strong Convection (gale, hail, tornado, lightning stroke, etc.) In 2009, local strong convection weather, including gale, hail, tornado, lightning stroke, etc., occurred frequently. There were 31 provinces (autonomous regions and municipalities) over China being struck by hail disasters. The record of hail was more than 1600 counties (cities) & times, which was much more than the normal (about 1000 counties (cities) & times). Both of gale and hail disasters caused a death toll of 580, an affected crop area of 5.493 million hectares and a direct economic loss of 37.33 billion RMB. Especially the gale disaster brought serious effect and great loss. As a whole, the affected area and direct economic losses by gale and hail disasters were more than the normal. During 3–6 of June, there were seven provinces, including Henan, Anhui, Jiangsu, Shanxi, Shandong, Zhejiang and Hubei, being attacked by strong convection weather, including strong squall line, strong thunderstorm, gale, hail, and so on. During 8–10 of November, the wide range, severe strong convective weather occurred in the middle and lower reaches of Yangtze River, which was infrequent in the late autumn in history.

Low Temperature, Frost Injury and Snow Disaster The low temperature, frost injury and snow disaster in 2009 caused a total affected crop area of 3.67 million hectares, which was less than the averaged amount during 1990 – 2008, and much less than that in 2008. However, the occasional low temperature, steep temperature drop and snowstorm brought some losses to agriculture and livestock. From the first dekad of June to the second dekad of July, the middle and northern part of Northeast China experienced low temperature and continuous rain, which led to growth-delaying type cold damage. From the end of October to the second dekad of November, there were three widespread rain and snow weather processes along with steep temperature drop in most parts of eastern China.

Sand Storm In the spring of 2009, seven dust weather processes occurred in the northern part of China, in which five processes belonged to "sandstorm" and two processes to "sand blowing" . The year 2009 was the first year without "strong sandstorm" during recent six years. The dust weather processes in 2009, being equivalent to that in 2003, were much less than that averaged over 2000 – 2008 (13.3 times) and were the minimum in the past ten years. The sandstorm during 23 – 25 of April was a dust weather process with the widest scope of affected areas and the strongest intensity in 2009, which had an impact on 12 provinces (autonomous regions and municipalities) over Northwest China, North China, Huang-Huai Area, Jiang-Han Area and the eastern part of Southwest China.

Contents